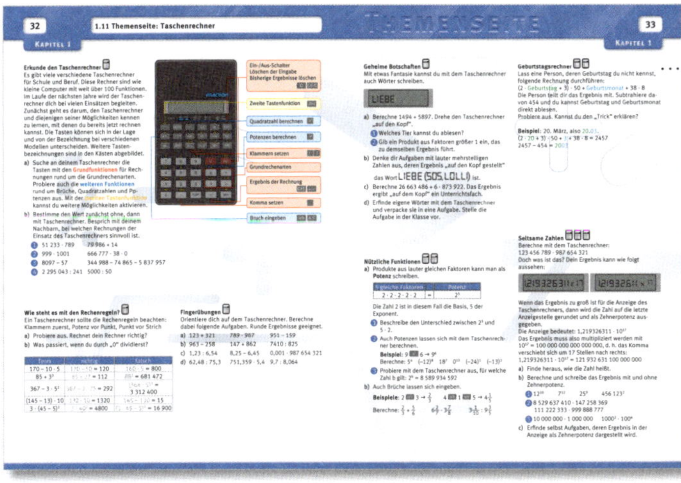

Die **Themenseite** enthält nach Anspruchsniveau differenzierte Aufgaben zu einem einzigen, interessanten Thema. Die mathematischen Inhalte werden dabei miteinander verbunden.

Der **zweite Teil** enthält „Diskussionsaufgaben": Bezieht Stellung zu den Behauptungen und begründet oder widerlegt sie. Anschließend vergleicht ihr eure Ergebnisse mit einem Partner.

Die Doppelseite **Das kann ich!** hat verschiedene Teile:
Im **ersten Teil** findet ihr Aufgaben, die ihr alleine löst. Anschließend bewertet ihr euch, die Lösungen dazu findet ihr im Anhang. Die Aufgaben sind einfach gehalten, ihr solltet also einen Großteil davon gut schaffen.

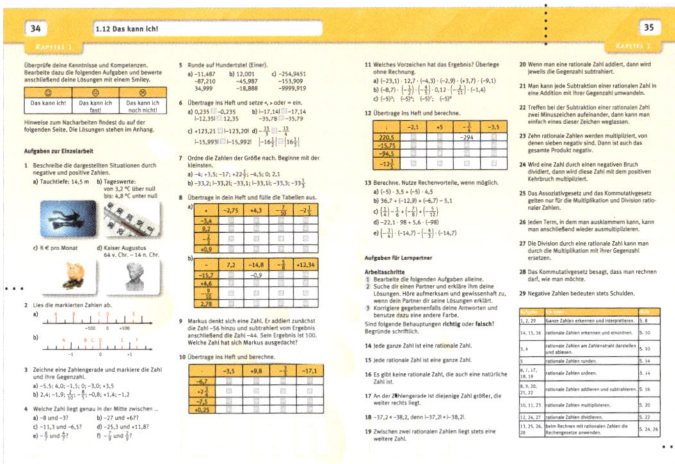

Mithilfe der Tabelle könnt ihr prüfen, was ihr gut könnt und wo ihr noch üben müsst. Ihr findet auch Seitenverweise zum Nacharbeiten.

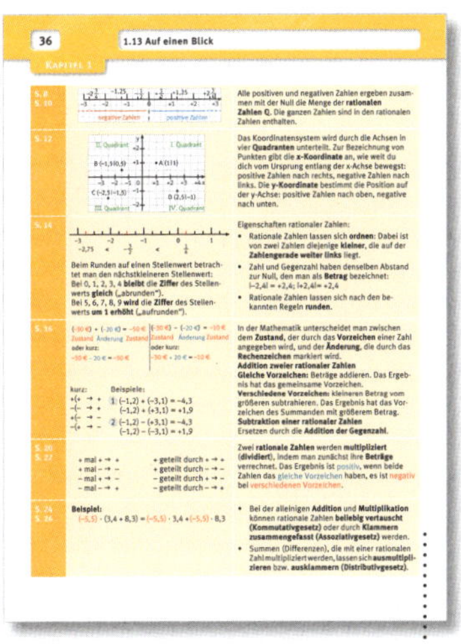

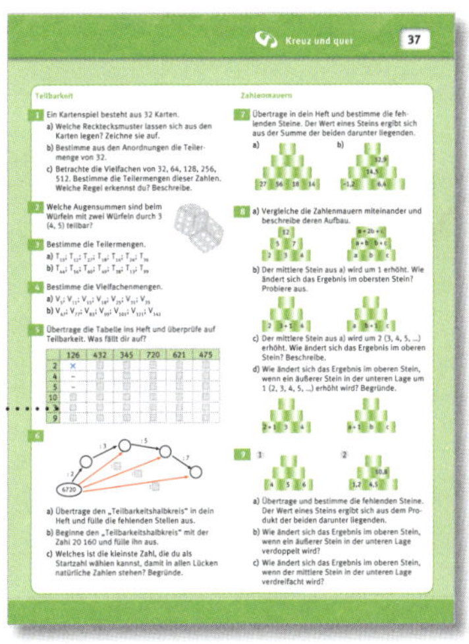

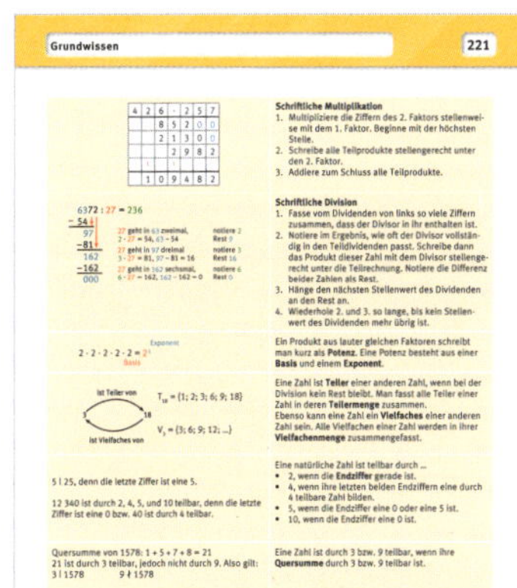

Die Seite **Auf einen Blick** enthält das Grundwissen des Kapitels in kompakter Form.

Habt ihr auch nichts vergessen? Auf den Seiten **Kreuz und quer**, die „zwischen zwei Kapiteln" stehen, könnt ihr testen, ob ihr im Stoff der zurückliegenden Kapitel bzw. Schuljahre noch fit seid.

Wollt ihr Mathe-Stoff nachschlagen, der schon länger zurückliegt? Am Ende des Buches findet ihr das **Grundwissen**.

mathe.delta 7

G9
Hessen

Herausgegeben von Michael Kleine

Bearbeitet von Heiko Etzold,
Eva Fischer, Attilio Forte,
Andreas Gilg, Maren Heinrich,
Toralf Hieb, Christian Hofmann,
Michael Kleine, Matthias Ludwig,
Susanne Müller, Thomas Prill,
Mareike Schmück, Bärbel Schröder,
Birgit Skorsetz, Hermann Wilhelmi

C.C. BUCHNER

mathe.delta
Hessen (G9)
Herausgegeben von Michael Kleine

mathe.delta7 – Hessen (G9)
Bearbeitet von Heiko Etzold, Eva Fischer, Attilio Forte, Andreas Gilg, Maren Heinrich, Toralf Hieb, Christian Hofmann, Michael Kleine, Matthias Ludwig, Susanne Müller, Thomas Prill, Mareike Schmück, Bärbel Schröder, Birgit Skorsetz, Hermann Wilhelmi

Zu diesem Band sind das Arbeitsheft (BN 61087) und der Lehrerband (BN 61097) lieferbar.

Gestaltung und Herstellung: Wildner+Designer GmbH, Fürth
Druck- und Bindearbeiten: creo Druck & Medienservice GmbH, Bamberg

Dieses Werk folgt der reformierten Rechtschreibung und Zeichensetzung. Ausnahmen bilden Texte, bei denen künstlerische und lizenzrechtliche Gründe einer Änderung entgegenstehen.

1. Auflage, 1. Druck 2015
Alle Drucke dieser Auflage sind, weil untereinander unverändert, nebeneinander benutzbar.

www.ccbuchner.de

ISBN 978-3-661-**61077**-1

1 Rationale Zahlen
-03:35:78
-02:58:06
-00:28:92

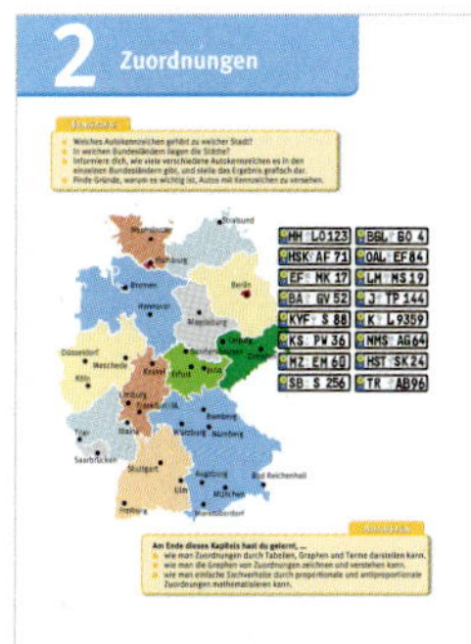
2 Zuordnungen

3 Prozent- und Zinsrechnung
Preis: 89,90
JETZT 67,-

Inhalt

7
Umfang und Flächen-
inhalt von Figuren

Mathematische Zeichen und Abkürzungen

$\mathbb{N}$	Menge der natürlichen Zahlen
$\mathbb{Z}$	Menge der ganzen Zahlen
$\mathbb{Q}$	Menge der rationalen Zahlen
$\mathbb{Q}^+$ ($\mathbb{Q}^-$)	Menge der positiven (negativen) rationalen Zahlen
$\mathbb{Q}_0^+$ ($\mathbb{Q}_0^-$)	Menge der positiven (negativen) rationalen Zahlen mit der Zahl 0
D	Definitionsmenge
L	Lösungsmenge
{ }	Leere Menge
{a; b; c}	Menge mit den Elementen a, b und c
=	gleich
≈	ungefähr gleich
>	größer als
<	kleiner als
≧	größer oder gleich
≦	kleiner oder gleich
≙	entspricht
|	teilt
∤	teilt nicht
+	plus
–	minus
·	mal, multipliziert mit
:	geteilt durch, dividiert durch
a^n	Potenz; „a hoch n“
$\frac{a}{b}$	Bruch mit Zähler a und Nenner b
%	Prozent
$T_n = \{...\}$	Teilermenge der Zahl n
$V_n = \{...\}$	Vielfachenmenge der Zahl n
kgV (m; n)	kleinstes gemeinsames Vielfaches von m und n
ggT (m; n)	größter gemeinsamer Teiler von m und n
H (Z)	absolute Häufigkeit, mit der das Ergebnis Z (z. B. Zahl) vorkommt
h (Z)	relative Häufigkeit, mit der das Ergebnis Z (z. B. Zahl) vorkommt
$\overline{x}$	arithmetisches Mittel
|n|	Betrag der Zahl n
P, A, ...	Punkte
P (x|y)	Punkt P mit den Koordinaten x und y
g, h, ...	Geraden, Strahlen
$\overline{PQ}$	Strecke mit den Endpunkten P und Q, auch Länge der Strecke
α, β, γ, ...	Winkelbezeichnungen
°	Grad, Maßeinheit für Winkel (z.B. 30°)
LE, FE, VE	Längen-, Flächen- und Volumeneinheit
A	Flächeninhalt
P (A)	Wahrscheinlichkeit, mit der Ereignis A eintritt
V	Volumen, Rauminhalt
d	Durchmesser eines Kreises
FE	Flächeneinheit
U	Umfangslänge
r	Radius eines Kreises
⊥	senkrecht auf
$\not\perp$	nicht senkrecht auf
||	parallel zu
∦	nicht parallel zu
⟼	Ist zugeordnet
$\{x \in \mathbb{N} \mid ...\}$	Menge aller natürlichen Zahlen x, für die gilt ...

1 Rationale Zahlen

Einstieg

- Beim Start eines Raumschiffs gibt es einen Countdown. Was bedeutet er?
- Wie viel Zeit ist zwischen den Zeitangaben jeweils vergangen?
- Welche Bedeutung hat das „Minuszeichen“ vor der Zeitangabe?
- Finde weitere Beispiele aus dem Alltag, in denen ein Minuszeichen vorkommt, und erkläre dessen Bedeutung.

Ausblick

Am Ende dieses Kapitels hast du gelernt, ...
- was ganze und rationale Zahlen sind.
- wie man rationale Zahlen vergleichen kann.
- wie man mit rationalen Zahlen rechnen kann.
- dass die bisherigen Rechengesetze auch bei den rationalen Zahlen gelten.

Sina informiert sich über die Wettervorhersage.

	Fr	Sa	So	Mo	Di	Mi
Tiefstwert (4 Uhr)	−3 °C	0 °C	−1 °C	−1 °C	−2 °C	1 °C
Höchstwert (14 Uhr)	2 °C	0 °C	0 °C	3 °C	4 °C	9 °C
Wetter						

- Was bedeuten die verschiedenen Zahlen und Zeichen in der Vorhersage?
- Zeichne einen Graphen, der entsprechend der Vorhersage den Temperaturverlauf für die kommenden Tage angeben kann.
- Schreibe einen Radiobeitrag der Wettervorhersage.

Das positive Vorzeichen wird oft weggelassen, statt +2 °C schreibt man 2 °C. Das negative Vorzeichen darf man nicht weglassen.

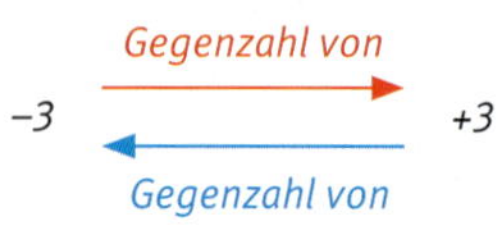

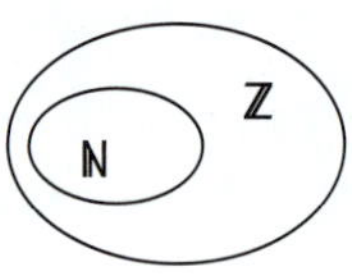

Die natürlichen Zahlen sind in den ganzen Zahlen enthalten.

Merkwissen

Temperaturen und andere Größen können Werte unterhalb der Null annehmen. Diese Werte werden mit einem **Minuszeichen** geschrieben: −1 °C, −2 °C, ...
Die Zahlen −1, −2, −3, −4, −5, ... heißen **negative Zahlen** und haben ein **negatives Vorzeichen**. Alle bisherigen Zahlen haben ein positives **Vorzeichen**. Die Zahl **Null** ist weder positiv noch negativ, sie hat **kein Vorzeichen**.

Jede Zahl hat eine Gegenzahl, die ein anderes Vorzeichen hat. Die Null ist Gegenzahl zu sich selbst. Man bezeichnet die Menge der natürlichen Zahlen zusammen mit ihren Gegenzahlen als **ganze Zahlen**: $\mathbb{Z} = \{...; -3; -2; -1; 0; +1; +2; +3; ...\}$.

Unser bisheriger Zahlenstrahl lässt sich mit den negativen Zahlen zur **Zahlengerade** erweitern. Die natürlichen Zahlen werden quasi an der Null „gespiegelt".

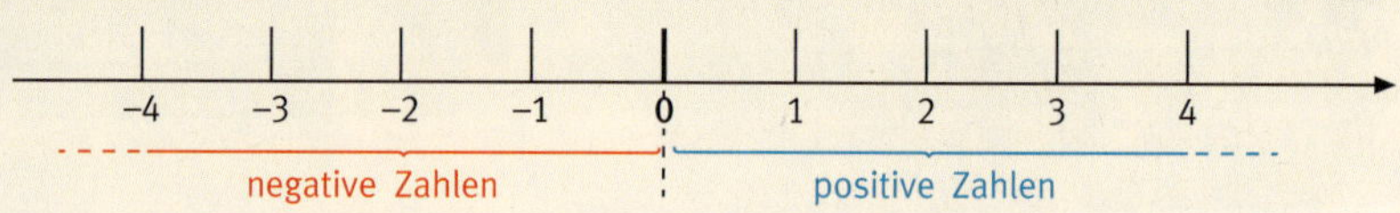

Beispiele

I a) Zeichne eine Zahlengerade und markiere folgenden Zahlen: −16; 2; −5; 0; −11.
b) Welche Zahlen sind hier markiert?

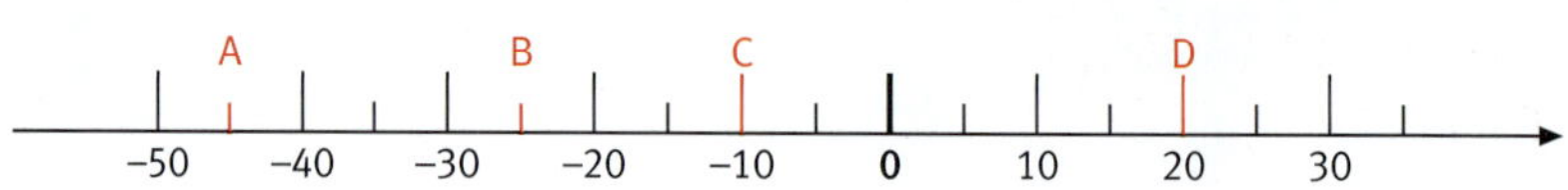

Lösung:

a)
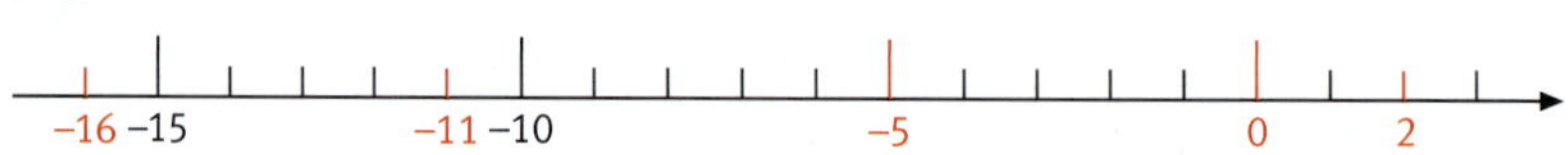

b) A: −45   B: −25   C: −10   D: 20 (= +20)

II Finde die Gegenzahl (GZ) zu den Zahlen +4; −3; −12; +8 und 4.

Lösung:
+4, GZ: −4   −3, GZ: +3   −12, GZ: +12   +8, GZ: −8   4 = +4, GZ: −4

Verständnis

- Gibt es natürliche Zahlen, die keine ganzen Zahlen sind? Gibt es ganze Zahlen, die keine natürlichen Zahlen sind? Begründe deine Antwort.
- Welche Zahlen haben eine größere Gegenzahl?

Aufgaben

1 Finde zu jeder Situation eine passende ganze Zahl. Achte auf das Vorzeichen.

a) Heute beträgt die Temperatur 14 °C unter dem Gefrierpunkt.
b) Gestern lag die Temperatur noch 7 °C über dem Gefrierpunkt.
c) Das Haus meiner Großeltern steht 183 m über dem Meeresspiegel.
d) Das Tote Meer liegt 412 m unter dem Meeresspiegel.
e) Meine Freundin wohnt im 5. Obergeschoss.
f) Die Tiefgarage befindet sich im 2. Untergeschoss.
g) Im Erdgeschoss ist eine Arztpraxis.
h) Ich schulde Moritz noch 11 €.
i) Auf meinem Konto habe ich ein Guthaben von 67 €.

2 Zeichne jeweils eine geeignete Zahlengerade und markiere die Zahlen.

a) –3; 5; 2; –1; 8; –4; –9; –7
b) –12; –5; –24; 6; 11; –20; 0; 9
c) –400; 800; –150; –350; 200; 650; –50; 400
d) –2500; 1500; 0; 800; –1200; –500; 2200

Tipp für das Zeichnen einer Zahlengerade: Prüfe, welche der Zahlen am weitesten links und rechts auf der Zahlengerade liegen. Überlege dann, wie viele Zahlen dazwischen liegen. Teile dann die Breite deines Hefts so ein, dass du möglichst den ganzen Platz ausnutzt.

3 Die Bilder zeigen Abschnitte von Zahlengeraden, auf denen zwei Zahlen und deren Mitte markiert sind. Für welche Zahl steht jeweils das Fragezeichen?

a) b) c) d) e)

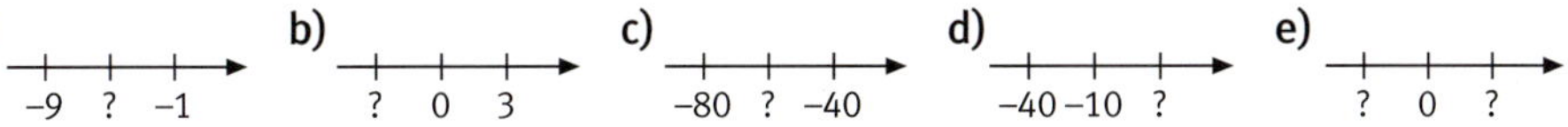

4 Welche Zahl liegt genau in der Mitte der angegebenen Zahlen? Überprüfe deine Lösungen, indem du die Zahlen auf einer Zahlengeraden einträgst.

a) 7 und 19	**b)** 8 und 0	**c)** 9 und –9	**d)** 12 und –4
e) –3 und 5	**f)** –6 und –26	**g)** –11 und –21	**h)** –100 und –48

5 Um wie viele Grad Celsius (°C) unterscheiden sich die Temperaturen?

a) 5 °C und 12 °C	**b)** 20 °C und 1 °C	**c)** –13 °C und –15 °C
d) –7 °C und –17 °C	**e)** –10 °C und 5 °C	**f)** 80 °C und –22 °C

6 In einer Fabrik wird Zucker in Päckchen abgefüllt, die ein Füllgewicht von 1000 g haben sollen. Bei einer Kontrollmessung von zehn zufällig ausgewählten Päckchen werden folgende Gewichte gemessen:

1008 g	1003 g	995 g	999 g	990 g
1002 g	997 g	1007 g	995 g	1001 g

a) Bestimme das mittlere Gewicht der Zuckerpäckchen.
b) Gib die Abweichungen der einzelnen Päckchen vom vorgesehenen Gewicht an.

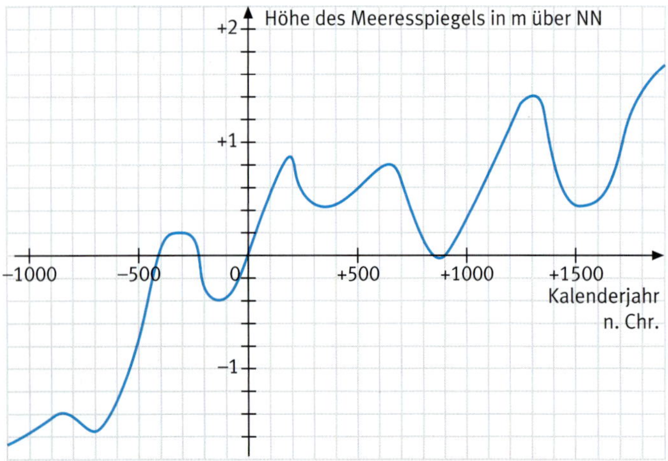

Das Schaubild stellt ein Modell dar, wie die Höhe des Meeresspiegels im Laufe der letzten 3000 Jahre auf der Erde geschwankt hat. Die Meereshöhe wird dabei in „Normalnull“ (NN) angegeben und stellt die mittlere Höhe dar.

- Zu welchen Zeitpunkten lag die Meereshöhe bei 0 m NN (–0,5 m NN)?
- Welche Bedeutung haben die negativen Zahlen bei Angabe der Meereshöhe?
- Wie stark schwankte die Meereshöhe in den letzten 3000 Jahren?
- Beschreibe, wie man den Wert „0“ (NN) bei der Meereshöhe bestimmen könnte.
- Stelle weitere Fragen zu dem Sachverhalt.

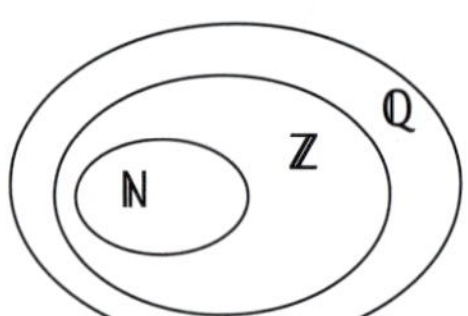

Erinnere dich:
Natürliche Zahlen:
$\mathbb{N} = \{0; 1; 2; 3; 4; ...\}$
Ganze Zahlen:
$\mathbb{Z} = \{...; -2; -1; 0; 1; 2; ...\}$

Neu:
$\mathbb{Q}^+$: alle positiven rationalen Zahlen
$\mathbb{Q}^-$: alle negativen rationalen Zahlen
$\mathbb{Q}_0^+$ bzw. $\mathbb{Q}_0^-$: $\mathbb{Q}^+$ bzw. $\mathbb{Q}^-$ mit der Null.

Merkwissen

Im Alltag begegnen uns an vielen Stellen **negative Zahlen**. Auch Brüche und Dezimalzahlen können ein **negatives Vorzeichen** haben.
Die **Zahlengerade** ist somit mit ganzen Zahlen, positiven und negativen Brüchen und Dezimalzahlen besetzt.

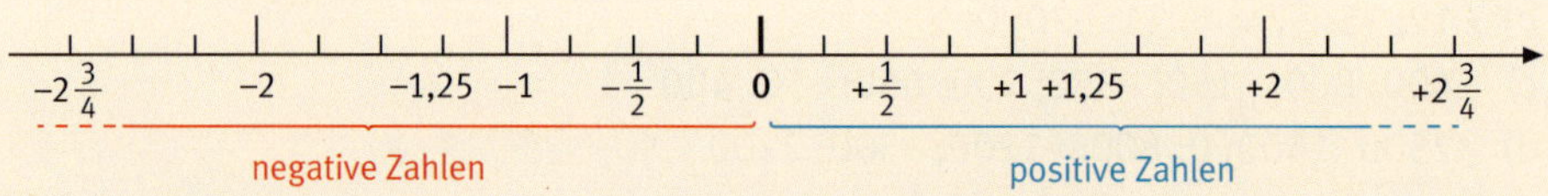

Auch jeder Bruch und jede Dezimalzahl hat eine **Gegenzahl**, die ein anderes Vorzeichen hat.

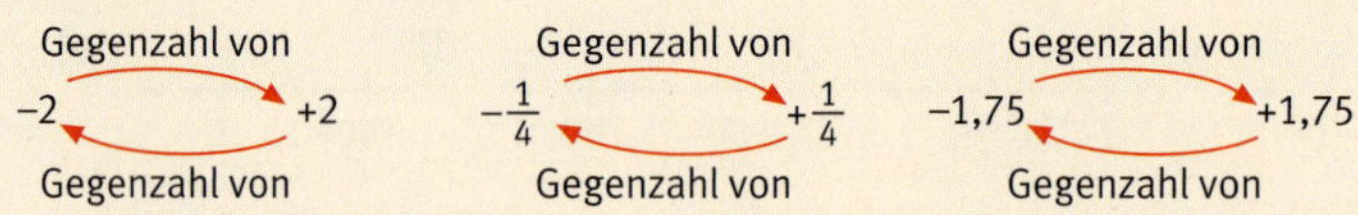

Nimmt man alle positiven und negativen Zahlen sowie die Null zusammen, dann erhält man die Menge der **rationalen Zahlen** ℚ. Die ganzen Zahlen sind ebenso wie Bruchzahlen und natürliche Zahlen Teil der rationalen Zahlen.

Beispiele

I Gegeben sind die Zahlen –2,8; +1,2; $\frac{3}{5}$ und $-2\frac{1}{5}$.

a) Bestimme zu jeder Zahl die Gegenzahl (GZ).

b) Zeichne eine Zahlengerade und markiere daran die Zahlen und ihre Gegenzahl.

Lösung:

a) –2,8; GZ: +2,8 — +1,2; GZ: –1,2 — $\frac{3}{5}$; GZ: $-\frac{3}{5}$ — $-2\frac{1}{5}$; GZ: $2\frac{1}{5}$

b)

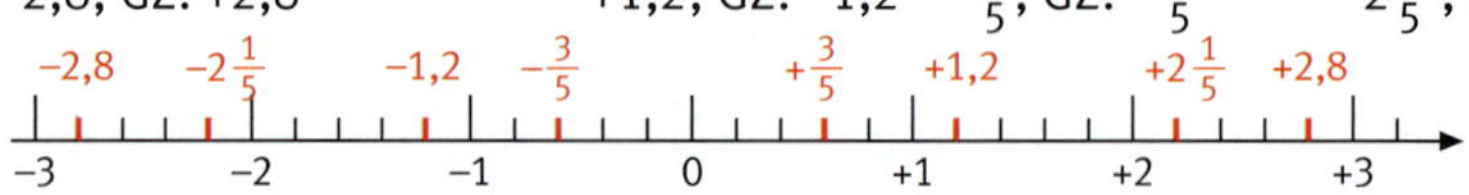

Verständnis

- Gibt es mehr positive oder negative Zahlen? Begründe deine Antwort.
- Wie lautet die Gegenzahl zu einer Gegenzahl? Erkläre anhand von Beispielen.

Aufgaben

Lösungen zu 1:
−3; −2,6; −2,5; −2; −1,75; −1,4; −1,1; −1; −0,8; −0,8; −0,75; −0,5; −0,4; −0,25; 0; 0,2; 0,25; 0,4; 0,8; 1; 1,2; 1,5; 1,8; 2
$-\frac{3}{1}; -2\frac{3}{5}; -\frac{5}{2}; -\frac{2}{1}; -\frac{7}{4}; -\frac{7}{5}; -1\frac{1}{10}; -\frac{1}{1}; -\frac{4}{5}; -\frac{4}{5}; -\frac{3}{4}; -\frac{1}{2}; -\frac{2}{5}; -\frac{1}{4}; \frac{0}{1}; \frac{1}{5}; \frac{1}{4}; \frac{2}{5}; \frac{4}{5}; \frac{1}{1}; \frac{6}{5}; \frac{3}{2}; \frac{9}{5}; \frac{2}{1}$

1 Welche Zahlen wurden auf der Zahlengeraden markiert? Gib jeweils als gekürzten Bruch und als Dezimalzahl an.

a)

b)

c)

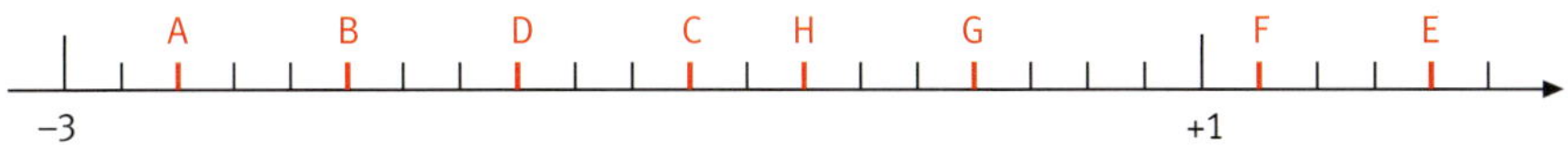

2 Die Thermometer zeigen die Temperaturen im November 2014 in sechs Städten.

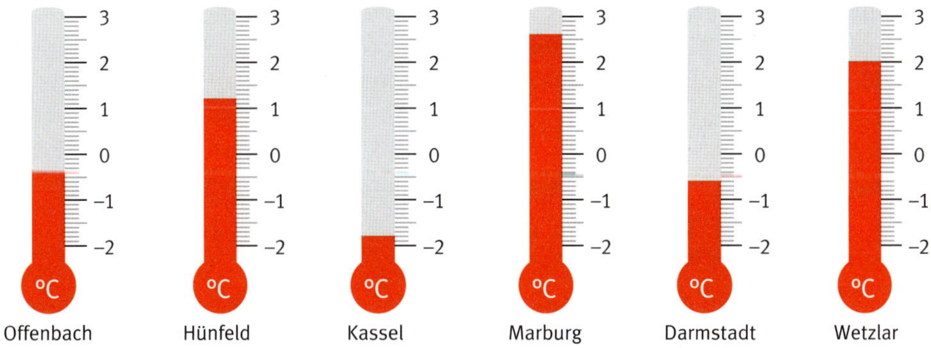

a) Lies ab, welche Temperatur in den einzelnen Städten herrschte.

b) Zeichne eine Zahlengerade und markiere daran die Temperaturen der Städte.

c) Bestimme das Maximum, das Minimum, die Spannweite und den Median der Temperaturen in den Städten.

Alle Begriffe klar? Schlag sonst im Grundwissen nach.

3 Gegeben sind die folgenden Zahlen:

(1) −7,5; 1,5; +8; −2,0; +4,5; −6,5; +0,5; −3; +6,5; −4,5

(2) −5,4; +0,5; 2,1; −4,2; 3,6; +0,9; −1,8; +3,7; 0,0; −1,4

(3) $\frac{1}{2}; -1\frac{1}{3}; +\frac{5}{6}; \frac{4}{3}; \frac{0}{6}; -1; +2\frac{2}{3}; -1\frac{5}{6}; \frac{7}{6}$

a) Bestimme die Gegenzahl zu jeder Zahl.

b) Zeichne jeweils eine Zahlengerade und markiere die Zahlen daran.

Überlege dir zunächst eine geeignete Einteilung der Zahlengeraden.

4 **a)** Nenne die benachbarten ganzen Zahlen, zwischen denen die rationalen Zahlen liegen.

(1) $3\frac{1}{5}$ (2) $-\frac{1}{9}$ (3) $-\frac{13}{5}$ (4) $-\frac{21}{13}$ (5) − 4,3 (6) − 14,23

b) Gib drei Brüche (Dezimalzahlen) an, die zwischen den angegebenen Zahlen liegen.

(1) 7 und 8 (2) −9 und −8 (3) −6,5 und −5,5 (4) $-\frac{3}{5}$ und $-\frac{1}{5}$

5 Welche Zahl liegt genau in der Mitte zwischen den angegebenen Zahlen? Überprüfe deine Lösung, indem du die Zahlen an einer Zahlengeraden einträgst.

a) −1,5 und −1,1 **b)** −3,4 und +3,4 **c)** −6,6 und 0 **d)** 10,4 und 8

e) $8\frac{1}{2}$ und $-6\frac{1}{2}$ **f)** $-5\frac{3}{4}$ und $1\frac{1}{4}$ **g)** −3,3 und +2,1 **h)** −5,9 und 7,3

6 Nicht nur den Zahlenstrahl kann man erweitern, sondern auch die Achsen unseres bisherigen Koordinatensystems.

Zur Bezeichnung von Punkten in einem Koordinatensystem gibt die **erste Koordinate (x-Koordinate)** an, wie weit du dich vom Ursprung entlang der x-Achse bewegen musst: positive Zahlen nach rechts, negative Zahlen nach links. Die **zweite Koordinate (y-Koordinate)** bestimmt die Bewegung entlang der y-Achse: positive Zahlen nach oben, negative nach unten. Das Koordinatensystem wird durch die Achsen in vier Bereiche (**Quadranten**) unterteilt, die **entgegen des Uhrzeigersinns durchnummeriert** werden.

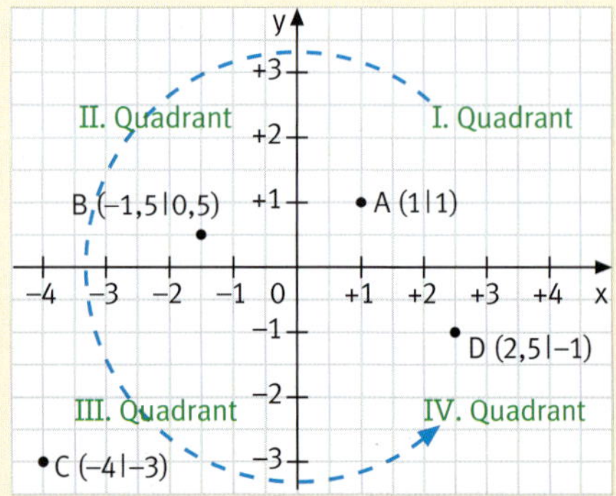

Die Punkte auf den Koordinatenachsen ordnet man keinem Quadranten zu.

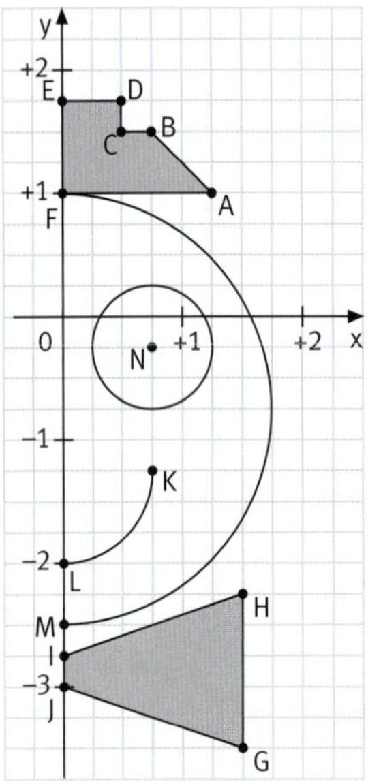

a) In welchem Quadranten liegen die folgenden Punkte?
A (−3,5 | +4) B (1,2 | −5) C $(-0{,}2 \mid \frac{1}{2})$ D (1,4 | 2,5) E $(-6{,}6 \mid -\frac{16}{5})$
F (7,1 | −0,3) G (12,8 | 9,4) H (−17,1 | −7) I (+15,6 | −8,8) J (−8,3 | 5,6)

b)

	I. Quadrant	II. Quadrant	III. Quadrant	IV. Quadrant
x -Koordinate	positiv			
y-Koordinate				

Übertrage die Tabelle ins Heft und ergänze, ob die Vorzeichen der Koordinaten jeweils positiv oder negativ sind.

c) Im Koordinatensystem ist das halbe Gesicht eines Clowns gezeichnet.
1 Bestimme die Koordinaten der angegebenen Punkte des Clowns.
2 Übertrage das Koordinatensystem und das halbe Gesicht ins Heft.
3 Führe die Spiegelung durch und bestimme die Koordinaten der Spiegelpunkte.

Tipp zu Aufgabe 7:
a) 1 Einheit ≙ 4 Kästchen
b) 1 Einheit ≙ 10 Kästchen
c) 1 Einheit ≙ 3 Kästchen

7 Übertrage die Punkte in ein Koordinatensystem und verbinde sie der Reihe nach. Welche Figur erhältst du?

a) A (2,5 | 0,5); B (2 | 1); C (1 | 1,5); D (0,5 | 2); E (−1 | 2); F (−0,5 | 1,5); G (−2 | 0,5); H (−2 | 0); I (−3,5 | 1); J (−2,5 | −1,5); K (−2 | −0,5); L (1,5 | −0,5); A

b) Z (−0,2 | 1,8); A (0 | 1,6); B (1 | 2,2); C (1 | 2,6); D (−1,4 | 1); E (−1,4 | 1,4); F (−0,4 | 2); Z; G (0 | 2); H (−0,6 | 3); I (−1 | 3); J (0,6 | 0,6); K (0,2 | 0,6); L (−0,4 | 1,6); Z; A; L; M (−0,4 | 0); N (0 | 0); A

c) A $(1\frac{2}{3} \mid -1\frac{2}{3})$; B $(1\frac{2}{3} \mid 1\frac{1}{3})$; C $(1\frac{1}{3} \mid 1)$; D $(1 \mid 1\frac{1}{3})$; E $(\frac{2}{3} \mid 1)$; F $(\frac{1}{3} \mid 1\frac{1}{3})$; G $(\frac{1}{3} \mid -\frac{1}{3})$; H $(-1 \mid -\frac{1}{3})$; I $(-1 \mid 1\frac{1}{3})$, J $(-1\frac{1}{3} \mid 1)$; K $(-1\frac{2}{3} \mid 1\frac{1}{3})$; L $(-2 \mid 1)$; M $(-2\frac{1}{3} \mid 1\frac{1}{3})$; N $(-2\frac{1}{3} \mid -1\frac{2}{3})$; O $(-2 \mid -1\frac{2}{3})$; P $(-2 \mid -\frac{2}{3})$; Q $(-1\frac{1}{3} \mid -\frac{2}{3})$; R $(-1\frac{1}{3} \mid -1\frac{2}{3})$; A

8 a) Nenne fünf rationale Zahlen, die auch gleichzeitig natürliche Zahlen sind.
b) Nenne fünf rationale Zahlen, die keine natürlichen Zahlen sind.
c) Nenne fünf natürliche Zahlen, die auch ganze Zahlen sind.
d) Nenne fünf ganze Zahlen, die keine natürlichen Zahlen sind.
e) Nenne fünf rationale Zahlen, die keine ganzen Zahlen sind.

9 Die Tabelle zeigt Temperaturen an einer Wetterstation im Westerwald.

Wochentag	Mo	Di	Mi	Do	Fr	Sa	So
Wetterlage							
Tageshöchstwerte	1,3	0,4	−0,3	−2,1	−3,5	−5,6	−6,1
Tagestiefstwerte	−2,9	−3,2	−3,3	−4,3	−5,3	−8,2	−8,7

a) Bestimme für jeden Tag einen geschätzten durchschnittlichen Tageswert.

b) Zeichne ein geeignetes Diagramm, in dem man die Tageshöchst- und Tagestiefstwerte für jeden Tag ablesen kann. Zeichne auch die Mittelwerte aus a) ein.

c) An welchem Tag herrschten die größten (kleinsten) Temperaturunterschiede?

Ein durchschnittlicher Tageswert kann das arithmetische Mittel aus Höchst- und Tiefstwert sein.

10 Das Schaubild zeigt Aufzeichnungen über die Tauchgänge eines Pottwals während eines Zeitraums. Bestimme so genau wie möglich:

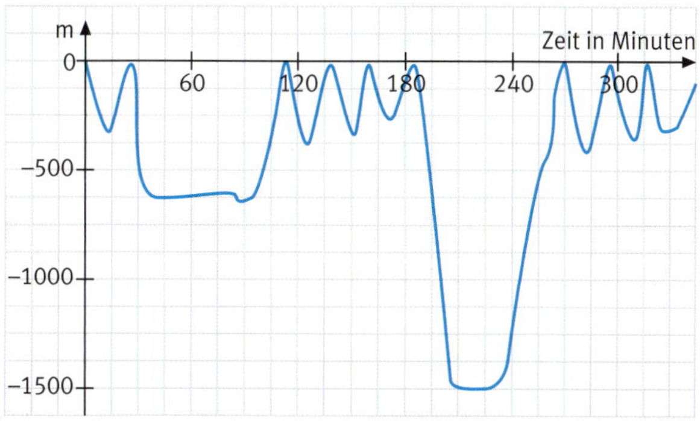

a) Welches ist die tiefste Tiefe, die der Pottwal erreicht hat?

b) Wie lange tauchte der Pottwal während der Aufzeichnungen tiefer als 500 m?

c) Die Tauchgänge eines Pottwals lassen sich in Tieftauchen (über 500 m Tauchtiefe) und Flachtauchen (unter 500 m Tauchtiefe) unterscheiden. Schätze die durchschnittliche maximale Tiefe des Wals beim Flachtauchen (Tieftauchen). Beschreibe dein Vorgehen.

d) Stelle weitere Fragen zu dem Sachverhalt und beantworte sie.

Spiel

Reise durch deine Region (2–4 Spieler)

Material

- Karte deiner Region mit Koordinatensystem
- 2 Würfel
- Geodreieck, Stift

Spielregeln

- Ein Würfel ist der „Vorzeichenwürfel" (z. B. gerade Zahl: +, ungerade Zahl: –).
  Jeder Spieler würfelt mit beiden Würfeln jeweils zweimal. Der erste Wurf gibt die x-Koordinate, der zweite die y-Koordinate des Ortspunktes an, der in der Karte eingezeichnet und nummeriert wird.
- Liegt ein Punkt außerhalb der Region, kann der Spieler keinen Ortspunkt notieren.
- Nach 6 Runden werden die Ortspunkte jedes Spielers der Reihe nach verbunden. Wer den längsten Reiseweg hat, hat gewonnen.

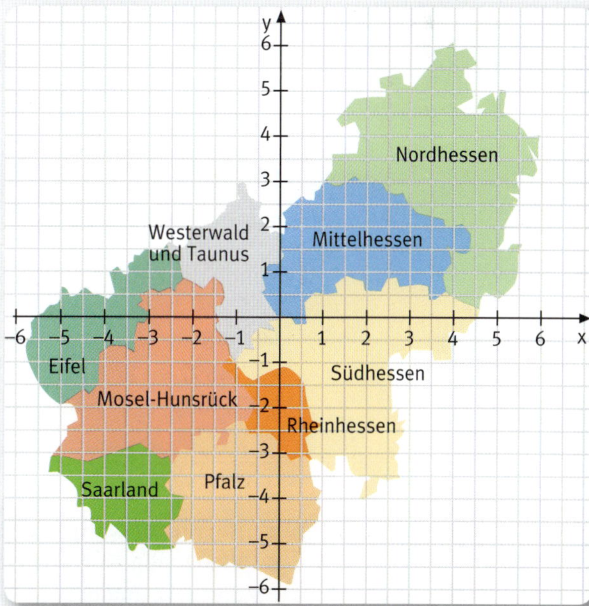

Beispiele:

Spielt in einer Gruppe mit 3–4 Spielern „Zahlen-Uno“: Pro Spieler werden 8 Spielkarten vorbereitet, auf denen jeweils eine rationale Zahl zwischen −20 und +20 steht.

- Die Karten werden gemischt und an alle Spieler gleichmäßig verteilt. Der jüngste Spieler beginnt und legt eine Karte in die Mitte.
- Der jeweils linke Nachbar muss einen höheren Zahlenwert in die Mitte legen, als dort bereits liegt. Wenn er das nicht kann, dann muss er aussetzen.
- Kann eine Runde lang kein Spieler eine Karte ablegen, dann wird von dem Spieler, der dran ist, eine neue Karte in die Mitte gelegt. Der Spieler, der als erster alle Karten losgeworden ist, hat gewonnen.

Merkwissen

Auch rationale Zahlen lassen sich der Reihe nach **ordnen**: Dabei ist von zwei Zahlen immer diejenige **kleiner**, die auf der **Zahlengeraden weiter links** liegt.

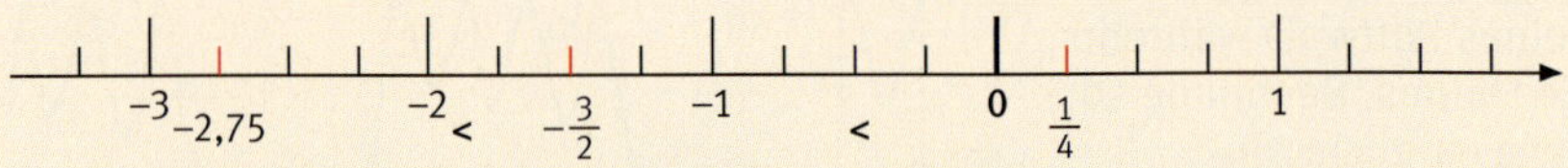

„Betrag von −2,4“

Zahl und Gegenzahl haben denselben Abstand zur Null, den man als **Betrag** bezeichnet: $|-2{,}4| = +2{,}4$ und $|+2{,}4| = +2{,}4$; $|0| = 0$.

Der Betrag einer Zahl kann niemals negativ werden.

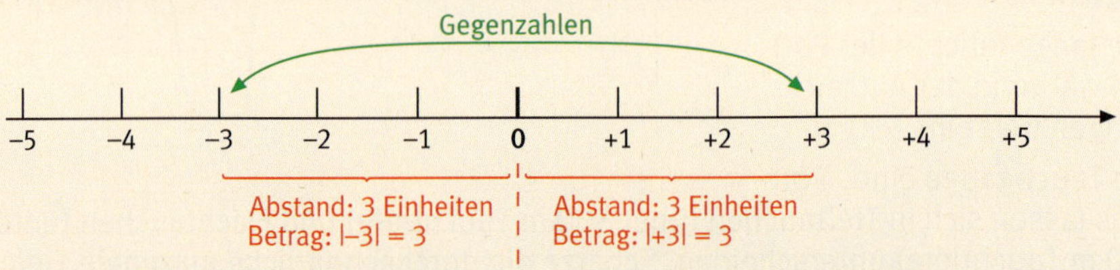

Beachte beim Runden mit negativen Zahlen:
−3,42 ≈ −3,4 (auf Zehntel) nennt man abrunden, auch wenn gilt: −3,42 < −3,40.
−3,47 ≈ −3,5 (auf Zehntel) heißt aufrunden, auch wenn gilt: −3,47 > −3,50.

Rationale Zahlen lassen sich wie üblich **runden**. Beim Runden auf einen bestimmten Stellenwert zählt der benachbarte kleinere Stellenwert.
Bei 0, 1, 2, 3, 4 **bleibt** die **Ziffer** des Stellenwerts **gleich** („abrunden“).
Bei 5, 6, 7, 8, 9 **wird** die **Ziffer** des Stellenwerts **um 1 erhöht** („aufrunden“).

Beispiele

I Welche Punkte sind auf der Zahlengerade markiert? Ordne sie der Größe nach.

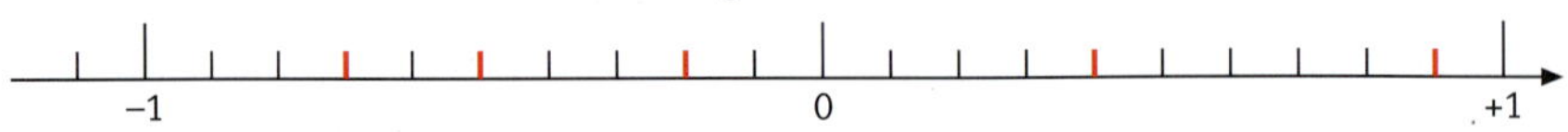

Lösung:
$-\frac{7}{10} < -\frac{1}{2} < -\frac{1}{5} < \frac{2}{5} < \frac{9}{10}$

II Runde die Zahlen −17,4692; 27,8355 und −16,9902 auf Zehntel (Tausendstel).

Lösung:

−17,4692 ≈ −17,5	27,8355 ≈ 27,8	−16,9902 ≈ −17,0
(−17,4692 ≈ −17,469)	(27,8355 ≈ 27,836)	(−16,9902 ≈ −16,990)

Verständnis

- Begründe, warum positive Zahlen stets größer sind als negative Zahlen.
- Wenn man eine positive Zahl aufrundet, dann ist das Ergebnis stets größer als die ursprüngliche Zahl. Stimmt das auch für negative Zahlen? Begründe.

1 Ordne die Zahlen aufsteigend der Größe nach. Wie lautet das Lösungswort?

a) I $0{,}2$ | Z $-1{,}7$ | E $4{,}9$ | A $-4{,}2$ | E 0 | N $-2{,}5$ | G $0{,}4$

b) S $-0{,}01$ | N $0{,}1$ | U $-\frac{1}{10}$ | E $1{,}0$ | A $-\frac{1}{1000}$ | S $-\frac{1}{1}$ | N $\frac{1}{100}$

c) S $-\frac{1}{6}$ | C $-\frac{1}{9}$ | L $-\frac{5}{8}$ | E $\frac{1}{3}$ | F $-\frac{2}{3}$ | H $\frac{1}{4}$ | A $-\frac{2}{5}$

d) G $|-99{,}99|$ | L $-99{,}99$ | R $|-99{,}9|$ | I $-99{,}909$ | M $-99{,}9$ | U $|-99{,}0|$ | B $-99{,}0$

2 Ordne der Größe nach. Überprüfe auf einer Zahlengeraden.

a) $-4{,}5;\ 2{,}3;\ -5{,}3;\ 3{,}2;\ -1{,}8;\ 1{,}0;\ 3{,}4,\ -0{,}2$ b) $-\frac{1}{2};\ \frac{3}{4};\ -\frac{5}{8};\ 1{,}5;\ 0;\ -\frac{3}{8};\ \frac{7}{8};\ -1\frac{1}{4}$

c) $-10{,}5;\ 17{,}5;\ 8{,}0;\ -4{,}5;\ -2{,}5;\ 4;\ -1{,}5;\ -8$ d) $-\frac{5}{6};\ \frac{1}{3};\ -\frac{9}{9};\ -\frac{2}{6};\ +3\frac{3}{9};\ \frac{2}{6};\ -\frac{1}{2}$

Wähle einen geeigneten Ausschnitt der Zahlengerade.

3 Runde die Zahlen auf Hundertstel (Tausendstel).

a) $-12{,}5387$ $-0{,}0039$ b) $87{,}32813$ $-27{,}59452$ c) $-99{,}0001$ $-99{,}90909$ d) $67{,}35241$ $-56{,}19520$

4 Übertrage die Tabelle in dein Heft. Bestimme jeweils die kleinstmögliche und größtmögliche Zahl, die gerundet die gegebene Zahl ergibt.

gerundet auf	Zehntel	Tausendstel	Hundertstel	Tausendstel
gerundete Zahl	7,5	34,475	−16,83	−96,459
kleinstmögliche Zahl	□	□	□	□
größtmögliche Zahl	□	□	□	□

Überlege, ob die ursprüngliche Zahl größer oder kleiner als die gerundete Zahl ist.

5 Übertrage ins Heft und setze für □ das richtige Vorzeichen ein.

a) $-\frac{2}{3} < \square\frac{2}{3}$ b) $-1\frac{3}{5} > \square 4{,}5$ c) $\square 2{,}46 > \square 2{,}50$ d) $|0| = \square 0$

$|\square 1{,}35| = 1{,}35$ $\square 9{,}4 < -7{,}2$ $\left|\square 3\frac{2}{5}\right| < +3{,}4$ $\left|\square\frac{5}{6}\right| < \left|\square\frac{7}{8}\right|$

Manchmal ist die Aussage für beide oder kein Vorzeichen wahr.

6 Setze eine Ziffer so ein, dass die Aussage stimmt.

a) $7{,}35\square < 7{,}354$ b) $-0{,}1\square 9 < -0{,}129$ c) $-123{,}\square 22 < -123{,}222$

d) $0{,}1\square < |-0{,}10|$ e) $-\square 5{,}34 < -35{,}34$ f) $|-14{,}\square 64| < 14{,}264$

Findest du mehrere Möglichkeiten?

7 Bereits seit der Antike gibt es Überlieferungen von schweren Erdbeben. Ordne die historischen Erdbeben auf der Karte in einer Zeitleiste an. Wähle eine geeignete Unterteilung.

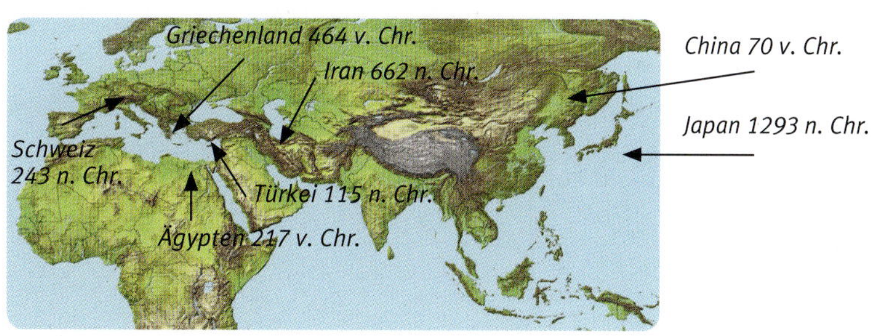

8 Bestimme zwei Zahlen so, dass die erste Zahl kleiner als die zweite Zahl ist, ihr Betrag aber größer. Findest du mehrere Möglichkeiten?

9 Bestimme jeweils vier Zahlen, die ...

a) zwischen −2 und 0 liegen, und deren Betrag größer als $\frac{3}{4}$ ist.

b) kleiner als −3 sind, und deren Betrag größer als 4 ist.

c) größer als −7 sind, und deren Betrag kleiner (größer) als 10 ist.

(−2) – (−5)

1 1. Zahl: Startwert

2 Rechenzeichen: Blickrichtung

3 2. Zahl: Anzahl Schritte & Bewegungsrichtung

Aufgaben ablaufen: Lege auf dem Boden je ein Blatt Papier mit den Zahlen zwischen −7 bis +7 der Reihe nach hin. Laufe eine Rechnung wie folgt ab:

1 Die erste Zahl ist der Startwert.

2 Das Rechenzeichen gibt an, in welche Richtung du schauen musst:
+: Blick in positive Richtung   −: Blick in negative Richtung

3 Bei der zweiten Zahl gibt das Vorzeichen an, wie du dich bewegst: positives Vorzeichen vorwärts, negatives Vorzeichen rückwärts. Die Ziffer legt die Anzahl der Schritte fest, die du gehen musst. Am Endpunkt erhältst du das Ergebnis.

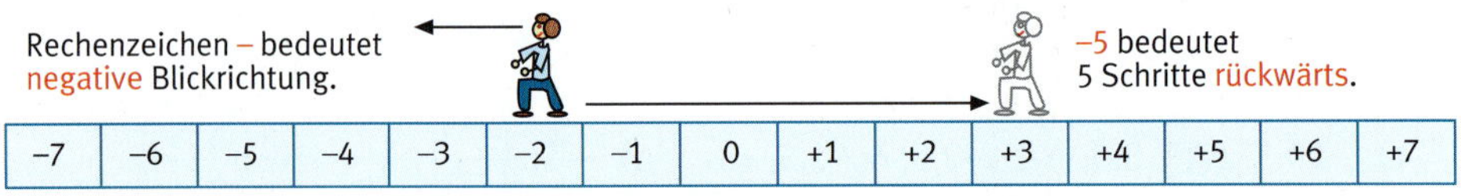

Welche Rechnungen führen zum selben Ergebnis?

- Gehe die folgenden Aufgaben an der Zahlengerade ab und löse sie. Erkläre dabei den Unterschied zwischen Vorzeichen und Rechenzeichen.

a)	(−3) + (−4)	(−3) − (+4)	(−3) + (+4)	(−3) − (−4)
b)	(+4) − (−2)	(+4) + (−2)	(+4) − (+2)	(+4) + (+2)

- Ersetze in den Aufgaben die Rechenzeichen und Vorzeichen aus den Schritten 2 und 3 durch ein einziges Zeichen. Wie lautet die Bewegungsvorschrift?

Merkwissen

Addition rationaler Zahlen

1 **Addiert** man eine **positive Zahl**, ist die Gesamtänderung **positiv**.

(−1) + (+3) = +2

oder kurz: −1 + 3 = 2

2 **Addiert** man eine **negative Zahl**, ist die Gesamtänderung **negativ**.

(−1) + (−3) = −4

oder kurz: −1 − 3 = −4

Bei gleichen Vorzeichen der Summanden werden die Beträge addiert; das gemeinsame Vorzeichen der Summanden bleibt im Ergebnis erhalten.
Bei verschiedenen Vorzeichen der Summanden wird der kleinere Betrag vom größeren Betrag subtrahiert; das Ergebnis hat das Vorzeichen des Summanden mit dem größeren Betrag.

*Addition bei **gleichen Vorzeichen**:*

(−1) + (−3)

1 Beträge addieren

1 + 3 = 4

2 gemeinsames Vorzeichen im Ergebnis

(−1) + (−3) = −4

*Addition bei **verschiedenen Vorzeichen**:*

(−1) + (+3)

1 großer minus kleiner Betrag

3 − 1 = 2

2 Vorzeichen der Zahl mit größerem Betrag im Ergebnis

(−1) + (+3) = +2

Subtraktion rationaler Zahlen

1 **Subtrahiert** man eine **negative Zahl**, ist die Gesamtänderung **positiv**.

(−1) − (−3) = +2

oder kurz: −1 + 3 = 2

2 **Subtrahiert** man eine **positive Zahl**, ist die Gesamtänderung **negativ**.

(−1) − (+3) = −4

oder kurz: −1 − 3 = −4

Die Subtraktion lässt sich stets durch die **Addition der Gegenzahl** ersetzen.

Vor- und Rechenzeichen lassen sich stets durch ein Zeichen ersetzen. Dabei gilt: Zwei **unterschiedliche Zeichen** ergeben „−“, zwei **gleiche Zeichen** „+“.

kurz:

+(+ → +
−(− → +
+(− → −
−(+ → −

BEISPIEL

Treffen Vorzeichen und Rechenzeichen aufeinander, dann muss eine Klammer gesetzt werden.

I Schreibe in Kurzform und berechne.

a) $4{,}5 + (-2{,}3)$ b) $-6{,}7 - (-3{,}8)$

Lösung:

a) $4{,}5 + (-2{,}3) = 4{,}5 - 2{,}3 = 2{,}2$ b) $-6{,}7 - (-3{,}8) = -6{,}7 + 3{,}8 = -2{,}9$

VERSTÄNDNIS

- Wie lautet das Ergebnis, wenn du zu einer Zahl ihre Gegenzahl addierst (subtrahierst)? Probiere mit positiven und negativen Zahlen aus.
- Begründe folgende Aussage anhand von Beispielen: „Der Zustand wird durch das Vorzeichen angegeben, die Änderung durch das Rechenzeichen."

AUFGABEN

Zeichne die Bewegungen wie im Merkkasten.

1 Stelle die Aufgaben jeweils an einer Zahlengeraden dar. Bestimme das Ergebnis.

a)	b)	c)	d)
$-7 + (-3)$	$-2{,}5 - (-4{,}5)$	$-\frac{2}{3} + \left(-\frac{1}{9}\right)$	$2{,}3 - \left(-\frac{8}{10}\right)$
$+9 - (-6)$	$-8 - (-5{,}5)$	$\frac{5}{6} - \left(-1\frac{2}{3}\right)$	$-3{,}6 + (+1{,}8) - (+2{,}4)$
$-12 - (+11)$	$-12{,}5 + (+11)$	$-\frac{1}{2} - (+1{,}25)$	$+4{,}6 + (-2{,}1) - \left(-\frac{4}{5}\right)$
$-6 - (-23)$	$+9\frac{1}{2} + (-7{,}5)$	$-\frac{5}{8} + (\ 2{,}375)$	$-2{,}9 - (+1{,}4) + (-1{,}4)$

2 Übertrage ins Heft und bestimme die fehlenden Temperaturangaben.

a) ☐ —(+ 6,4 °C)→ 12,3 °C
☐ —(−2,7 °C)→ −1,3 °C

b) −2,8 °C —(☐)→ −6,2 °C
+12,6 °C —(−4,9 °C)→ ☐

c) 7,4 °C —(☐)→ 3,6 °C
☐ —(−3,8 °C)→ +4,4 °C

d) −0,4 °C —(−6,1 °C)→ ☐
0 °C —(☐)→ −1,8 °C

3 Stelle die Zahlen auf dem Stein jeweils als Ergebnis eines Terms dar mit den angegebenen Bedingungen. Das Ergebnis ist die ...

a) Summe zweier Zahlen mit gleichem Vorzeichen.
b) Summe zweier Zahlen mit verschiedenen Vorzeichen.
c) Differenz zweier Zahlen mit gleichem Vorzeichen.
d) Differenz zweier Zahlen mit verschiedenen Vorzeichen.

Beispiel: −8: a) $-6{,}5 + (-1{,}5) = -6{,}5 - 1{,}5 = -8$

Findest du mehrere Möglichkeiten?

4 Bestimme jeweils die fehlenden Angaben auf dem Kontoauszug.

[delta]
Konto Nr. 31321 alter Kontostand: −453,45 €
Rechnung Küchenbau −1233,12 €
Aktueller Kontostand: ☐

[delta]
Konto Nr. 89221 alter Kontostand: −1543,76 €
Lohn/Gehalt ☐ €
Aktueller Kontostand: 801,56 €

[delta]
Konto Nr. 16057 alter Kontostand: ☐ €
Kreditkartenabrechnung −435,76 €
Aktueller Kontostand: −2350,31 €

[delta]
Konto Nr. 64971 alter Kontostand: −596,34 €
Gutschrift SB-Bank ☐ €
Aktueller Kontostand: −360,84 €

Lösungen zu 5:
-435; -148; -41; -15;
$-6{,}7$; $-5\frac{5}{6}$; $-2{,}8$; $-1{,}9$; $-1\frac{2}{3}$;
$-1{,}5$; $-1\frac{1}{4}$; $-1{,}2$; $-\frac{9}{10}$; $-\frac{7}{9}$;
$-0{,}6$; $\frac{4}{25}$; $1\frac{1}{10}$; 3; 16; 49;
130

5 Berechne im Kopf.

a) $(-14) + (-27)$
$(+15) - (-34)$
$(-18) + (+21)$
$(-27{,}4) - (-12{,}4)$

b) $(+86) - (-44)$
$(-112) - (+36)$
$(-250) + (-185)$
$(+15{,}4) + (-17{,}3)$

c) $(+2{,}4) - (+3{,}6)$
$(-4{,}8) + (-1{,}9)$
$(+3{,}9) + (+12{,}1)$
$(-13{,}7) + (+10{,}9)$

d) $\left(+2\frac{5}{8}\right) - \left(+3\frac{7}{8}\right)$
$\left(-2\frac{1}{5}\right) + \left(+1\frac{3}{10}\right)$
$\left(+\frac{5}{9}\right) + \left(-2\frac{2}{9}\right)$

e) $\left(+\frac{4}{5}\right) + \left(-1\frac{2}{5}\right)$
$\left(-2\frac{3}{4}\right) - \left(-1\frac{1}{4}\right)$
$\left(-3\frac{5}{6}\right) + (-2)$

f) $\left(-\frac{2}{3}\right) + \left(-\frac{1}{9}\right)$
$\left(+\frac{3}{10}\right) - \left(+\frac{7}{50}\right)$
$\left(-1\frac{1}{6}\right) - \left(-2\frac{4}{15}\right)$

Der Wert einer Traube ergibt sich aus der Summe bzw. Differenz (von links nach rechts) der beiden Trauben, die darüber liegen.

6 a) Übertrage in dein Heft und berechne die Summe.

b) Übertrage in dein Heft und bilde die Differenz.

Addition (Subtraktion) von Brüchen
- *Nenner gleichnamig machen*
- *Zähler addieren (subtrahieren), gleichnamigen Nenner beibehalten*

7 Übertrage ins Heft und vervollständige die Rechnungen.

a)
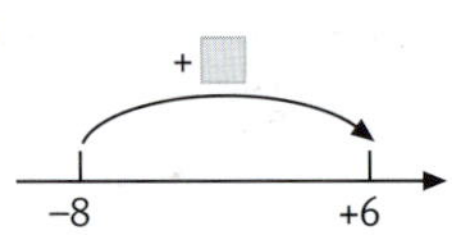

b)
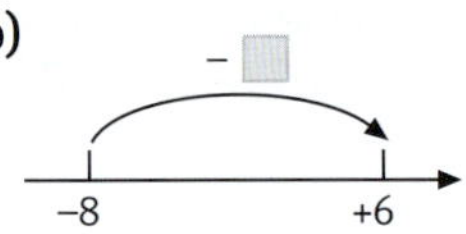

c)
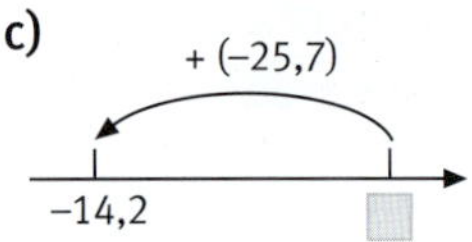

d)
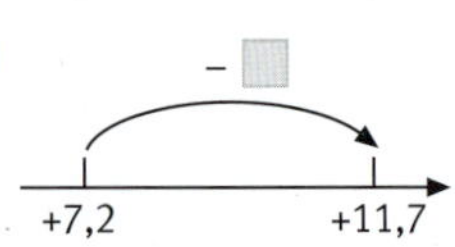

e)
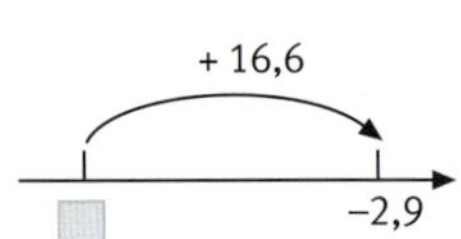

f)
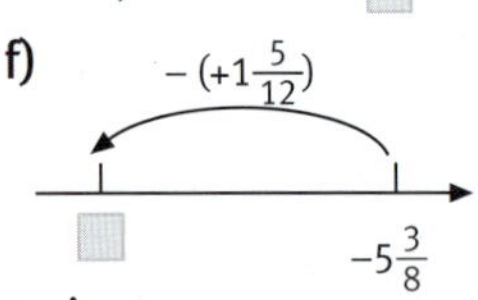

Oftmals reicht es aus, das Ergebnis zu überschlagen, um die Lücke zu füllen.

8 Übertrage in dein Heft und setze das richtige Vorzeichen ein.

a) □12 + (□8) = + 20
□123 − (−56) = □67
79 + (□1342) = □1421

b) □14,3 − (□12,9) = −1,4
−27,5 + (□34,2) = □6,7
−76,8 − (□54,7) = □131,5

c) $□\frac{2}{3} + \left(□\frac{5}{6}\right) = 1\frac{1}{2}$
$1\frac{7}{8} - \left(□1\frac{3}{4}\right) = □3\frac{5}{8}$
$□\frac{5}{12} - \left(□\frac{13}{3}\right) = -\frac{19}{4}$

9 Mit dem Taschenrechner lassen sich die Vorzeichen negativer Zahlen oft durch eine der abgebildeten Tasten angeben, bevor man die Zahl eingibt.

+/– oder (–)

a) Berechne und überprüfe mit dem Taschenrechner.

1 $+3{,}5-(-1{,}2)$ $\quad -3{,}5-(-1{,}2)$ $\quad -3{,}5+(-1{,}2)$

2 $0{,}75+(-0{,}75)$ $\quad -12{,}6-(+1{,}95)$ $\quad +12{,}5-(-0{,}8)$

3 $-\frac{7}{15}+\left(\frac{5}{18}\right)$ $\quad \frac{7}{12}+\left(-\frac{1}{9}\right)$ $\quad -\frac{11}{36}-\left(-\frac{6}{19}\right)$

4 $-14\frac{2}{3}+\left(-7\frac{5}{9}\right)$ $\quad -112{,}53\ \ (-27{,}914)$ $\quad 214{,}371+(-483{,}04)$

b) Schreibe eine kurze Anleitung, wie man mit dem Taschenrechner rationale Zahlen addieren und subtrahieren kann.

Unterscheide verschiedene Fälle wie im Merkwissen auf Seite 16.

10 Übertrage in dein Heft und setze jeweils <, > oder = ein. Rechne ohne Taschenrechner.

a) $\frac{1}{2}-\left(-\frac{1}{3}\right)$ ☐ $\frac{1}{2}+\left(-\frac{1}{3}\right)$ **b)** $0{,}5+(-0{,}7)$ ☐ $0{,}2$

c) $-2{,}5$ ☐ $2{,}1+(-4{,}8)$ **d)** 0 ☐ $-\frac{1}{4}-\left(-\frac{1}{8}\right)$

e) $-4{,}5+(+2{,}3)$ ☐ $4{,}5+(-2{,}3)$ **f)** $12{,}3+(-112{,}7)$ ☐ $12{,}3-(+112{,}7)$

g) $-\frac{1}{3}+\left(-\frac{1}{9}\right)$ ☐ $-\frac{1}{9}+\left(-\frac{1}{3}\right)$ **h)** $0{,}4+(+1{,}32)-(-0{,}8)$ ☐ 2

11 Die Abbildung zeigt den Pegelstand der Weil bei Rod a. d. Weil.

a) Übertrage die Tabelle in dein Heft und setze sie weiter fort. Bestimme die Pegelstände jeweils so genau wie möglich durch Ablesen.

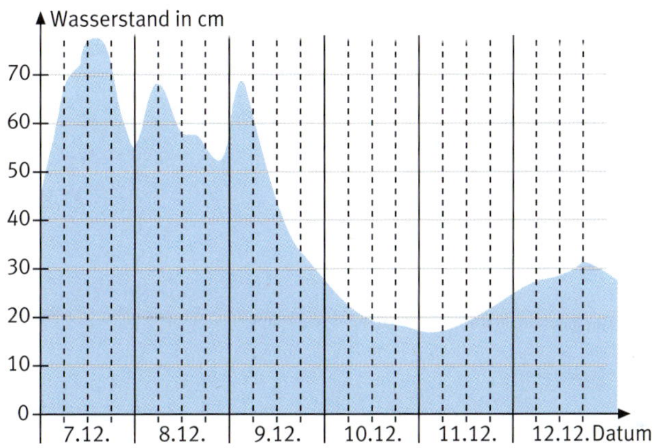

Tag	7.12.				8.12.				9.12.	
Uhrzeit	0 h	6 h	12 h	18 h	0 h	6 h	12 h	18 h	0 h	6 h
Pegel in cm	☐	☐	☐	☐	☐	☐	☐	☐	☐	☐

b) Bestimme an jedem Tag die Veränderung zwischen 0.00 Uhr und 24.00 Uhr. Markiere durch das Vorzeichen „+“ einen insgesamt gestiegenen Pegel und durch „–“ einen insgesamt gefallenen Pegel.

Beachte, dass 24.00 Uhr des Tages mit 0.00 Uhr des folgenden Tages zusammenfällt.

c) Bestimme mit den Ergebnissen von a) den durchschnittlichen Pegel an jedem Tag. Beschreibe auch, wie du den Durchschnittswert „verbessern“ kannst.

12 Wir rechnen mit Koordinaten und bestimmen jeweils die Differenz der Koordinaten. Dazu wird jeweils die y-Koordinate von der x-Koordinate eines Punktes abgezogen. Wir betrachten nur ganze Zahlen als Koordinaten. Zeichne ein Koordinatensystem ins Heft (1 Einheit ≙ 1 Kästchen) im Bereich von –10 bis +10 für die x- und y-Achse.

P (6 | 2)
Differenz: 6 – 2 = 4
Q (–1 | –5)
Differenz: –1 – (–5) = 4

a) Trage alle Koordinaten ein, deren Differenz 3 (0, –1, –3) beträgt.

b) Beschreibe für jede Differenz aus a) die Lage der Punkte.

c) Wie muss ein Muster aussehen für die Differenz 4 (–2, –5)? Begründe mit b).

					5	10	15		
					4	8	12	16	
					3	6	9	12	
					2	4	6	8	10
–4	–3	–2	–1	0	1	2	3	4	5
					0				
					–1				
					–2				
					–3				
					–4				

Die Abbildung zeigt den Ausschnitt aus einer Multiplikationstafel. Die **blau** hinterlegten Zahlen stellen die Faktoren für die Multiplikation dar. Das Ergebnis in jeder Zelle erhältst du, indem du Faktoren in x-Richtung mit denen in y-Richtung multiplizierst.

- Übertrage den Ausschnitt in dein Heft und ergänze die Ergebnisse einer Zahlenreihe jeweils in beide Richtungen. Beschreibe die Änderungen von Zelle zu Zelle.
- Betrachte die Vorzeichen der einzelnen Faktoren und des Produkts in den einzelnen Bereichen („Quadranten“) der Tafel. Welche Regel lässt sich bezüglich der Vorzeichen erkennen?

Merkwissen

kurz:
+ mal + → +
+ mal – → –
– mal + → –
– mal – → +

Zwei rationale Zahlen werden miteinander **multipliziert**, indem man zunächst ihre **Beträge** (also ohne Rücksicht auf das Vorzeichen) **multipliziert**.
Das Ergebnis hat dann ein positives Vorzeichen, wenn die **beiden Faktoren** das gleiche Vorzeichen haben.
Das Ergebnis hat ein negatives Vorzeichen, wenn die **beiden Faktoren** verschiedene Vorzeichen haben.

Beispiele:

–2,3 · (–1,5) =
1 Beträge: 2,3 · 1,5 = 3,45
2 gleiche Vorzeichen → +
3 Ergebnis: –2,3 · (–1,5) = +3,45

2,3 · (–1,5) =
1 Beträge: 2,3 · 1,5 = 3,45
2 verschiedene Vorzeichen → –
3 Ergebnis: 2,3 · (–1,5) = –3,45

Beispiele

I Berechne.

a) –4,5 · (–1,3) b) $-\frac{4}{11} \cdot \left(+\frac{2}{3}\right)$

Multiplikation von Brüchen:
$\frac{\text{Zähler} \cdot \text{Zähler}}{\text{Nenner} \cdot \text{Nenner}}$

Lösung:

a) –4,5 · (–1,3) = +5,85 b) $-\frac{4}{11} \cdot \left(+\frac{2}{3}\right) = -\frac{8}{33}$

II Welches Vorzeichen hat das Ergebnis? Bestimme, ohne zu rechnen.

a) 125,6 · (–12,4) b) $-\frac{5}{12} \cdot \frac{17}{13}$ c) 0,2 · (–3,5) · (–1,9)

Hat ein Produkt mehr als zwei Faktoren, dann wird das Vorzeichen für das Ergebnis immer nacheinander paarweise aus zwei Faktoren bestimmt.

Lösung:
Die Ergebnisse von a) und b) sind negativ, weil die beiden Faktoren jeweils unterschiedliche Vorzeichen haben.
Bei c) ist das Produkt der ersten beiden Faktoren negativ. Somit ist das Produkt aus diesem Ergebnis mit dem dritten Faktor positiv.

Verständnis

- Ein Produkt besteht aus drei Faktoren mit jeweils positivem (negativem) Vorzeichen. Welches Vorzeichen hat das Ergebnis?
- Welches Vorzeichen hat das Produkt, wenn einer der Faktoren null ist?

1 Bestimme das fehlende Vorzeichen.

a) $(-3{,}4) \cdot (-27{,}6) = \square 93{,}84$
$(+17{,}2) \cdot (-21{,}6) = \square 371{,}52$
$(+12{,}3) \cdot (+8{,}9) = \square 109{,}47$
$\left(-\frac{1}{7}\right) \cdot \frac{8}{9} = \square \frac{8}{63}$

b) $(\square 11{,}7) \cdot (-7{,}3) = 85{,}41$
$(-1{,}22) \cdot (\square 7{,}61) = -9{,}2842$
$(-1{,}7) \cdot (-0{,}2) \cdot (+2) = \square 0{,}68$
$(-4{,}5) \cdot \left(\square \frac{2}{5}\right) \cdot \left(-\frac{3}{4}\right) = 1\frac{7}{20}$

2 Berechne im Kopf.

a) $-5 \cdot (+6)$
$+8 \cdot (-2)^2$
$(-9) \cdot (-3)^2$
$|-6| \cdot (-10)$

b) $+7 \cdot (-3^2)$
$(-7) \cdot |+8|$
$11 \cdot (-11)$
$(-12) \cdot (-12)$

c) $20 \cdot (-6)$
$-50 \cdot (+0{,}5)$
$-1{,}5 \cdot (-22)$
$-30 \cdot |-2{,}6|$

d) $-\frac{1}{2} \cdot \left(-\frac{1}{3}\right)$
$\frac{5}{8} \cdot \left(-\frac{8}{5}\right)$
$-\frac{3}{4} \cdot 8$
$\left(-\frac{1}{2}\right)^3$

Beachte den Unterschied:
$-6^2 = -6 \cdot 6 = -36$
$(-6)^2 = (-6) \cdot (-6) = +36$

3 Übertrage die Multiplikationstabelle in dein Heft und vervollständige.

a)

·	+4,5	−3,2	−10	2,9
−2,1	□	□	□	□
+9	□	□	□	□
−1,1	□	□	□	□
5,6	□	□	□	□

b)

·	−2,25	□	$-\frac{2}{5}$	0
$-\frac{7}{8}$	□	□	□	□
7,5	□	−2,25	□	□
|−12|	□	□	□	□
$-\frac{5}{6}$	□	□	□	□

Lösungen zu 3:
$-90; -56; -28{,}8; -27; -17{,}92; -16\frac{7}{8}; -9{,}45; -6{,}09; -4{,}95; -4\frac{4}{5}; -3\frac{3}{5}; -3{,}19; -3; -\frac{3}{10}; 0; 0; 0; 0; \frac{1}{4}; \frac{21}{80}; \frac{1}{3}; \frac{7}{20}; 1\frac{7}{8}; 1\frac{31}{32}; 3{,}52; 6{,}72; 11; 16{,}24; 21; 25{,}2; 26{,}1; 40{,}5$

4 Ergänze die fehlende Zahl. Beachte das Vorzeichen.

a) $\square \cdot (-6) = -24$
$-8 \cdot \square = 56$
$+17 \cdot \square = 85$

b) $\square \cdot (-2{,}5) = -10$
$\square \cdot 1{,}2 = -18$
$-25 \cdot \square = 5$

c) $\left(-\frac{2}{3}\right) \cdot \square = 4$
$\square \cdot \frac{4}{5} = -1$
$-0{,}6 \cdot \square = -9$

d) $-1{,}65 \cdot \square = 4{,}95$
$\square \cdot \left(-\frac{5}{4}\right) = \frac{5}{8}$
$\left(-\frac{14}{17}\right) \cdot \square = 0$

5 Setze Karten mit den Ziffern und Vorzeichen jeweils so ein, dass das Produkt ...
a) möglichst groß wird. **b)** möglichst klein wird. **c)** nahe bei null liegt.

1
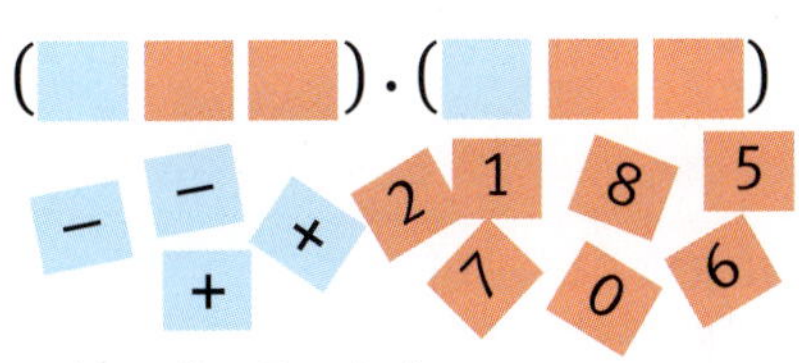

2
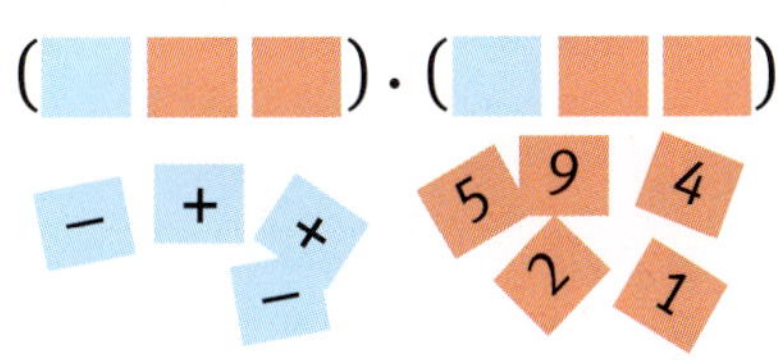

6 Berechne das Ergebnis.

a) $7 \cdot (-12) \cdot 8$
$-5 \cdot (-3) \cdot (-10) \cdot 8$

b) $(-1{,}4) \cdot 5{,}6 \cdot (-2{,}1)$
$-0{,}5 \cdot (-3{,}4) \cdot |-13| \cdot (-1)$

c) $\frac{2}{5} \cdot \left(-\frac{3}{8}\right) \cdot \left(-\frac{5}{12}\right)$
$-\frac{4}{3} \cdot \frac{1}{9} \cdot \left|-\frac{4}{15}\right|$

7 **a)** Berechne. Beschreibe Zusammenhänge, die du erkennst.
① $(-1)^2$; $(-1)^3$; $(-1)^4$; $(-1)^5$; $(-1)^6$; $(-1)^7$
② $(-2)^2$; $(-2)^3$; $(-2)^4$; $(-2)^5$; $(-2)^6$; $(-2)^7$; $(-2)^8$

b) Bestimme zunächst das Vorzeichen des Ergebnisses. Berechne dann.
$(-3)^3$; $(-2{,}5)^2$; $(-4)^4$; $\left(-\frac{1}{3}\right)^2$; $\left(-\frac{2}{5}\right)^3$; $(-1{,}2)^2$; $\left(-\frac{4}{7}\right)^3$

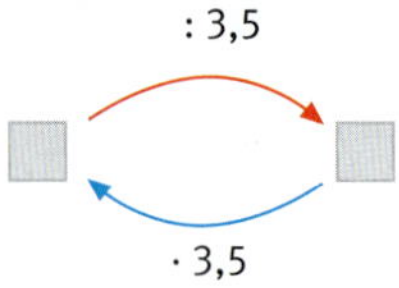

72 : 8
Dividend Divisor
Quotient

Die Division ist die Umkehrung der Multiplikation.

- Übertrage die Darstellungen in dein Heft und ergänze die fehlenden Angaben.
- Betrachte die Vorzeichen bei den Rechnungen zur Division. Welche Zusammenhänge erkennst du? Stelle eine Regel auf und erkläre sie.

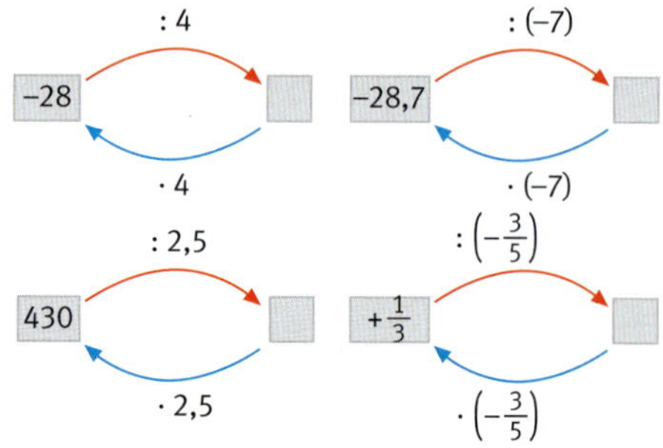

Merkwissen

Zwei rationale Zahlen, die ungleich null sind, werden **dividiert**, indem man zunächst ihre **Beträge** (also ohne Rücksicht auf das Vorzeichen) **dividiert**.
Das Ergebnis hat ein positives Vorzeichen, wenn Dividend und Divisor das gleiche Vorzeichen haben.
Das Ergebnis hat ein negatives Vorzeichen, wenn Dividend und Divisor verschiedene Vorzeichen haben.

Beispiele:

–12,5 : (–2,5) =
1 Beträge: 12,5 : 2,5 = 5
2 gleiche Vorzeichen → +
3 Ergebnis: –12,5 : (–2,5) = +5

12,5 : (–2,5) =
1 Beträge: 12,5 : 2,5 = 5
2 verschiedene Vorzeichen → –
3 Ergebnis: 12,5 : (–2,5) = –5

Genau wie bei der Multiplikation gilt kurz:
+ geteilt durch + → +
+ geteilt durch – → –
– geteilt durch + → –
– geteilt durch – → +

Beispiele

I Berechne ausführlich.

a) –0,72 : 1,2

b) $-\frac{4}{11} : \left(-\frac{3}{5}\right)$

Lösung:

a) –0,72 : 1,2 =
1 Beträge: 0,72 : 1,2 = 0,6
2 Vorzeichen: –
3 Ergebnis: –0,72 : 1,2 = –0,6

b) $-\frac{4}{11} : \left(-\frac{3}{5}\right) =$
1 Beträge: $\frac{4}{11} : \left(\frac{3}{5}\right) = \frac{4}{11} \cdot \frac{5}{3} = \frac{20}{33}$
2 Vorzeichen: +
3 Ergebnis: $-\frac{4}{11} : \left(-\frac{3}{5}\right) = \frac{20}{33}$

Beachte:

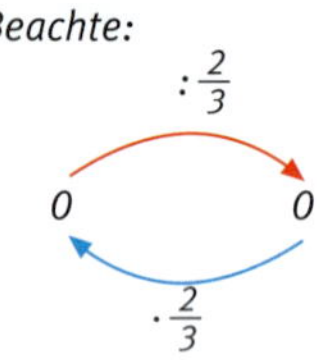

aber:

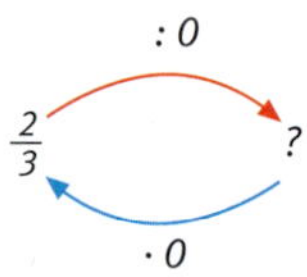

Durch 0 kann man nicht dividieren. Man findet keine Zahl, die mit 0 multipliziert $\frac{2}{3}$ ergibt.

Verständnis

- Wie groß ist der Quotient, wenn der Divisor 1 bzw. –1 ist?
- Wie groß ist der Quotient, wenn Dividend und Divisor gleich sind (Gegenzahlen sind)?
- Für welche Divisoren ist das Ergebnis der Division kleiner (größer) als der Dividend? Finde Beispiele.

Aufgaben

1 Übertrage die Pfeilbilder in dein Heft und ergänze die fehlenden Angaben.

a)
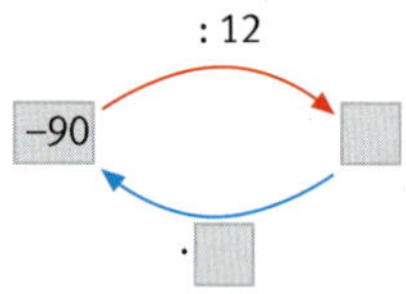

b)
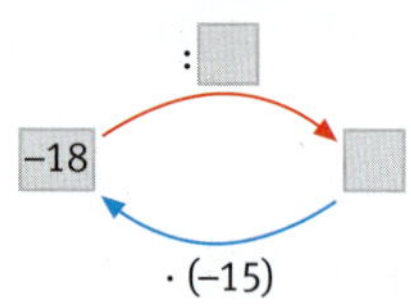

c)
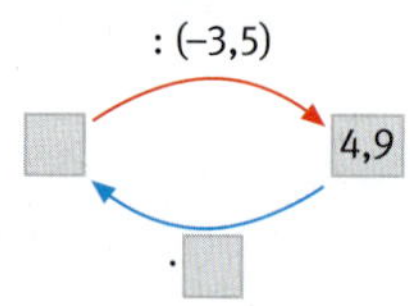

2 Du weißt bereits, dass man durch einen Bruch dividieren kann, indem man mit seinem Kehrbruch multipliziert.

a) Erkläre, warum man die Regel für die Division rationaler Zahlen bereits mit dieser Kenntnis bekommen kann.

b) Übertrage die Pfeilbilder in dein Heft und ergänze die fehlenden Angaben.

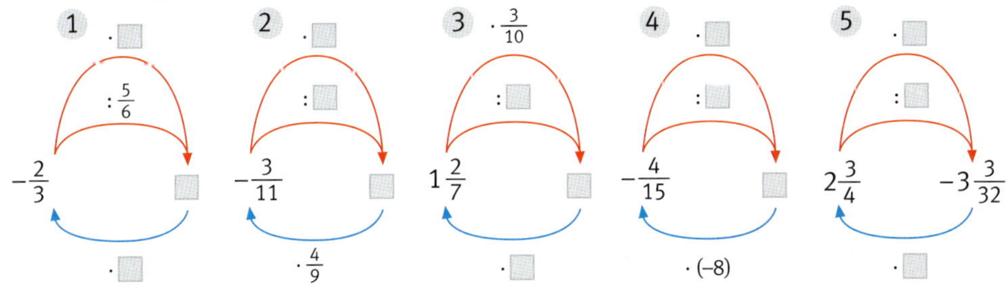

Erweiterung:

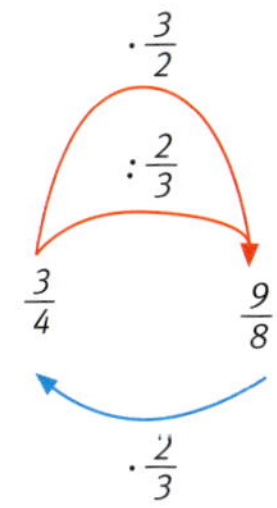

$:\frac{2}{3}$ und $\cdot\frac{3}{2}$ führt zum selben Ergebnis.

3 Berechne im Kopf.

a) $-42 : (-6)$
$-81 : 9$
$(+56) : (-8)$
$(-63) : (-7)$

b) $76 : (-4)$
$-85 : (-5)$
$+96 : 8$
$-84 : (+6)$

c) $|-144| : (-12)$
$143 : (+13)$
$(-195) : |+15|$
$198 : (-11)$

d) $15 : |-2{,}5|$
$-9{,}6 : (+1{,}2)$
$|-8{,}75| : (-1{,}25)$
$(+3{,}5) : (-0{,}05)$

4 Übertrage die Divisionstabelle in dein Heft und vervollständige.

a)

:	+2	−5	−7	8
−560	□	□	□	□
840	□	□	□	□
−700	□	□	100	□
1064	□	□	□	□

b)

:	+1,5	$-\frac{3}{5}$	$-1\frac{2}{3}$	4,5
−1,5	□	□	□	$-\frac{1}{3}$
78,6	□	□	□	□
$-\frac{3}{8}$	□	□	□	□
0	□	□	□	□

Lösungen zu 4:
$-350; -280; -212{,}8; -168; -152; -131; -120; -87{,}5; -70; -47{,}16; -1; -\frac{1}{3}; -\frac{1}{4}; -\frac{1}{12}; 0; 0; 0; 0; \frac{9}{40}; \frac{5}{8}; 0{,}9; 2{,}5; 17\frac{7}{15}; 52{,}4; 80; 100; 105; 112; 133; 140; 420; 532$

5 Übertrage in dein Heft und bestimme die fehlenden Vorzeichen und Zahlen.

a) □182 : (−13) = −□
b) −□ : 17 = □12,5
c) −32,5 : (+□) = □26
d) (−□) : (□2,6) = −14,3
e) −29,04 : (□□) = 1,1
f) 0 : □□ = □□

6 Beginne mit dem Startstein. Die Lösung der Aufgabe führt dich zum neuen Stein.

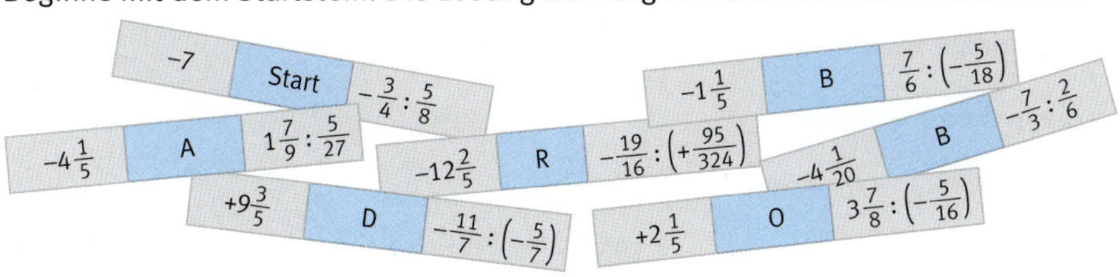

7 Die Tabelle zeigt die Abendtemperaturen während einer Woche im Odenwald.

Datum	Mo	Di	Mi	Do	Fr	Sa	So
Temperatur	−1,3 °C	−2,4 °C	−2,1 °C	−2,3 °C	−1,4 °C	0,1 °C	0,8 °C

Finde verschiedene Möglichkeiten zur Bestimmung der durchschnittlichen Abendtemperatur.

- Welche Terme gehören zusammen? Setze die Zahlenwerte passend ein und probiere aus.
- Welche Regel erkennst du für die Verbindung von Addition und Multiplikation? Beschreibe in eigenen Worten.

Merkwissen

distribuere (lat.): verteilen

Wird eine Summe (Differenz) mit einer rationalen Zahl multipliziert, dann lässt sich diese Zahl wie bisher auf die einzelnen Teile der Summe (Differenz) „verteilen". Diesen Vorgang nennt man **Ausmultiplizieren**.
Umgekehrt lassen sich gemeinsame Faktoren in den Teilen einer Summe (Differenz) auch aus der Summe (Differenz) „herausziehen", was man als **Ausklammern** bezeichnet. Dieses Rechengesetz heißt **Distributivgesetz**.

ausmultiplizieren

$(-17 + 6) \cdot (-5) = (-17) \cdot (-5) + 6 \cdot (-5)$

ausklammern

ausmultiplizieren

oder $(-5) \cdot (-17 + 6) = (-5) \cdot (-17) + (-5) \cdot 6$

ausklammern

Beispiele

I Berechne den Term. Wende das Distributivgesetz an.

a) $-6 \cdot (70 + 11)$ b) $(-8) \cdot (-99)$ c) $27 \cdot (-17) + 13 \cdot (-17)$

Lösung:

Das Distributivgesetz kann auch in diesem Fall helfen:
$98 \cdot (-23)$
$= (100 - 2) \cdot (-23)$
$= 100 \cdot (-23) - 2 \cdot (-23)$

a) $-6 \cdot (70 + 11) = -6 \cdot 70 + (-6) \cdot 11 = -420 + (-66) = -486$

b) $(-8) \cdot (-99) = (-8) \cdot (-100 + 1) = (-8) \cdot (-100) + (-8) \cdot 1 = 800 - 8 = 792$

c) $27 \cdot (-17) + 13 \cdot (-17) = (27 + 13) \cdot (-17) = 40 \cdot (-17) = -680$

II Finde einige geschickte Möglichkeiten, um $-56 \cdot 24$ zu berechnen.

Lösungsmöglichkeiten:

Wähle die Möglichkeit, die dir am geschicktesten erscheint.

Bei Summen in den Klammern gibt es meist weniger Fehler mit dem Vorzeichen.

1. $-56 \cdot 24$
$= (-60 + 4) \cdot 24$
$= -60 \cdot 24 + 4 \cdot 24$
$= -1440 + 96$
$= -1344$

2. $-56 \cdot 24$
$= (-50 + (-6)) \cdot 24$
$= -50 \cdot 24 + (-6) \cdot 24$
$= -1200 - 144$
$= -1344$

3. $-56 \cdot 24$
$= -56 \cdot (20 + 4)$
$= -56 \cdot 20 + (-56) \cdot 4$
$= -1120 - 224$
$= -1344$

Verständnis

- Beschreibe, wie man mit dem Distributivgesetz geschickt rechnen kann.
- Das Distributivgesetz lässt sich auch auf Differenzen anwenden. Begründe.

1 Wende das Distributivgesetz an und bestimme das Ergebnis.

a) $-2 \cdot 19 + (-2) \cdot (-39)$ b) $0{,}4 \cdot (-1{,}8) + 0{,}4 \cdot (-0{,}2)$ c) $-25 \cdot (50 - 17)$

d) $19{,}2 \cdot (0{,}5 - 10{,}1)$ e) $-28 \cdot \left(\left(\frac{7}{4}\right) + \left(-\frac{4}{7}\right)\right)$ f) $\left((-0{,}4) + \frac{3}{4}\right) \cdot 100$

g) $(-36) \cdot \left(\left(-\frac{7}{12}\right) + \frac{7}{18}\right)$ h) $\frac{4}{5} \cdot 2{,}6 - \frac{4}{5} \cdot (-4{,}6)$ i) $7{,}5 \cdot (-16{,}3) + 7{,}5 \cdot 4{,}3$

Lösungen zu 1:
−825; −184,32; −90; −33; −0,8; 5,76; 7; 35; 40

2 Beschreibe, wie man mithilfe des Distributivgesetzes die Anzahl der Flaschen jeder Sorte auf verschiedene Arten bestimmen kann.

a) 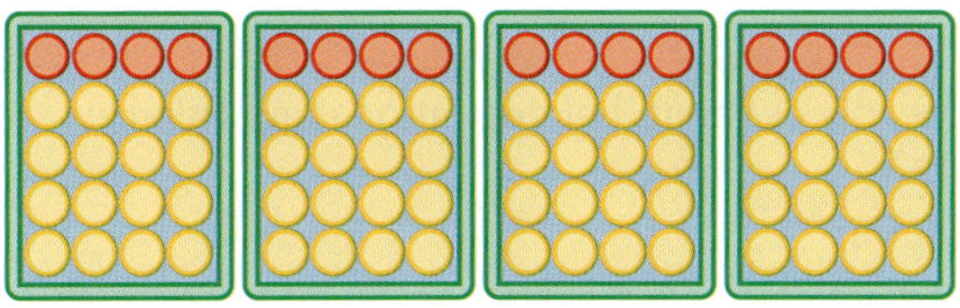

b) 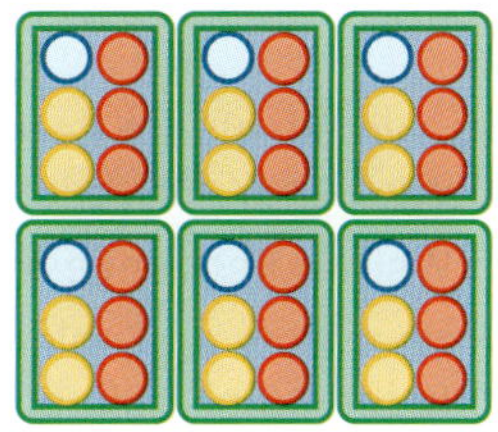

3 Berechne geschickt.

a) $50{,}66 \cdot \left(-\frac{1}{2}\right) - 0{,}76 \cdot \left(-\frac{1}{2}\right)$ b) $(-0{,}57) \cdot 86{,}5 + (-0{,}57) \cdot 3{,}1$

c) $(-21{,}9) \cdot \frac{1}{3} + (-21{,}9) \cdot \frac{1}{3}$ d) $6{,}75 : (-0{,}25) - 1{,}8 : (0{,}25)$

e) $14{,}4 : (-0{,}9) + (-16{,}2) : 0{,}9$ f) $(-14{,}7) : 3\frac{1}{2} + 14{,}7 : \left(-3\frac{1}{2}\right)$

g) $(35{,}2 - 17{,}3) \cdot (77{,}3 - 86{,}3)$ h) $(34{,}7 - 43{,}8) \cdot (43{,}8 - 34{,}7)$

i) $(48{,}3 - 49{,}3) : (7{,}2 + 2{,}8)$ j) $(-4{,}802 + 23{,}902) : (2{,}1 - 0{,}4)$

4 Nutze das Distributivgesetz geschickt, um die Terme zu berechnen.

a) $-45 \cdot 17$ $(-32) \cdot 98$ $1{,}6 \cdot (-102)$ $1{,}27 \cdot (-55)$

b) $-27 \cdot (-9{,}9)$ $5{,}5 \cdot (-6{,}7)$ $-12{,}9 \cdot (-10{,}5)$ $-9{,}5 \cdot 34{,}25$

5 Lässt sich das Distributivgesetz auch immer auf Divisionen anwenden?

1 $121 : (-11) + 66 : (-11) \overset{?}{=} (121 + 66) : (-11)$

2 $-144 : 12 + (-144) : 8 \overset{?}{=} -144 : (12 + 8)$

3 $756 : (-7) - 756 : 9 \overset{?}{=} 756 : ((-7) - 9)$

4 $-117 : 26 + (-117) : (-9) \overset{?}{=} -117 : (26 + (-9))$

a) Überprüfe die Gültigkeit der Gleichungen.

b) Stelle eine Regel für das Distributivgesetz für die Division auf und überprüfe an weiteren selbst gewählten Beispielen.

6 a) Gib wie in Beispiel II verschiedene Möglichkeiten an, um vorteilhaft zu rechnen.
1 $-76 \cdot 21$ 2 $-126 \cdot (-25)$ 3 $-24{,}8 \cdot (-3{,}6)$ 4 $5{,}6 \cdot (-8{,}9)$

b) Tamara erinnert sich: „In der Grundschule haben wir beim Multiplizieren doch auch die Faktoren immer zerlegt. Wie war das möglich?“ Begründe das damalige Vorgehen mit dem Distributivgesetz.

Multiplikation Klasse 3:

126 · 12 =	
100 · 12 =	1200
20 · 12 =	240
6 · 12 =	72
126 · 12 =	1512

7 Welcher Term ergibt das größte (kleinste) Ergebnis? Begründe, ohne zu rechnen.

a) $-54 + (-0{,}6)$ $-54 - (-0{,}6)$ $-54 \cdot (-0{,}6)$ $-54 : (-0{,}6)$

b) $-28 + (-1{,}5)$ $-28 - (-1{,}5)$ $-28 \cdot (-1{,}5)$ $-28 : (-1{,}5)$

Sven versucht, die Rechengesetze, die er kennt, bei den rationalen Zahlen zu überprüfen. Kannst du ihm helfen?

- Welche Rechengesetze kennst du?
- Überprüfe an Zahlenbeispielen, ob du bei den einzelnen Grundrechenarten die Reihenfolge beliebig vertauschen und Klammern beliebig setzen kannst.

Merkwissen

Beachte: Da wir eine Subtraktion auch als Addition der Gegenzahl und eine Division stets als Multiplikation mit ihrem Kehrwert verstehen können, lassen sich diese Grundrechenarten auch in den Rechengesetzen wiederfinden.

commutare (lat.): vertauschen
associare (lat.): vereinigen

Die bisher bekannten Rechengesetze gelten auch für rationale Zahlen. Es können also bei der alleinigen **Addition** bzw. **Multiplikation** rationale Zahlen **beliebig vertauscht** oder durch **Klammern zusammengefasst** werden.

Man bezeichnet das **Kommutativgesetz** auch als Vertauschungsgesetz.

Addition:
$(+4{,}2) + (-2{,}3) + (+3{,}8) = +5{,}7$
$(+4{,}2) + (+3{,}8) + (-2{,}3) = +5{,}7$

Multiplikation:
$(+2{,}5) \cdot (-1{,}8) \cdot (-6) = +27$
$(+2{,}5) \cdot (-6) \cdot (-1{,}8) = +27$

Das Verbindungsgesetz zum Setzen von Klammern heißt **Assoziativgesetz**.

Addition:
$(-0{,}8) + [(+2{,}8) + (-1{,}5)] = 0{,}5$
$[(-0{,}8) + (+2{,}8)] + (-1{,}5) = 0{,}5$

Multiplikation:
$\left(-\frac{3}{4}\right) \cdot \left[\left(-\frac{1}{2}\right) \cdot \left(+\frac{5}{7}\right)\right] = +\frac{15}{56}$
$\left[\left(-\frac{3}{4}\right) \cdot \left(-\frac{1}{2}\right)\right] \cdot \left(+\frac{5}{7}\right) = +\frac{15}{56}$

Erinnere dich an folgende Regeln für die Berechnung von Termen:
1. Was in **Klammern** steht, wird immer **zuerst** ausgerechnet. Bei mehreren Klammern beginnt man mit der innersten.
2 **Potenzen** werden **vor** den vier **Grundrechenarten** berechnet.
3. **Punktrechnung** (Multiplikation, Division) geht **vor Strichrechnung** (Addition, Subtraktion).

Beispiele

Division durch einen Bruch
$: \frac{\text{Zahl } a}{\text{Zahl } b}$
↓
$\cdot \frac{\text{Zahl } b}{\text{Zahl } a}$
Multiplikation mit dem Kehrbruch

I Erkläre, warum die folgenden Aufgaben richtig umgestellt wurden.

a) $6{,}2 - 5{,}6 + 2{,}8 = 6{,}2 + 2{,}8 - 5{,}6$ **b)** $0{,}2 \cdot (-1{,}4) : (-5) = 0{,}2 : (-5) \cdot (-1{,}4)$

Lösung:

a) Die Subtraktion kann auch als Addition geschrieben werden. Hier darf man die Summanden vertauschen.
$6{,}2 - 5{,}6 + 2{,}8 = 6{,}2 + (-5{,}6) + 2{,}8 = 6{,}2 + 2{,}8 + (-5{,}6) = 6{,}2 + 2{,}8 - 5{,}6$

b) Die Division kann man in eine Multiplikation umwandeln.
$0{,}2 \cdot (-1{,}4) : (-5) = 0{,}2 \cdot (-1{,}4) \cdot \left(-\frac{1}{5}\right) = 0{,}2 \cdot \left(-\frac{1}{5}\right) \cdot (-1{,}4) = 0{,}2 : (-5) \cdot (-1{,}4)$

Verständnis

- Wandle −2,4 − (−4,7) in eine Addition um.
- Mit welchem Rechengesetz hast du hier einen Vorteil: (−2,4) + (−1,8) + (−4,6)?

Aufgaben

1 Erkläre die Rechnungen. Welches Rechengesetz wurde jeweils verwendet?

a) $15 + [(-25) + 132]$
$= [15 + (-25)] + 132$
$= (-10) + 132$
$= 122$

b) $-12{,}6 + (-6{,}9) + 4{,}6$
$= -12{,}6 + 4{,}6 + (-6{,}9)$
$= -8 + (-6{,}9)$
$= -14{,}9$

c) $1{,}2 \cdot (-13{,}6) \cdot (-5)$
$= (-13{,}6) \cdot 1{,}2 \cdot (-5)$
$= (-13{,}6) \cdot (-6)$
$= 81{,}6$

2 Vertausche und berechne geschickt.

Lösungen zu 2:
−1250; −1020; −46; −6; 0; 130; 80 000; 150 000

a) $24 + (-27) + 16 + (-13)$
b) $139 + (-5)^2 + (-15) + (-19)$
c) $-166 + 34 + (-16) + (-14) + 116$
d) $-16{,}7 + 16{,}6 + (-11{,}9) + 4{,}1 + 1{,}9$
e) $2 \cdot (-6) \cdot 5 \cdot |-17|$
f) $(-4) \cdot 2{,}5 \cdot (-5^2) \cdot (-5)$
g) $125 \cdot (-40) \cdot (-2^3) \cdot 2$
h) $-4 \cdot (-6) \cdot (-250) \cdot 5 \cdot (-5)$

3 Nutze die Rechengesetze und bestimme das Ergebnis.

a) $-45 + (-69 + 55) - |-37|$
b) $28 + |-17 + 42| + (-87 + 66)$
c) $(-9{,}3 + 3{,}7) - 6{,}5 + (-12{,}3 + 6{,}1) + 3{,}3$
d) $-5{,}2 + (-2{,}7 + 4{,}4 - 5{,}3) + (-1{,}8 + 3{,}4)$

4 Rechne vorteilhaft. Nenne das Rechengesetz, das du anwendest.

a) $-12{,}4 + 17{,}9 + (-4{,}6)$
$78{,}6 + [34{,}4 + (-129{,}7)]$
$-3{,}4 + 1{,}8 + 3{,}7 - 5{,}4$

b) $[(-7) \cdot 2{,}25] \cdot (-8)$
$(-5) \cdot 12 \cdot (-1{,}2)$
$6 \cdot (-12{,}6) \cdot \frac{1}{6}$

c) $15 \cdot 4{,}5 - 2{,}5$
$2^2 - 4 \cdot (-1{,}25)$
$((34 + (-2^4)) \cdot 2{,}3)$

5 Stelle die Karten zu möglichst vielen unterschiedlichen Aufgaben zusammen und berechne sie. Welcher Term liefert das größte (kleinste) Ergebnis?

a) 

b) 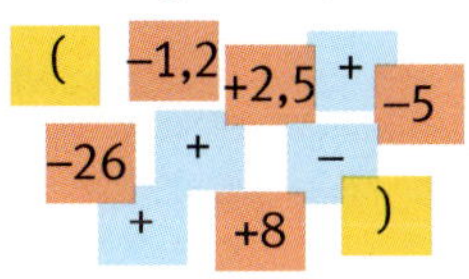

c) 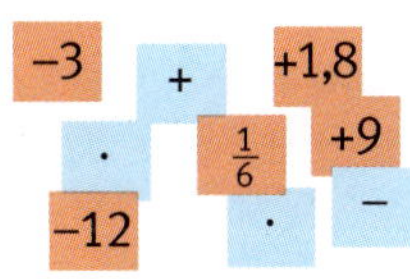

6 **a)** Vergleiche die Rechnungen miteinander, bei denen ein Klammerausdruck subtrahiert wird, und bestimme jeweils das Ergebnis. Welche Ergebnisse sind gleich?

Wird ein Klammerausdruck subtrahiert, dann spricht man oftmals von einer ***Minusklammer****.*

① $-13 - (-16 + 33) =$?
$-13 + 16 + 33$
$-13 + 16 - 33$
$-13 - 16 + 33$
$-13 - 16 - 33$

② $29 - (19 - 34) =$?
$29 - 19 + 34$
$29 - 19 - 34$
$29 + 19 + 34$
$29 + 19 - 34$

b) Beschreibe eine Regel, wie man eine Minusklammer auflösen kann. Überlege dir eigene Aufgaben wie in a) und überprüfe die Regeln daran.

7 Vergleiche die Rechenschlangen miteinander. Was fällt dir auf? Berechne.

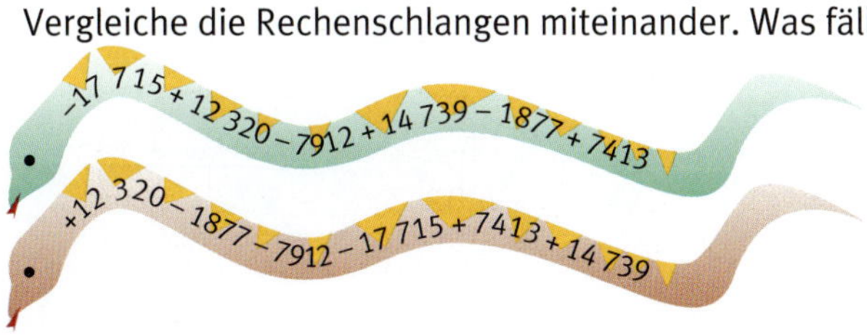

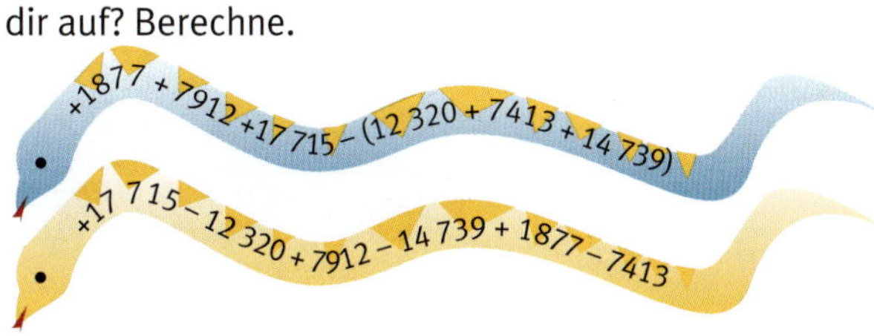

1.9 Aufgaben zur Differenzierung

Zu 1.1

1 Ordne die Zahlen der Größe nach. Das Ergebnis ergibt ein Lösungswort.

Beginne mit der größten Zahl

−3	I	−20	N	0	Z	7	V	−14	H
5	O	−9	C	−18	E	4	R	−2	E

Beginne mit der kleinsten Zahl.

50	T	−1	G	−15	U	5	M	0	E
−30	G	30	H	8	A	−6	T	15	C

Zu 1.2

2 Übertrage in dein Heft und gib die markierten rationalen Zahlen an.

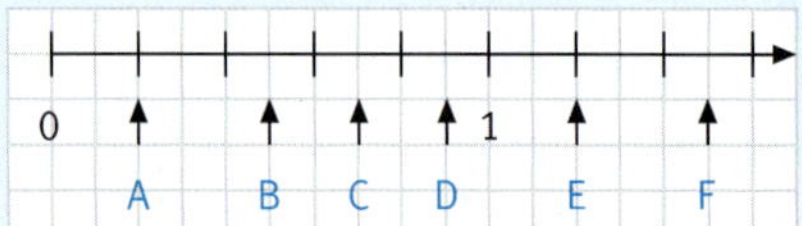

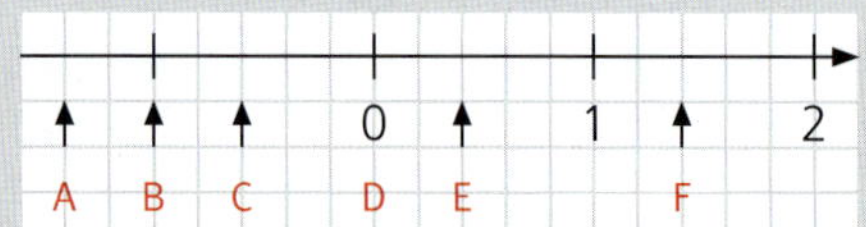

3 Gib jeweils an, zu welcher Menge ℕ, ℤ bzw. ℚ die Zahl gehört.

$-7{,}5$ | $\frac{3}{11}$ | 5 | $1{,}8$
-1000 | $3\frac{1}{7}$ | $-\frac{1}{2}$ | 0

Nenne zehn rationale Zahlen.

a) Drei Viertel der Mädchen und die Hälfte der Jungen gehen zum Chor.

b) $\frac{7}{8}$ der Mädchen und $\frac{5}{6}$ der Jungen haben ein Smartphone.

Zu 1.3

4 Zwischen welchen ganzen Zahlen liegt die Zahl?

a) 5,4 b) −0,7 c) $-2\frac{1}{4}$ d) 7,7
e) −7,7 f) 0,9 g) −6,9 h) −15,6

Nenne jeweils die größte Zahl und begründe.

a) −2,3; −1,5; −3 b) 3,8; −0,1; 3,4
c) $3\frac{1}{4}$; 3,5; −3,5 d) −11; $8\frac{1}{2}$; 3,25

5 Notiere vier rationale Zahlen, die ...

a) kleiner sind als 0,1.
b) kleiner sind als −2,5.
c) größer sind als −1,9.

a) zwischen −1,4 und 0,4 liegen.
b) zwischen −4,3 und −2,9 liegen.
c) zwischen −0,2 und 0,1 liegen.

6 Rechne zuerst in Einzelschritten. Fasse dann zu einem Rechenschritt zusammen.

a) +8 → −6 → □ → −6 → □
b) −5 → +3 → □ → +12 → □
c) −4 → +14 → □ → −6 → □

a) +10 → −8 → □ → −6 → □
b) −4 → +20 → □ → −7 → □
c) +10 → −6 → □ → +4 → □

Zu 1.4

7 Übertrage die Additionsmauer in dein Heft und berechne.

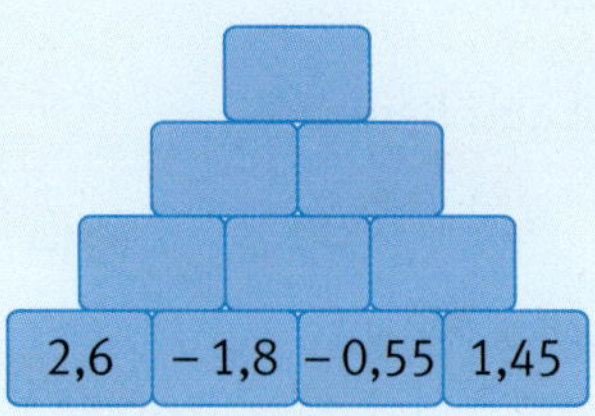

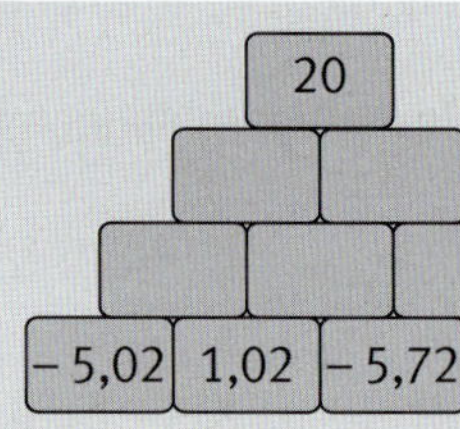

8 Berechne.

a) $\left(-\frac{1}{2}\right)+\left(+\frac{1}{8}\right)$ b) $\left(-\frac{3}{19}\right)+\left(-\frac{16}{19}\right)$

c) $\left(+\frac{2}{3}\right)-\left(-\frac{4}{18}\right)$ d) $\left(+\frac{4}{13}\right)+\left(-\frac{20}{65}\right)$

e) $\left(+\frac{7}{15}\right)-\left(+\frac{1}{2}\right)$ f) $(-0{,}09)+(-0{,}11)$

Gib jeweils durch Überlegen an, ob der Wert der Summe positiv, negativ oder null ist. Begründe deine Überlegung.

a) $\left(+\frac{2}{3}\right)+\left(-\frac{1}{5}\right)$ b) $\left(-1\frac{1}{3}\right)-\left(+1\frac{2}{3}\right)$

c) $\left(-\frac{2}{5}\right)-\left(+\frac{2}{7}\right)$ d) $(-0{,}33)+\left(+\frac{1}{3}\right)$

9 Gib alle Produkte an, die man aus zwei Zahlen bilden kann und deren Wert ...

a) nicht negativ ist. b) ganzzahlig ist.

-2 $-\frac{3}{2}$ -1 0 $\frac{1}{2}$ $1\frac{1}{2}$

Zu 1.5

Richtig oder falsch? Begründe.

a) $\left(-\frac{1}{2}\right)^{10}<1$ b) $\left(-\frac{2}{3}\right)^{5}>0$

c) $\left(-\frac{1}{3}\right)^{3}>\left(-\frac{1}{4}\right)^{4}$ d) $(-10)^{10}=(-1)^{100}$

10 Berechne und vereinfache dann so weit wie möglich.

a) $\left(-\frac{2}{6}\right)\cdot\left(+\frac{6}{5}\right)$ b) $\left(-\frac{2}{5}\right)\cdot\left(+\frac{2}{5}\right)$

c) $\left(-\frac{1}{3}\right)^{3}$ d) $\left(-\frac{5}{12}\right)\cdot 2\frac{2}{5}$

Stelle jede Zahl als Produkt zweier rationaler Zahlen auf mindestens zwei verschiedene Arten dar.

a) $\frac{1}{16}$ b) $-\frac{8}{27}$ c) $1\frac{4}{5}$

d) $-\frac{60}{125}$ e) $\frac{48}{343}$ f) $\frac{1}{125}$

11 Übertrage die Tabelle in dein Heft und vervollständige.

Zu 1.6

	a)	b)	c)	d)
x	$\frac{2}{3}$	-2	□	$\frac{4}{5}$
y	$-\frac{3}{4}$	□	-1	$-\frac{4}{5}$
x · y	□	□	-1	□
x : y	□	$\frac{1}{2}$	□	□

	a)	b)	c)	d)
x	$-\frac{2}{5}$	$-1\frac{1}{3}$	4,1	$-\frac{4}{15}$
y	$-\frac{1}{3}$	□	□	□
x · y	□	□	□	$\frac{1}{9}$
x : y	□	$\frac{1}{3}$	-410	□

12 Bestimme x.

Zu 1.7

a) $7{,}5+x=(-1{,}7)\cdot 2{,}3$

b) $4{,}05\cdot(-15{,}2)=x+(-59{,}31)$

c) $0{,}6x-1{,}2=12$

a) $-\frac{1}{2}\cdot 4x-5\cdot\left(-\frac{1}{2}\right)=-12x$

b) $-8{,}75x+9\cdot(-1{,}25)+285=2x$

c) $7\cdot 3x+3{,}5-6\cdot 4x-\frac{1}{2}\cdot(-8)=0$

13 Stelle einen Term auf und berechne.

Zu 1.8

a)	Dividiere die Summe der Zahlen 66,8 und 21,2 durch die Zahl −0,88.
b)	Addiere das Produkt der Zahlen 17 und 3432 zur größten zweistelligen negativen ganzen Zahl.
c)	Multipliziere den Quotienten aus dem Dividenden 0,289 und dem Divisor −0,17 mit der Summe aus 100 und −98,3.

a)	Aus den Zahlen $\frac{3}{4}$ und $\frac{4}{5}$ kannst du zwei Differenzen bilden. Dividiere die Differenz mit dem größeren Wert durch die Zahl $\frac{1}{40}$.
b)	Dividiere die Differenz mit dem Minuenden $\frac{1}{5}$ und dem Subtrahenden $\frac{3}{8}$ durch das Quadrat der Zahl −0,5.

1 **a)** Übertrage die Tabelle in dein Heft und ordne jede Zahl jeweils dem Zahlbereich zu, zu dem sie gehört. Manche Zahlen kannst du mehrfach einordnen.

natürliche Zahl	77; ...
ganze Zahl	
pos. Bruch	
rationale Zahl	

b) Welche Zusammenhänge zwischen den Zahlbereichen in a) stellst du fest?

2 **a)** Welche Zahlen wurden auf der Zahlengerade markiert?

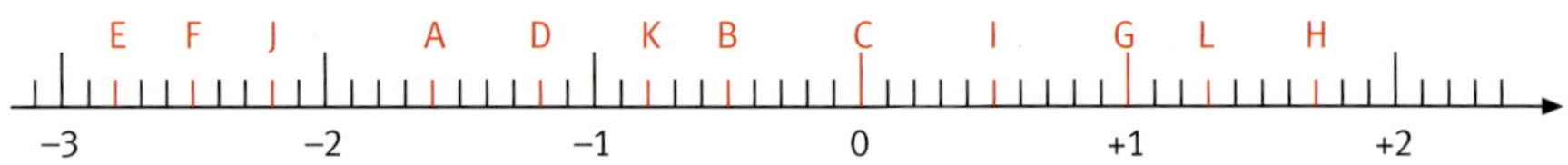

b) Bestimme zu jeder Zahl aus a) die Gegenzahl und den Betrag.

c) Zeichne einen geeigneten Zahlenstrahl und markiere die Zahlen.

1 −20; 35; +15; −5; −55; +70; −40; 0; 25; −80; −65; 5

2 1,4; −2,6; −4,2; +2,8; 0,6; −3,0; +5,2; −1,8; −0,4

3 Runde zuerst auf Zehntel (Einer) und ordne dann der Größe nach.

a) −17,45; 56,332; 9,034; −34,001; 27,49; −0,051; −4,11; +3,88; −12,541

b) −1,0122; −0,921; +1,21; +1,09; −0,56; +0,23; −0,443; +1,549; −1,049

Der Wert eines Steins ergibt sich aus den beiden darunter liegenden Steinen (von links nach rechts).

4 Übertrage die Zahlenmauern in dein Heft und vervollständige sie.

a) +

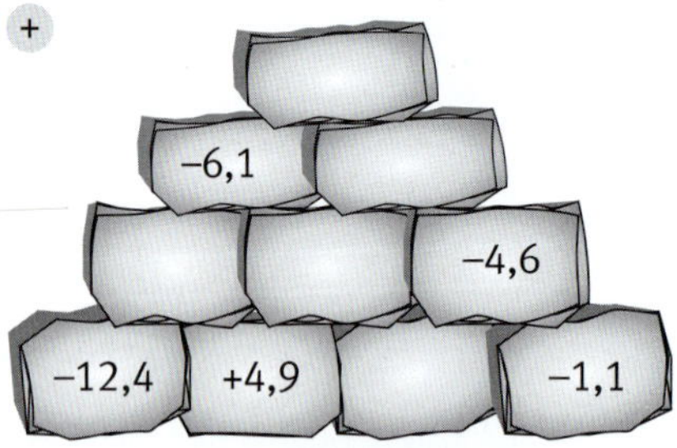

b) −

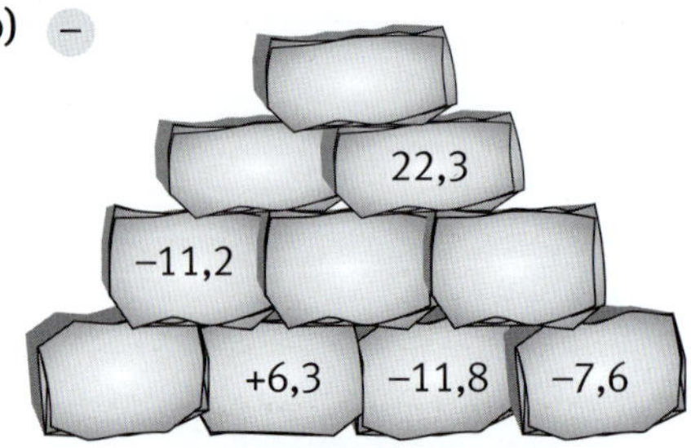

c) ·

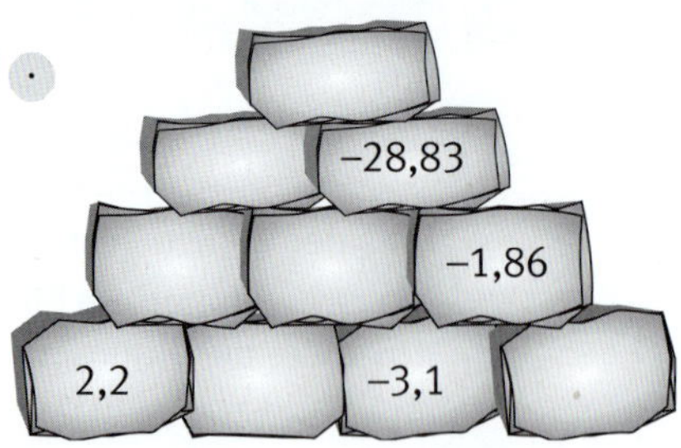

d) :

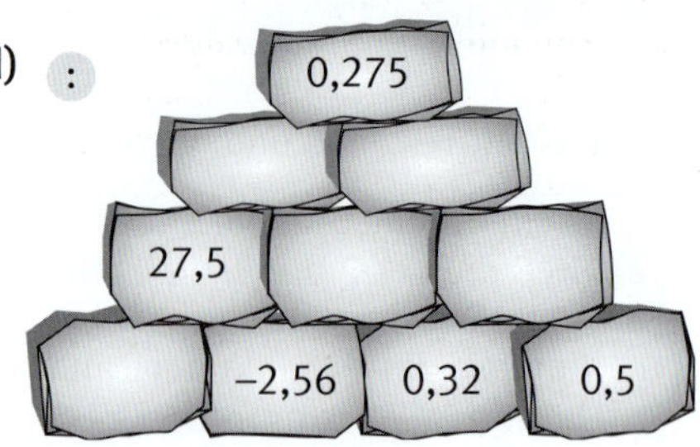

5 **a)** Wie ändert sich das Ergebnis eines Produkts, wenn du als Faktor −1 hinzufügst?

b) Acht rationale Zahlen (alle ungleich null) werden miteinander multipliziert. Welches Vorzeichen hat das Ergebnis, wenn von ihnen 8 (7, 6, 5, ..., 1, 0) Zahlen negativ sind?

6 Im Koordinatensystem ist das halbe Gesicht eines Fuchses dargestellt.

a) Bestimme die Koordinaten der gegebenen Punkte des Fuchses.

b) Zeichne das Koordinatensystem mit der Gesichtshälfte in dein Heft und vervollständige die Hälfte durch Spiegelung an der y-Achse.

c) Bestimme die Koordinaten der Spiegelpunkte von b). Nenne sie A', B' usw.

d) Übertrage die Tabelle in dein Heft und trage für jeden Punkt und Spiegelpunkt ein, wo er liegt.

e) Welchen Zusammenhang erkennst du zwischen den Koordinaten der gegebenen Punkte und ihrer Spiegelpunkte? Beschreibe.

I. Quadrant	
II. Quadrant	
III. Quadrant	
IV. Quadrant	A,
Koordinatenachsen	

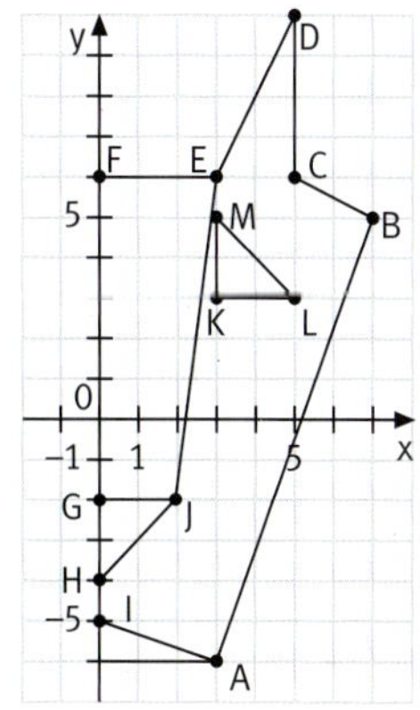

7 Hier stimmt doch etwas nicht. Finde die Fehler, beschreibe sie und korrigiere.

a) $12{,}5 - 9{,}5 \cdot 7{,}1$
$= 3 \cdot 7{,}1$
$= 21{,}3$

b) $-5{,}4 \cdot 2{,}5 + (-5{,}4)$
$= -5{,}4 \cdot (2{,}5 + 0)$
$= -5{,}4 \cdot 2{,}5$
$= -13{,}5$

c) $(-24) : (6 + 4)$
$= -24 : 6 + (-24) : 4$
$= -4 + (-6)$
$= -2$

d) $-1{,}7 - 0{,}5 \cdot \left(\frac{7}{8} - \frac{1}{4}\right)$
$= -1{,}2 \cdot \left(\frac{7}{8} - \frac{1}{4}\right)$
$= -1{,}2 \cdot \frac{5}{8}$
$= -\frac{3}{4}$

e) $-2 \cdot 4{,}6 - 2 \cdot 12{,}7$
$= -2 \cdot (4{,}6 - 12{,}7)$
$= -2 \cdot (-8{,}1)$
$= 16{,}2$

f) $(-2{,}4 + 7{,}9) \cdot (-4^2)$
$= 5{,}5 \cdot 16$
$= 88$

8 Übertrage die Tabelle in dein Heft und ergänze die fehlenden Einträge.

	a)	b)	c)	d)	e)
alter Kontostand	−546,22 €	−267,13 €	+875,22 €	▢	▢
Buchung	−127,65 €	▢	▢	+345,89 €	−726,78 €
neuer Kontostand	▢	−56,78 €	−156,29 €	−425,12 €	−381,43 €

WISSEN

Multiplikation mit einer negativen Zahl an zwei Zahlengeraden

Man kann mithilfe zweier Zahlengeraden multiplizieren. Erstelle dir für die Multiplikation mit einer negativen Zahl (hier: −2,5) ein Multiplikationsblatt:

1 Zeichne auf einem Blatt zwei parallele Zahlengeraden von unten nach oben. Eine Gerade stellt den ersten Faktor dar, die andere das Ergebnis.

2 Verbinde die Null auf gleicher Höhe und unterteile beide Geraden gleich.

3 Verbinde die Punkte für den ersten Faktor und dem Ergebnis einer Multiplikation mit (−2,5). Die Verbindungslinie schneidet die Nulllinie in P. Jede weitere Verbindungslinie einer Multiplikation mit (−2,5) läuft durch P.

- Erstelle das Multiplikationsblatt. Überprüfe an eigenen Beispielen.
- Stelle dir ein Blatt für die Multiplikation mit einer anderen negativen Zahl her und teste wiederum.

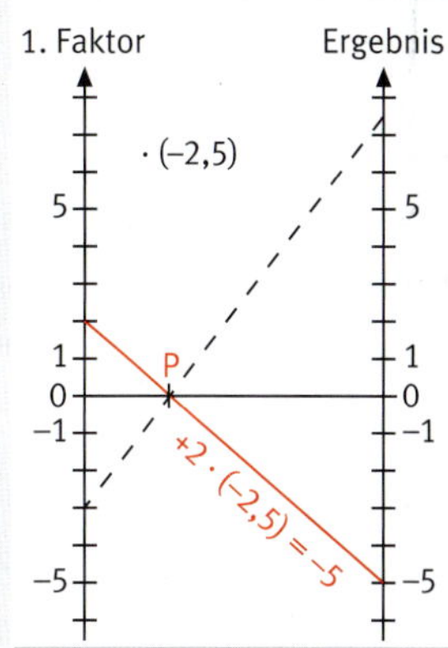

DIN-A4-Blatt

Erkunde den Taschenrechner

Es gibt viele verschiedene Taschenrechner für Schule und Beruf. Diese Rechner sind wie kleine Computer mit weit über 100 Funktionen. Im Laufe der nächsten Jahre wird der Taschenrechner dich bei vielen Einsätzen begleiten. Zunächst geht es darum, den Taschenrechner und diejenigen seiner Möglichkeiten kennen zu lernen, mit denen du bereits jetzt rechnen kannst. Die Tasten können sich in der Lage und von der Bezeichnung bei verschiedenen Modellen unterscheiden. Weitere Tastenbezeichnungen sind in den Kästen abgebildet.

a) Suche an deinem Taschenrechner die Tasten mit den **Grundfunktionen** für Rechnungen rund um die Grundrechenarten. Probiere auch die **weiteren Funktionen** rund um Brüche, Quadratzahlen und Potenzen aus. Mit der **zweiten Tastenfunktion** kannst du weitere Möglichkeiten aktivieren.

b) Bestimme den Wert zunächst ohne, dann mit Taschenrechner. Bespriche mit deinem Nachbarn, bei welchen Rechnungen der Einsatz des Taschenrechners sinnvoll ist.

1	51 233 · 789	79 986 + 14
2	999 · 1001	666 777 · 38 · 0
3	8097 – 57	344 988 – 74 865 – 5 837 957
4	2 295 043 : 241	5000 : 50

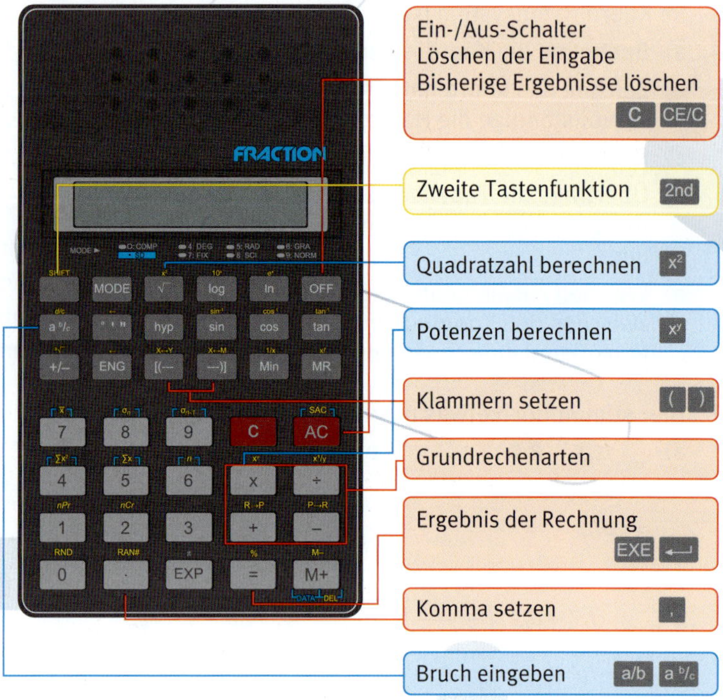

Wie steht es mit den Rechenregeln?

Ein Taschenrechner sollte die Rechenregeln beachten: Klammern zuerst, Potenz vor Punkt, Punkt vor Strich

a) Probiere aus. Rechnet dein Rechner richtig?

b) Was passiert, wenn du durch „0" dividierst?

Term	richtig	falsch
170 – 10 · 5	170 – 50 = 120	160 · 5 = 800
$85 + 3^3$	85 + 27 = 112	88^3 = 681 472
$367 - 3 \cdot 5^2$	367 – 3 · 25 = 292	$(364 \cdot 5)^2$ = 3 312 400
(145 – 13) · 10	132 · 10 = 1320	145 – 130 = 15
$3 \cdot (45 - 5)^2$	$3 \cdot 40^2$ = 4800	$(3 \cdot 45 - 5)^2$ = 16 900

Fingerübungen

Orientiere dich auf dem Taschenrechner. Berechne dabei folgende Aufgaben. Runde Ergebnisse geeignet.

a)	123 + 321	789 · 987	951 – 159
b)	963 – 258	147 + 862	7410 : 825
c)	1,23 : 6,54	8,25 – 6,45	0,001 · 987 654 321
d)	62,48 : 75,3	751,359 · 5,4	9,7 : 8,064

Geheime Botschaften

Mit etwas Fantasie kannst du mit dem Taschenrechner auch Wörter schreiben.

a) Berechne 1494 + 5897. Drehe den Taschenrechner „auf den Kopf".

① Welches Tier kannst du ablesen?

② Gib ein Produkt aus Faktoren größer 1 ein, das zu demselben Ergebnis führt.

b) Denke dir Aufgaben mit lauter mehrstelligen Zahlen aus, deren Ergebnis „auf den Kopf gestellt" das Wort LIEBE (SOS, LOLLI) ist.

c) Berechne 26 663 486 + 6 · 873 922. Das Ergebnis ergibt „auf dem Kopf" ein Unterrichtsfach.

d) Erfinde eigene Wörter mit dem Taschenrechner und verpacke sie in eine Aufgabe. Stelle die Aufgabe in der Klasse vor.

Nützliche Funktionen

a) Produkte aus lauter gleichen Faktoren kann man als **Potenz** schreiben.

5 gleiche Faktoren		Potenz
2 · 2 · 2 · 2 · 2	=	2^5

Die Zahl 2 ist in diesem Fall die Basis, 5 der Exponent.

① Beschreibe den Unterschied zwischen 2^5 und 5 · 2.

② Auch Potenzen lassen sich mit dem Taschenrechner berechnen.

Beispiel: 9 [x^y] 6 → 9^6

Berechne: 5^4 $(-12)^8$ 18^7 0^{13} $(-24)^1$ $(-13)^3$

③ Probiere mit dem Taschenrechner aus, für welche Zahl b gilt: $2^b = 8\,589\,934\,592$

b) Auch Brüche lassen sich eingeben.

Beispiele: 2 [a/b] 3 → $\frac{2}{3}$ 4 [a/b] 1 [a/b] 5 → $4\frac{1}{5}$

Berechne: $\frac{2}{3} + \frac{5}{6}$ $6\frac{2}{7} \cdot 3\frac{7}{8}$ $3\frac{1}{10} : 9\frac{3}{5}$

Geburtstagsrechner

Lass eine Person, deren Geburtstag du nicht kennst, folgende Rechnung durchführen:

(2 · Geburtstag + 3) · 50 + Geburtsmonat + 38 · 8

Die Person teilt dir das Ergebnis mit. Subtrahiere davon 454 und du kannst Geburtstag und Geburtsmonat direkt ablesen.

Probiere aus. Kannst du den „Trick" erklären?

Beispiel: 20. März, also 20.03.

(2 · 20 + 3) · 50 + 3 + 38 · 8 = 2457

2457 – 454 = 2003

Seltsame Zahlen

Berechne mit dem Taschenrechner:

123 456 789 · 987 654 321

Doch was ist das? Dein Ergebnis kann wie folgt aussehen:

Wenn das Ergebnis zu groß ist für die Anzeige des Taschenrechners, dann wird die Zahl auf die letzte Anzeigestelle gerundet und als Zehnerpotenz ausgegeben.

Die Anzeige bedeutet: $1{,}219326311 \cdot 10^{17}$

Das Ergebnis muss also multipliziert werden mit 10^{17} = 100 000 000 000 000 000, d. h. das Komma verschiebt sich um 17 Stellen nach rechts:

$1{,}219326311 \cdot 10^{17}$ = 121 932 631 100 000 000

a) Finde heraus, wie die Zahl heißt.

b) Berechne und schreibe das Ergebnis mit und ohne Zehnerpotenz.

① 12^{10} 7^{12} 25^9 $456\,123^2$

② 8 529 637 410 · 147 258 369
111 222 333 · 999 888 777

③ 10 000 000 · 1 000 000 $1000^2 \cdot 100^4$

c) Erfinde selbst Aufgaben, deren Ergebnis in der Anzeige als Zehnerpotenz dargestellt wird.

Überprüfe deine Kenntnisse und Kompetenzen. Bearbeite dazu die folgenden Aufgaben und bewerte anschließend deine Lösungen mit einem Smiley.

☺	😐	☹
Das kann ich!	Das kann ich fast!	Das kann ich noch nicht!

Hinweise zum Nacharbeiten findest du auf der folgenden Seite. Die Lösungen stehen im Anhang.

Aufgaben zur Einzelarbeit

1 Beschreibe die dargestellten Situationen durch negative und positive Zahlen.

a) Tauchtiefe: 14,5 m

b) Tageswerte: von 3,2 °C über null bis: 4,8 °C unter null

c) 8 € pro Monat

d) Kaiser Augustus 64 v. Chr. – 14 n. Chr.

2 Lies die markierten Zahlen ab.

a)

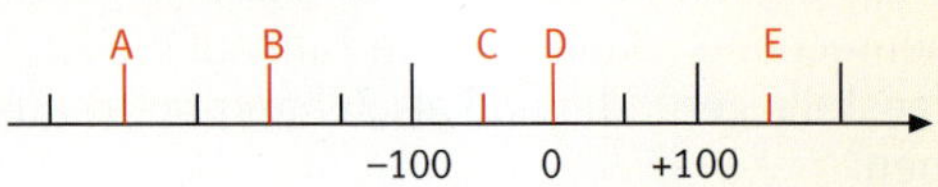

b)

3 Zeichne eine Zahlengerade und markiere die Zahl und ihre Gegenzahl.

a) –5,5; 4,0; –1,5; 0; –3,0; +3,5

b) 2,4; –1,9; $\frac{2}{10}$; $-\frac{8}{5}$; –0,8; +1,4; –1,2

4 Welche Zahl liegt genau in der Mitte zwischen …

a) –8 und –3?
b) –27 und +67?
c) –11,3 und –6,5?
d) –25,3 und +11,8?
e) $-\frac{6}{7}$ und $\frac{4}{7}$?
f) $-\frac{7}{9}$ und $\frac{2}{9}$?

5 Runde auf Hundertstel (Einer).

a) –11,487; –87,210; 34,999
b) 12,001; –45,987; –18,888
c) –254,9451; –153,909; –9999,919

6 Übertrage ins Heft und setze <, > oder = ein.

a) 0,235 ▢ –0,235; |–12,35| ▢ 12,35
b) |–17,14| ▢ –17,14; –35,78 ▢ –35,79
c) +123,21 ▢ |–123,20|; |–15,993| ▢ |–15,992|
d) $-\frac{15}{3}$ ▢ $-\frac{15}{4}$; $\left|-16\frac{1}{2}\right|$ ▢ $\left|16\frac{1}{3}\right|$

7 Ordne die Zahlen der Größe nach. Beginne mit der kleinsten.

a) –4; +3,5; –17; $+22\frac{1}{7}$; –4,5; 0; 2,1
b) –33,2; |–33,2|; –33,1; |–33,1|; –33,3; $-33\frac{1}{3}$

8 Übertrage in dein Heft und fülle die Tabellen aus.

a)

+	–2,75	+4,3	$-\frac{7}{10}$	$-2\frac{1}{5}$
–3,4				
9,2				
$-\frac{2}{3}$				
+0,9				

b)

–	7,2	–14,8	$-\frac{5}{8}$	+12,34
–15,7		–0,9		
+4,6				
$-\frac{9}{10}$				
2,78				

9 Markus denkt sich eine Zahl. Er addiert zunächst die Zahl –56 hinzu und subtrahiert vom Ergebnis anschließend die Zahl –44. Sein Ergebnis ist 100. Welche Zahl hat sich Markus ausgedacht?

10 Übertrage ins Heft und berechne.

·	–3,5	+9,8	$-\frac{3}{5}$	–17,1
–6,7				
$+2\frac{3}{4}$				
–7,5				
+0,25				

11 Welches Vorzeichen hat das Ergebnis? Überlege ohne Rechnung.

a) $(-23,1) \cdot 12,7 \cdot (-4,3) \cdot (-2,9) \cdot (+3,7) \cdot (-9,1)$

b) $(-8,7) \cdot \left(-\frac{1}{2}\right) \cdot \left(-\frac{4}{5}\right) \cdot 0,12 \cdot \left(-\frac{2}{11}\right) \cdot (-1,4)$

c) $(-5)^3$; $(-5)^4$; $(-5)^7$; $(-5)^8$

12 Übertrage ins Heft und berechne.

:	–2,1	+5	$-\frac{3}{4}$	–3,5
220,5	▢	▢	–294	▢
–15,75	▢	▢	▢	▢
–94,5	▢	▢	▢	▢
$-12\frac{3}{5}$	▢	▢	▢	▢

13 Berechne. Nutze Rechenvorteile, wenn möglich.

a) $(-5) \cdot 3,5 + (-5) \cdot 4,5$

b) $36,7 + (-12,9) + (-6,7) - 5,1$

c) $\left(\frac{1}{4}\right) - \frac{1}{6} + \left(-\frac{7}{8}\right) + \left(-\frac{5}{12}\right)$

d) $-22,1 \cdot 98 + 5,6 \cdot (-98)$

e) $\left(-\frac{3}{4}\right) \cdot (-14,7) - \left(-\frac{4}{3}\right) \cdot (-14,7)$

Aufgaben für Lernpartner

Arbeitsschritte

1. Bearbeite die folgenden Aufgaben alleine.
2. Suche dir einen Partner und erkläre ihm deine Lösungen. Höre aufmerksam und gewissenhaft zu, wenn dein Partner dir seine Lösungen erklärt.
3. Korrigiere gegebenenfalls deine Antworten und benutze dazu eine andere Farbe.

Sind folgende Behauptungen **richtig** oder **falsch**? Begründe schriftlich.

14 Jede ganze Zahl ist eine rationale Zahl.

15 Jede rationale Zahl ist eine ganze Zahl.

16 Es gibt keine rationale Zahl, die auch eine natürliche Zahl ist.

17 An der Zahlengerade ist diejenige Zahl größer, die weiter rechts liegt.

18 $-37,2 < -38,2$, denn $|-37,2| < |-38,2|$.

19 Zwischen zwei rationalen Zahlen liegt stets eine weitere Zahl.

20 Wenn man eine rationale Zahl addiert, dann wird jeweils die Gegenzahl subtrahiert.

21 Man kann jede Subtraktion einer rationalen Zahl in eine Addition mit ihrer Gegenzahl umwandeln.

22 Treffen bei der Subtraktion einer rationalen Zahl zwei Minuszeichen aufeinander, dann kann man einfach eines dieser Zeichen weglassen.

23 Zehn rationale Zahlen werden multipliziert, von denen sieben negativ sind. Dann ist auch das gesamte Produkt negativ.

24 Wird eine Zahl durch einen negativen Bruch dividiert, dann wird diese Zahl mit dem positiven Kehrbruch multipliziert.

25 Das Assoziativgesetz und das Kommutativgesetz gelten nur für die Multiplikation und Division rationaler Zahlen.

26 Jeden Term, in dem man ausklammern kann, kann man anschließend wieder ausmultiplizieren.

27 Die Division durch eine rationale Zahl kann man durch die Multiplikation mit ihrer Gegenzahl ersetzen.

28 Das Kommutativgesetz besagt, dass man rechnen darf, wie man möchte.

29 Negative Zahlen bedeuten stets Schulden.

Aufgabe	Ich kann ...	Hilfe
1, 2, 29	Ganze Zahlen erkennen und interpretieren.	S. 8
14, 15, 16	rationale Zahlen erkennen und einordnen.	S. 10
3, 4	rationale Zahlen am Zahlenstrahl darstellen und ablesen.	S. 10
5	rationale Zahlen runden.	S. 14
6, 7, 17, 18, 19	rationale Zahlen ordnen.	S. 14
8, 9, 20, 21, 22	rationale Zahlen addieren und subtrahieren.	S. 16
10, 11, 23	rationale Zahlen multiplizieren.	S. 20
12, 24, 27	rationale Zahlen dividieren.	S. 22
13, 25, 26, 28	beim Rechnen mit rationalen Zahlen die Rechengesetze anwenden.	S. 24, 26

S. 8
S. 10

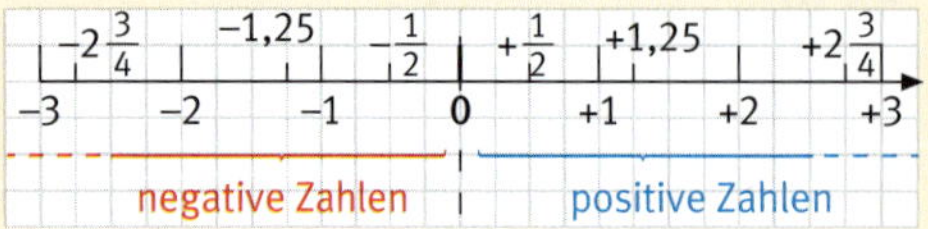

Alle positiven und negativen Zahlen ergeben zusammen mit der Null die Menge der **rationalen Zahlen** $\mathbb{Q}$. Die ganzen Zahlen sind in den rationalen Zahlen enthalten.

S. 12

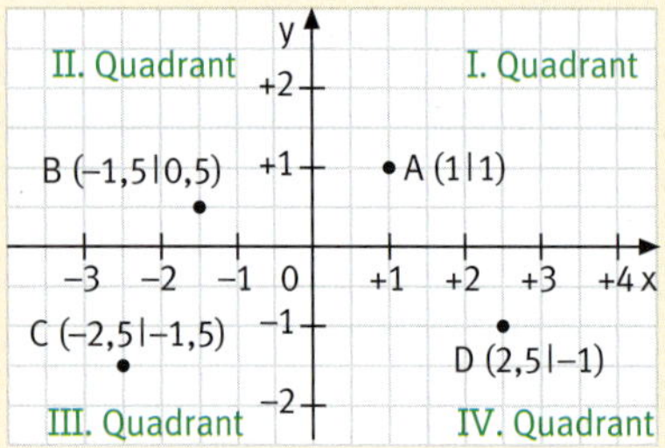

Das Koordinatensystem wird durch die Achsen in vier **Quadranten** unterteilt. Zur Bezeichnung von Punkten gibt die **x-Koordinate** an, wie weit du dich vom Ursprung entlang der x-Achse bewegst: positive Zahlen nach rechts, negative Zahlen nach links. Die **y-Koordinate** bestimmt die Position auf der y-Achse: positive Zahlen nach oben, negative nach unten.

S. 14

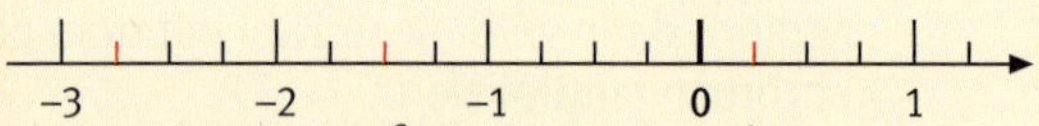

$-2{,}75 < -\frac{3}{2} < \frac{1}{4}$

Beim Runden auf einen Stellenwert betrachtet man den nächstkleineren Stellenwert: Bei 0, 1, 2, 3, 4 **bleibt** die **Ziffer** des Stellenwerts **gleich** („abrunden“).
Bei 5, 6, 7, 8, 9 **wird** die **Ziffer** des Stellenwerts **um 1 erhöht** („aufrunden“).

Eigenschaften rationaler Zahlen:

- Rationale Zahlen lassen sich **ordnen**: Dabei ist von zwei Zahlen diejenige **kleiner**, die auf der **Zahlengerade weiter links** liegt.
- Zahl und Gegenzahl haben denselben Abstand zur Null, den man als **Betrag** bezeichnet: $|-2{,}4| = +2{,}4$; $|+2{,}4| = +2{,}4$
- Rationale Zahlen lassen sich nach den bekannten Regeln **runden**.

S. 16

(−30 €) + (−20 €) = −50 €	(−30 €) − (−20 €) = −10 €
Zustand Änderung Zustand	Zustand Änderung Zustand
oder kurz:	oder kurz:
−30 € − 20 € = −50 €	−30 € + 20 € = −10 €

kurz:
+(+ → +
−(− → +
+(− → −
−(+ → −

Beispiele:

1. (−1,2) + (−3,1) = −4,3
   (−1,2) + (+3,1) = +1,9
2. (−1,2) − (+3,1) = −4,3
   (−1,2) − (−3,1) = +1,9

In der Mathematik unterscheidet man zwischen dem **Zustand**, der durch das **Vorzeichen** einer Zahl angegeben wird, und der **Änderung**, die durch das **Rechenzeichen** markiert wird.
Addition zweier rationaler Zahlen
Gleiche Vorzeichen: Beträge addieren. Das Ergebnis hat das gemeinsame Vorzeichen.
Verschiedene Vorzeichen: kleineren Betrag vom größeren subtrahieren. Das Ergebnis hat das Vorzeichen des Summanden mit größerem Betrag.
Subtraktion einer rationaler Zahlen
Ersetzen durch die **Addition der Gegenzahl**.

S. 20
S. 22

+ mal + → +	+ geteilt durch + → +
+ mal − → −	+ geteilt durch − → −
− mal + → −	− geteilt durch + → −
− mal − → +	− geteilt durch − → +

Zwei **rationale Zahlen** werden **multipliziert** (**dividiert**), indem man zunächst ihre **Beträge** verrechnet. Das Ergebnis ist positiv, wenn beide Zahlen das gleiche Vorzeichen haben, es ist negativ bei verschiedenen Vorzeichen.

S. 24
S. 26

Beispiel:
$(-5{,}5) \cdot (3{,}4 + 8{,}3) = (-5{,}5) \cdot 3{,}4 + (-5{,}5) \cdot 8{,}3$

- Bei der alleinigen **Addition** und **Multiplikation** können rationale Zahlen **beliebig vertauscht (Kommutativgesetz)** oder durch **Klammern zusammengefasst (Assoziativgesetz)** werden.
- Summen (Differenzen), die mit einer rationalen Zahl multipliziert werden, lassen sich **ausmultiplizieren** bzw. **ausklammern (Distributivgesetz)**.

Teilbarkeit

1 Ein Kartenspiel besteht aus 32 Karten.

a) Welche Rechtecksmuster lassen sich aus den Karten legen? Zeichne sie auf.

b) Bestimme aus den Anordnungen die Teilermenge von 32.

c) Betrachte die Vielfachen von 32, 64, 128, 256, 512. Bestimme die Teilermengen dieser Zahlen. Welche Regel erkennst du? Beschreibe.

2 Welche Augensummen sind beim Würfeln mit zwei Würfeln durch 3 (4, 5) teilbar?

3 Bestimme die Teilermengen.

a) T_{15}; T_{12}; T_{27}; T_{18}; T_{16}; T_{24}; T_{36}

b) T_{44}; T_{56}; T_{60}; T_{49}; T_{38}; T_{13}; T_{99}

4 Bestimme die Vielfachenmengen.

a) V_5; V_{11}; V_{15}; V_{18}; V_{25}; V_{31}; V_{35}

b) V_{47}; V_{77}; V_{83}; V_{99}; V_{101}; V_{121}; V_{142}

5 Übertrage die Tabelle ins Heft und überprüfe auf Teilbarkeit. Was fällt dir auf?

	126	432	345	720	621	475
2	×					
4	–					
5	–					
10						
3						
9						

6

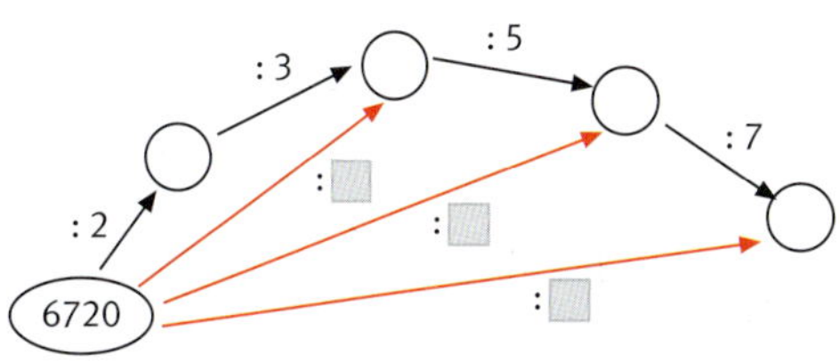

a) Übertrage den „Teilbarkeitshalbkreis" in dein Heft und fülle die fehlenden Stellen aus.

b) Beginne den „Teilbarkeitshalbkreis" mit der Zahl 20 160 und fülle ihn aus.

c) Welches ist die kleinste Zahl, die du als Startzahl wählen kannst, damit in allen Lücken natürliche Zahlen stehen? Begründe.

Zahlenmauern

7 Übertrage in dein Heft und bestimme die fehlenden Steine. Der Wert eines Steins ergibt sich aus der Summe der beiden darunter liegenden.

a)

b)

8 **a)** Vergleiche die Zahlenmauern miteinander und beschreibe deren Aufbau.

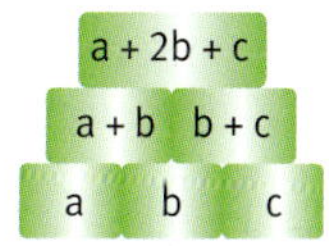

b) Der mittlere Stein aus a) wird um 1 erhöht. Wie ändert sich das Ergebnis im obersten Stein? Probiere aus.

c) Der mittlere Stein aus a) wird um 2 (3, 4, 5, ...) erhöht. Wie ändert sich das Ergebnis im oberen Stein? Beschreibe.

d) Wie ändert sich das Ergebnis im oberen Stein, wenn ein äußerer Stein in der unteren Lage um 1 (2, 3, 4, 5, ...) erhöht wird? Begründe.

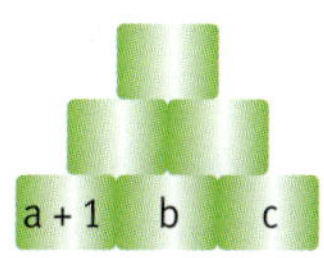

9 ①

②

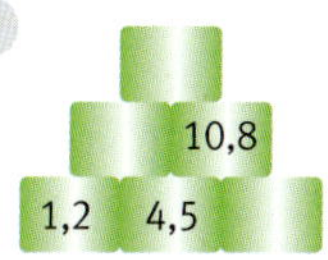

a) Übertrage und bestimme die fehlenden Steine. Der Wert eines Steins ergibt sich aus dem Produkt der beiden darunter liegenden.

b) Wie ändert sich das Ergebnis im oberen Stein, wenn ein äußerer Stein in der unteren Lage verdoppelt wird?

c) Wie ändert sich das Ergebnis im oberen Stein, wenn der mittlere Stein in der unteren Lage verdreifacht wird?

Mathematatik im Alltag

10 Die Tabelle gibt für einige Lebewesen die Anzahl der Herzschläge pro Minute an.

Tier	Herzschläge pro Minute
Huhn	330
Giraffe	66
Fuchs	100
Maus	500
Storch	270
Elefant	25
Schwein	60

a) Vergleiche die Tiere miteinander anhand der Anzahl der Herzschläge.
Beispiel: Das Herz einer Maus schlägt etwa 8-mal so schnell wie das eines Schweins.

b) Chanel äußert die Vermutung, dass das Herz eines Tieres umso schneller schlägt, je kleiner das Tier ist.

1 Wie kommt Chanel zu der Vermutung?

2 Überprüfe anhand weiterer Daten, die du im Internet recherchieren kannst.

11 Sabine unternimmt mit ihren Eltern eine Radtour. Am zweiten Tag fahren sie 21 km weiter als am ersten Tag, am dritten Tag schaffen sie noch mal 4 km mehr. Insgesamt sind sie 247 km gefahren. Bestimme die Länge der einzelnen Tagesetappen.

12 Um Glas herzustellen, benötigt man neben großen Mengen Energie auch Holzasche, die dem Glas zugesetzt wird, um es besser schmelzen zu können. In früheren Zeiten benötigte man für die Herstellung von 1 kg Glas etwa 1,5 m^3 Holz, wobei aus $\frac{4}{5}$ des Holzes Holzasche hergestellt wurde. Der Rest des Holzes wurde als Brennstoff für den Schmelzofen verwendet.

a) Wie viel m^3 Holz benötigte ein Glasbetrieb, der am Tag etwa 25 kg Glas herstellte?

b) Wie viel m^3 des Holzes aus a) wurde für die Herstellung von Holzasche verwendet?

c) 1 m^3 Fichtenholz wiegt etwa 470 kg. Wie schwer ist das benötigte Holz für eine Tagesproduktion aus a) in t.

13 Herr Kurze kauft einen Geschirrspüler für 789,– €. Ein Drittel zahlt er an. Den Rest und 35 € Gebühren bezahlt er in 12 Monatsraten. Wie hoch ist eine Monatsrate?

Schätzen

14 Beschreibe jeweils dein Vorgehen.

a) Schätze die Anzahl der Spaghetti-Nudeln.

b) Schätze die Höhe des Turms.

c) Schätze die Anzahl der Garnrollen.

15 Schätze die folgenden Größen. Beschreibe dein Vorgehen.

a) Anzahl der Parkplätze in einem Parkhaus

b) Anzahl der Schüler in deiner Schule

c) Anzahl der Blätter an einem Baum

2 Zuordnungen

Einstieg

- Welches Autokennzeichen gehört zu welcher Stadt?
- In welchen Bundesländern liegen die Städte?
- Informiere dich, wie viele verschiedene Autokennzeichen es in den einzelnen Bundesländern gibt, und stelle das Ergebnis grafisch dar.
- Finde Gründe, warum es wichtig ist, Autos mit Kennzeichen zu versehen.

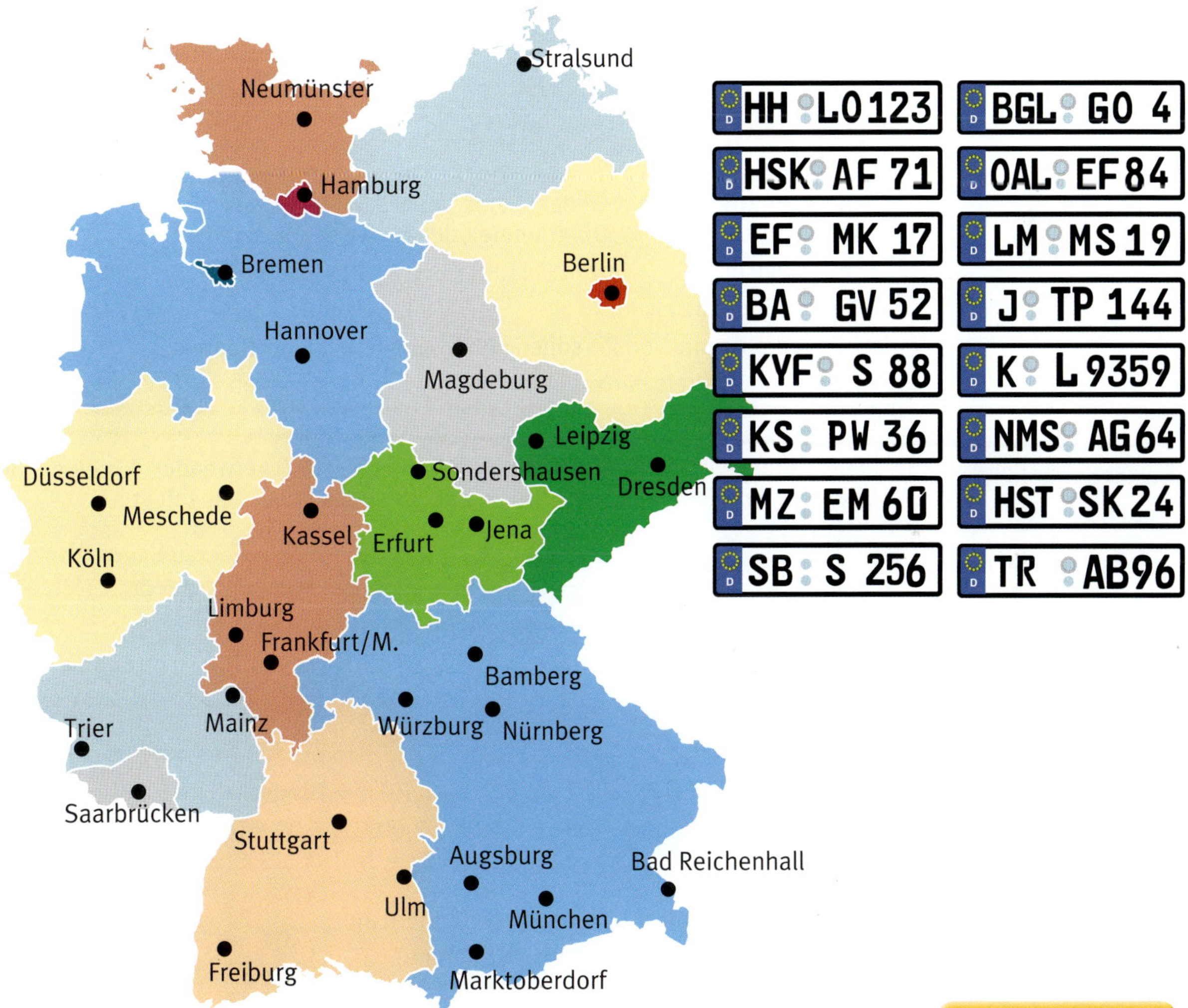

Ausblick

Am Ende dieses Kapitels hast du gelernt, ...

- wie man Zuordnungen durch Tabellen, Graphen und Terme darstellen kann.
- wie man die Graphen von Zuordnungen zeichnen und verstehen kann.
- wie man einfache Sachverhalte durch proportionale und antiproportionale Zuordnungen mathematisieren kann.

Cäsar-Scheibe

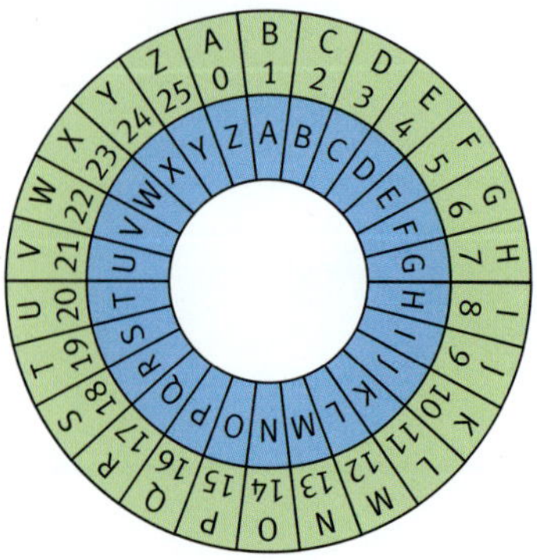

Originalwort
codiertes Wort

Die Diagramme, die du bereits kennst, sind im Grundwissen im Anhang noch einmal dargestellt.

Mithilfe einer „Cäsar-Scheibe“ lassen sich Botschaften verschlüsseln. Dazu werden zwei Buchstabenscheiben gegeneinander gedreht. Im inneren Kreis kann man das Originalwort verschlüsseln, indem man die einzelnen Buchstaben durch die codierten Buchstaben auf dem äußeren Kreis ersetzt.
Beispiel: In der Abbildung wurden alle Buchstaben um 1 Stelle im Alphabet verschoben.

D $\mapsto$ E   E $\mapsto$ F   L $\mapsto$ M   T $\mapsto$ U   A $\mapsto$ B

- Stelle eine Cäser-Scheibe her. Codiere das Wort MATHEMATIK auf verschiedene Weisen mit der Scheibe.
- Versuche folgende Worte zu entziffern: KHVVHQ   XYFJCL
- Beschreibe Strategien, mit denen man Wörter entziffern kann.
- Welche Eigenschaften müssen Geheimschriften haben, damit sie lesbar werden?

MERKWISSEN

Bei einer **Zuordnung** werden Größen/Zahlen zueinander in Beziehung gesetzt. Jeder **Ausgangsgröße** wird dabei eine andere **Größe** zugeordnet. Zuordnungen können durch **Tabellen**, **Diagramme** oder **Terme** dargestellt werden.

Schreibweise: *Anzahl Personen* $\mapsto$ *Eintrittspreis in €*

Mögliche Sprechweisen:
- Zu jeder Anzahl von Personen gehört genau ein Eintrittspreis.
- Der Eintrittspreis hängt von der Anzahl der Personen ab.

BEISPIELE

I In der Türkei wird als Währung die Türkische Lira (TRY) verwendet. Für einen Urlaub in der Türkei hat sich Frau Simmel folgende Tabelle angelegt:

TRY	1	2	3	4	5	9	10	20	30	40
€	0,50	1,00	1,50	2,00	2,50	4,50	5,00	10,00	15,00	20,00

a) Gib Zuordnungen an, die in der Tabelle dargestellt sind.
b) Wie viel Euro erhältst du für 14 TRY (47 TRY)? Wie viel Türkische Lira bekommst du für 7 € (19 €)?

Lösung:
a) Türkische Lira (TRY) $\mapsto$ Euro (€); Euro (€) $\mapsto$ Türkische Lira (TRY)
b) 14 TRY = 10 TRY + 4 TRY $\mapsto$ 5,00 € + 2,00 € = 7,00 € (47 TRY $\mapsto$ 23,50 €)
7 € = 4,50 € + 2,50 € $\mapsto$ 9 TRY + 5 TRY = 14 TRY (19 € $\mapsto$ 38 TRY)

II Die Darstellung gibt die Hobbies von Kindern an.
a) Welche Hobbies haben Tom und Sabine?
b) Beschreibe Auffälligkeiten.

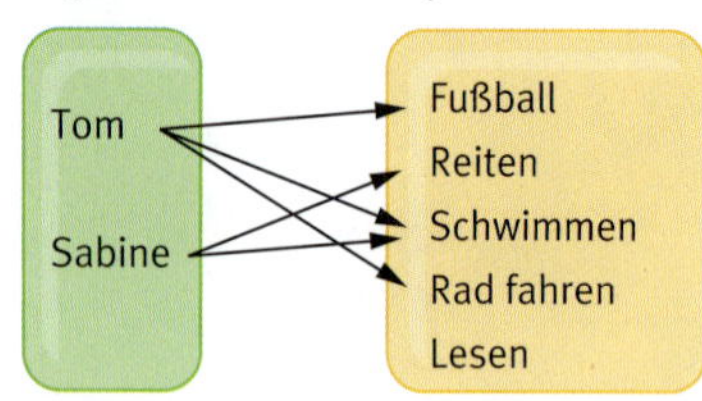

Lösung:
a) Hobbies von Tom: Fußball, Schwimmen, Rad fahren
Hobbies von Sabine: Reiten, Schwimmen.
b) Da Tom und Sabine mehrere Hobbies haben, sind auch mehrere Zuordnungspfeile erkennbar. Bei gemeinsamen Hobbies enden somit auch mehrere Zuordnungspfeile.

Verständnis

- Im Alltag findest du zahlreiche Beispiele für Zuordnungen. Nenne einige.
- Maria meint: „Oftmals kann ich eine Zuordnung in beide Richtungen betrachten, also Ausgangsgröße und zugeordnete Größe vertauschen." Was meinst du dazu? Finde Beispiele und Gegenbeispiele für Marias Behauptung.

Aufgaben

1 1 *Stadt ⟼ Einwohnerzahl* 2 *Vorname ⟼ Nachname*
3 *Anzahl Eiskugeln ⟼ Preis in €* 4 *Tag der Woche ⟼ Zeit im Internet*

a) Gib zu jeder Zuordnung mindestens drei konkrete Größenpaare an, wie sie im Alltag vorkommen können.

b) Welches Diagramm ist für die Darstellung der Zuordnung sinnvoll? Begründe.

2 a) 1 $ (US-Dollar) kostet etwa 0,75 €. Lege wie in Beispiel I eine Tabelle für die Zuordnung *US-Dollar ⟼ Euro an.*

b) Auf dem Obststand kosten 250 g Erdbeeren 1,20 €. Lege eine Preistabelle für 50 g, 100 g, 150 g, ..., 500 g Erdbeeren an. Welche Zuordnung wird dargestellt?

c) Bei einer Treppe legt man pro Stufe 16 cm Höhe zurück. Wie viele Stufen entsprechen 27,2 dm (368 cm)? Lege eine Tabelle für die Zuordnung *Anzahl der Stufen ⟼ Höhe in cm* an.

3 Die Abbildung zeigt den Pegelstand im Verlauf einiger Tage.

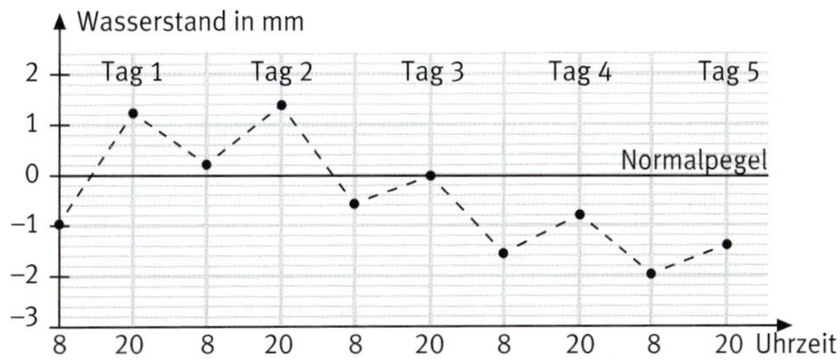

Der Pegel von Flüssen wird zweimal am Tag gemessen.

a) Welche Zuordnung ist dargestellt?

b) Beschreibe den Verlauf des Pegelstandes.

c) Lies folgende Werte so genau wie möglich ab:

1 Wann hatte der Pegel den höchsten (niedrigsten) Wasserstand?

2 Wann betrug der Wasserstand −1m (+ 0,5 m)?

d) „Am Tag 2 kann der Pegelstand auch größer als 1,4 m gewesen sein." Finde Gründe für diese Behauptung.

4 Bei Kindern wird regelmäßig das Wachstum kontrolliert und in ein Untersuchungsheft eingetragen. Die folgenden Werte stammen von Massimo.

Alter in Jahren	1	2	3	4	5	6	7	8	9	10	11	12
Größe in cm	50	76	89	104	107	111	116	120	125	128	132	136

a) Gib die Zuordnung an. Benenne dabei Ausgangsgröße und zugeordnete Größe.

b) Wie viel ist Massimo von Jahr zu Jahr gewachsen? Zeichne ein Diagramm.

c) Wie groß wird Massimo wohl im Alter von 13 (14, 15, 16) Jahren sein? Beschreibe, wie du auf dein Ergebnis kommst. Beurteile, für wie realistisch du die Ergebnisse hältst.

d) Frage nach deinem Untersuchungsheft und erstelle deine eigene Wachstumskurve.

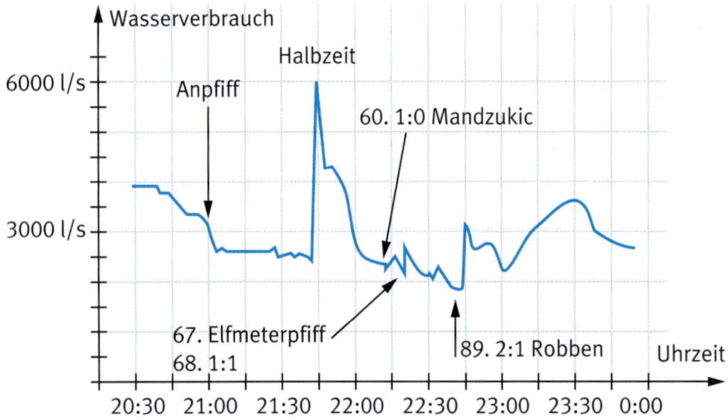

Der Graph zeigt den Wasserverbrauch in Frankfurt am Abend des Champions League Finales 2013.

- Übertrage die Tabelle in dein Heft und ergänze. Lies so genau wie möglich ab.

Uhrzeit	21:00	21:30	22:00	22:30	23:00
Wasserverbrauch in l/s	▢	▢	▢	▢	▢

- Begründe, zu welchen Zeiten der Wasserverbrauch besonders hoch bzw. besonders niedrig war.

Merkwissen

Eine Zuordnung nennt man **eindeutig**, wenn jeder Ausgangsgröße genau eine Größe zugeordnet ist. Eindeutige Zuordnungen lassen sich als **Graph zeichnen**.

Um den Graph einer eindeutigen Zuordnung von Zahlen zu zeichnen, werden in einem **Koordinatensystem** die Zahlenpaare eingetragen. Je nachdem, ob Zwischenwerte vorkommen können, kann man die Punkte verbinden. Der Graph zeigt Veränderungen, Höchst- und Tiefstwerte.

Beachte stets: Ausgangsgröße an der x-Achse und zugeordnete Größe an der y-Achse antragen.

Beispiele

I Im Schulgarten wurden Tomaten ausgesät und deren Wachstum beobachtet. Stelle das Wachstum grafisch dar. Beschreibe dein Vorgehen. Ist die Zuordnung eindeutig?

Zeit in Tagen	0	30	60	90	120	150
Höhe in cm	0	5	14	30	59	95

Vorgehen zum Zeichnen von Graphen:
1. *Länge der Einheit festlegen*
2. *Achsen zeichnen und beschriften*
3. *Punkte eintragen*
4. *Punkte verbinden, wenn es sinnvoll ist*

Lösung:
Zuordnung:
Zeit in Tagen ⟼ *Höhe in cm*
Vorgehen:
1. x-Achse: Zeit in Tagen
Wenn 1 Einheit 10 Tagen entspricht, benötigt man 18 Kästchen, also 9 cm.
y-Achse: Höhe in cm
Wenn 1 Einheit 10 cm entspricht, benötigt man 12 Kästchen, also 6 cm.

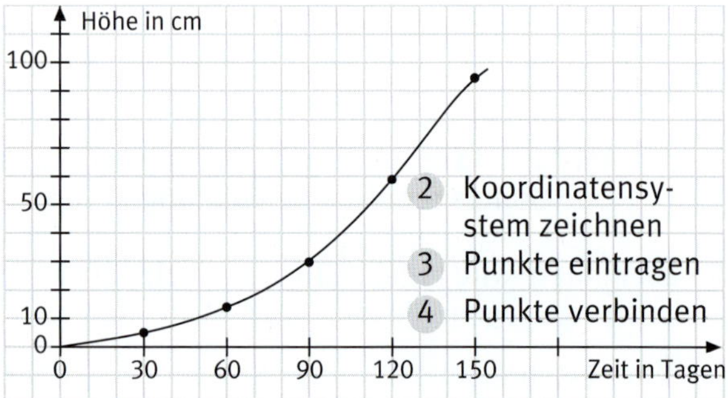

Beachte: Was zwischen zwei Messpunkten passiert, kann man nicht genau sagen. Wir wissen nur, dass die Höhen zwischen den Messwerten durchlaufen werden mussten.

Die Zuordnung ist eindeutig, weil jedem Tag genau eine Pflanzenhöhe zugeordnet wird.

Verständnis

- Erkläre die Begriffe Höchst- und Tiefstwert eines Graphen.
- Wie lassen sich Veränderungen im Graphen ablesen? Erkläre am Beispiel.

1 Ist die Zuordnung eindeutig? Begründe jeweils mit Beispielen.

a) *Parkdauer in min ⟼ Gebühr in €*
b) *Gebühr in € ⟼ Parkdauer in min*
c) *Zeitdauer in s ⟼ Regenmenge in cm*
d) *Euro ⟼ US-Dollar*
e) *Temperatur in °C ⟼ Uhrzeit*
f) *Uhrzeit ⟼ Temperatur in °C*
g) *Benzinmenge in l ⟼ Preis in €*
h) *Preis in € ⟼ Benzinmenge in l*

2 **a)** Jakob geht jeden Morgen zu Fuß zur Schule. Die beiden Graphen veranschaulichen an zwei verschiedenen Tagen seinen Schulweg. Erfinde eine Geschichte zu jedem Schulweg.

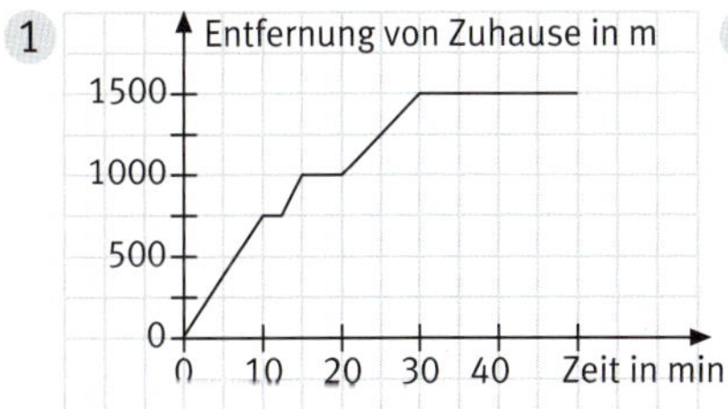

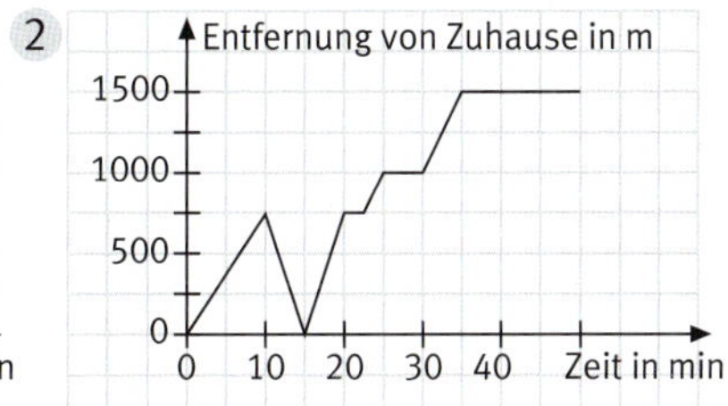

b) Güllü zeichnet zu ihrem Schulweg an einem Morgen zwei unterschiedliche Graphen, die verschiedene Informationen enthalten. Beschreibe die Unterschiede. Welche Informationen kannst du den einzelnen Graphen entnehmen?

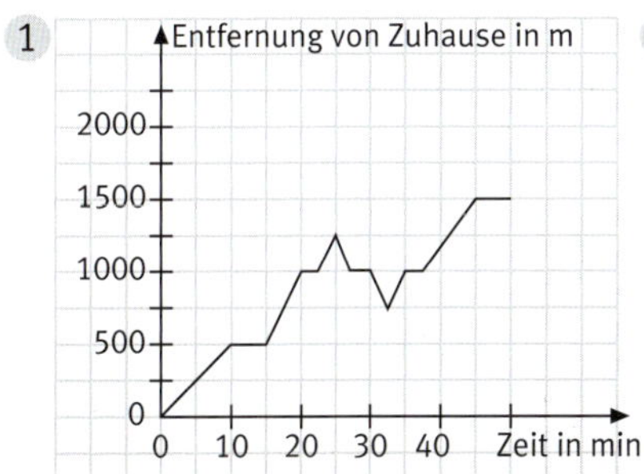

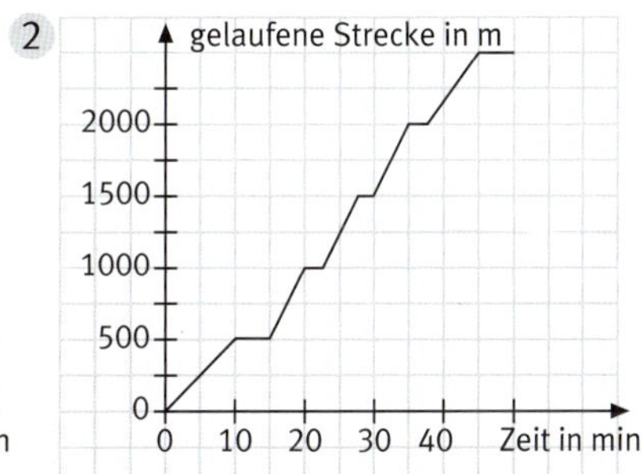

c) Beschreibe einem Partner deinen Schulweg in Worten, der einen Graphen dazu zeichnet. Kontrolliere den Graphen. Tauscht anschließend die Rollen.

3 **a)** Welche Zuordnung ist im Graphen dargestellt?

b) Lies die Höchst- und Tiefstwerte der zugeordneten Größe möglichst genau ab.

c) Wann zeigte das Thermometer 12 °C (19 °C, 6 °C)?

d) Lies alle zwei Stunden die Werte im Graphen ab und stelle den Sachverhalt in einer Tabelle dar.

e) Schreibe einen Wetterbericht für den Tag.

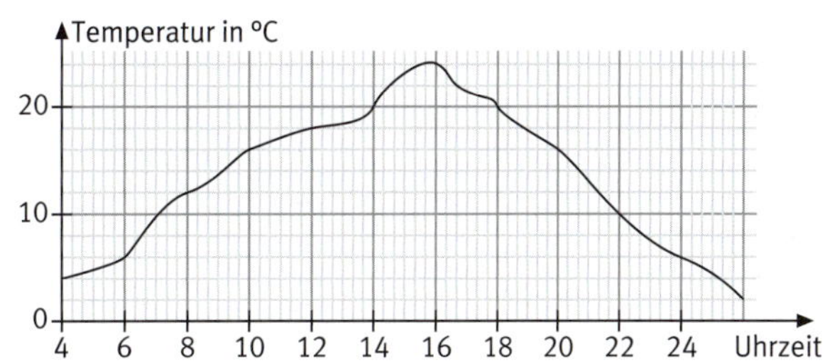

4 Sabrina möchte ihren Hund Bello baden. Dazu lässt sie zunächst Wasser in die Badewanne. Als die Wanne halb voll ist, stellt sie das Wasser ab und macht sich auf die Suche nach Bello.
Nachdem sie ihn gefunden hat, gehen sie zur Wanne und Bello springt hinein. Nach einiger Zeit hat Bello fertig gebadet und springt aus dem Wasser. Kurz darauf lässt Sabrina das Wasser wieder aus der Wanne. Skizziere einen Graphen, der die Höhe des Wasserstandes in der Wanne im Laufe der Zeit darstellt. Du kannst bei der Skizze auf Einheiten verzichten.

5 Auf einem Wasserspielplatz in Townsville/Australien befindet sich ein übergroßer Eimer, der sich langsam mit Wasser füllt. Wenn er voll ist, entleert er sich plötzlich wie ein Wasserfall. Skizziere einen Graphen zu der Zuordnung *Zeit* ⟼ *Füllhöhe* für drei Füllvorgänge des Eimers.

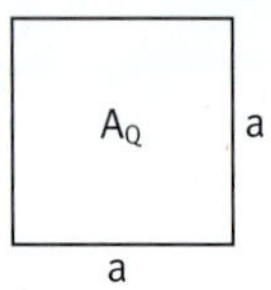

6 Untersuche den Flächeninhalt eines Quadrates.

a) Übertrage die Tabelle der Zuordnung *Seitenlänge in cm* ⟼ *Flächeninhalt in cm²* in dein Heft und vervollständige.

Seitenlänge	0,5 cm	1 cm	2 cm	2,5 cm	3 cm	4 cm	▢
Flächeninhalt	▢	▢	4 cm²	▢	▢	▢	25 cm²

b) Zeichne den Graphen der Zuordnung.

1 Wie verläuft der Graph am Ursprung bei kleinen Seitenlängen? Beschreibe.

2 Darfst du die Punkte miteinander verbinden? Begründe.

c) Beschreibe, was passiert, wenn du die Seitenlänge weiter vergrößerst. Welches Problem tritt bei der Zeichnung auf?

d) Lies den Flächeninhalt für a = 1,5 cm (a = 3,5 cm; a = 2,8 cm) möglichst genau ab. Vergleiche die Ergebnisse mit den berechneten Werten.

Als Füllgraph bezeichnet man den Graphen einer Zuordnung Zeit → Füllhöhe.

7 Stell dir vor, die Türme aus den Bausteinen sind Gefäße, die man mit Wasser füllen kann. In jeden Turm fließt das Wasser gleichmäßig hinein.

a) Welcher Füllgraph gehört zu welchem Turm? Begünde.

LE: Längeneinheit
ZE: Zeiteinheit

1
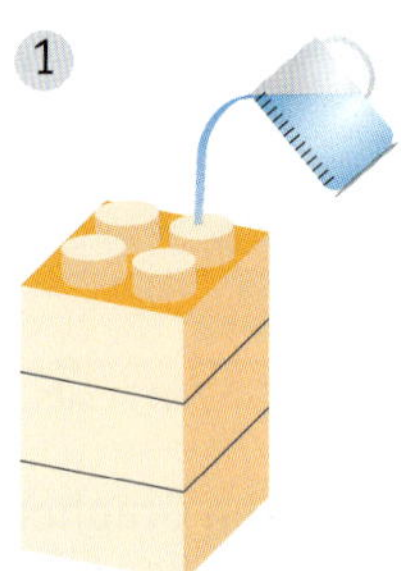
2
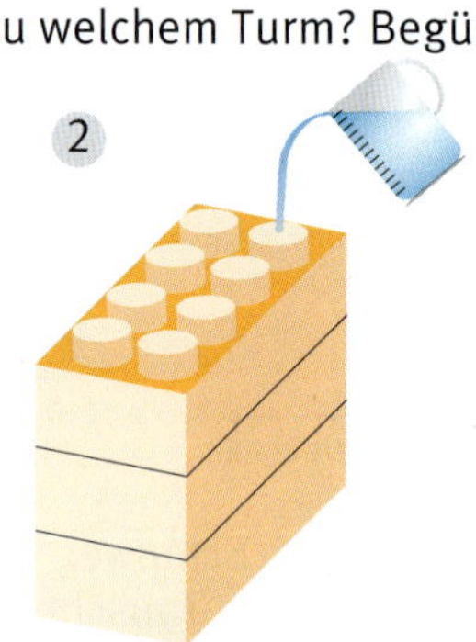
3
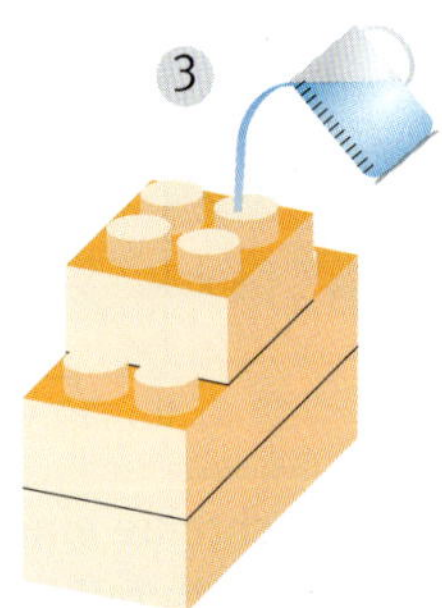

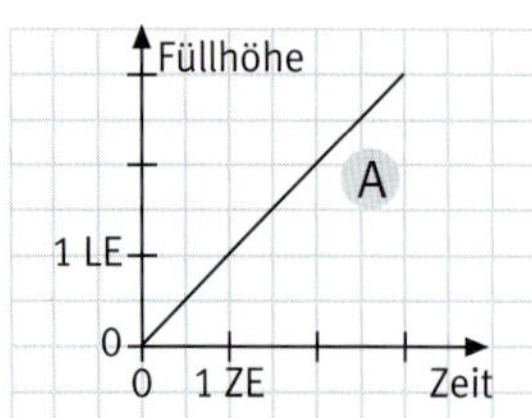

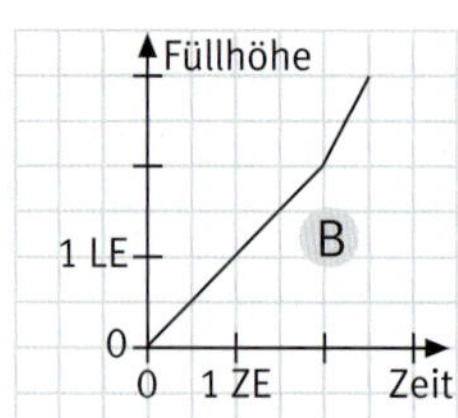

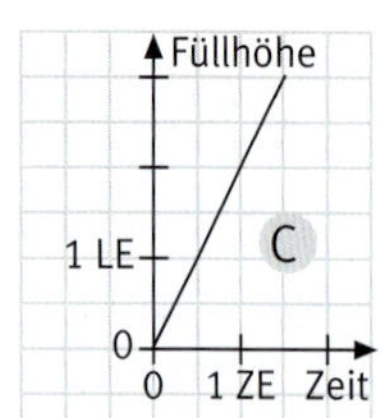

b) Zeichne einen Füllgraphen zu jedem Turm wie in a).

1
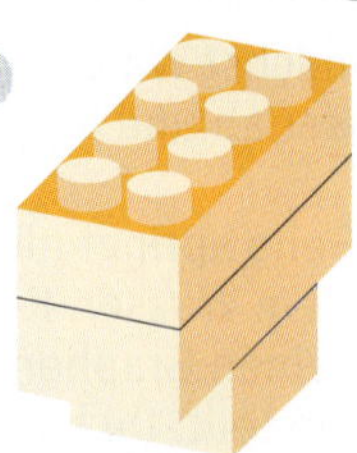
2
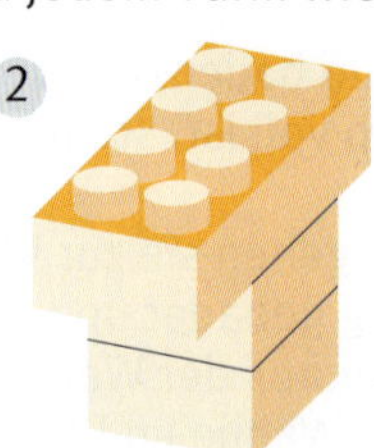
3
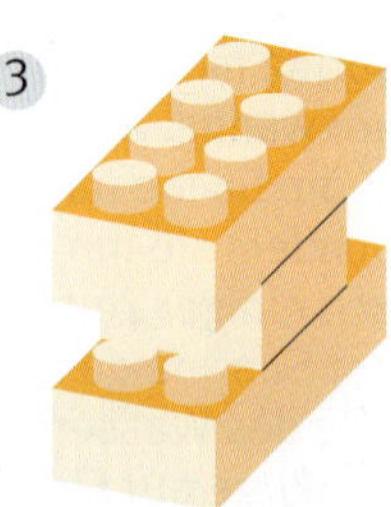

c) Baue selbst Türme aus Bausteinen und zeichne den zugehörigen Füllgraphen.

8 Die Tabelle zeigt die Besucherzahlen des Frankfurter Zoos.

Jahr	2008	2009	2010	2011	2012	2013
Besucher	841 712	812 294	805 716	824 344	834 547	845 619

a) Gib die Zuordnung an, die durch die Tabelle dargestellt wird.
b) Zeichne einen zugehörigen Graphen. Runde geeignet.
c) In welchem Jahr gab es die höchsten (niedrigsten) Besucherzahlen?
d) Wann gab es die größten Veränderungen der Besucherzahlen? Beschreibe, wie du diese Information dem Graphen entnehmen kannst.
e) Ermittle die durchschnittliche jährliche Besucherzahl im gegebenen Zeitraum.

Top Angebot

Kaufe 3 CDs zum Preis von 21

9 Ein Musikgeschäft wirbt mit einem Angebot für den Verkauf von Musik-CDs.
a) Vervollständige die Tabelle *Anzahl CDs* $\longmapsto$ *Preis in €* im Heft.

Anzahl CDs	0	1	2	3	4	5	6	7	8	9	10
Preis in €		5									

b) Zeichne den Graphen der Zuordnung. Ist die Zuordnung eindeutig?
c) Beschreibe den Verlauf des Graphen in Worten.
d) Wie werden sich Käufer bei diesem Angebot wohl verhalten? Begründe.
e) Suche nach weiteren Angeboten dieser Art in deiner Umgebung. Zeichne die Graphen der Zuordnung und beschreibe ihren Verlauf.

10 Der Bremsweg eines Fahrrades hängt neben dem Zustand der Reifen und der Fahrbahn von der Geschwindigkeit ab. Bei trockener Fahrbahn muss man mindestens mit folgenden Bremswegen rechnen:

Geschwindigkeit in $\frac{km}{h}$	5	10	15	20	25	30	35
Bremsweg in m	1,5	3	5	7	10	13,5	17,5

a) Welche Werte werden bei diesem Sachverhalt einander zugeordnet?
b) Stelle den Sachverhalt in einem Koordinatensystem dar.
c) Begründe (1) Welchen Bremsweg erwartest du bei 40 $\frac{km}{h}$?
(2) Welche Geschwindigkeit hat jemand bei 15 m Bremsweg.

Überlege dir zunächst eine geeignete Einteilung der Achsen.

Medizin

Atemzüge untersuchen (Partnerübung)

Material

- Zettel, Stift, Uhr mit Sekundenanzeige

Ablauf

Die Atmung hängt davon ab, wie stark man sich angestrengt hat. Dieses soll hier untersucht werden. Dazu gibt ein Schüler alle 15 Sekunden die Zeit an, der andere Schüler zählt seine eigenen Atemzüge, die er bis dahin insgesamt gemacht hat, und schreibt sie auf. Insgesamt werden jeweils $2\frac{1}{2}$ Minuten gemessen.

- Bestimmt die Anzahl der Atemzüge in dem Zeitraum, ohne euch vorher anzustrengen. Stellt den Sachverhalt im Graphen dar.
- Macht vor der nächsten Messung 30 Kniebeugen. Stellt den Sachverhalt in demselben Koordinatensystem dar. Vergleicht die Graphen.

Suche Gegenstände, die es häufig in gleicher Qualität und Größe gibt, z. B. Schokolinsen oder Bausteine. Untersuche die Masse dieser Gegenstände mit einer Waage.

- Lege eine Tabelle an, in der die Masse in Abhängigkeit von der Anzahl der Gegenstände notiert wird.
  Beispiel:

Anzahl Bausteine	5	10	20	40
Masse in g	▢	▢	▢	▢

- Wie verändert sich die Masse, wenn sich die Anzahl der Gegenstände verdoppelt (verdreifacht, verzehnfacht, ver-k-facht)? Beschreibe in Worten.
- Übertrage den Sachverhalt aus der Tabelle in ein Koordinatensystem. Beschreibe den Verlauf des Graphen, auf dem die Punkte liegen.

Merkwissen

Derselbe Zusammenhang kann auch nur für Zahlen statt für Größen gelten.

Eine proportionale Zuordnung liegt bereits vor, wenn nur eine dieser Eigenschaften zutrifft.

Eine gleichartige Veränderung liegt auch hier vor:

Eiskugeln	Preis in ct
1	70
2	140
3	210

(+ links und rechts: 1 + 2 → 3; 70 + 140 → 210)

Eine Zuordnung nennt man **proportional**, wenn folgender **Zusammenhang** gilt: Zum Doppelten (zum Dreifachen, zum Vierfachen, ..., zur Hälfte, zum Drittel, ...) der Ausgangsgröße gehört das Doppelte (das Dreifache, das Vierfache, ..., die Hälfte, ein Drittel, ...) der zugeordneten Größe.

Dieser Zusammenhang lässt sich neben dieser **Wortform** auch folgendermaßen darstellen:

Tabelle

Eiskugeln	Preis in ct
1	70
2	140
5	350
...	...
x	70 · x

(Pfeile: · 2 von 1 zu 2 bzw. 70 zu 140; · 5 von 1 zu 5 bzw. 70 zu 350)

Gleichartige Veränderung auf beiden Seiten

Graph

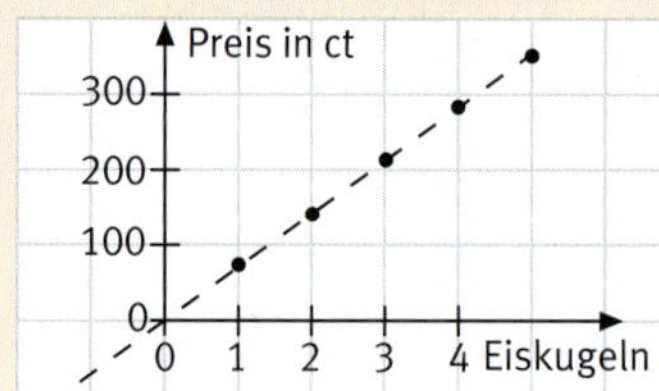

Die Punkte liegen auf einer **Geraden durch den Ursprung**.

Beispiele

I 250 g Hackfleisch kosten beim Metzger 3,00 €.

a) Erstelle eine Tabelle, die den Preis für verschiedene Mengen Hackfleisch angibt.

b) Zeichne den zugehörigen Graphen dieser Zuordnung.

Bei proportionalen Zuordnungen bleiben Rabatte oder Aktionspreise unberücksichtigt.

Lösung:

a)

Menge	250 g	50 g	100 g	500 g
Preis	3,00 €	0,60 €	1,20 €	6,00 €

(Pfeile: : 5 von 250 g zu 50 g; · 2 von 50 g zu 100 g; · 5 von 100 g zu 500 g; · 2 von 250 g zu 500 g – jeweils auch in der Zeile Preis)

Jedes Wertepaar in einer Tabelle kann Ausgangspunkt für die Berechnung sein.

b)

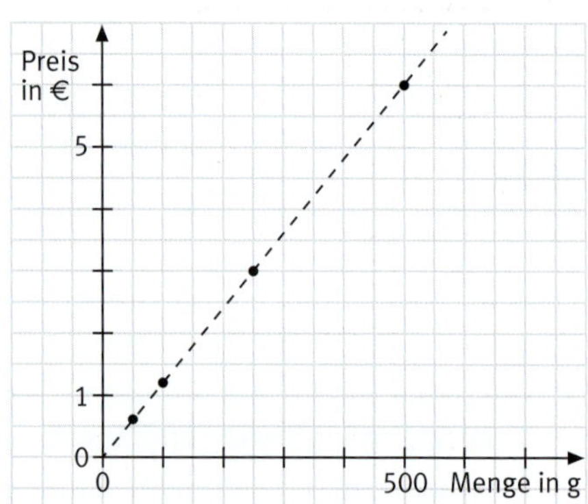

Die Punkte liegen auf einer Geraden.

Verständnis

- Begründe: Jede proportionale Zuordnung ist stets eine eindeutige Zuordnung.
- Nenne Beispiele für proportionale Zuordnungen im Alltag.
- Bei vielen Sachkontexten zeichnet man den Graph einer proportionalen Zuordnung nur gestrichelt. Warum?

Aufgaben

1 Sind die folgenden Zuordnungen proportional? Begründe anhand von Beispielen.

a) *Körpergewicht ⟼ Alter*
b) *Schweizer Franken ⟼ Euro*
c) *Preis in € ⟼ Anzahl SMS pro Monat*
d) *Süßigkeiten in g ⟼ Preis in €*
e) *Anzahl der Arbeiter ⟼ Bauzeit auf einer Baustelle*

2 **a)** Zeige auf verschiedene Arten, dass die Zuordnungen proportional sind.

Beschreibe die Zuordnung auch in Worten.

1

Gewicht in g	300	900	600
Preis in €	3,45	10,35	6,90

2

Länge in m	7	2	4
Preis in €	14,70	4,20	8,40

3

Länge in cm	5	7	4
Preis in €	2	2,80	1,60

4

Weg in km	3	4	6
Zeit in min	39	52	78

b) Beschreibe Situationen, die durch die Zuordnungen dargestellt werden können.

3 Welcher der Graphen gehört zu einer proportionalen Zuordnung? Begründe.

a)
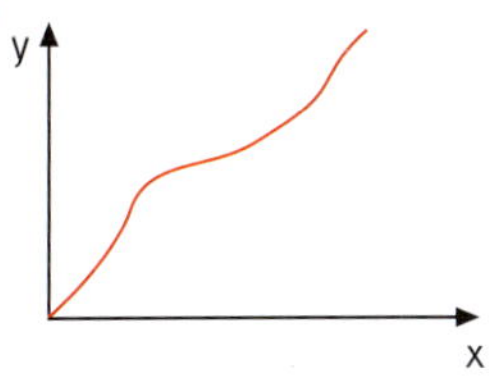

b)
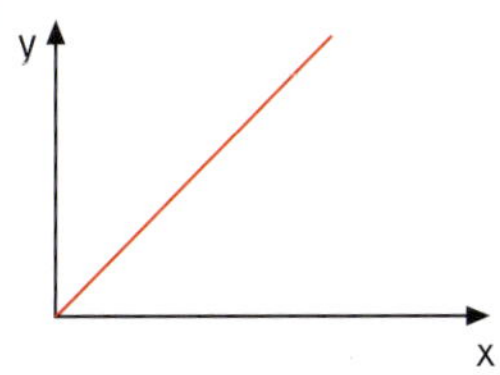

c)
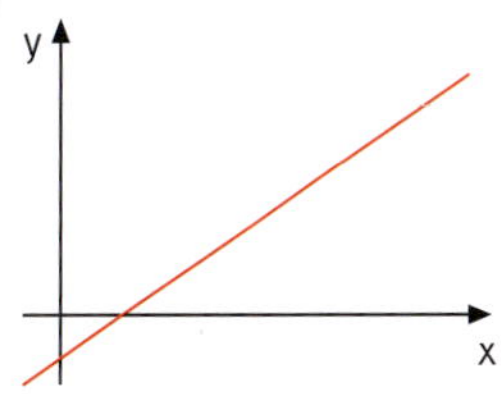

4 Das schrittweise Rechnen von der Ausgangsgröße auf eine geeignete Zwischengröße und dann hin zur gesuchten Größe nennt man **Dreisatz**.

Beispiel:

	Anzahl Pralinen	Masse in g	
: 3	6	150	: 3
· 4	2	50	· 4
	8	200	

Berechne die fehlenden Größen der proportionalen Zuordnungen. Rechne zuerst auf einen geeigneten Zwischenwert und dann auf die gesuchte Größe.

a)

Äpfel in kg	Preis in €
2	4,30
1	
9	

b)

Anzahl Hefte	Masse in g
3	225
8	

c)

Erdbeeren in g	Preis in €
250	1,50
800	

d)

Euro	US-Dollar
120	180
180	

e)

Anzahl Bausteine	Turmhöhe in cm
7	10,5
15	

f)

Anzahl Kopien	Preis in €
450	13,50
800	

5 Für das Sommerfest des Hockeyclubs machen Monika und Andrea einen Reissalat.

Reissalat für 6 Personen

- 200 g Reis, gekocht
- 3 Paprika (rot, gelb, grün)
- 1 Dose Mais
- 5 Gewürzgurken
- 50 g Sahne
- 250 g Mayonnaise

Das Gemüse in kleine Würfel schneiden, anschließend alle Zutaten vermischen. Mit Salz und Pfeffer abschmecken.

a) Da es sich um eine große Feier handelt, möchten sie einen Salat für 12 Personen zubereiten. Berechne die notwendigen Mengen neu.

b) Wie berechnet man die Mengenangaben für die dreifache, vierfache, ... Menge? Beschreibe.

c) Beim Fest haben sich 15 Personen angemeldet. Monika und Andrea diskutieren über die Menge der Zutaten. Was ist das Problem? Wie können sie es praktisch lösen? Mache Vorschläge.

6 Conny öffnet eine Packung Druckerpapier und möchte wissen, wie dick ein einzelnes Blatt ist. Beschreibe ein Verfahren, mit dem sie die Dicke bestimmen kann.

7 Eine proportionale Zuordnung hat eine wichtige Eigenschaft:

Der Quotient aus zugeordneter Größe zur Ausgangsgröße bleibt stets gleich (**Quotientengleichheit**).
Der gleich bleibende Quotientenwert heißt Proportionalitätsfaktor k.
Die zugeodnete Größe lässt sich auch ermitteln, indem man die **Ausgangsgröße** mit dem Proportionalitätsfaktor k **multipliziert:** $y = k \cdot x$

Beispiel:

$$\frac{70\text{ ct}}{1\text{ Kugel}} = \frac{140\text{ ct}}{2\text{ Kugeln}} = \frac{350\text{ ct}}{5\text{ Kugeln}} = \dots$$

$$\frac{\text{zugeordnete Größe}}{\text{Ausgangsgröße}} = k$$

Bestimme die Lösung mithilfe des Proportionalitätsfaktors k.

Welche Möglichkeiten kennst du, um Aufgaben zu einer proportionalen Zuordnung zu lösen?

a) 8 kg Weintrauben kosten 24 €. Wie teuer sind 3 kg Weintrauben?

b) Herr Müller bezahlt für 5 Kisten Wasser 37,50 €. Was zahlt er für 3 Kisten?

c) Für die Herstellung von 75 kg Holzkohle benötigt man 100 kg Holz. Wie viel Holz benötigt man für die Herstellung von 60 kg Holzkohle?

8 Familie Kremer fährt in den Urlaub an die Nordsee. Der Vater betankt das Auto mit 18 l Benzin und zahlt an der Kasse 21,60 €.

a) Berechne den Preis für 36 l (54 l, 9 l) Benzin. Lege dazu eine Tabelle an.

b) Stelle den Sachverhalt grafisch dar. Beschreibe den Zusammenhang in Worten.

c) Lies den Preis für 20 l (30 l, 42 l) aus dem Graphen von b) möglichst genau ab. Überprüfe die Werte auch rechnerisch.

d) Die Angaben an den Tankstellenschildern sind Proportionalitätsfaktoren. Begründe diese Aussage.

9 Recherchiere die aktuellen Umrechnungskurse für ausländische Währungen (US-Dollar, Britische Pfund, Schweizer Franken, ...). Erstelle mithilfe eines Tabellenkalkulationsprogramms eine Datei, die jeden beliebigen Euro-Betrag in die entsprechende ausländische Währung umrechnet.

10 Lennard muss das große Einmaleins auswendig lernen und hat mit der 13er-Reihe Probleme. Er versucht, sie grafisch darzustellen.

a) Begründe, warum die Zahlenreihen eine proportionale Zuordnung darstellt.

b) Stelle die Zuordnung *Natürliche Zahl* $n \longmapsto 13 \cdot n$ grafisch dar.

1 Lies die Ergebnisse für drei mögliche Vielfache ab. Überprüfe rechnerisch.

2 Welche Bedeutung haben Zwischenwerte beim Graphen? Gib Beispiele an.

c) Wie ändert sich das Ergebnis, wenn du die Ausgangsgröße um 1 erhöhst (um 2 verringerst)?

11 Vergleiche den Flächeninhalt der Rechtecke mit der blauen Fläche. Welchen Zusammenhang erkennst du? Beschreibe mit eigenen Worten.

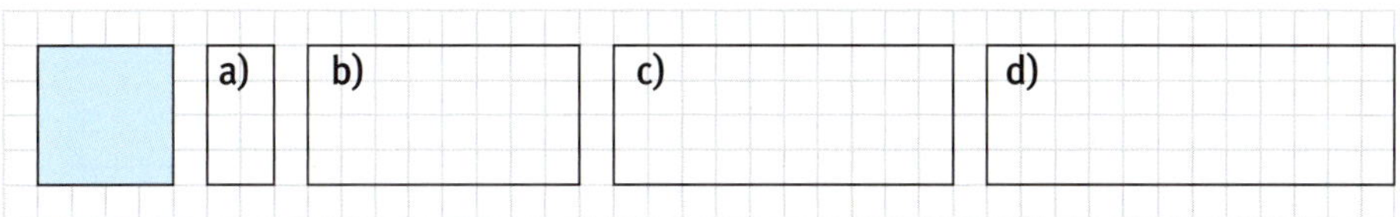

12 Überprüfe, ob bei der Zuordnung $x \longmapsto y$ eine direkte Proportionalität vorliegt.

a)

x	3	4	5	0,5	0,6
y	4,5	6	7,5	0,8	0,9

b)

x	2	6	10	$\frac{2}{5}$	0,6
y	$\frac{1}{2}$	$1\frac{1}{2}$	$2\frac{1}{2}$	$\frac{1}{10}$	2

13 Sophia bessert ihr Taschengeld auf, indem sie ihrer Mutter beim Bügeln hilft. Mithilfe eines Tabellenprogramms veranschaulicht sie ihren möglichen Verdienst.

	A	B
1	Anzahl Klei- dungsstücke	Lohn in €
2	0	0,00
3	1	0,40
4	2	0,80
5	3	1,20
6	4	1,60
7	5	2,00
8	6	2,40

a) Wie viele Kleidungsstücke muss sie bügeln, bis sie 18 € verdient hat?

b) Wie viel Geld bekommt Sophia von ihrer Mutter, wenn sie eine Woche lang täglich vier Kleidungsstücke bügelt?

c) Sophia braucht zum Bügeln eines Kleidungsstücks ca. 5 Minuten. Ergänze die Tabelle um eine Spalte „Arbeitszeit in min".

d) Stelle die Zuordnung *Anzahl Kleidungsstücke* $\longmapsto$ *Lohn in €* als Diagramm dar.

So erstellst du den Graphen einer Zuordnung mit einem Tabellenprogramm:

1 Markiere den Bereich in der Tabelle.

	A	B
1	Anzahl Klei- dungsstücke	Lohn in €
2	0	0,00
3	1	0,40
4	2	0,80
5	3	1,20
6	4	1,60
7	5	2,00
8	6	2,40

2 Wähle im Diagrammassistenten den Diagrammtyp „Punkt (XY)" aus.

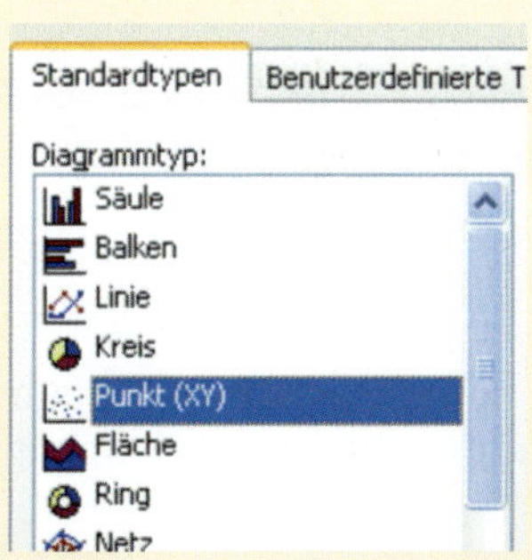

3 Nach Fertigstellen lässt sich mit einem Doppelklick auf einen Punkt aus dem Menü „Muster" eine Gerade einfügen.

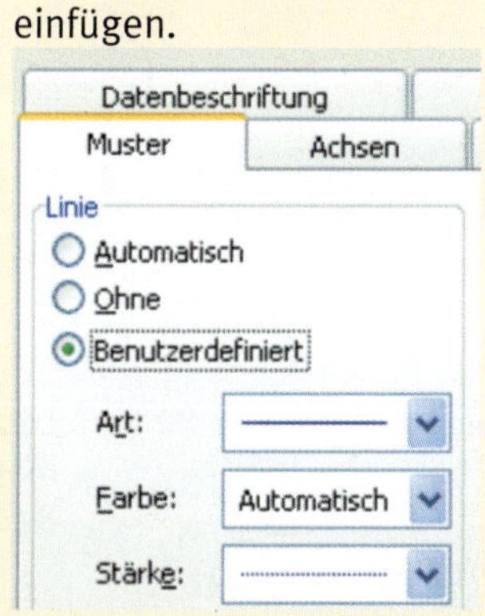

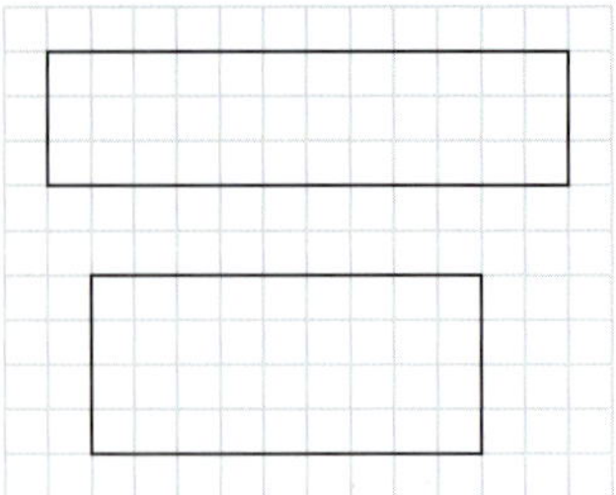

- Zeichne auf kariertes Papier möglichst viele unterschiedliche Rechtecke, die alle den Flächeninhalt von 36 Kästchen haben.
- Lege eine Tabelle an, in der du die Längen und die zugehörigen Breiten (in Kästchenlängen) notierst.

Länge Rechteck	1	2	3	4	6	...	36
Breite Rechteck	36	18	▢	▢	▢	...	▢

- Wie ändert sich die Breite des Rechtecks, wenn sich die Länge verdoppelt (verdreifacht, versechsfacht, halbiert)?
- Übertrage die zusammengehörenden Werte aus der Tabelle in ein Koordinatensystem. Beschreibe den Verlauf des Graphen, auf dem die Punkte liegen.

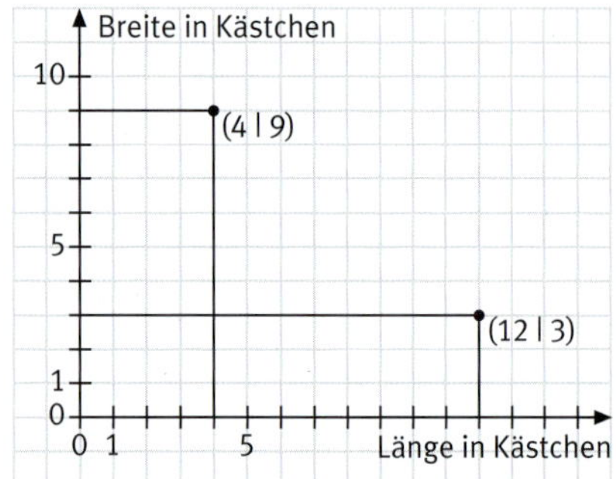

Derselbe Zusammenhang kann auch nur für Zahlen gelten.

Eine antiproportionale Zuordnung liegt bereits vor, wenn eine dieser Eigenschaften erfüllt ist.

Im Einstiegsbeispiel steht das gemeinsame Produkt der Wertepaare für den gleichen Flächeninhalt der Rechtecke.

Merkwissen

Eine Zuordnung nennt man **antiproportional** oder **umgekehrt proportional**, wenn **Folgendes** gilt:
Zum Doppelten (zum Dreifachen, zum Vierfachen, ..., zur Hälfte, zum Drittel, ...) der Ausgangsgröße gehört die Hälfte (ein Drittel, ein Viertel, ..., das Doppelte, das Dreifache, ...) der zugeordneten Größe.

Dieser Zusammenhang lässt sich neben dieser **Wortform** folgendermaßen darstellen:

Tabelle

Anzahl Pferde	Hafervorrat in Tagen
2	20
4	10
5	8

(2 → 4: · 2; 2 → 5: · 2,5; 20 → 10: : 2; 20 → 8: : 2,5)

Veränderung auf beiden Seiten **durch die Gegenoperation** Multiplikation ↔ Division

Graph

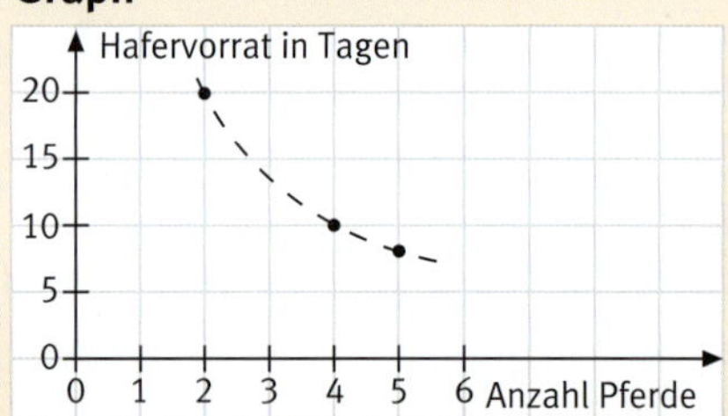

Die Punkte liegen auf einer Kurve, die **Hyperbel** heißt. Für große x- bzw. y-Werte nähert sie sich den Koordinatenachsen an.

Beispiele

I Überprüfe die Zuordnung auf Antiproportionalität.

Anzahl Arbeiter	2	4	6
Bauzeit in Tagen	30	15	10

Wir gehen davon aus, dass jeder Arbeiter gleich viel schaffen kann und sich die Arbeiter nicht gegenseitig im Weg stehen.

Lösung:
Man erkennt, dass bei einer Verdopplung (Verdreifachung) der Arbeiter die Bauzeit halbiert (gedrittelt) wird. Somit ist die Zuordnung antiproportional.

Verständnis

- Marion: „Antiproportionale Zuordnungen sind nicht eindeutig!“
  Hat Marion Recht? Begründe.
- Gibt es Höchst- und Tiefstwerte bei antiproportionalen Zuordnungen?

Aufgaben

1 ①

Anzahl der Arbeiter	6	3	2		18			
Arbeitszeit in Tagen	18			9		2	3	27

②

Schrittlänge in cm	50	100	10		80			
Gesamtzahl Schritte	40			80		60	75	10

Lösungen zu 1:
4; 6; 12; 20; 25; 25; $26\frac{2}{3}$; $33\frac{1}{3}$; 36; 36; 54; 54; 200; 200

a) Übertrage die Tabellen der antiproportionalen Zuordnungen in dein Heft und ergänze die fehlenden Werte. Beschreibe den Zusammenhang in Worten.

b) Wie realistisch sind die Werte aus a)? Welche Annahmen werden gemacht?

2 André möchte ein Freilaufgehege für seine Hasen im Garten bauen. Sein Vater meint: „18 m² reichen dafür.“

a) Welche Möglichkeiten hat André, den Freilauf rechteckig zu planen? Stelle in einer Tabelle dar. Die Seitenlängen sollen ganze Meter sein.

b) Stelle die Ergebnisse grafisch dar wie im Einführungsbeispiel nebenan.

c) Lies aus dem Graphen mindestens drei weitere mögliche Seitenlängen für den Freilauf so genau wie möglich ab.

3 Welcher Graph gehört zu einer antiproportionalen (zu einer proportionalen) Zuordnung? Begründe.

a)
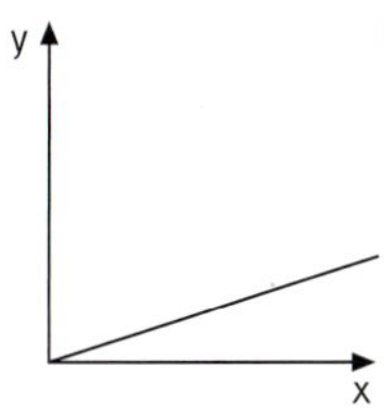

b)
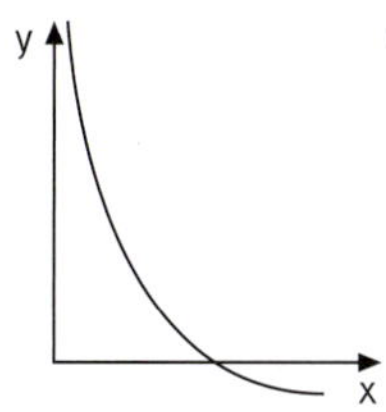

c)
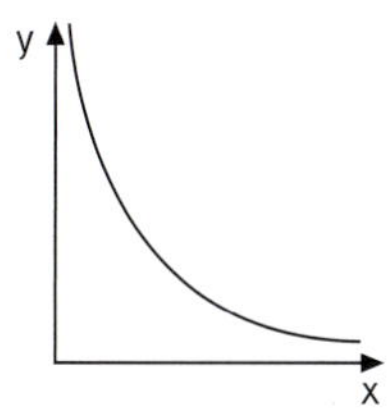

d)
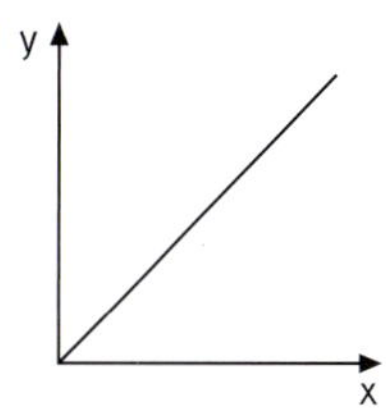

4

Auch bei antiproportionalen Zuordnungen lassen sich Größen mit dem **Dreisatz** berechnen, indem man von der Ausgangsgröße geeignete Zwischenwerte berechnet.

Beispiel:

	Anzahl Personen	Gewinn in €	
:2	10	1500	·2
·3	5	3000	:3
	15	1000	

Übertrage die Tabellen. Rechne erst auf einen geeigneten Zwischenwert und bestimme dann die fehlenden Größen der antiproportionalen Zuordnungen.

a)

Anzahl Personen	Beitrag
12	140
4	
8	

b)

Anzahl an Pumpen	Füllzeit in h
5	93
3	

c)

Anzahl Lkw	Fahrten pro Lkw
6	12
9	

5 Untersuche, ob die Zuordnung proportional oder antiproportional ist oder keinem dieser beiden Fälle entspricht.

a) *Menge Mehl in g ⟼ Verkaufspreis in €*
b) *Anzahl der Bagger auf einer Baustelle ⟼ Bauzeit in Tagen*
c) *Anzahl der Teilnehmer eines Ausflugs ⟼ Länge des Ausflugs*
d) *Anzahl der Wasserschläuche ⟼ Zeit zum Füllen eines Gartenteichs*
e) *Anzahl der Eier im Kochtopf ⟼ Kochzeit in min*
f) *Anzahl der Personen in einem Aufzug ⟼ zugeladene Masse in kg*

6 Eine antiproportionale Zuordnung hat eine wichtige Eigenschaft:

Das Produkt aus Ausgangsgröße und zugeordneter Größe ist stets gleich (**Produktgleichheit**). Den gleichbleibene Produktwert nennt man auch Gesamtgröße c. Die zugeordnete Größe kann man ermitteln, indem man die **Ausgangsgröße** durch die **Gesamtgröße c dividiert**: $y = \frac{c}{x}$

$2 \cdot 20 = 4 \cdot 10 = 5 \cdot 8 = 40$

Bedeutung:
40 Tagesportionen Pferdefutter

zugeordnete Größe · Ausgangsgröße = c

Im Sportunterricht wird die Klasse 7a mit 24 Schülern in verschiedene, gleich große Gruppen aufgeteilt.

a) Lege eine Tabelle für die Zuordnung *Anzahl der Gruppen ⟼ Anzahl ihrer Mitglieder* an. Zeige an der Tabelle die Produktgleichheit der antiproportionalen Zuordnung.
b) Welche Ergebnisse aus a) erscheinen dir sinnvoll? Begründe.
c) Welche Bedeutung hat hier das Produkt der Wertepaare?

7 Bei einem Schulfest verkauft die Klasse 7b Kuchen. Aus einem Kuchen kann man 20 Stücke schneiden und zu 1,20 € pro Stück verkaufen.

a) Christina macht den Vorschlag, nur 1 € pro Stück zu nehmen und die Anzahl der Stücke zu erhöhen. Mit wie vielen Stücken rechnet Christina wohl?
b) Welche Bedeutung hat das Produkt aus der Anzahl von Kuchenstücken und dem dazugehörigen Verkaufspreis?

8 Zeige auf verschiedene Arten, dass die Zuordnungen antiproportional sind.

a) Rechteck

Länge in cm	4	4,8	3,2
Breite in cm	6	5	7,5

b) Fahrzeit

Geschwindigkeit in $\frac{km}{h}$	80	120	60
Fahrzeit in min	36	24	48

9 Lege eine Tabelle zu der antiproportionalen Zuordnung mit der Gesamtgröße c = 6 von –3 bis +3 an mit Schrittweite 0,5. Zeichne den zugehörigen Graphen und beschreibe ihn.

10 Ein Reiseunternehmen hat ein Angebot für einen Klassenausflug. Die Klasse 7c besteht aus 24 Schülern.

Pauschalreise für Klassen
- Busfahrt hin und zurück nach Frankfurt (maximal 52 Personen)
- Besuch im Naturkundemuseum und Zoo

Festpreis: 850 €, inkl. aller Eintrittspreise

a) Berechne den Preis für jeden Teilnehmer, wenn die Klasse 7c mit zwei Lehrern fährt.

b) Mit welcher Parallelklasse kann die Klasse 7c reisen? Klasse 7a hat 29, 7b 26 und 7d 25 Schüler. Bedenke, dass je 20 Schüler ein Lehrer mitreisen muss.

c) Nach dem Ausflug kostete die Fahrt für jeden Teilnehmer 17,35 €. Wie viele Personen sind tatsächlich mitgefahren?

11 Ein Fischteich kann durch eine Pumpe innerhalb von vier Tagen leer gepumpt bzw. aufgefüllt werden. Es stehen drei weitere (baugleiche) Pumpen zur Verfügung.

a) Berechne die Dauer eines Ablassvorgangs für zwei (drei, vier, ...) Pumpen. Erstelle eine Tabelle der Zuordnung *Anzahl der Pumpen* $\longmapsto$ *Dauer in d*.

b) Beschreibe den Zusammenhang in Worten.

c) Zeichne einen Graphen zum Sachverhalt. Beschreibe seinen Verlauf.

d) Welche Bedeutung hat das Produkt der Wertepaare dieser Zuordnung?

e) Der Teich ist noch halb voll, als eine von vier Pumpen ausfällt. Wie lange müssen die übrigen Pumpen arbeiten, bis der Teich komplett geleert ist?

12 Zur Kartoffelernte packt bei Familie Kauss (Vater, Mutter mit drei Kindern) jeder mit an. Für die gesamte Ernte brauchen sie aller Erfahrung nach zusammen 24 Tage. Wir gehen davon aus, dass jede Person gleich viel leistet.

a) Wie lange benötigen sie, wenn zwei Kinder für die gesamte Ernte ausfallen?

b) Wie lange dauert die Ernte, wenn zwei Freunde die ganze Familie unterstützen?

c) Zeichne den Graphen der Zuordnung *Anzahl Personen bei der Ernte* $\longmapsto$ *Dauer der Ernte in Tagen*. Fertige zunächst eine Tabelle an.

d) Bestimme das Produkt der Wertepaare. Welche Bedeutung hat es hier?

13 Bäcker Schmittel backt an einem Arbeitstag normalerweise 75 Brote zu je 1,5 kg. Zu seinem Betriebsjubiläum möchte er aus der gleichen Menge Teig kleinere Brote backen und an seine treuen Kunden verschenken.

a) Erstelle eine Tabelle zur Zuordnung *Anzahl der Brote* $\longmapsto$ *Masse eines Brotes* und zeichne damit den zugehörigen Graphen.

b) Lies aus dem Graphen von a) verschiedene Möglichkeiten ab, die Bäcker Schmittel grundsätzlich hat.

c) Mache Vorschläge, welche Brotgrößen Herr Schmittel anbieten soll.

14 Im Kunstunterricht sollen die 18 Schüler der Klasse 7c Gegenstände aus Tonpapier herstellen. Zur Auswahl steht eine Rolle mit 12 m oder eine mit 8 m Länge.

a) Fertige eine Tabelle für jede Rolle an. Wie lang ist ein Stück Papier, wenn jeder Schüler 1 (2, 3, 4, 5, 6) Stücke bekommt?

b) Zeichne für jede Rolle die Graphen der Zuordnung *Anzahl der Stücke* $\longmapsto$ *Länge der Stücke in mm*. Erweitere gegebenenfalls die Tabellen aus a).

c) Vergleiche die beiden Graphen aus b) miteinander. Beschreibe Gemeinsamkeiten und Unterschiede.

1 Vergleiche die Preise für die „Frauenbratwurst“ und „Männerbratwurst“ miteinander.

„Frauen-Bratwurst“
besonders mager,
5 x 50 g =
250 g Packung
(100 g = 0,80 €)

1.99

„Männer-Bratwurst“
deftig, kräftig gewürzt,
5 x 100 g = 500 g Packung
(1 kg = 5,98 €)

2.99

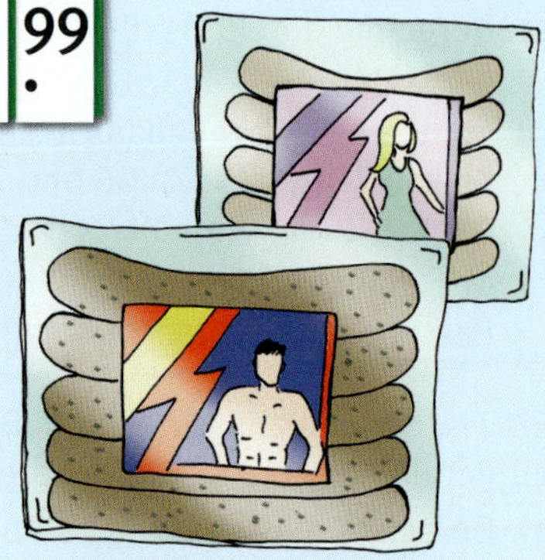

2 Ist die Zuordnung proportional oder umgekehrt proportional? Begründe.

a) *Anzahl der Teilnehmer bei einem Ausflug ⟼ Preis pro Teilnehmer*

b) *Geschwindigkeit eines Pkws ⟼ Fahrzeit in h*

c) *Anzahl der Zuckerpäckchen ⟼ Gesamtpreis in €*

d) *Schrittlänge in cm ⟼ Anzahl der Schritte für eine Strecke*

3 In Geschäften müssen die Preise für Grundmengen von 100 g oder 1 kg angegeben werden. Berechne beide Preise.

a)

300 g kosten 2,79 €.

b)

125 g kosten 0,85 €.

c)

360 g kosten 1,98 €.

4 Bei Rasendünger wird immer angegeben, für wie viel m^2 die Menge reicht.

① 7,5 kg Reicht für 250 m^2.
② 10 kg Reicht für 330 m^2.
③ 1,5 kg Reicht für 60 m^2.

a) Bestimme für die verschiedenen Sorten die Menge, die pro m^2 vorgesehen ist.

b) Berechne für jeden Rasendünger, wie weit die Menge reicht, wenn man 2 Packungen (3 Packungen, 4 Packungen, $\frac{1}{2}$ Packung, $\frac{1}{5}$ Packung) auf den Rasen streut.

5 Ein Rechteck soll einen Flächeninhalt von 72 cm^2 haben.

a) Übertrage die Tabelle in dein Heft und vervollständige sie.

Länge in cm	1	2	3	4	6	8	12	18	24	36	72
Breite in cm											

Wähle einen geeigneten Ausschnitt für den Graphen.

b) Zeichne den zugehörigen Graphen. Beschreibe seinen Verlauf.

6 Bei einer Autovermietung sind verschiedene Fahrzeuge im Angebot, die in der Tabelle mit dem zugehörigen Tankvolumen aufgeführt sind.

	1	2	3
Auto			
Tankvolumen	45 l	55 l	70 l

a) Wie teuer ist eine Tankfüllung für die einzelnen Autos, wenn man Diesel (Super E10) tankt? Beschreibe deinen Rechenweg.

b) Wie groß sind jeweils die Mehrkosten für eine Tankfüllung, wenn man statt Super E10 nun Super (SuperPlus) tankt? Beschreibe dein Vorgehen.

c) Je nach Fahrweise kommt man mit einer Tankfüllung unterschiedlich weit. Die Abbildung zeigt verschiedene Reichweiten bei derselben Tankfüllung.

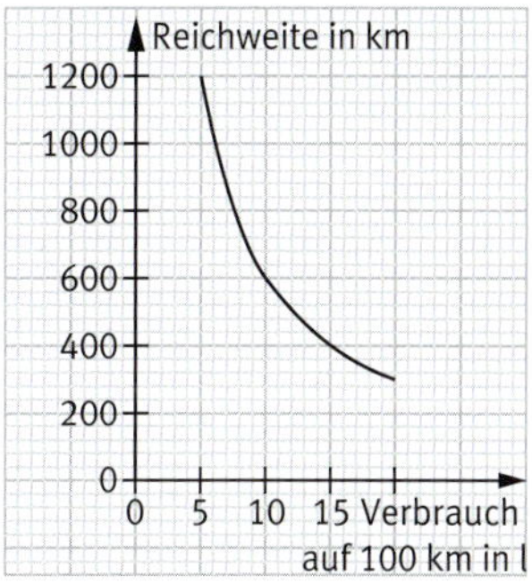

1 Lies aus dem Schaubild so gut wie möglich die Reichweite für einen Verbrauch von 6 l (8 l, 11 l, 16 l) auf 100 km ab.

2 Bei einem Verbrauch von 10 l auf 100 km kommt man mit einer Tankfüllung etwa 600 km weit. Berechne die Reichweite für einen Verbrauch von 5 l (15 l, 12 l) auf 100 km. Beschreibe deinen Rechenweg.

7 **a)** Gegeben ist die folgende Aufgabe:

> Ein Malerbetrieb kann einen Auftrag in 16 Tagen erledigen, wenn 6 Arbeiter täglich 8 Stunden arbeiten. Kurz vor Arbeitsbeginn fallen 2 Maler aus. Wie lange dauert der Auftrag, wenn die restlichen Arbeiter täglich 10 Stunden arbeiten?

Im Folgenden siehst du den Lösungsweg von Mehmet. Beschreibe sein Vorgehen.

	Anzahl Arbeiter	Arbeitstage	
:6	6	16	·6
·4	1	96	:4
	4	24	

	Arbeitsstunden	Arbeitstage	
:8	8	24	·8
·10	1	192	:10
	10	19,2	

Antwort: Am 20. Tag wird der Auftrag erledigt sein.

b) Berechne.

1 In einem Projekt verdienen 3 Arbeiter in 8 Tagen zusammen 1836 €. Wie viel Lohn hat der Arbeitgeber auszuzahlen, wenn er 5 Arbeiter 6 Tage lang beschäftigt? Dabei erhält jeder Arbeiter denselben Lohn am Tag.

2 Für das Parkett einer Eingangshalle benötigt man 27 500 Parketthölzer von 30 cm Länge und 7 cm Breite. Derzeit sind jedoch nur Hölzer von 28 cm Länge und 5 cm Breite vorrätig. Wie viele Hölzer muss man für den Eingangsbereich bestellen?

3 10 Maurer benötigen für die Fertigstellung eines Rohbaus 30 Tage, wenn sie täglich 8 Stunden arbeiten. Nach 18 Tagen fällt einer der Maurer wegen Krankheit aus. Schaffen die übrigen Maurer die Fertigstellung der vorgesehenen Zeit, wenn sie nun täglich 9 Stunden arbeiten?

Zu 2.1

1 Ergänze die Tabelle. Finde dabei eine Zuordnung (in Worten, als Term), mit der man y aus x berechnen kann, wenn man die Gesetzmäßigkeit fortsetzt.

a)

x	0	2	3	5	10	0,5
y	3	5	6			

b)

x	0	2	4	10	2,5	0,8
y	0	8	16			

a)

x	1	2	5	1,5	$\frac{2}{5}$	0,9
y	1	$\frac{1}{2}$		$\frac{2}{3}$		

b)

x	1	2	3	4	5	2,5
y	0	3	8			

2 a) Beschreibe jeweils den Verlauf des Graphen.
b) Finde mindestens eine Alltagssituation, die zu dem Graphen passt.
c) Gib eine Zuordnung zu der Alltagssituation aus b) an.

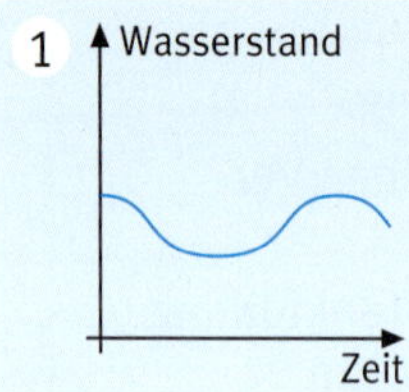

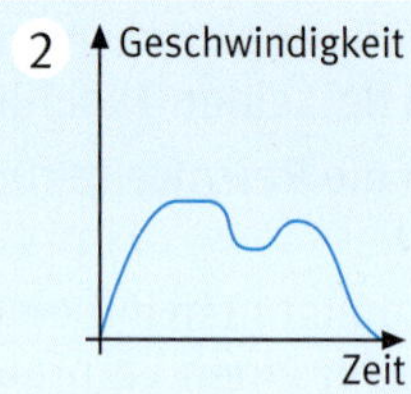

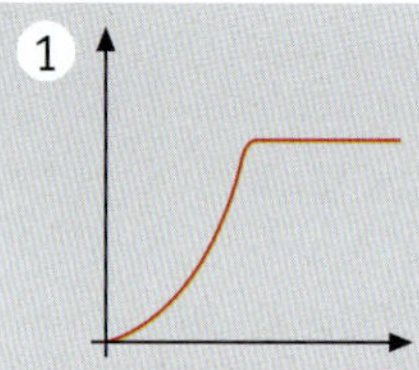

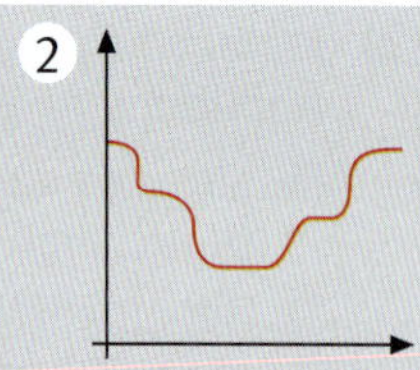

Zu 2.2

3 Bei der Untersuchung von Kindern werden Körpergröße, Gewicht und Kopfumfang gemessen.
In der Abbildung sind die Kurven für die Entwicklung von Jungen zwischen dem 2. und 8. Lebensjahr aufgezeichnet.
Liegen die Werte zwischen der oberen und unteren Kurve, dann liegt keine Auffälligkeit vor. Die gestrichelte Linie stellt den Verlauf des Medians dar.

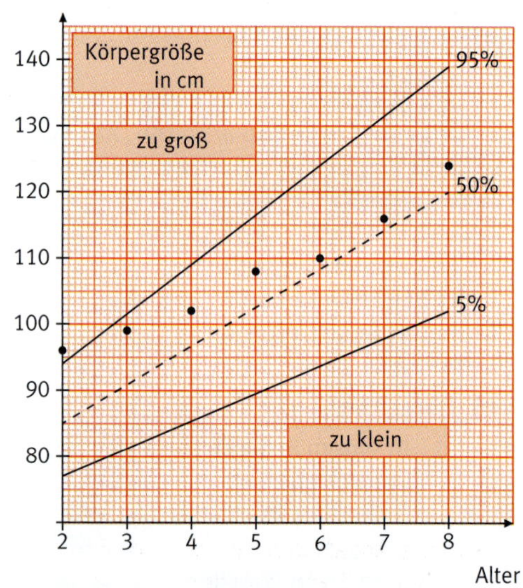

a) Beschreibe die Zuordnung und den Aufbau des Graphen.
b) Ein Arzt hat für Luca die Werte bei den Untersuchungen eingetragen. Lies jeweils die Körpergröße ab.
c) Beschreibe die Entwicklung von Luca mit eigenen Worten.
d) Suche nach deinem Untersuchungsheft und stelle deine Entwicklung als Kind vor.

a) Beschreibe, in welchem Bereich die Daten unauffällig sind.
b) Ein Arzt hat für Luca die Werte bei den Untersuchungen eingetragen. Beschreibe seine Entwicklung.
c) Entscheide, ob die Werte auffällig sind.

Marco	4 Jahre	1,05 m
Fabian	6 Jahre	96 cm
Mika	7 Jahre	1,15 m

4 Übertrage die Tabelle in dein Heft und ergänze die fehlenden Werte der proportionalen Zuordnung. **Zu 2.3**

a)

Gewicht	Preis
2 kg	2,80 €
5 kg	▢
8 kg	▢
12 kg	▢

b)

Benzin	Preis
5 l	7,75 €
▢	38,75 €
▢	62,00 €
▢	7,44 €

a)

Gewicht	Preis
300 g	75 ct
1 kg	▢
800 g	▢
▢	4,50 €

b)

Zeit	Weg
2 s	666 m
5 s	▢
▢	2664 m
▢	7992 m

5 Ein rechteckiger Bauplatz mit der Länge 27 m und der Breite 25 m kostet 148 500 €. Wie teuer ist ein um 75 m^2 größerer Bauplatz bei gleichem Quadratmeterpreis?

Auf einem rechteckigen Flachdach (Länge 10 m, Breite 8 m) liegt eine 12 cm hohe Schneeschicht. Berechne die Masse des Schnees, wenn 1 dm^3 etwa 150 g wiegt. Gib das Ergebnis in t an.

6 Überprüfe auf verschiedene Arten, ob die Zuordnungen antiproportional sind. **Zu 2.4**

a)

x	y
16	45
8	90
2	360
12	60

b)

x	y
1,5	750
2,5	450
4	280
10	112,5

a)

x	y
2,5	960
6,4	375
9,6	250
$\frac{3}{4}$	3125

b)

x	y
$1\frac{1}{3}$	$533\frac{1}{3}$
$2\frac{1}{2}$	256
$2\frac{2}{3}$	240

7 Von einer antiproportionalen Zuordnung ist jeweils ein Wertepaar bekannt. Übertrage die Tabelle in dein Heft und ergänze sie.

x	2	5	8	25
y	▢	▢	▢	▢

a) (1 | 50) b) (2 | 40) c) ($5\frac{1}{3}$ | 12)

a) Übertrage die Tabelle in dein Heft und ergänze.

x	1	2	3	$\frac{1}{4}$	$\frac{2}{3}$	$\frac{3}{5}$	$\frac{3}{4}$
Kehrbruch	▢	▢	▢	▢	▢	▢	▢

b) Überprüfe, ob es sich um eine antiproportionale Zuordnung handelt.

8 Schätze, wie viele Fische in einem Teich leben. Beschreibe dein Vorgehen. **Zu 2.5**

Um die Anzahl der Fische in einem See zu schätzen, werden 50 Fische eingefangen, mit einer Marke versehen und wieder freigelassen. Nach einer Woche werden 50 Fische gefangen, von denen 12 eine Marke haben.

Um die Anzahl der Fische in einem See zu schätzen, werden 50 Fische eingefangen, mit einer Marke versehen und wieder freigelassen. Nach einer Woche werden 80 Fische gefangen, von denen 16 eine Marke haben.

9 Ein Auto verbraucht 7 l auf 100 km und fährt mit vollem Tank 800 km weit.

a) Wie weit kommt das Auto, wenn es 7,5 l auf 100 km verbraucht?

b) Welche Art der Zuordnung liegt vor?

Saskias Vater hat eine Kiste Äpfel gekauft. Je mehr Äpfel gegessen werden, desto weniger sind in der Kiste übrig. Begründe, um welche Art von Zuordnung es sich hierbei handelt.

1 1 *Arbeitszeit in h ⟼ Lohn in €* — *Lohn in € ⟼ Arbeitszeit in h*
2 *Paketgewicht in kg ⟼ Preis in €* — *Preis in € ⟼ Paketgewicht in kg*
3 *Wassermenge in l ⟼ Füllzeit in min* — *Füllzeit in min ⟼ Wassermenge in l*
4 *Euro ⟼ Kanadische Dollar* — *Kanadische Dollar ⟼ Euro*
5 *Anzahl der Arbeiter ⟼ Arbeitszeit in h* — *Arbeitszeit in h ⟼ Anzahl der Arbeiter*

a) Ist die Zuordnung jeweils eindeutig? Begründe mit Beispielen.
b) Ist die Zuordnung proportional, antiproportional oder nicht? Begründe.

2 An einer Wetterstation wurden Temperaturen gemessen.

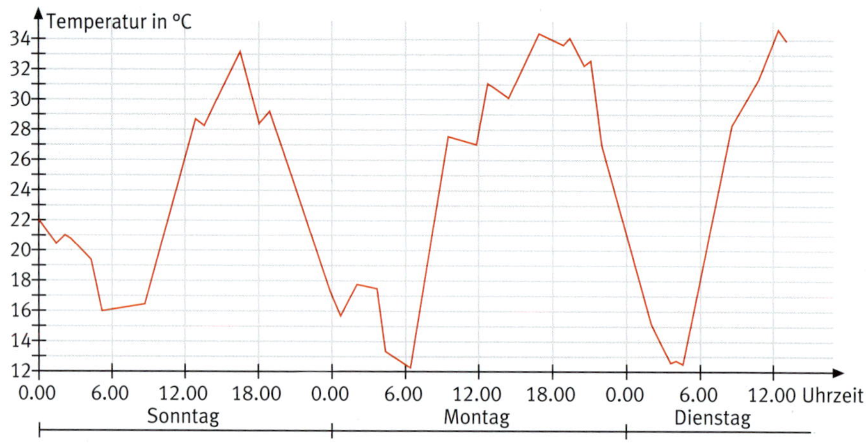

a) Beschreibe, was du dem Graphen entnehmen kannst.
b) Gib die dargestellte Zuordnung an. Ist die Zuordnung eindeutig? Begründe.
c) Beschreibe den Verlauf des Graphen. Beachte dabei die Tageszeit.

Runde geeignet.

d) Wann waren die Temperaturen am höchsten (geringsten)? Bestimme die zugehörigen Gradzahlen möglichst genau.
e) Bestimme etwa die Zeiten, bei der die Temperatur 20 °C betrug.
f) In den Nachrichten wird oft die durchschnittliche Temperatur angegeben. Wie kannst du diese für den Montag bestimmen? Beschreibe dein Vorgehen.

3 Die Tabelle stellt den Wasserstand der Nordsee an einem Tag in Duhnen dar.

Uhrzeit	0.00	3.00	6.00	9.00	12.00	15.00	18.00	21.00	24.00
Wasserstand in m	−0,2	−1,2	−0,8	0,6	1,0	−0,2	−1,1	0,2	1,2

a) Welche Zuordnung ist in der Tabelle beschrieben?
b) 1 Was bedeuten die negativen Angaben des Wasserstandes?
2 Kannst du den höchsten (niedrigsten) Wasserstand bestimmen?
c) Übertrage den Sachverhalt in einen Graphen.
1 Kannst du die Werte miteinander verbinden? Begründe.
2 Beschreibe den Verlauf des Graphen.
d) Überprüfe, ob der Wasserstand an dem Tag 1,40 m (0,90 m) betragen konnte.

4 Beim Memory-Spiel möchte Sara die Karten rechteckig anordnen. Eine Anordnungsmöglichkeit sind 15 Reihen mit je 12 Karten. Findest du weitere Möglichkeiten? Beschreibe das Vorgehen, wie du verschiedene Anordnungen bekommst.

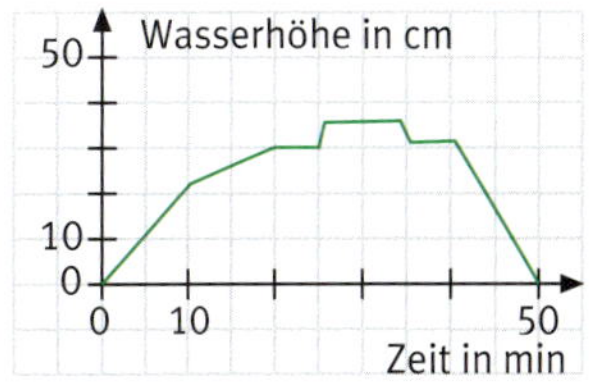

5 Martina möchte in einer Badewanne baden. Der Graph ist eine einfache Darstellung der Zuordnung *Zeit in min* ⟼ *Höhe des Wasserstandes in cm*.

a) Erfinde eine Geschichte zu dem Graphen.

b) Ist das Wasser schneller in die Wanne hineingelaufen oder heraus? Begründe.

6 Welcher Füllgraph gehört zu welcher Vase? Begründe.

1
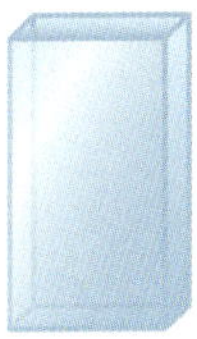

2

3

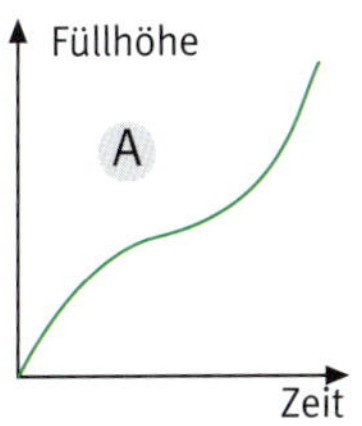

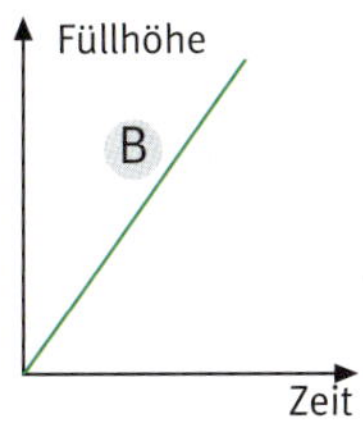

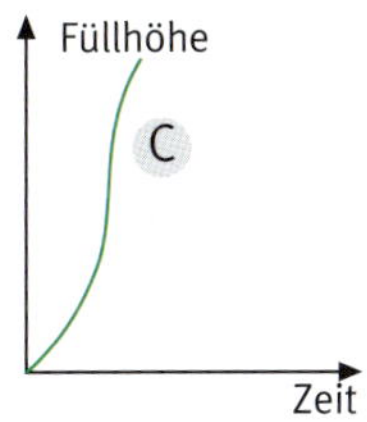

7 Entscheide, ob es sich um eine proportionale, antiproportionale oder keine bekannte Zuordnung handelt. Begründe deine Entscheidung.

a)

Heizöl in l	250	400	650
Preis in €	207,50	332,00	539,50

b)

Anzahl Erntehelfer	24	10	14
Erntetage	35	84	60

c)

Strecke in km	120	360	240
Zeit in h	1,25	3,75	2,5

d)

Anzahl Personen	6	13	99
Körpergewicht in kg	336	689	486

8 Zum 70. Geburtstag ihres Opas möchten ihm die sechs Enkel eine Fahrt in einem Heißluftballon schenken. Eine solche Fahrt kostet 360 €.

a) Wie viel Geld muss jedes der Enkelkinder aufbringen?

b) Die Eltern der Kinder schalten sich ein. Jedes der drei Elternpaare beteiligt sich an den Kosten zu gleichen Teilen wie jedes Kind. Wie viel muss jetzt jeder bezahlen?

c) Die Kinder finden, dass die Eltern ihren Anteil erhöhen sollten. Daraufhin zahlt jedes Elternteil doppelt (dreimal) so viel wie jedes Kind. Berechne erneut.

d) Das jüngste Enkelkind hat lange gespart und sagt: „Ich habe 20 € gespart. Mehr kann ich nicht dazugeben." Welche Möglichkeiten gibt es nun, die Kosten gerecht zu verteilen? Mache verschiedene Vorschläge.

9 Bei den Welt- und Europameisterschaften im Fußball werden Bildkarten von Spielern in Päckchen zu je fünf Bildern angeboten. Ein Päckchen kostet 0,70 €.

a) Lege eine Tabelle an, in der man den Preis für 1, 2, 3, ..., 12 Päckchen ablesen kann. Wie lautet die Zuordnung zu dieser Tabelle?

b) Zeichne den zugehörigen Graphen zu dem Sachverhalt.

c) Ein Geschäft macht folgendes Angebot: Zahle 4, erhalte 1 Päckchen umsonst.

1 Ist die Zuordnung proportional, wenn du 1, 2, 3, ..., 12 Päckchen kaufst?

2 Ist die Zuordnung proportional, wenn du 5, 10, 15, ..., 60 Päckchen kaufst?

3 Vergleiche den Verlauf der Graphen aus 1 und 2 miteinander.

Alles voll Wasser ★

Material
- Lineal, bei dem die Skala direkt am Rand beginnt
- Messbecher mit Skala
- Glaßgefäße in verschiedenen Formen

a) Fülle in jedes Glasgefäß mithilfe des Messbechers in 50-ml-Schritten Wasser ein. Miss die jeweilige Füllhöhe mit einem Lineal. Erstelle eine Tabelle und den Graphen der Zuordnung für jedes Gefäß.

b) Überprüfe anhand der vorliegenden Tabellen und Graphen, bei welchen Glasgefäßen die Zuordnung proportional ist. Erkläre die Ergebnisse anhand der Formen der Glasgefäße.

Gib Gummi ★

Du benötigst ein langes, dünnes Gummiband, das an einem Haken frei aufgehängt wird, eine Schraube oder gebogene Büroklammer, die am Ende des Gummibandes festgemacht ist, mehrere gleichartige Muttern oder Gewichte sowie ein Lineal zum Messen.

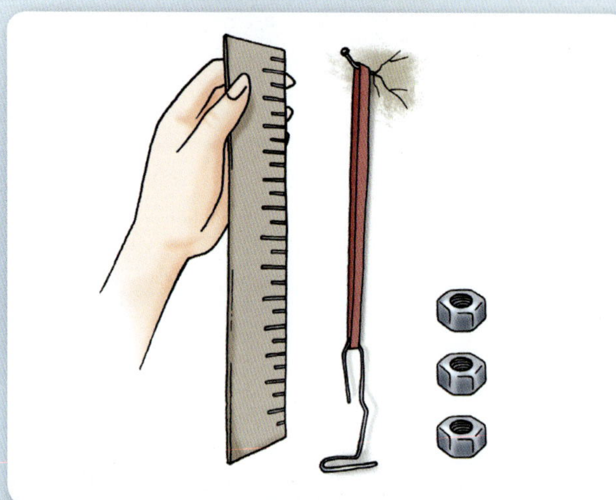

a) Stelle den Versuchsaufbau her.
Hinweis: Probiere den Versuchsaufbau mit verschiedenen Gummibändern aus. Wenn das Gummiband zu dick ist, ist kaum eine Ausdehnung zu messen.

① Bestimme mit dem Lineal die Ausgangslänge des Gummibandes, wenn nur die Schraube bzw. Büroklammer angehängt ist.

② Hänge nacheinander die Muttern an die Schraube bzw. Büroklammer an und miss jeweils die Ausdehnung des Gummibandes. Halte die Ergebnisse in einer Tabelle fest.

③ Ergänze die Tabelle um die Änderung der Ausdehnung bei jeder weiteren angehängten Mutter zur Ausgangslage in ①.

Beispiel:

Anzahl Muttern	0	1	2	3	4
Gummilänge in cm	12,0	12,5			
Unterschied zur Ausgangslage in cm	0	0,5			

b) Stelle folgende Zuordnungen in einem Graphen dar. Handelt es sich um bekannte Zuordnungen? Begründe.

① *Anzahl Schraubenmuttern ⟼ Ausdehnung Gummi in cm*

② *Anzahl Schraubenmuttern ⟼ Unterschied zur Ausgangslage in cm*

Auf die Füße gekommen ★★

Untersuche den Zusammenhang zwischen der Länge von Füßen und der Schuhgröße.

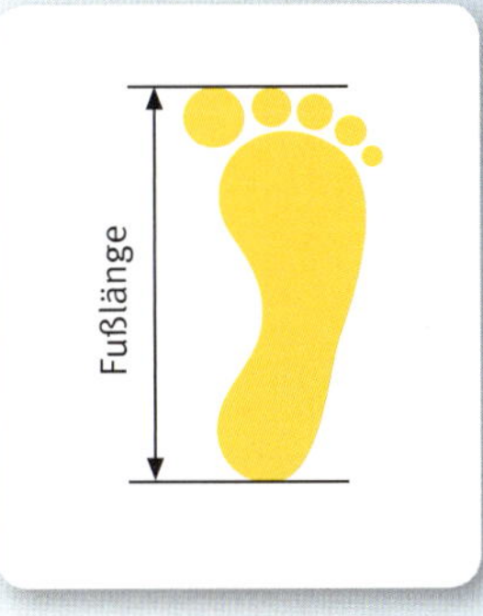

a) Bestimme die Fußlänge und die Körpergröße von dir, deinen Eltern, Geschwistern und Freunden. Nimm als Fußlänge den Abstand zwischen Ferse und der längsten Zehe. Stelle die Ergebnisse der Zuordnung *Fußlänge* ⟼ *Körpergröße* grafisch dar. Gibt es einen Zusammenhang zwischen den Größen?

b) Schuhgrößen werden bei uns meist in ganzen Zahlen zwischen 20 und 50 angegeben. Man bezeichnet diese Einteilung auch als „Pariser Stich". In Amerika werden die Schuhgrößen dagegen in $\frac{1}{2}$-Einheiten zwischen 1 und 13 angegeben.
Die Tabelle unten zeigt den Zusammenhang zwischen den Einheiten.

1. Beschreibe die Tabelle, mit der man von unserer Einheit in die amerikanische Einheit umrechnen kann.
2. Stelle den Zusammenhang grafisch dar. Welche Probleme hast du?
3. Beschreibe die Zuordnung, mit der man zwischen den Einheiten umrechnen kann.

Mathematische Wippe ★★★

In der Physiksammlung deiner Schule gibt es sicherlich eine Art Wippe, bei der in gleichen Abständen Haken angebracht sind, um Gewichte daran zu befestigen. Frage einmal deinen Lehrer, ob er dir diese Wippe für ein Experiment ausleihen kann.

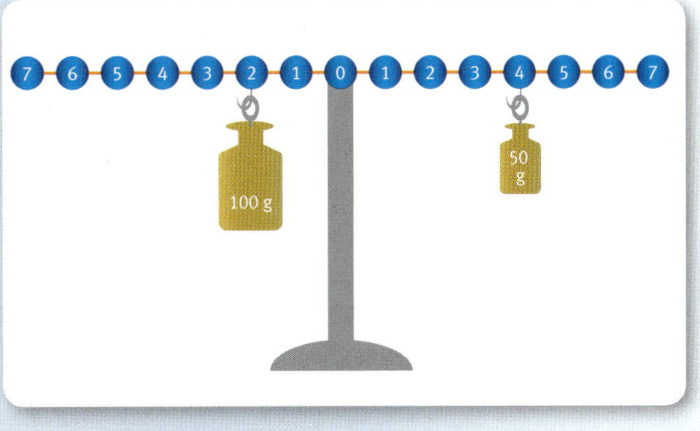

a) Gehe beim Versuch wie folgt vor:
Hänge auf der linken Seite der Wippe ein Gewicht in einem gewünschten Abstand auf und lasse es dort hängen.
Probiere auf der rechten Seite der Wippe für verschiedene Abstände aus, welches Gewicht du jeweils aufhängen musst, damit die Wippe im Gleichgewicht ist. Nummeriere die Aufhängungspunkte durch. Der Drehpunkt ist 0. Notiere verschiedene Möglichkeiten in einer Tabelle.

Beispiel:
Linke Seite: Masse 100 g, Aufhängungspunkt 2
Rechte Seite: Masse 50 g, Aufhängungspunkt 4

Aufhängungspunkt rechts	2	3	4	5	
Masse in g	☐	☐	*50*	☐	☐

b) Stelle den Sachverhalt in einem Diagramm dar. Handelt es sich um eine bekannte Zuordnung? Beschreibe in Worten.

c) Probiere den Versuch aus a) mit einer anderen Masse und einem anderen Abstand auf der linken Seite. Überprüfe die Zuordnung anhand einer weiteren Eigenschaft.

D	32	33	34	35	36	37	38	39	40	41	42	43	44	45	46	47

US	1	$1\frac{1}{2}$	2	$2\frac{1}{2}$	3	$3\frac{1}{2}$	4	$4\frac{1}{2}$	5	$5\frac{1}{2}$	6	$6\frac{1}{2}$	7	$7\frac{1}{2}$	8	$8\frac{1}{2}$	9	$9\frac{1}{2}$	10	$10\frac{1}{2}$	11	$11\frac{1}{2}$	12	$12\frac{1}{2}$	13

Überprüfe deine Kenntnisse und Kompetenzen. Bearbeite dazu die folgenden Aufgaben und bewerte anschließend deine Lösungen mit einem Smiley.

☺	😐	☹
Das kann ich!	Das kann ich fast!	Das kann ich noch nicht!

Hinweise zum Nacharbeiten findest du auf der folgenden Seite. Die Lösungen stehen im Anhang.

Aufgaben zur Einzelarbeit

1 Gib zu jeder Zuordnung drei Wertepaare an, die in deiner Umgebung vorkommen können.

a) *Parkdauer ⟼ Parkgebühr*

b) *Körpergröße ⟼ Körpergewicht*

c) *Uhrzeit ⟼ Temperatur*

d) *Uhrzeit ⟼ Zurückgelegter Weg in km*

2 Die Schüler in der Klasse 7c haben ihre Handys verglichen.

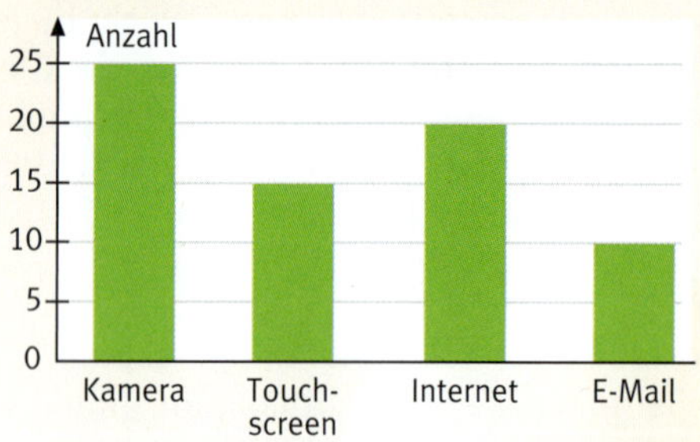

a) Gib eine Zuordnung an, die dem Diagramm zugrunde liegt.

b) Stelle den Sachverhalt in einer Tabelle dar.

3 In einem Reiseführer für Ägypten findet man folgende Angaben zur Dauer des Sonnenscheins pro Tag.

Monat	Jan	Feb	März	April	Mai	Juni
Dauer in h	8	9	10	11	12	13
Monat	Juli	Aug	Sept	Okt	Nov	Dez
Dauer in h	13	12	11	10	9	8

a) Stelle die Anzahl der Sonnenstunden in einem Diagramm dar.

b) Beschreibe den Verlauf der Sonnenstunden in einem Jahr.

4 Gib an, ob die folgenden Zuordnungen eindeutig sind. Begründe deine Antwort mit Beispielen.

a) *Anzahl Kuchenstücke ⟼ Preis in €*

b) *Wasserstand in m ⟼ Uhrzeit*

c) Rabattaktion: Nimm 3, zahle 2.
Anzahl ⟼ Preis in €

d) *Verbrauch an Farbe in l ⟼ gestrichene Fläche in m^2*

5 Bei einer Umfrage wurde erhoben, wie viel Prozent einer Altersgruppe im Durchschnitt mehr als drei Stunden pro Tag Fernsehen schauen.

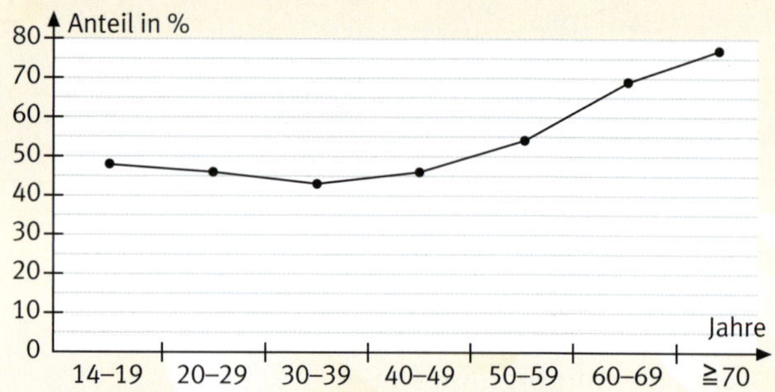

a) Beschreibe den Verlauf des Graphen.

b) Welche Zuordnung ist dargestellt?

c) In welcher Altersgruppe ist der Anteil derer, die mehr als drei Stunden Fernsehen schauen, am größten (am kleinsten)?

6 In einem Versuch werden wiederholt jeweils 20 ml Wasser nacheinander in einen Becher geschüttet und dann die Höhe des Wasserstandes gemessen. Die Tabelle zeigt das Ergebnis:

Menge Wasser in ml	0	20	40	60	80
Füllhöhe in cm	0	1,4	2,5	3,6	4,6
Menge Wasser in ml	100	120	140	160	180
Füllhöhe in cm	5,5	6,4	7,2	8,0	8,7

a) Zeichne einen Graphen zu dem Sachverhalt.

b) Wie muss das Gefäß aussehen, mit dem gemessen wurde? Erkläre, wie du zu deiner Aussage kommst.

7 Welche der Zuordnungen sind proportional, welche antiproportional? Begründe mit Beispielen.

a) *US-Dollar ⟼ Euro*

b) *Menge Benzin in l ⟼ Preis in €*

c) *Geschwindigkeit in* $\frac{km}{h}$ *⟼ Reisezeit in h*

d) *Anzahl Lkw ⟼ Anzahl der Fahrten pro Lkw*

8 Untersuche, ob eine proportionale oder antiproportionale Zuordnung vorliegt.

a)

x	4	10	13
y	65	26	20

b)

x	4	10	13
y	56	140	182

c)

x	23	28	46
y	5,6	4,6	2,8

d)

x	4,4	5,4	6,4
y	19,8	21,8	23,8

9 Welcher Graph gehört zu einer proportionalen bzw. antiproportionalen Zuordnung?

a) 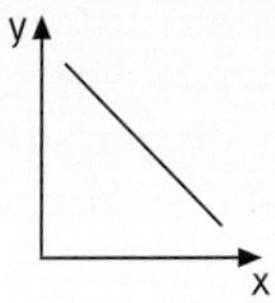

b) 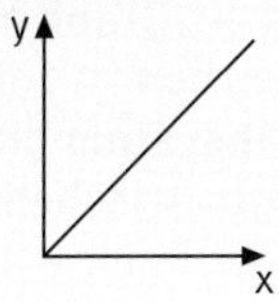

c) 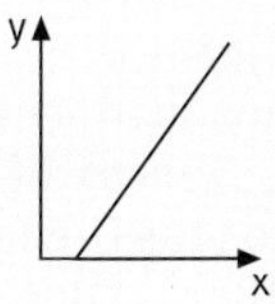

d) 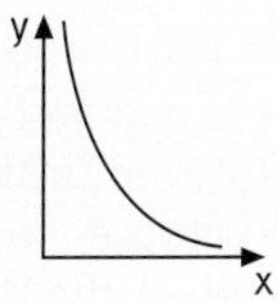

10 Berechne die Preise für die verschiedenen Mengen.

a) 100 g Käse kosten 0,88 €.
Wie teuer sind 600 g (375 g, $1\frac{1}{2}$ kg, $\frac{3}{4}$ kg)?

b) 100 g Hackfleisch kosten 1,38 €.
Wie teuer sind 400 g (350 g; 750 g; 2,5 kg)?

c) 150 g Himbeeren kosten 1,69 €.
Wie teuer sind 100 g ($\frac{3}{4}$ kg, 75 g, 125 g)?

11 Bei einem Ausflug hängen die Kosten für jeden Teilnehmer (TN) von deren Gesamtzahl ab.

a) Übertrage die Tabelle und vervollständige sie.

Anzahl TN	5	8	12	15	18
Preis pro TN in €			10,50		

b) Welche Bedeutung hat das Produkt eines Wertepaares in diesem Sachverhalt?

Aufgaben für Lernpartner

Arbeitsschritte

1 Bearbeite die folgenden Aufgaben alleine.
2 Suche dir einen Partner und erkläre ihm deine Lösungen. Höre aufmerksam und gewissenhaft zu, wenn dein Partner dir seine Lösungen erklärt.
3 Korrigiere gegebenenfalls deine Antworten und benutze dazu eine andere Farbe.

Sind folgende Behauptungen **richtig** oder **falsch**? Begründe schriftlich.

12 Bei einer Zuordnung werden Größen oder Zahlen zueinander in Beziehung gesetzt.

13 Jede Zuordnung ist eindeutig.

14 Eine Zuordnung, bei der zur Hälfte (zum Drittel, zum Doppelten, ...) der Ausgangsgröße die Hälfte (ein Drittel, das Doppelte, ...) der zugeordneten Größe gehört, ist proportional.

15 Wenn bei einer Zuordnung die Ausgangsgröße kleiner wird und die zugeordnete Größe dabei steigt, dann ist die Zuordnung antiproportional.

16 Der Graph einer antiproportionalen Zuordnung verläuft durch den Ursprung des Koordinatensystems.

17 Der Graph einer proportionalen Zuordnung ist immer eine Gerade.

18 Wenn bei einer Zuordnung der Quotient aus zugeordneter Größe und Ausgangsgröße stets gleich ist, dann ist die Zuordnung antiproportional.

19 Die Punkte im Graphen einer Zuordnung müssen immer miteinander verbunden werden.

20 Am Graphen einer Zuordnung kann man Veränderungen oftmals besser ablesen als in einer Tabelle.

21 Eine Zuordnung ist entweder proportional oder antiproportional.

22 Bei Sachaufgaben zu proportionalen Zuordnungen werden Rabatte nicht berücksichtigt.

Aufgabe	Ich kann ...	Hilfe
1, 2, 12	Zuordnungen erkennen und beschreiben.	S. 40
3, 6, 19	Graphen von Zuordnungen zeichnen und beurteilen.	S. 42
5, 20	aus Graphen die Zuordnungen erkennen und beurteilen.	S. 42
4, 13	entscheiden, ob Zuordnungen eindeutig sind.	S. 42
7, 8, 14, 15, 18, 21	prüfen, ob Zuordnungen proportional oder antiproportional sind.	S. 46, 50
9, 16, 17	die Graphen von proportionalen und antiproportionalen Zuordnungen beschreiben.	S. 46, 50
10, 11, 22	Sachaufgaben zu proportionalen und antiproportionalen Zuordnungen lösen.	S. 46, 50

S. 40

Anzahl Personen ⟼ Eintrittspreis in €
Mögliche Sprechweisen:

- Der Anzahl von Personen wird ein Eintrittspreis zugeordnet.
- Der Eintrittspreis hängt von der Anzahl der Personen ab.

Bei einer **Zuordnung** werden Größen oder auch Zahlen zueinander in Beziehung gesetzt. Jede **Ausgangsgröße** wird dabei mit einer **zugeordneten Größe** verbunden.
Zuordnungen können in **Tabellen**, **Diagrammen** oder durch **Terme** dargestellt werden.

S. 42

Vorgehen zum Zeichnen von Graphen:

1. Länge der Einheit festlegen
2. Achsen zeichnen und beschriften
3. Punkte eintragen
4. Punkte verbinden, wenn es sinnvoll ist

Eine Zuordnung nennt man **eindeutig**, wenn jede Ausgangsgröße mit genau einer zugeordneten Größe verbunden ist. Eindeutige Zuordnungen lassen sich als **Graph zeichnen.**
Um den Graphen zu zeichnen, werden in einem **Koordinatensystem** die Wertepaare eingetragen. Je nachdem, ob Zwischenwerte vorkommen können, kann man die Punkte miteinander verbinden.

S. 46

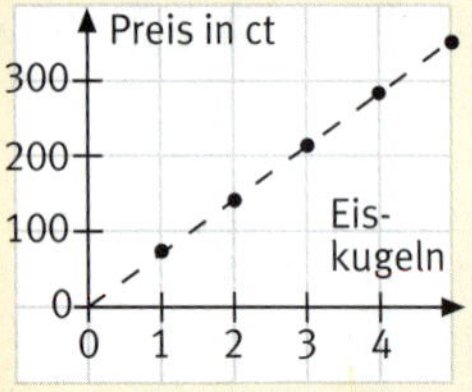

$\frac{70\text{ ct}}{1\text{ EK}} = \frac{140\text{ ct}}{2\text{ EK}} = \frac{350\text{ ct}}{5\text{ EK}} = \ldots$

$\frac{\text{zugeordnete Größe}}{\text{Ausgangsgröße}} = k$

Proportionalitätsfaktor
Es gilt: $y = k \cdot x$

Die Punkte liegen auf einer **Gerade durch den Ursprung**.

Eine Zuordnung nennt man **proportional**, wenn gilt: Zum Doppelten (zum Dreifachen, zum Vierfachen, ..., zur Hälfte, zum Drittel, ...) der Ausgangsgröße gehört das entsprechende Doppelte (das Dreifache, das Vierfache, ..., die Hälfte, ein Drittel, ...) der zugeordneten Größe.
Dieser Zusammenhang lässt sich als **Tabelle**, als **Graph** oder durch eine **Quotientengleichheit** der Wertepaare darstellen.

S. 50

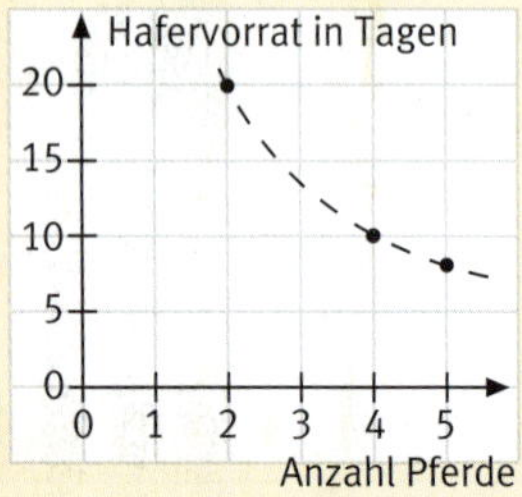

$2 \cdot 20 = 4 \cdot 10 = 5 \cdot 8 = 40$

Bedeutung:
40 Tagesportionen Pferdefutter

Gesamtgröße c
Es gilt: $y = \frac{c}{x}$

Die Punkte liegen auf einer Kurve („**Hyberbel**“).
Für große x- bzw. y-Werte nähert sie sich den Koordinatenachsen an.

Eine Zuordnung nennt man **antiproportional** oder **umgekehrt proportional**, wenn gilt:
Zum Doppelten (zum Dreifachen, zum Vierfachen, ..., zur Hälfte, zum Drittel, ...) der Ausgangsgröße gehört die entsprechende Hälfte (das Drittel, das Viertel, ..., das Doppelte, das Dreifache, ...) der zugeordneten Größe.
Dieser Zusammenhang lässt sich als **Tabelle**, als **Graph** oder durch eine **Produktgleichheit** der Wertepaare darstellen.
Das **Produkt** aus zugeordneter Größe und Ausgangsgröße ist **stets gleich**. Man bezeichnet ihren Wert als Gesamtgröße c.

S. 47
S. 51

proportional

	Anzahl Pralinen	Masse in g	
	6	150	
: 3	2	50	: 3
· 4	8	200	· 4

antiproportional

	Anzahl Personen	Gewinn pro Person in €	
	10	1500	
: 2	5	3000	· 2
· 3	15	1000	: 3

Bei proportionalen und antiproportionalen Zuordnungen wird eine gesuchte Größe oft in einer Tabelle bestimmt, indem man von der Ausgangsgröße schrittweise zur gesuchten Größe hin rechnet. Dieses Vorgehen nennt man **Dreisatz**.

Symmetrie

1

a) Finde zu den Fahnen die passenden Bundesländer.

b) Untersuche die Fahnen auf vorhandene Symmetrien und symmetrische Figuren.

2 Übertrage die Figuren in dein Heft und ergänze zu einer achsensymmetrischen Figur.

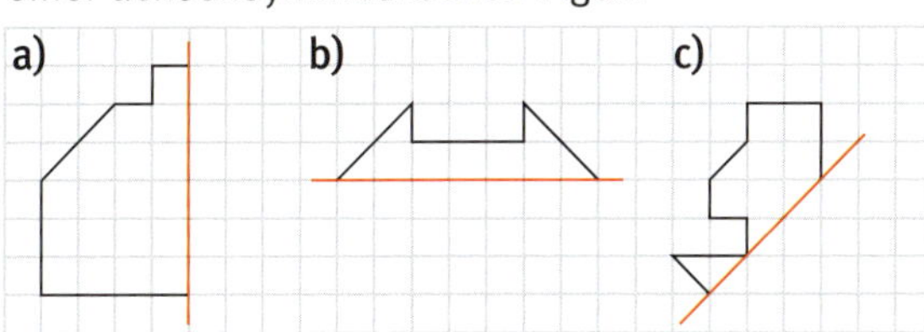

3 Übertrage die Figur in dein Heft und färbe sie so ein, dass sie achsensymmetrisch (punktsymmetrisch, drehsymmetrisch) ist. Findest du mehrere Möglichkeiten?

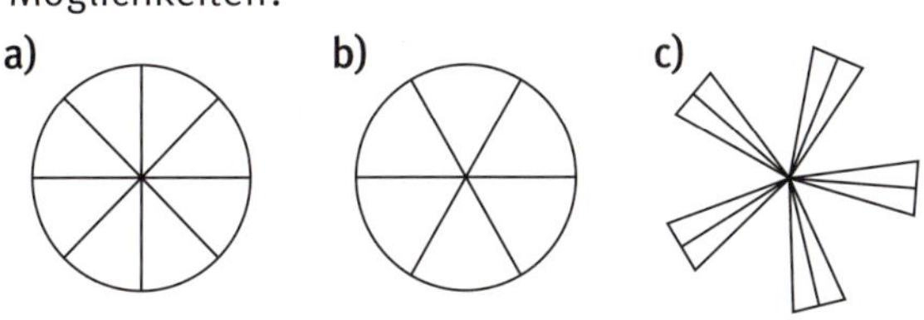

4 Ergänze zu einer punktsymmetrischen Figur.

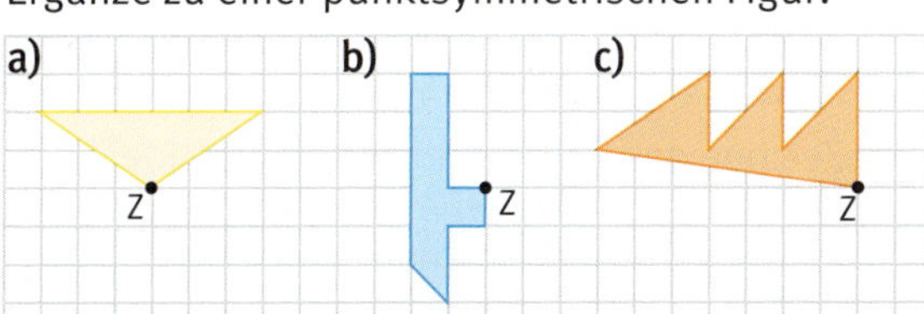

Geometrische Grundbegriffe

5 Übertrage die Winkel und bestimme ihr Maß.

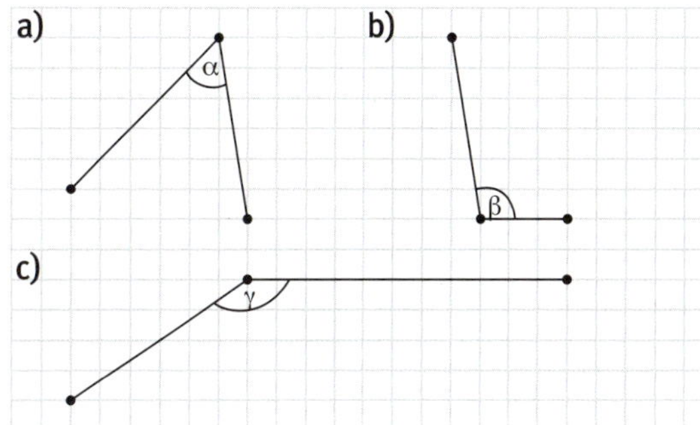

6 Zeichne je einen Winkel mit dem gegebenen Maß.

a) 10°; 45°; 58°; 87°; 90°; 120°; 175°; 180°

b) 195°; 210°; 250°; 270°; 286°; 345°; 360°

7 Welche Geraden stehen senkrecht aufeinander, welche sind zueinander parallel?

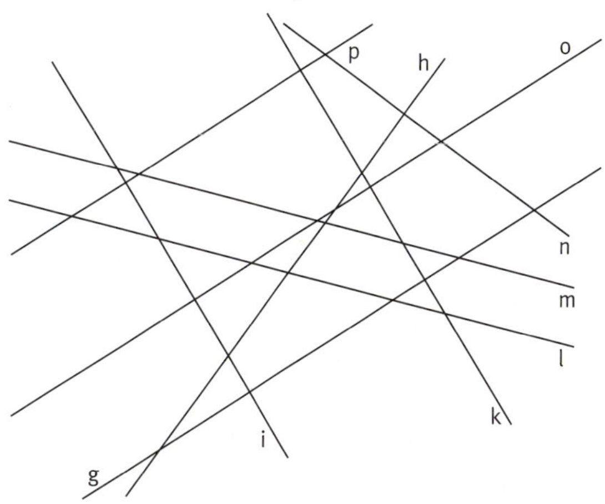

8 Übertrage in dein Heft und zeichne jeweils die Geraden durch P ein, die zu den Geraden g und h senkrecht (parallel) verlaufen.

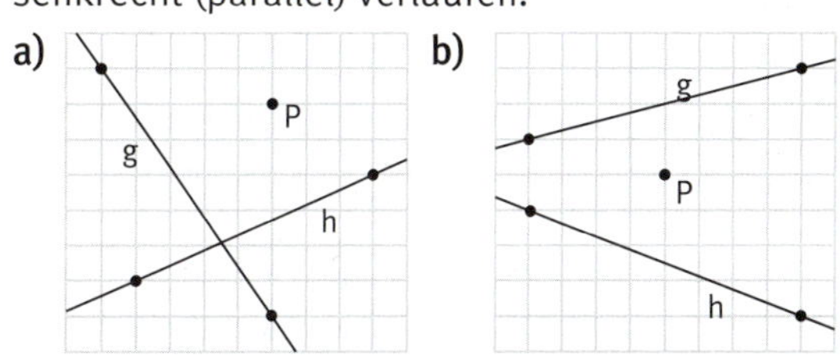

9 Richtig oder falsch? Begründe.
Eine Gerade a, die senkrecht auf einer anderen Geraden b steht, ist auch senkrecht zu jeder Geraden, die parallel zu b ist.

Diagramme

10

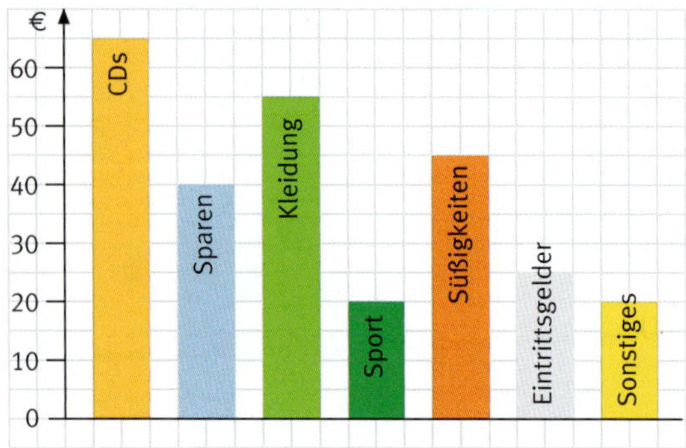

a) Lies ab, wie viel Taschengeld die Schüler der Klasse 7c durchschnittlich pro Jahr für die einzelnen Bereiche ausgeben.

b) Wie viel Taschengeld bekommt ein Schüler der Klasse 7c durchschnittlich im Monat?

11

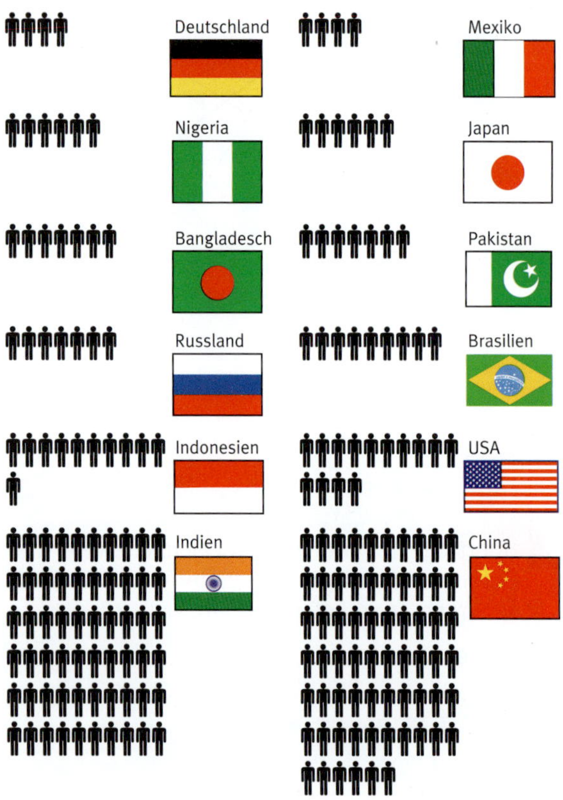

a) Deutschland hat rund 80 Millionen Einwohner. Bestimme die übrigen Einwohnerzahlen.

b) Gib für jedes Land den Bereich an, in dem die tatsächliche Einwohnerzahl liegt.

c) Erstelle ein Säulendiagramm.

Schrägbilder und Netze

12 Welche Farbe hat die Fläche, die beim Würfel der grauen (gelben) Fläche gegenüberliegt?

a)

b)

c)

d)

13 1

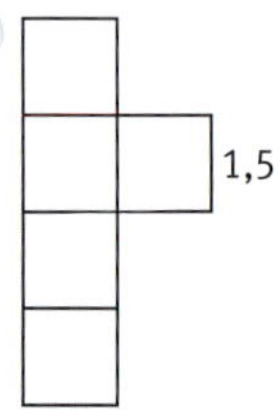

2

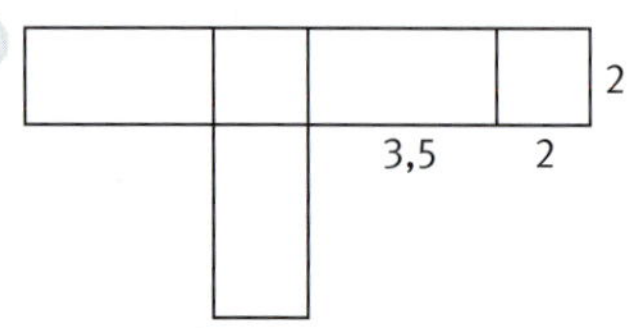

a) Übertrage in dein Heft und ergänze jeweils zu einem vollständigen Würfel- bzw. Quadernetz.

b) Bestimme das Volumen und die Oberfläche der Körper.

14 1

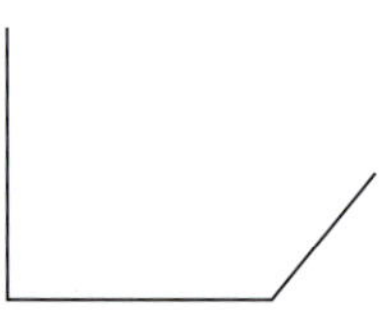

2

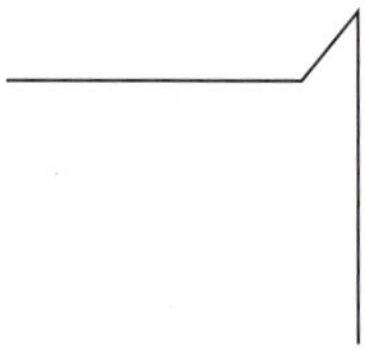

a) Übertrage in dein Heft und ergänze zum Schrägbild eines Quaders. Entnimm die notwendigen Angaben aus der Zeichnung.

b) Welche Maße (in cm) hat der Quader, wenn er im Maßstab 3 : 1 gezeichnet wurde? Nach hinten verlaufende Kanten wurden auf die Hälfte gekürzt.

15 a) Zeichne das Schrägbild eines Würfels mit einer Kantenlänge s = 3,5 cm.

b) Zeichne das Schrägbild einer Pyramide mit quadratischer Grundfläche (a = 5 cm) und der Höhe h = 5 cm. Beschreibe dein Vorgehen.

c) Zeichne zu a) und b) ein zugehöriges Netz.

3 Prozent- und Zinsrechnung

Einstieg

- In Schlussverkäufen werden Produkte günstiger angeboten, um Platz für die Waren der kommenden Saison zu schaffen. Welche Möglichkeiten kennst du, um Vergünstigungen anzugeben? Nenne Beispiele!
- Die Firma „Schuh-Schock" wirbt in ihrem Prospekt: „Unsere Schuhe jetzt bis zu 50 % günstiger." Findest du die Werbung passend? Erkläre.

Schuh-Schock

Preis: ~~129,90~~
JETZT 97,-

Preis: ~~69,95~~
JETZT 35,-

Preis: ~~99,90~~
JETZT 75,-

Preis: ~~139,90~~
JETZT 105,-

Preis: ~~89,90~~
JETZT 67,-

Alle Stiefel & Stiefeletten

Ausblick

Am Ende dieses Kapitels hast du gelernt, ...
- wie man Prozente darstellen und vergleichen kann.
- welche Grundbegriffe in der Prozent- und Zinsrechnung verwendet werden.
- wie man fehlende Größen in der Prozent- und Zinsrechnung auf verschiedene Arten bestimmen kann.
- wie man Prozent- und Zinsangaben in Alltagssituationen verwendet.

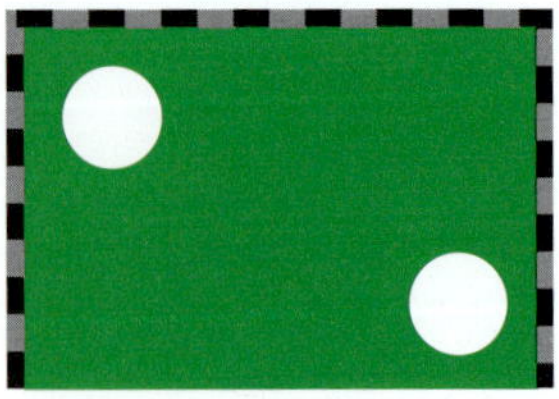

Dominik und Joachim schießen auf eine Torwand und haben folgende Trefferquoten:

Dominik:				
	☺	☹	☺	☹
	☺	☺	☺	☺
	☹	☺	☺	☺
	☹	☺	☺	☹
	☹	☺	☹	☺

Joachim:					
	☹	☺	☺	☹	☺
	☺	☺	☹	☺	☺
	☹	☺	☺	☹	☺
	☹	☺	☺	☺	☺
	☹	☺	☹	☺	☹

- Wer von beiden ist der bessere Torschütze? Begründe deine Antwort.

Merkwissen

Stellt man direkte Angaben gegenüber, so spricht man von einem **absoluten Vergleich**. Vergleicht man Anteile, so spricht man von einem **relativen Vergleich**.

Beispiel: Gewinne (G) an einer Losbude

	Mareike: 12 Lose, 9 G		Melanie: 15 Lose, 10 G
Absoluter Vergleich	9	<	10
Relativer Vergleich	$\frac{9}{12} = \frac{3}{4}$	>	$\frac{10}{15} = \frac{2}{3} = \frac{8}{12}$

Anteile kann man auf verschiedene Arten schreiben:

Bruch	Dezimalbruch	Prozent
$\frac{3}{4}$ ← Zähler, ← Bruchstrich, ← Nenner	$\frac{3}{10} = 0{,}3$; $\frac{6}{100} = 0{,}06$	$1\ \% = \frac{1}{100}$ $1{,}2\ \% = 0{,}012$
Der Zähler gibt die Anzahl der gewählten Teile an. Der Nenner gibt an, in wie viele Teile das Ganze zerlegt wurde.	Dezimalbrüche sind eine andere Schreibweise für Brüche mit den Nennern 10, 100, 1000, …	Prozente geben den Anteil von hundert an. **Umrechnung:** $1{,}2\ \% = \frac{1{,}2}{100} = \frac{12}{1000} = 0{,}012$

Hundertstelbruch → $\frac{35}{100}$; *Prozent* → 35 %

$0{,}35 = \frac{35}{100} = \frac{7}{20} = 35\ \%$

Dezimalbruch → 0,35; *gekürzter Bruch* → $\frac{7}{20}$

Statt Dezimalbruch sagt man oftmals Dezimalzahl.

Beispiele

I Torhüter Rudi hat in seiner Laufbahn von 40 Elfmetern 10 gehalten und Torhüter Toni von 36 Elfmetern 9. Vergleiche die Leistungen der beiden Torhüter.

Finde den Hundertstelbruch:

Erweitern
Zähler und Nenner mit derselben Zahl multiplizieren

Kürzen
Zähler und Nenner durch dieselbe Zahl dividieren

Lösung:
Absoluter Vergleich: 10 gehaltene Elfmeter (Rudi) > 9 gehaltene Elfmeter (Toni)
Relativer Vergleich: Rudi: $\frac{10}{40} = \frac{1}{4} = \frac{25}{100} = 25\ \%$; Toni: $\frac{9}{36} = \frac{1}{4} = \frac{25}{100} = 25\ \%$

Absolut hat Rudi mehr Elfmeter gehalten als Toni. Allerdings wurden auch mehr Elfmeter auf Rudis Tor geschossen. So sind beim relativen Vergleich beide Torhüter gleich gut, denn jeder hat bisher 25 % der geschossenen Elfmeter gehalten. Im Durchschnitt hält jeder einen von vier Elfmetern.

II <, > oder =? Vergleiche die Anteile miteinander.

a) $\frac{1}{2}$ ☐ $\frac{1}{3}$ b) 30 % ☐ $\frac{3}{5}$ c) $\frac{5}{7}$ ☐ $\frac{12}{21}$ d) 0,9 ☐ $\frac{9}{10}$ e) 0,35 ☐ 34 %

Lösung:
a) $\frac{3}{6} > \frac{2}{6}$ b) $\frac{30}{100} < \frac{60}{100}$ c) $\frac{15}{21} > \frac{12}{21}$ d) $0{,}9 = \frac{9}{10}$ e) $0{,}35 > 0{,}34$

Verständnis

- Erkläre den Zusammenhang zwischen Bruch, Hundertstelbruch, Dezimalbruch und Prozentangabe mit eigenen Worten.

Aufgaben

Diese einfachen Zusammenhänge werden häufig verwendet. Präge sie dir gut ein.

1 Übertrage die Tabelle in dein Heft und vervollständige sie.

Prozent	1 %	□	□	□	□	50 %	□	□	□
Dezimalbruch	□	0,05	□	□	□	□	0,75	□	2
Hundertstelbruch	□	□	□	$\frac{20}{100}$	□	□	□	□	□
gekürzter Bruch	□	□	$\frac{1}{10}$	□	$\frac{1}{4}$	□	□	$\frac{1}{1}$	□

2 Wandle in einen Dezimalbruch und Bruch um. Kürze den Bruch, wenn möglich.

a) 7 %; 85 %; 40 %; 36 %
b) 1 %; 100 %; 125 %; 185 %
c) 352 %; 2,5 %; 66 %; 5,6 %
d) 0 %; 0,9 %; 0,99 %; 1,2 %; 9,9 %

Lösungen zu 2:
$3\frac{13}{25}$; $1\frac{17}{20}$; $1\frac{1}{4}$; 1; $\frac{17}{20}$; $\frac{33}{50}$; $\frac{2}{5}$; $\frac{9}{25}$; $\frac{99}{1000}$; $\frac{7}{100}$; $\frac{7}{125}$; $\frac{1}{40}$; $\frac{3}{250}$; $\frac{1}{100}$; $\frac{99}{10\,000}$; $\frac{9}{1000}$; 0

3 a) Vergleiche die beiden abgebildeten Umwandlungen miteinander.
b) Wandle ebenso um: $\frac{3}{8}$; $\frac{1}{40}$; $\frac{1}{125}$; $\frac{1}{16}$.

(1) $\frac{1}{8} = \frac{125}{100} = \frac{12{,}5}{100} = 12{,}5\ \%$

(2)
```
1 : 8 = 0,125
-0
 10
 -8
  20
 -16
   40
  -40
    0
```
0,125 = 12,5 %

4 Wandle in einen Dezimalbruch und in Prozent um.

a) $\frac{6}{100}$; $\frac{37}{100}$; $\frac{19}{100}$; $\frac{15}{100}$
b) $\frac{75}{50}$; $\frac{3}{25}$; $\frac{7}{50}$; $\frac{2}{50}$
c) $\frac{36}{40}$; $\frac{4}{20}$; $\frac{3}{4}$; $\frac{7}{10}$
d) $\frac{30}{200}$; $\frac{45}{300}$; $\frac{500}{500}$; $\frac{130}{100}$
e) $\frac{14}{35}$; $\frac{33}{30}$; $\frac{48}{12}$; $3\frac{54}{60}$
f) $\frac{35}{1000}$; $\frac{6}{500}$; $\frac{16}{250}$; $\frac{60}{80}$

5 Ordne die Anteile der Größe nach. Beginne mit dem kleinsten.

a) $\frac{9}{12}$; $\frac{3}{4}$; $\frac{3}{8}$; $\frac{6}{24}$; $\frac{7}{12}$; $\frac{7}{3}$; $\frac{2}{24}$
b) $\frac{6}{50}$; 16 %; $\frac{14}{25}$; 0,14; 48 %; $\frac{14}{10}$; 0,99
c) $\frac{33}{150}$; 33 %; $\frac{12}{125}$; 0,12; $\frac{5}{4}$; 54 %; 0,54
d) $\frac{25}{20}$; $1\frac{2}{5}$; 1,5; 125 %; $\frac{9}{8}$; 112,4 %; 1,01

Übertrage die Anteile in eine Schreibweise und ordne dann.

6 <, > oder =? Vergleiche die Anteile miteinander.

a) 0,05 □ 5 %
0,3 □ 30 %
$\frac{4}{25}$ □ 14 %

b) 0,54 □ $\frac{3}{8}$
13 % □ 1,3
$\frac{6}{10}$ □ 6 %

c) $\frac{3}{25}$ □ 10 %
0,033 □ 33 %
$\frac{2}{100}$ □ 0,02

d) 0 □ $\frac{0}{7}$
133 % □ 0,133
$\frac{3}{20}$ □ 1,5 %

7 An einer Losebude kauft sich Timon 40 Lose. Er hat insgesamt 380 Punkte. Felix kauft sich 30 Lose und kommt auf 290 Punkte. Wer hat das größere Glück? Vergleiche.

8 An einer Schule werden Fahrräder von der Polizei auf ihre Verkehrssicherheit kontrolliert. Die Tabelle zeigt die Ergebnisse zweier Kontrollen.

Jahr	2011	2012
kontrollierte Fahrräder	240	160
davon verkehrssicher	84	64

a) Vergleiche die Ergebnisse miteinander.
b) Schreibe einen kurzen Beitrag für die Schülerzeitung unter den Überschriften:
(1) Immer mehr Fahrräder sind verkehrssicher.
(2) Fahrräder an unserer Schule werden immer unsicherer.

3.2 Prozente darstellen

Die Schulunfälle an einer Schule verteilen sich etwa wie folgt:

Sportunterricht	Pause	Schulweg	sonstiger Unterricht	Sonstiges
40 %	25 %	20 %	10 %	5 %

- Stelle den Sachverhalt in verschiedenen Schaubildern dar.
- Beurteile die Schaubilder. Welche erscheinen dir geeignet für einen Vergleich?

Zeichne für ein Hunderterfeld ein Quadrat mit einer Kantenlänge von 10 Kästchen ins Heft.

Merkwissen

Prozente (oder allgemein Anteile) lassen sich durch verschiedene Diagramme darstellen. Neben dem Säulendiagramm, dem Balkendiagramm und dem Bilddiagramm verwendet man für Angaben bis 100 % auch **Hunderterfelder** für eine Darstellung. 1 % entspricht dabei einem Kästchen des Feldes.

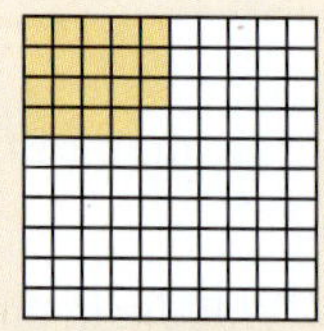

Sachverhalte, bei denen alle Prozente zusammen 100 % (**das Ganze**) ergeben, lassen sich durch **Kreisdiagramme** und **Streifendiagramme** veranschaulichen.

Kreisdiagramm:
100 % ≙ 360°
1 % ≙ 3,6°
Zu Vielfachen von 1 % gehört das entsprechende Vielfache von 3,6°.

Streifendiagramm:
Streifen von 100 mm Länge
100 % ≙ 100 mm
1 % ≙ 1 mm
Zu Vielfachen von 1 % gehört das entsprechende Vielfache von 1 mm.

Kreisdiagramm

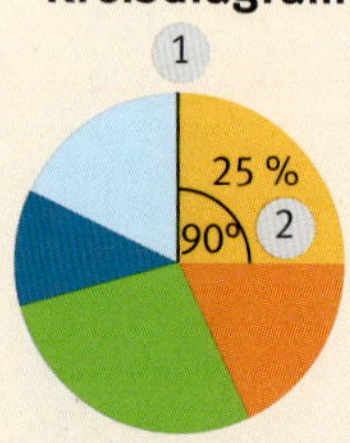

Zeichne einen beliebigen Radius (1) ein. Trage von dort aus der Reihe nach die Winkel (2) ab, die zu den Prozentangaben gehören.

Streifendiagramm

Ein Streifendiagramm ist ein Rechteck, das gemäß der Anteile unterteilt wird. Dazu wählt man eine geeignete Länge (1) des Rechtecks. Von einer Seite beginnt man diese Seite zu unterteilen (2). Die Teilflächen entsprechen den Anteilen.

Beispiele

I Welche Prozentangaben sind in dem Hunderterfeld dargestellt?

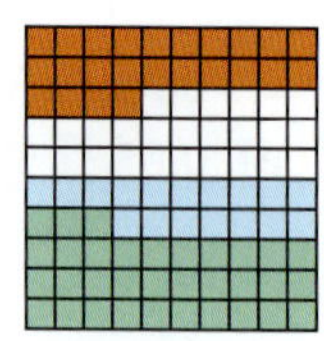

Lösung:

Bereich	rot	weiß	blau	grün
Anteil	24 %	26 %	17 %	33 %

II Das Kreisdiagramm stellt die Anteile dar, wie die Schüler an ihre Schule kommen. Welcher Winkel gehört zu jedem Anteil?

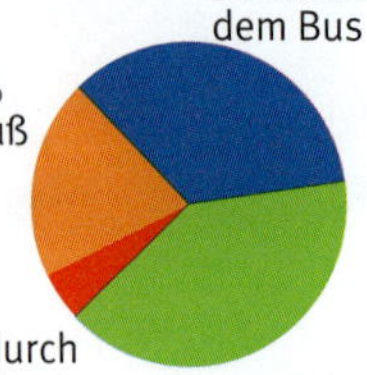

Lösung:
1 % ≙ 3,6°   5 % ≙ $5 \cdot 3{,}6° = 18°$ 20 % ≙ 72°   35 % ≙ 126°   40 % ≙ 144°

Verständnis

- Ist beim Kreisdiagramm die Zuordnung *Angabe in % → Winkel in °* proportional? Begründe.
- Statt eines Hunderterfeldes lassen sich auch Zehnerfelder (Fünfzigerfelder) zeichnen. Wie viel Prozent entspricht jeweils ein Kästchen des Feldes?

Diese Zusammenhänge können bei vielen Sachverhalten helfen.

1 Ergänze in deinem Heft die fehlenden Werte der Tabelle.

	a)	b)	c)	d)	e)	f)
Anteil vom Kreis	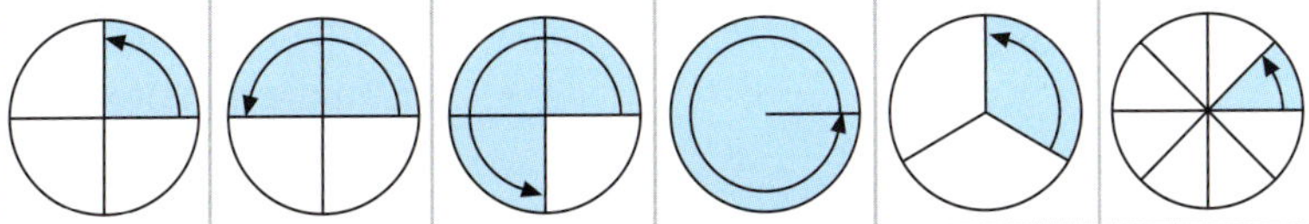					
Winkel	90°					
Anteil	25 %					

2 Welche Anteile sind in den Hunderterfeldern dargestellt? Bestimme als Prozente und als gekürzter Buch.

a) 
b) 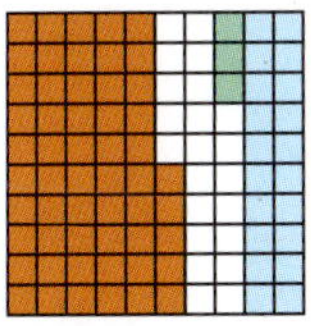
c) 
d) 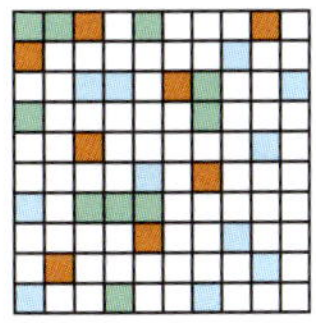

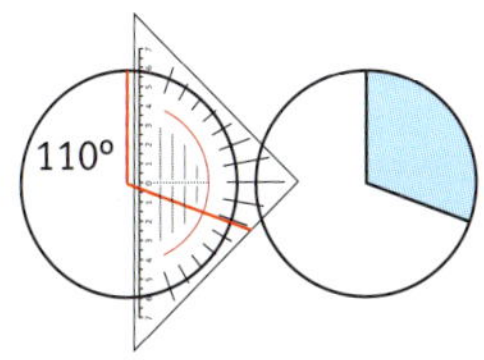

3 Betrachte an einem Kreisdiagramm die Zuordnung *Anteil in % ⟼ Winkel in °*.

a) Übertrage die Tabelle in dein Heft.

Anteil in %	10	35	65				
Winkel in °				90°	180°	252°	360°

b) Stelle die Zuordnung in einem Koordinatensystem dar. Darfst du die Punkte miteinander verbinden? Begründe.

c) Lies aus dem Graphen von b) so genau wie möglich ab:
1 den Anteil in % für: 10°; 25°; 45°; 80°; 120°; 150°; 190°; 200°; 250°
2 den Winkel in ° für: 15 %; 20 %; 25 %; 48 %; 56 %; 72 %; 84 %; 93 %

4 Stelle die Anteile in einem Kreisdiagramm mit Radius r = 3 cm dar.

a) 10 %; 15 %; 35 %; 40 %
b) 6 %; 20 %; 28 %; 46 %
c) 12,5 %; 22 %; 65,5 %
d) 4 %; 7 %; 11 %; 78 %

5 Aufgrund von Kriegen und Hungersnöten haben früher viele Menschen Deutschland verlassen. Die Tabelle zeigt eine Schätzung, wie viele Menschen bis zum Ende des 19. Jahrhunderts aus einigen Regionen ausgewandert sind.

Region	Bayern	Hessen	Thüringen	Sachsen	Pfalz
Auswanderer	200 000	120 000	75 000	60 000	45 000

a) Wie viele Auswanderer gab es insgesamt in den Regionen?
b) Welcher Anteil der Auswanderer entfällt auf die einzelnen Regionen? Runde geeignet.
c) Erstelle ein passendes Diagramm zu der Sachsituation.

6 In der Biologie werden oftmals Zählbretter verwendet. In jedem Feld liegt dabei die gleiche Anzahl.

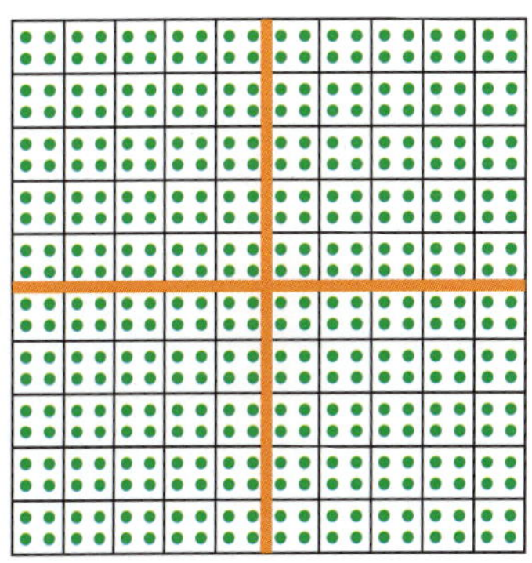

a) Beschreibe den Aufbau eines Zählbretts.
b) Niklas hat Erbsen gezählt. Wie viele Erbsen liegen auf dem Brett?
c) Wie viel sind 1 % (3 %, 5 %, 25 %) der Erbsen?

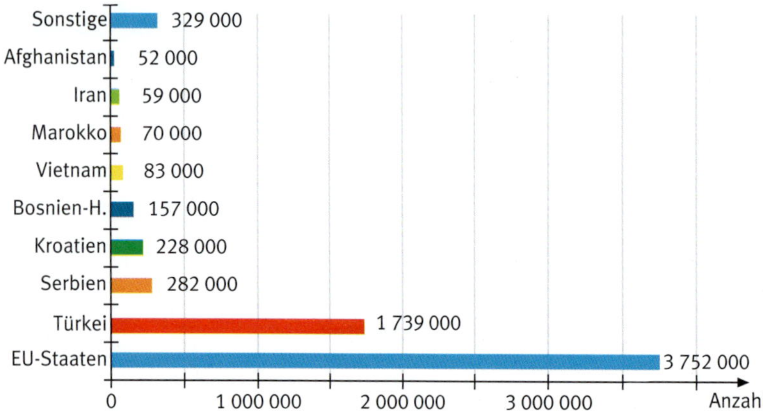

Das Balkendiagramm zeigt die Herkunft ausländischer Mitbürger in Deutschland. Insgesamt leben in Deutschland etwa 80 Millionen Menschen. Runde geeignet.

- Bestimme den prozentualen Anteil der Menschen in Deutschland, die aus einem anderen Land (aus den einzelnen Ländern) kommen. Runde geeignet.
- Beschreibe jeweils, wie du die Anteile gebildet hast: Was hast du als Ganzes im Nenner gewählt, was als Teil im Zähler?

Beim Umgang mit Daten wurde der Prozentwert P auch als absolute Häufigkeit bezeichnet.

Der Prozentsatz p % entspricht der relativen Häufigkeit, wenn diese in Prozent angegeben wird.

Merkwissen

In der Prozentrechnung verwendet man folgende drei Fachbegriffe:

- Was wir bei Brüchen oft als „das Ganze" bezeichnet haben, wird in der Prozentrechung als Grundwert G bezeichnet. Dieser entspricht 100 %.
- Der Teil (oder die Anzahl), den wir mit dem Ganzen (also dem Grundwert G) vergleichen, heißt in der Prozentrechnung Prozentwert P.
- Der Anteil vom Ganzen (also vom Grundwert G), den wir als Prozente angeben, nennt man in der Prozentrechnung Prozentsatz p %.

Beispiel:
In der Klasse 7a sind 25 Schüler. 8 von ihnen haben in der Klassenarbeit eine 2.

8 Schüler von 25 Schülern sind $\frac{8}{25} = \frac{32}{100}$, also 32 %.

8 Schüler ↑	25 Schülern ↑	32 % ↑
Prozentwert P: Teil vom Ganzen absolute Häufigkeit	Grundwert G: das Ganze Gesamtanzahl	Prozentsatz p %: Anteil (Bruchteil) in % relative Häufigkeit in %

Beispiele

I In einer Mühle werden aus 200 kg Getreide im Durchschnitt 150 kg Mehl gemahlen. Der Rest wird aussortiert. Die Ausbeute beträgt also 75 %. Ordne die Begriffe Grundwert G, Prozentwert P und Prozentsatz p % den Angaben im Text zu.

Lösung:

Grundwert G:	200 kg	(das Ganze)
Prozentwert P:	150 kg	(Teil vom Ganzen)
Prozentsatz p %:	75 % $\left(\frac{150}{200} = \frac{75}{100}\right)$	(Anteil in %)

II Erfinde einen kurzen Sachverhalt zu folgenden Angaben:
Grundwert G = 35 €; Prozentwert P = 7 €; Prozentsatz p % = 20 %

Lösungsmöglichkeit:
Karin möchte sich eine neue Uhr für 35 € kaufen. Jeden Monat spart sie 7 €, das sind 20 % des Kaufpreises. Nach 5 Monaten hat Karin das Geld zusammen.

Verständnis

- Was ist gemeint, wenn man sagt: „Du machst alles 150-prozentig“?
- Kann ein Prozentwert auch größer als ein Grundwert sein? Begründe.

Aufgaben

1 Ein Elektrogeschäft gibt auf einen Flachbildfernseher einen Nachlass von 5 %. Gib bei den folgenden Aufgaben jeweils an, ob es sich bei den Angaben um den Grundwert G, den Prozentwert P oder den Prozentsatz p % handelt.

a) Auf den Fernseher, der 999 € kostet, wird ein Nachlass von 5 % gegeben.

b) Auf den Fernseher wird ein Preisnachlass von 49,95 € gegeben. Das sind 5 % des Kaufpreises.

c) Der Preis für einen Fernseher, der 999 € kosten soll, wird um 49,95 € gesenkt.

2 Ordne die Begriffe Grundwert G, Prozentwert P und Prozentsatz p % den Angaben im Text zu. Stelle den Sachverhalt auch grafisch dar.
Beispiel: Christine spart auf ein neues Fahrrad, das 200 € kostet. 80 € hat sie schon gespart, das sind 40 % des Kaufpreises.

Grundwert G = 200 €
Prozentwert P = 80 €
Prozentsatz p % = 40 %

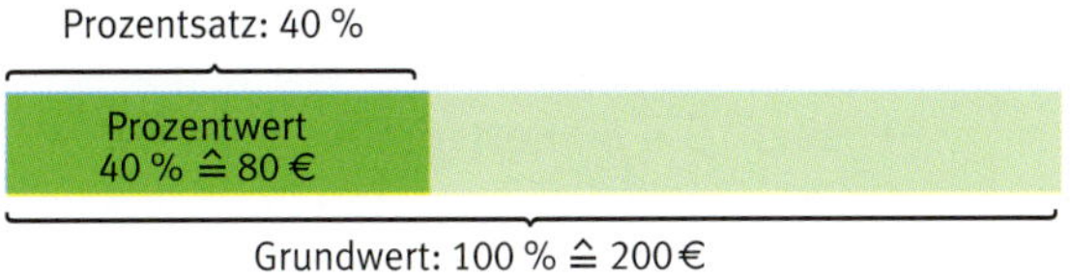

a) Die Klasse 7c besteht aus 30 Schülern. 12 von ihnen haben einen Hund als Haustier, das entspricht 40 % der Schüler.

b) Ein Pfahl steckt zu 30 % im Boden. Bei einer Länge von 1,20 m sind das 36 cm.

c) Ein Grundstück ist 600 m^2 groß. Familie Heiner plant 360 m^2 davon mit einem Haus zu bebauen, das sind 60 % des Grundstücks.

d) Schokomilch besteht zu 90 % aus Milch, der Rest ist Kakaosirup. In einem Glas mit 200 ml sind das 180 ml Milch.

e) Ein Neugeborenes verschläft etwa 75 % des Tages. Das sind 18 Stunden.

f) Eine 150-g-Tafel Vollmilchschokolade enthält 32 % Kakao.

3 Ordne jeweils zu und formuliere eine geeignete Frage.

A	Hans gibt 25 % seines gesparten Geldes von 500 € aus.
B	Susanne hebt von ihrem Sparbuch 125 € ab. Das sind 25 % ihres Guthabens.
C	Max hat 500 € gespart und gibt davon 125 € aus.

1	Gegeben: Grundwert G = 500 € Prozentwert P = 125 € Gesucht: Prozentsatz p %
2	Gegeben: Grundwert G = 500 € Prozentsatz p % = 25 % Gesucht: Prozentwert P
3	Gegeben: Prozentwert P = 125 € Prozentsatz p % = 25 % Gesucht: Grundwert G

Erinnere dich: Wenn man bei Textaufgaben die gegebenen und gesuchten Größen sortiert, behält man gut den Überblick.

4 Erfinde einen kurzen Sachverhalt zu folgenden Angaben.

a) Grundwert G = 480 Eier
Prozentwert P = 24 Eier
Prozentsatz p % = 5 %

b) Grundwert G = 79 €
Prozentwert P = 15,08 €
Prozentsatz p % = 20 %

c) Grundwert G = 15,00 m
Prozentwert P = 2,25 m
Prozentsatz p % = 15 %

3.4 Prozentsatz bestimmen

Um den Anteil der Jugendlichen zu bestimmen, die ein Smartphone haben, werden jedes Jahr 800 Personen befragt, die 14 Jahre alt sind.

Jahr	2010	2011	2012	2013	2014	2015
Anzahl Smartphonenutzer	400	440	480	528	600	640
Anteil	50 %	55 %	60 %	66 %	75 %	80 %

- Ordne die Begriffe Grundwert G, Prozentwert P und Prozentsatz p % zu.
- Welchem Anteil in Prozent entsprechen 200 (40, 120, 720) Nutzer in der Studie?
- Begründe auf verschiedene Arten, dass die Zuordnung proportional ist.
- Zeichne einen Graphen und lies mindestens vier weitere Wertepaare ab.

Die Eigenschaften proportionaler Zuordnungen findest du in Kapitel 2.3.

MERKWISSEN

Bei bekanntem Grundwert ist die Zuordnung $P \longmapsto p\ \%$ proportional. Möchte man also in der Prozentrechnung den **Prozentsatz p %** bestimmen, kann man dies anhand der **Eigenschaften proportionaler Zuordnungen** machen.

Beispiel: In einer Jugendherberge mit 80 Betten sind 56 Betten belegt. Zu wie viel Prozent ist die Jugendherberge ausgelastet?
Gegeben: G = 80 Betten; P = 56 Betten Gesucht: p %

1 Tabelle mit Dreisatz

	Anzahl Betten	Prozentsatz p %	
: 10	80	100 %	: 10
· 7	8	10 %	· 7
	56	70 %	

Verdoppelt (verdreifacht, halbiert, ...) sich die Ausgangsgröße, dann verdoppelt (verdreifacht, halbiert, ...) sich auch der Prozentsatz p %.

2 Anteil bilden

$p\ \% = \frac{P}{G}$

$p\ \% = \frac{56}{80} \underset{8}{=} \frac{7}{10} \overset{10}{=} \frac{70}{100} = 70\ \%$

Der Quotient aus Prozentwert und Grundwert entspricht dem gesuchten Prozentsatz als Anteil. Der Anteil wird in Prozent angegeben.

BEISPIELE

Ordne zunächst den Angaben die Begriffe Grundwert G, Prozentwert P und Prozentsatz p % zu.

I Wie viel Prozent sind 105 € von 420 €?

Lösungsmöglichkeiten:
Gegeben: G = 420 €; P = 105 € Gesucht: p %

1

	Betrag in €	p %	
: 21	420	100 %	: 21
· 5	20	≈ 4,8 %	· 5
	105	25 %	

2 $p\ \% = \frac{P}{G}$

$p\ \% = \frac{105}{420} \underset{105}{=} \frac{1}{4} \overset{25}{=} \frac{25}{100} = 25\ \%$

Antwort: 105 € entsprechen 25 % von 420 €.

VERSTÄNDNIS

- Bei einer Umfrage, bei der jeder Schüler sein Lieblingstier angeben soll, werden am Ende die einzelnen Prozentsätze addiert. Welches Ergebnis erwartest du?
- Nenne Gründe, warum Anteile in Prozent angegeben werden.

Aufgaben

1 Berechne den Prozentsatz im Kopf.

a) 39 von 100 Schülern b) 88 von 200 Büchern c) 12 s von 25 s
d) 64 von 400 Autos e) 75 kg von 0,3 t f) 76,5 kg von 300 kg
g) 60 von 300 Äpfeln h) 3,5 m von 50 m i) 140 von 350 Eiern

Runde auf ganze Prozent. Verwende verschiedene Berechnungsmöglichkeiten.

2 Wie viel Prozent der Figur wurden eingefärbt? Benenne Grund- und Prozentwert.

a) b) c) d) e)

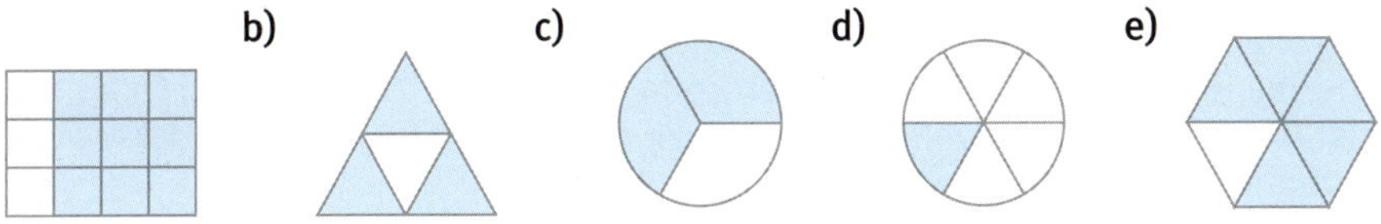

3 Bestimme die Prozentsätze auf verschiedene Arten. Gib Grund- und Prozentwert an.

a) 81 € von 540 €
2,4 t von 8 t
476 m von 680 m

b) 27,2 a von 68 a
336 von 840 Schülern
12,8 km von 16 km

c) 0,66 l von 6 l
76 cm von 40 dm
50 € von 325 €

Lösungen zu 3:
11 %; 15 %; ≈15,4 %; 19 %; 30 %; 40 %; 40 %; 70 %; 80 %

4 Die Klasse 7b untersucht ihr Klassenklima.

a) Wie viel Prozent den Nennungen entfallen auf die einzelnen Bereiche? Benenne zunächst Grundwert und Prozentwert.

b) Stelle den Sachverhalt als Kreisdiagramm (Säulendiagramm) dar.

c) Beurteile die Ergebnisse: Wie ist das Klassenklima deiner Meinung nach?

Wie fühlst du dich in deiner Klasse?

sehr wohl	𝍸 ||||
wohl	𝍸
mittelmäßig	𝍸 ||
eher unwohl	𝍸
unwohl	||

5 Runde geeignet. Wie viel Prozent der natürlichen Zahlen von 1 bis 100 ...

a) sind gerade Zahlen? b) sind durch 5 (durch 8, durch 9) teilbar?
c) sind Quadratzahlen? d) haben die Quersumme 5?

Die Teilbarkeitsregeln findest du auch im Grundwissen im Anhang.

6 In der Tabelle findest du verschiedene Artikel, die in einem Warenhaus zu reduzierten Preisen angeboten werden. Runde auf ganze Prozentangaben.

Artikel	Hose	Jacke	Mütze	Schal	Stiefel	Tasche
alter Preis	69 €	59 €	16 €	13,95 €	149,95 €	19,99 €
neuer Preis	35 €	45 €	9 €	6,95 €	99,95 €	9,99 €

a) Wie viel Prozent des ursprünglichen Preises muss der Käufer noch bezahlen? Benenne Grundwert und Prozentwert bei der Rechnung.

b) Wie hoch ist der prozentuale Preisnachlass? Bestimme auf zwei Arten.

Medizin

Packesel

Aus gesundheitlichen Gründen sollte die Masse deiner Schultasche höchstens 10 % deines Körpergewichts betragen.

	Mo	Di	Mi	Do	Fr
10 % vom Körpergewicht					
Masse der Schultasche					
Überladen (ja/nein)					

- Übertrage die Tabelle in dein Heft und wiege eine Woche lang jeden Tag deine Schultasche. An wie vielen Tagen bist du „überladen"?
- Erstelle ein Diagramm und präsentiere es deinen Mitschülern. Vergleicht die Ergebnisse.

Gold	Silber	Bronze
48 %	28 %	24 %

In einem Fußballcamp kann man das Sportabzeichen in Gold, Silber oder Bronze erwerben. Am Ende eines Camps ergeben sich für 125 teilnehmende Kinder nebenstehende Ergebnisse.

- Bestimme, wie viele Kinder jeweils die einzelnen Abzeichen gemacht haben, wenn jedes Kind ein Abzeichen bekommt.
- Betrachte nur die Anzahl der Kinder mit einem Bronzeabzeichen. Wie ändert sich diese Anzahl, wenn der zugehörige Prozentsatz verdoppelt (verdreifacht, halbiert) wird.
- Ist die Zuordnung *Prozentsatz* $\longmapsto$ *Prozentwert* proportional? Begründe.

Merkwissen

Wenn der Grundwert bekannt ist, dann ist die Zuordnung *p %* $\longmapsto$ *P* proportional. Somit kann man in der Prozentrechnung auch den **Prozentwert P** mithilfe der **Eigenschaften proportionaler Zuordnungen** bestimmen.

Beispiel: Ein Baumarkt wirbt mit dem Slogan „20 % auf alles“. Wie viel Euro spart man bei einer Schubkarre, die eigentlich 27,90 € kostet?
Gegeben: G = 27,90 €; p % = 20 % Gesucht: P

1 Tabelle mit Dreisatz	2 Teil vom Ganzen
Prozentsatz p % / Geldbetrag: 100 % ≙ 27,90 €; (: 10) 10 % ≙ 2,79 €; (· 2) 20 % ≙ 5,58 €	$P = G \cdot p\,\%$ $P = 27{,}90\,€ \cdot 20\,\% = 27{,}90\,€ \cdot 0{,}2$ $P = 5{,}58\,€$
Verdoppelt (verdreifacht, halbiert, ...) sich der Prozentsatz p %, dann verdoppelt (verdreifacht, halbiert, ...) sich die zugeordnete Größe.	Wird der Grundwert in 100 gleich große Teile geteilt, von denen p Teile genommen werden, dann entspricht der Prozentwert dem Teil vom Ganzen.

*Wird der **Grundwert in 100 gleich große Teile** geteilt, von denen **p Teile** genommen werden, erhält man den Prozentwert:*

$P = G \cdot \frac{p}{100}$ *bzw.*

$P = G \cdot p\,\%$

Beispiele

***Prozentwert** bestimmen:*
100 % ≙ G
↓
p % ≙ P

I Ein Navigationsgerät kostet normal 240 €. Ein Elektromarkt bietet es während einer Verkaufsaktion 19 % günstiger an. Wie viel € spart man beim Kauf?

Lösungsmöglichkeiten:
Gegeben: G = 240 €; p % = 19 % Gesucht: P

1

	p %	Geldbetrag	
	100 %	240 €	
: 100	1 %	2,40 €	: 100
· 19	19 %	45,60 €	· 19

2
$P = G \cdot p\,\%$
$P = 240\,€ \cdot 19\,\%$
$= 240\,€ \cdot 0{,}19$
$= 45{,}60\,€$

Antwort: Man spart beim Kauf 45,60 €.

Verständnis

- Erkläre den Unterschied zwischen Prozentwert und Prozentsatz.
- Vergleiche den Grundwert und den Prozentwert miteinander, wenn der Prozentsatz größer als (kleiner als, gleich) 100 % ist.

Aufgaben

Lösungen zu 1:
10; 10; 10; 20; 40; 100; 240; 720; 750
Die Einheiten sind nicht angegeben.

1 Berechne den Prozentwert im Kopf.

a) 10 % von 100 €
20 % von 100 Kindern
80 % von 50 kg

b) 5 % von 200 Äpfeln
60 % von 400 m^2
75 % von 1000 g

c) 25 % von 400 Autos
120 % von 600 l
200 % von 5 m^2

2 Bestimme den Prozentwert auf zwei verschiedene Arten.

a) 15 % von 350 € **b)** 20 % von 1,5 kg **c)** 35 % von 84 Schülern
d) 42 % von 198 m^2 **e)** 75 % von 1500 ml **f)** 60 % von 87 m

3 Berechne den Prozentwert.

a) 12 % von 600 g
26 % von 4500 m^2
36 % von 4000 l

b) 64 % von 520 kg
87 % von 3200 m
56 % von 350 min

c) 39 % von 950 ml
92 % von 1240 €
77 % von 850 t

4 **a)** Im Schuljahr 2013/2014 wurden in Nordhessen etwa 12 700 Kinder eingeschult. Ungefähr 48 % von ihnen waren Mädchen.

1 Wie viele Mädchen wurden eingeschult?

2 Gib den Prozentwert (Prozentsatz) der Jungen an, die eingeschult wurden.

b) 500 g Erdbeeren kosten im Mai 1,20 €. Im Dezember kosten sie 350 % mehr.

1 Um wie viel Euro ist der Preis im Dezember höher als im Mai?

2 Wie teuer sind die Erdbeeren im Dezember?

5 Ein Kaufhaus bietet reduzierte Ware an. Wie viel € spart man beim Kauf der Ware? Berechne den neuen Preis.

1

alter Preis: 490 €
Nachlass: 50 %

2

alter Preis: 799 €
heute 20 % günstiger

3

alter Preis:
23,90 € pro m^2
Sie sparen 30 %.

6 An einem Lesetag der Karl-Kellner-Schule wurde eine Umfrage dazu durchgeführt, was die Schüler am liebsten lesen. Das Streifendiagramm stellt das Ergebnis dar.

a) Bestimme den Anteil der Schüler für die einzelnen Bereiche.

b) Insgesamt wurden 680 Schüler befragt. Wie teilen sich die Schüler auf die verschiedenen Bereiche auf? Runde geeignet.

7 An einem Kopierer lassen sich Bilder vergrößern und verkleinern. Dazu muss man angeben, wie viel Prozent der ursprünglichen Längen die neuen Längen betragen sollen. Die Abbildung nebenan soll auf 120 % (141 %, 71 %) verändert werden.

a) Bestimme die Seitenmaße der Kopie.

b) Bestimme den Flächeninhalt der Kopie. Wie viel Prozent ist das vom ursprünglichen Flächeninhalt?

105 mm
148 mm

Neal und Christoph machen eine Fahrradtour.

- Ordne die Begriffe der Prozentrechnung den Angaben zu.
- Untersuche die Situation, indem du die Tabelle überträgst und ergänzt.

Anteil	10 %	20 %	30 %	35 %	40 %	70 %	80 %
Strecke							

- Wie lang ist die gesamte Strecke? Erkläre dein Vorgehen.
- Welche Zuordnung liegt vor? Erkläre.

Merkwissen

Der **Grundwert G** entspricht stets 100 %. Somit kann man in der Prozentrechnung die **Eigenschaften proportionaler Zuordnungen** ausnutzen, um den Grundwert G zu bestimmen.

Beispiel: Für eine Urlaubsreise hat Herr Dörfler 150 € angezahlt, das sind 40 % des Reisepreises. Wie teuer ist die gesamte Reise?
Gegeben: P = 150 €; p % = 40 % Gesucht: G

1 Tabelle mit Dreisatz

Prozentsatz p %	Preis
40 %	150 €
10 %	37,50 €
100 %	375 €

(40 % → 10 %: : 4; 10 % → 100 %: · 10; 150 € → 37,50 €: : 4; 37,50 € → 375 €: · 10)

Verdoppelt (verdreifacht, halbiert, ...) sich der Prozentsatz p %, dann verdoppelt (verdreifacht, halbiert, ...) sich die zugeordnete Größe.

2 Vom Teil zum Ganzen

Es gilt: $G \xrightarrow{\cdot\, p\,\%} P$, $P \xrightarrow{:\, p\,\%} G$

Also: $G = \frac{P}{p\,\%}$ bzw. $G = P : p\,\%$

$G = \frac{150\,€}{40\,\%} = \frac{150\,€}{0{,}4} = 375\,€$

Wird der Prozentwert in p gleich große Teile geteilt, dann entsprechen 100 dieser Teile dem Grundwert.

Beispiele

Grundwert bestimmen:
p % ≙ P
↓
100 % ≙ G

I Marlene hat bereits 450 € gespart. Das sind 75 % von dem, was sie für den Kauf einer Hifi-Anlage benötigt. Wie teuer ist die Anlage?

Lösungsmöglichkeiten:
Gegeben: P = 450 €; p % = 75 % Gesucht: G

1

p %	Preis
75 %	450 €
25 %	150 €
100 %	600 €

(75 % → 25 %: : 3; 25 % → 100 %: · 4; 450 € → 150 €: : 3; 150 € → 600 €: · 4)

2 G = P : p %
P = 450 € : 75%
= 450 € : 0,75
= 600 €

Antwort: Die Anlage kostet 600 €.

Verständnis

- Wie lässt sich ein Grundwert zeichnerisch an einem Streifen bestimmen?
- Gilt folgender Zusammenhang? „Bei gleichem Prozentsatz ist der Grundwert umso höher, je höher der Prozentwert ist.“ Begründe.

AUFGABEN

1 Übertrage die Figuren in dein Heft und ergänze zeichnerisch auf 100 %.

Findest du mehrere Möglichkeiten?

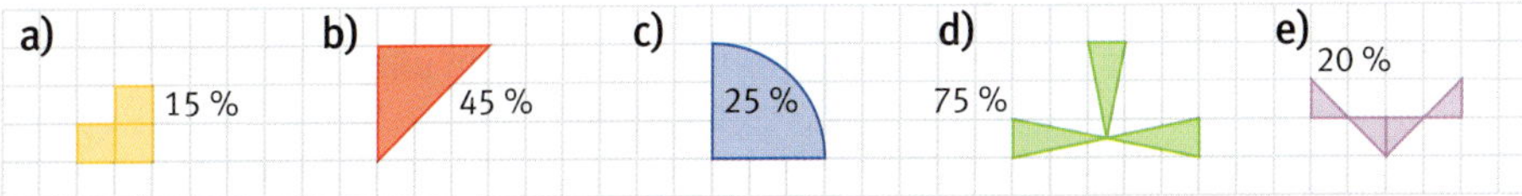

2 Rechne im Kopf. Wie groß ist der Grundwert?

a) 5 % sind 80 g. b) 2 % sind 23 ml. c) 20 % sind 14,2 kg.
d) 50 % sind 16,23 s. e) 75 % sind 81 Leute. f) 10 % sind 783,21 m.
g) 150 % sind 60 g. h) 200 % sind 13 l. i) 40 % sind 34,6 cm.

3 Zeige die Gleichheit folgender Berechnungen:

$G = \frac{P}{p\,\%}$ $G = P : p\,\%$ $G = P \cdot \frac{100}{p}$ $G = \frac{P \cdot 100}{p}$

4 Bestimme den Grundwert auf zwei verschiedene Arten.

a) 45 % sind 315 €. b) 40 % sind 3,5 kg. c) 27 % sind 108 km.
d) 32 % sind 208 m^2. e) 85 % sind 1020 ml. f) 56 % sind 126 g.

Lösungen zu 4:
8,75; 225; 400; 650; 700; 1200
Die Einheiten sind nicht angegeben.

5 Berechne den Grundwert. Runde gegebenenfalls.

a) 8 % sind 16 g.
12 % sind 54 l.
26 % sind 65 min.

b) 88 % sind 5500 ml.
64 % sind 360 €.
96 % sind 960 kg.

c) 36 % sind 620 m.
7 % sind 36 t.
19 % sind 45 €.

6 Berechne die Gesamtgröße der Gruppen. Runde sinnvoll.

a) Der Verein führt 128 Jugendliche. Das sind 32 %.
b) 98 Schüler sind unter 12 Jahre alt. Das entspricht ca. 43 %.
c) Bei einer Umfrage geben 78 % an, dass sie Fleisch essen. 264 Leute sagen, dass sie kein Fleisch essen.

7 Wie hoch war der ursprüngliche Preis?

a)

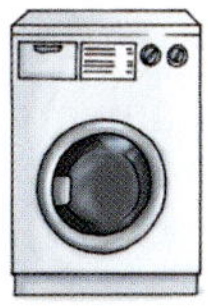

Sie sparen 52,50 €, das sind 15 %.

b)

Sie sparen 30 %, das sind 225 €.

c)

19 % Preisnachlass. Zahlen Sie 38 € weniger.

8 Petra und Henrike kaufen sich neue Tennisschläger. Henrike hat sich einen für 59 € ausgesucht. Petra sagt: „Guck mal, wenn ich diesen nehme, bekommen wir auf beide Schläger 20 % Preisnachlass. Wir sparen insgesamt 25,60 €.

a) Wie hoch ist der ursprüngliche Preis für beide Schläger zusammen?
b) Bestimme den alten Preis für jeden Schläger.
c) Wie viel muss jede tatsächlich bezahlen?

9 Victor hat sich folgende Eselsbrücke für die Prozentrechnung notiert. Finde heraus, wie Victor diese Eselsbrücke nutzen kann, wenn er jeweils eine der drei Größen bestimmen muss.

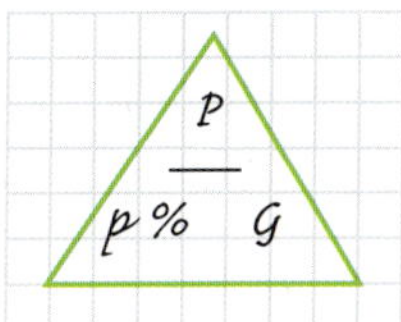

1 Im Alltag kommen oft Prozentsätze vor, die eine bestimmte Bedeutung haben.

rabatto (ital.): Abschlag
sconto (ital.): Abzug

Der Staat verlangt einen **Preisaufschlag** auf alle Waren und Dienstleistungen: die **Mehrwertsteuer (MwSt.)**. In Verkaufspreisen ist diese Steuer bereits eingerechnet, sie muss aber auf den Rechnungen und Quittungen ausgewiesen werden.

Rechnungsbetrag des Geschäfts: 100 %	MwSt.: z. B. 19 %
Verkaufspreis 119 %	

Einen **Preisnachlass** bezeichnet man als **Rabatt**.
Wird eine Rechnung innerhalb einer bestimmten Zeit bezahlt, dann wird dieser besondere Rabatt auch **Skonto** genannt.

Verkaufspreis 100 %	
ermäßigter Verkaufspreis: 80 %	Nachlass: z. B. 20 %

Aktion:
Rabatt: 20 %
Skonto bei 10 Tagen: 3 %
Skonto bei 30 Tagen: 2 %

1490,- Euro

a) Skonto ist meistens zeitlich gestaffelt. Je nach Zahlungstermin wird ein unterschiedlicher Preisnachlass gewährt. Erkläre anhand des Beispiels.

b) Wie teuer ist das Mofa, wenn man innerhalb von 10 Tagen (30 Tagen) bezahlt?

2 Mike benötigt Ersatzteile für sein Motorrad.

a) Wie hoch ist die MwSt. für alle Ersatzteile?

b) Wie viel muss Mike insgesamt bezahlen?

Rechnung	
Auspuff	104,90
Tank	198,00
Kettensatz	176,50
	479,40
+ MwSt.	

3 Bei Überweisung einer Rechnung innerhalb von 10 Tagen werden 3 % Skonto eingeräumt. Die Rechnung beträgt 320 € (249 €; 29,99 €; 14,50 €). Welchen Betrag muss man überweisen, wenn man innerhalb der 10 Tage zahlt?

Trends

1 x Perform	21,82
1 x Trocknen	9,20
1 x Wimpern färben	5,00
1 x Augen zupfen	2,50
1 x Nagel Design	25,00
1 x Dauerwelle	65,00
Gesamt EUR:	
Gegeben: 130,00	
Rückgeld:	
MwSt. 19,00 %	
Service: Frau Kutter	
10.10.14	16.47

4 Eine Schule kauft sieben CD-Spieler zu je 299 €, einen Laptop zu 785 € und einen Netzwerkdrucker zu 895 €. Wegen der großen Bestellung erhält die Schule einen Rabatt und muss insgesamt nur 3169,32 € bezahlen.

a) Wie viel € Rabatt hat das Elektrogeschäft gewährt?

b) Wie viel Prozent beträgt der Rabatt vom ursprünglichen Verkaufspreis?

5 Ergänze die auf dem Kassenzettel fehlenden Angaben.

6 Steffi hat einen Fernseher, der 449 € kosten sollte, für nur 400 € gekauft. Berechne den Rabatt in € und in %. Runde geeignet.

7 Ein Hotelbetrieb gewährt bei einer Übernachtung einer Gruppe ab 5 Personen einen Rabatt von 10 % auf den Rechnungsbetrag. Pro Nacht und Person berechnet er 51 €.

a) Wie teuer ist eine Übernachtung für 8 Personen (6 Personen, 4 Personen), die 5 Nächte in dem Hotel bleiben?

b) Überprüfe deine Rechnung mit einem Taschenrechner. Probiere dabei aus, wie du die %-Taste des Rechners nutzen kannst.

%

8 Was bedeuten eigentlich „Brutto“ und „Netto“?

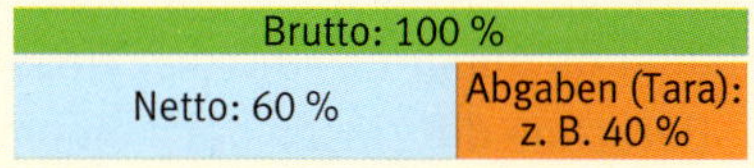

Das Wort **„Brutto“** bezeichnet eine Gesamtgröße, bei der **sämtliche Zuschläge** enthalten sind. Demgegenüber bezeichnet des Wort **„Netto“** die Größe **nach Abzug aller Zuschläge.** Die Zuschläge werden auch als **Tara** bezeichnet. Beispiele:

- Der Bruttolohn wurde noch nicht um Steuern und Versicherungen reduziert. Den Nettolohn bekommt man dann ausbezahlt:
  Nettolohn + Abgaben = Bruttolohn
- Das Bruttogewicht beinhaltet die Masse der Ware (Nettogewicht) und seiner Verpackungen (Tara): Nettogewicht + Tara = Bruttogewicht

a) Bei verschiedenen Artikeln ist die Masse der Verpackung im Vergleich zur eigentlichen Ware sehr hoch. Suche nach Beispielen aus deiner Umwelt.

b) Übertrage die Tabelle in dein Heft und berechne jeweils die fehlende Größe.

		1	2	3	4	5	6
Brutto	42 kg	118 kg				560 g	1200 g
Tara	*8,82 kg*		14 kg	13,8 kg	0,287 t		
Anteil Tara	21 %	18 %	35 %	30 %			17 %
Netto	*33,18 kg*				3,813 t	364 g	

c) Ordne Grundwert, Prozentwert und Prozentsatz den Angaben aus b) zu.

9 Entnimm den Sachaufgaben die Daten und trage sie in eine Tabelle wie in Aufgabe 8 ein. Berechne die fehlenden Größen. Runde auf eine Dezimale.

Findest du weitere solche Beispiele aus dem Alltag? Recherchiere.

a) Eine Packung Spaghetti wiegt 260 g. Das Füllgewicht beträgt 250 g.

b) Eine Dose Fleisch wiegt 280 g. Die Einwaage beträgt 240 g.

c) Eine Kiste Äpfel wiegt 17,25 kg. Das Nettogewicht der Äpfel beträgt 6,5 kg.

d) Ein Paket wiegt 950 g. Es enthält sieben Packungen Tee zu je 125 g.

10 Wie hängen die Begriffe Mehrwertsteuer, Rabatt und Skonto mit den Begriffen Brutto- und Nettopreis zusammen? Beschreibe an Beispielen.

11 Herr Burmüller bekommt einen Arbeitslohn von 2450 € (1940 €) im Monat. Von diesem Betrag gehen fast 10 % an die Rentenversicherung, etwa 8 % an die Krankenversicherung, gut 1 % an die Pflegeversicherung und 1,5 % an die Arbeitslosenversicherung. Zusätzlich erhält der Staat noch etwa 15 % an Lohnsteuer. Wie hoch ist der Nettolohn von Herrn Burmüller?

12 Im Alltag begegnen uns Angaben nicht nur in Prozent, sondern auch in Promille.

pro mille (lat.): von Tausend

Ein **Promille** (Zeichen: ‰) ist der Anteil, wenn das Ganze in **tausend Teile** unterteilt wird: $1\,‰ = \frac{1}{1000} = 0{,}001$.

a) Das Risiko eines Autodiebstahls für ein Modell liegt bei 2 ‰ (5 ‰, 12 ‰).
  1 Übersetze die Angabe in mindestens zwei andere Sprechweisen.
  2 Mit wie vielen Diebstählen rechnet man bei 75 000 (120 000, 1 Mio.) Autos?

b) In Promille gibt man auch den Alkoholgehalt im Blut an. Ein Mensch hat etwa 6 l Blut. Wie viel Alkohol hat man bei 1 ‰ (0,5 ‰; 1,6 ‰) im Blut?

3.8 Zinsrechnung im Alltag

Bei Banken gibt es unterschiedliche Arten von Konten mit verschiedenen Zinssätzen. Stell dir vor, du legst ein Jahr lang 5000 € auf jede Kontoart an. Am Ende des Jahres erhältst du entsprechend des Zinssatzes die Zinsen gutgeschrieben.

- Berechne die Zinsen nach einem Jahr für jedes Konto aus der nebenstehenden Tabelle.
- Ordne die Begriffe Grundwert, Prozentwert und Prozentsatz den Angaben zu.
- Für welches Konto würdest du dich entscheiden? Begründe.

Girokonto: täglich verfügbares Guthaben, Überweisungen möglich. Zinssatz: 0,2 % p. a.
Tagesgeldkonto: täglich verfügbares Guthaben, keine Überweisungen möglich. Zinssatz: 2,5 % p. a.
Festgeldkonto: Guthaben erst nach Ablauf einer Frist verfügbar, Mindestguthaben oftmals vorgeschrieben. Zinssatz: 4 % p. a.

p. a. (lat. pro anno), heißt „pro Jahr" oder „jährlich".

Merkwissen

Die **Zinsrechnung** ist eine Anwendung der Prozentrechnung.

Prozentrechung	Zinsrechnung
Grundwert G	Kapital K (auch: Guthaben, Darlehen, Kreditbetrag, ...)
Prozentwert P	Zinsen Z (auch: Jahreszinsen, Dividende)
Prozentsatz p %	Zinssatz p % (auch: Verzinsung, Zinsfuß)

In den meisten Fällen wird ein **Jahreszins** vereinbart.
Die Zinsen nach einem Jahr lassen sich somit als Teil vom Ganzen bestimmen:
$Z = K \cdot p\,\%$ (**„Zinsformel"**)

Vergleiche: $P = G \cdot p\,\%$

Beispiele

I Berechne auf verschiedene Arten.

a) Ein Kapital von 8000 € wird zu einem Zinssatz von 4,6 % p. a. angelegt. Berechne die Jahreszinsen.

b) Welches Guthaben muss man anlegen, um beim Zinssatz 1,25 % nach einem Jahr 90 € Zinsen zu haben?

c) Bei einem Guthaben von 3000 € werden nach einem Jahr 180 € Zinsen gutgeschrieben. Gib den Zinssatz an.

Bei der Zinsrechnung hast du die gleichen Lösungsmöglichkeiten wie bei der Prozentrechnung.

Eselsbrücke:

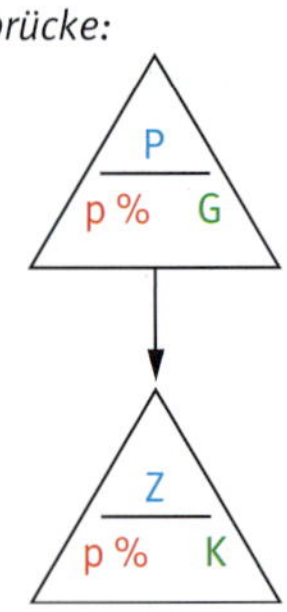

Lösung:

a) ① Tabelle mit Dreisatz

	p %	Betrag in €	
	100 %	8000 €	
: 100	1 %	80 €	: 100
· 4,6	4,6 %	368 €	· 4,6

② Teil vom Ganzen
$Z = K \cdot p\,\%$
$Z = 8000\,€ \cdot \frac{4,6}{100} = 368\,€$

Die Jahreszinsen betragen 368 €.

b) ① Tabelle mit Dreisatz

	p %	Betrag in €	
	1,25 %	90 €	
: 1,25	1 %	72 €	: 1,25
· 100	100 %	7200 €	· 100

② Vom Teil zum Ganzen
$K = \frac{Z}{p\,\%}$

$K = \frac{90\,€}{1,8\,\%} = 7200\,€$

Man muss 7200 € anlegen.

c) ① Tabelle mit Dreisatz

	Betrag in €	p %	
	3000 €	100 %	
: 100	30 €	1 %	: 100
· 6	180€	6 %	· 6

② Anteil bilden
$p\,\% = \frac{Z}{K}$

$P\,\% = \frac{180\,€}{3000\,€} = 0,06 = 6\,\%$

Der Zinssatz beträgt 6 %.

Verständnis

- Lohnt es sich, einen großen Geldbetrag für kurze Zeit auf einem Girokonto anzulegen? Begründe.
- Beschreibe verschiedene Möglichkeiten, um die Zinsen für einen Teil des Jahres zu bestimmen.
- Was bedeutet ein Zinssatz von 100 % ?

Aufgaben

1 Berechne die fehlenden Werte in der Tabelle. Die Zinsen sind Jahreszinsen.

	a)	b)	c)	d)	e)	f)	g)
K	2445 €	6250 €	☐	5000 €	7434 €	26 540 €	☐
p %	5 %	☐	4,5 %	3 %	☐	☐	11 %
Z	☐	125 €	162 €	☐	55,76 €	2388,60 €	9964,68 €

	h)	i)	j)	k)	l)	m)	n)
K	☐	1 000 550 €	☐	90 588 €	500 €	8800 €	17 500 €
p %	3,2 %	☐	1,7 %	5 %	☐	☐	5 %
Z	2089,60 €	45 024,75 €	451,18 €	☐	35 €	9680 €	☐

2 a) Chanel hat zu Beginn des Jahres 564 € auf ihrem Sparbuch. Wie viel Zinsen werden ihr am Jahresende bei einem Zinssatz von 2 % gutgeschrieben?

Nutze den Taschenrechner.

b) Jakob hat auf einem Festgeldkonto 2600 € dauerhaft angelegt. Nach einem Jahr bekommt er 124,80 € Zinsen. Mit welchem Zinssatz wurde das Geld verzinst?

c) Sandra bekommt auf ihrem Tagesgeldkonto 3,2 % Zinsen im Jahr. Welches Kapital muss sie anlegen, damit sie pro Jahr 250 € an Zinsen abheben kann?

3 Berechne die Jahreszinsen im Kopf.

a) Guthaben 3000 €; Zinssatz 5 %
b) Guthaben 1200 €; Zinssatz 2 %
c) Guthaben 7000 €; Zinssatz 0,5 %
d) Guthaben 3600 €; Zinssatz 1,5 %

4 Berechne die Jahreszinsen.

a)

Guthaben	Zinssatz
5500 €	2,8 %

b)

Guthaben	Zinssatz
39 000 €	4,2 %

c)

Guthaben	Zinssatz
12 500 €	3,1 %

d)

Guthaben	Zinssatz
8700 €	3,75 %

5 Berechne die Jahreszinsen und den Zinssatz für das Festgeldkonto.

a)

b)

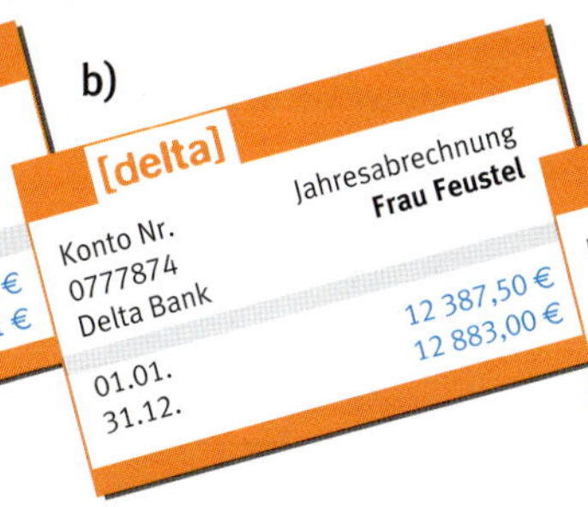

c)

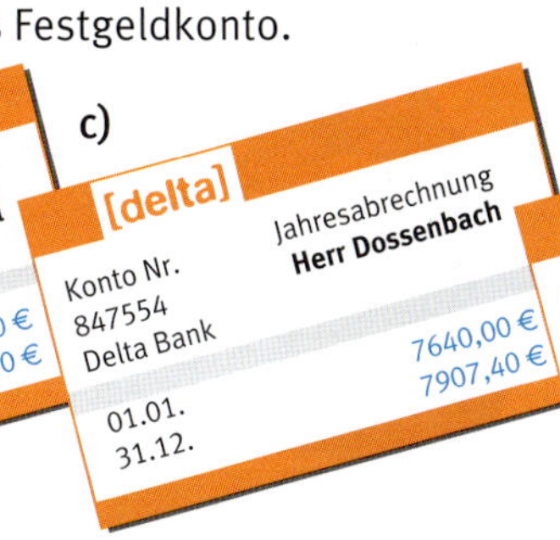

d)

Legt man sein Geld auf der Bank an, erhält man Zinsen. Leiht man sich mit einem Kredit Geld aus, muss man Zinsen zahlen.

6 Mathias spart Geld, um sich ein Notebook für 780 € kaufen zu können. Er bringt 700 € zur Bank, die ihm 4,5 % p. a. Zinsen bezahlt. Kann sich Mathias das Notebook nach einem Jahr kaufen?

7 Für einen Kredit in Höhe von 180 000 € muss ein Hausbesitzer im ersten Jahr 11 700 € Zinsen zahlen, wenn er den Kredit noch nicht tilgt. Wie hoch ist der Zinssatz?

8 Herr Merk kauft ein Motorrad. 5000 € der Kaufsumme in Höhe von 8820 € zahlt er sofort. Den Rest zahlt er mit einem Kontoüberziehungskredit, für den ihm die Bank 14,3 % p. a. Zinsen berechnet. Wie viel kostet ihn das Motorrad tatsächlich, wenn er den Kredit nach einem Jahr zurückzahlt?

9 Familie Storck will ein Haus für 275 000 € kaufen. Sie erhält ein Angebot einer Bank über einen Kredit mit der Verzinsung von 4 % p. a. Wie viel Eigenkapital ist nötig, wenn die Zinsbelastung im Jahr nicht höher als 6000 € sein darf?

10 Zu seinem 15. Geburtstag hat Lino von seiner Oma 5000 € als Grundstock für ein Auto erhalten. Diesen Geldbetrag legt er für drei Jahre zu einem Zinssatz von 2 % an. Lino berechnet sein Guthaben nach 3 Jahren.

Lino:	$Z = K \cdot p\,\%$	
Zinsen im 1. Jahr:	*Zinsen im 2 Jahr:*	*Zinsen im 3 Jahr:*
$Z = 5000\,€ \cdot 2\,\%$	$Z = 5100\,€ \cdot 2\,\%$	$Z = 5202\,€ \cdot 2\,\%$
$Z = 100\,€$	$Z = 102\,€$	$Z = 104{,}04\,€$

Antwort: Nach drei Jahren hat Lino 5306,04 € auf seinem Konto.

a) Erkläre den Rechenweg von Lino.

b) Bestimme ebenso das Guthaben nach drei Jahren, wenn 8000 € zu 1,5 % angelegt werden.

c) Herr Neta legt bei einer Bank 10 000 € für drei Jahre an. Im ersten Jahr erhält er 4,5 % Zinsen, im zweiten Jahr 5,0 % und im dritten Jahr 5,5 %. Über welches Sparguthaben verfügt Herr Mo-Neta nach drei Jahren?

11 Für die Sanierung hat Hotelier Merlot einen Kredit in Höhe von 120 000 € aufgenommen. Dafür muss er nach dem ersten Jahr 7800 € Zinsen bezahlen. Welchem Zinssatz entspricht dieser Betrag?

12 Die beiden Freunde Enrico und Pablo bekamen zu ihrer Konfirmation jeweils 500 € geschenkt. Beide haben diesen Betrag bei einer Bank für zwei Jahre fest angelegt.

Bedenke, dass die Zinsen des ersten Jahres mitverzinst werden.

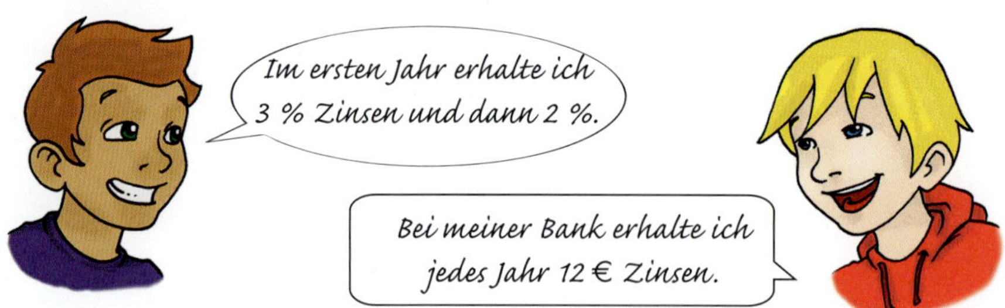

Enrico

Pablo

Begründe, welcher der beiden die bessere Anlageform gewählt hat.

13 Frank und Lisa legen jeweils 1000 € zu einem Zinssatz von 6 % auf einer Bank an. Beide belassen das Kapital zwei Jahre auf der Bank. Frank lässt sich jedoch die Zinsen nach einem Jahr auszahlen, während Lisa im zweiten Jahr Zinsen auch für den Zinswert des ersten Jahres erhält.

a) Berechne den Unterschied der Erträge am Ende des zweiten Jahres.

b) Was passiert, wenn Frank und Lisa ihr Geld mehrere Jahre in der beschriebenen Weise anlegen? Begründe.

14 Wenn man sich von der Bank Geld leiht, also einen Kredit aufnimmt, muss man Zinsen für das geliehene Geld bezahlen.

Die Jahreszinsen werden bei Krediten oftmals auf die einzelnen Monate verteilt.

a) Wie viel Zinsen muss man nach einem Jahr für einen Kredit in Höhe von 12 000 € (4800 €, 125 000 €) bezahlen, wenn die Bank einen Zinssatz von 8,5 % verlangt?

b) Herr Dörfler hat für 3,5 % einen Autokredit über 16 400 € aufgenommen. Wie hoch sind seine Zinsen pro Monat, solange er kein Geld zurück bezahlt?

c) Familie Prinz hat für ihr Haus ein Baudarlehen über 135 000 € zu 3,25 % und ein anderes über 70 000 € zu 5,2 % aufgenommen. Wie viele Zinsen muss die Familie monatlich bezahlen?

15 a) Ein Kapital von 100 € wird 5 Jahre zu einem Zinssatz von 5 % angelegt. Übertrage die Tabelle in dein Heft und vervollständige sie.

Jahr	1	2	3	4	5
Kapital am Jahresende	105 €				

b) Stelle die Entwicklung des Kapitals mithilfe der Tabelle aus a) grafisch dar. Beschreibe den Verlauf des Graphen. Ist die Zuordnung proportional?

16 Sabrina legt 2000 € für 3 Jahre auf einem Bankkonto an. Der Zinssatz beträgt 4,5 %, die Zinsen werden jeweils mitverzinst.

a) Wie hoch ist das Guthaben am Ende der Laufzeit?

b) Wie hoch sind die Zinsen insgesamt, die Sabrina in den 3 Jahren erhält?

c) Vergleiche das Ergebnis aus b) mit den Zinsen, die Sabrina insgesamt bekommen hätte, wenn die Zinsen zu Jahresende jeweils ausbezahlt worden wären.

17 Bei manchen Festgeldkonten sind die Zinsen nicht in jedem Jahr gleich.

Das Guthaben am Jahresende ist das neue Guthaben des Folgejahres.

a) Berechne für eine einmalige Einzahlung von 3500 € das Guthaben nach 3 Jahren, wenn die Zinsen am Ende des Jahres jeweils hinzugezählt und im nächsten Jahr mitverzinst werden. Ergänze die Tabelle.

	1. Jahr	2. Jahr	3. Jahr
Guthaben zu Jahresbeginn			
Jahreszinsen			
Guthaben am Jahresende			

b) Wie viel Zinsen bekommt man bei dem Angebot insgesamt in 3 Jahren?

3.9 Aufgaben zur Differenzierung

Zu 3.1

1 Gib in Prozent und als Dezimalbruch an. Runde gegebenenfalls.

a) $\frac{4}{50}$; $\frac{7}{25}$; $\frac{2}{5}$; $\frac{3}{20}$; $\frac{9}{12}$; $\frac{6}{15}$
b) 5 von 130 17 von 275
c) 24 von 103 96 von 156

a) $\frac{9}{20}$; $\frac{1}{8}$; $\frac{3}{12}$; $\frac{7}{15}$; $\frac{1}{3}$; $\frac{9}{32}$
b) 3,5 von 42,5 7,9 von 40,8
c) 4,18 von 17,3 27,4 von 12,6

Zu 3.2

2 Bestimme für jede Farbe den Anteil als Bruch und in Prozent, den der Flächeninhalt an der Gesamtfläche einnimmt.

a) 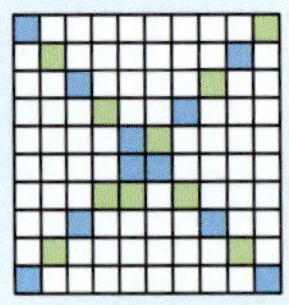
b) 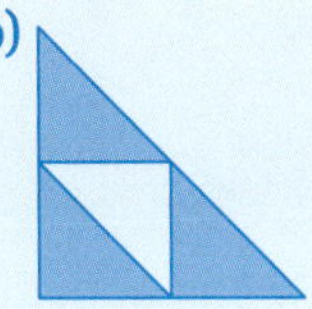

a) 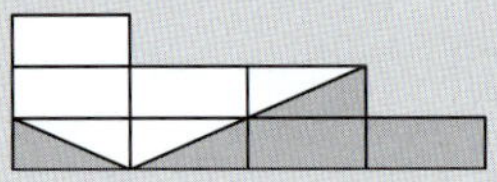
b) 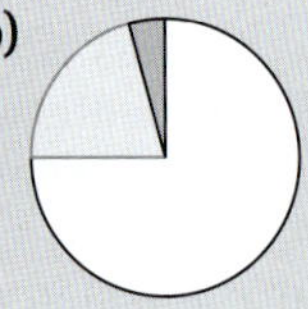

Zu 3.3

3 Ordne die Grundbegriffe der Prozentrechnung jeweils zu.

a) Hassan möchte sich ein Fahrrad für 260 € kaufen. 45 % des Preises hat er schon gespart.
b) Bei der Klassensprecherwahl hat Steffi 15 von 25 Stimmen bekommen.
c) Marko hat schon 78 Fußballkarten gesammelt, das sind 65 % aller Karten.

a) In einem Theater sind 20 Plätze nicht besetzt, das sind 2 % aller Plätze.
b) Die bisherige Miete von 750 € wird auf 780 € erhöht.
c) Jan kauft ein Smartphone für 198 € und erhält 15 % Nachlass.
d) Ein Netbook wird um 35 € reduziert. Der Nachlass beträgt etwa 12 %.

Zu 3.4

4 Bei einer Zahnuntersuchung ergaben sich die folgenden Ergebnisse:

	Realschule	Gymnasium	Gesamtschule
untersuchte Schüler	525	948	1143
davon mit Zahnschäden	112	218	298

Bestimme auf zwei Arten für jede Schule den Prozentsatz der Schüler, die Zahnschäden haben.
Benenne jeweils Grundwert und Prozentwert.

Jeder der beiden Körper ist aus Würfeln der Kantenlänge 1 cm zusammengesetzt.

I
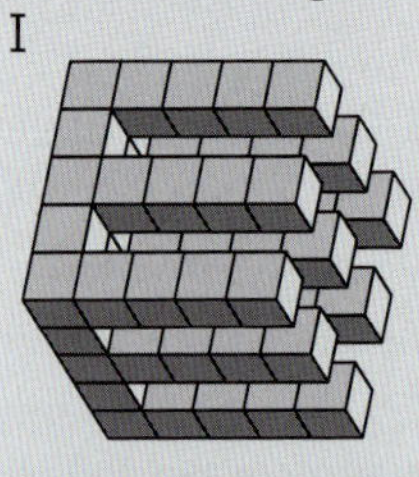
II
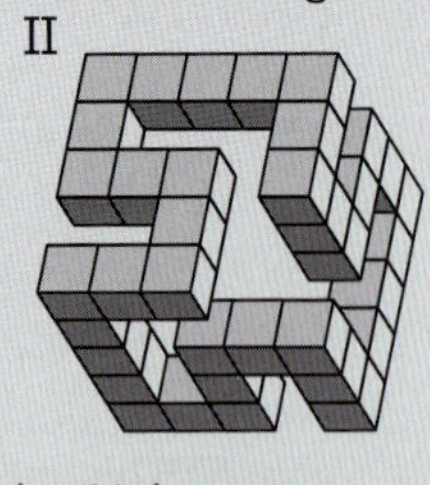

a) Ermittle jeweils das Volumen.
b) Gib an, um wie viel Prozent das Volumen des Körpers geringer ist als das eines 5 × 5 × 5-Würfels.

Zu 3.5

6 In welchen Fällen ist der Prozentwert kleiner als der Grundwert, in welchen Fällen ist er größer?
Überprüfe deine Aussagen, indem du 10 %, 50 %, 100 %, 200 % und 500 % von 200 € berechnest.

Wie ändert sich der Prozentwert, wenn ...
a) der Grundwert verdoppelt (verdreifacht, halbiert) wird und der Prozentsatz jeweils gleich bleibt?
b) der Prozentsatz verdoppelt (verdreifacht, halbiert) wird und der Grundwert jeweils gleich bleibt?

7 Frau Roth verdient im Monat 3500 € und Frau Weiß 1500 €. Beide sollen eine Gehaltserhöhung erhalten.

a) Beide erhalten eine Gehaltserhöhung um 5 %. Um wie viel erhöht sich jeweils das Gehalt?

b) Beide sollen 100 € mehr Gehalt bekommen. Wie viel Prozent entspricht das jeweils?

Jede der Frauen kann zwischen einer Gehaltserhöhung um 5 % oder um 100 € wählen.
Hilf bei der Entscheidung. Welche Möglichkeit findest du gerechter? Begründe.

8 Frau Markow muss monatlich 756 € für Miete bezahlen, das sind 21 % seines Gehalts. Wie hoch ist ihr Gehalt?

Für einen gemeinsamen Urlaub spart Timo monatlich 120 €, Tanja legt 125 € zurück. Nach 3 Monaten haben beide zusammen 35 % der Kosten gespart. Wie teuer ist der Urlaub? **Zu 3.6**

9 3 % aller Autofahrer sind nicht angeschnallt. Bei einer Kontrolle wurden 2000 nicht angeschnallte Autofahrer angehalten. Berechne auf zwei Arten, wie viele Autos insgesamt angehalten wurden.

Berechne die gesamte Fläche des Grundstücks, wenn das Haus 16 % davon einnimmt.

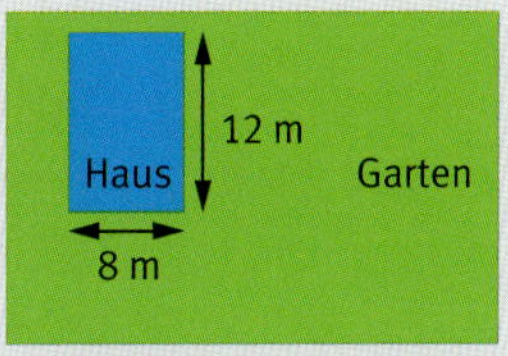

10 Ein Bekleidungsgeschäft wirbt wegen Renovierungsarbeiten damit, dass die Kunden auf alle Waren 30 % Rabatt erhalten. Berechne die ursprünglichen Preise, wenn die Angaben die reduzierten Preise angeben. **Zu 3.7**

Pulli 42,- € | Jacke 70,- € | Kleid 126,- € | T-Shirt 14,70 €

11 Zwei Banken haben folgende Kreditangebote: **Zu 3.8**

Sofort Bargeld
Rückzahlung 1 Jahr, Zinssatz 7,5 %, keine Bearbeitungsgebühr.

Barkredit
Rückzahlung 1 Jahr, Zinssatz 6,5 %, Bearbeitungsgebühr: 23 €.

Vergleiche die Angebote für einen Kreditbetrag von 2000 € (3000 €) miteinander.

Vergleiche die Angebote miteinander. In welchen Fällen ist welches Angebot am günstigsten?

12 Herr Götz hat im Lotto gewonnen. Er benötigt das Geld die nächsten 2 Jahre nicht und lässt sich von der Bank beraten. Er erhält folgende zwei Angebote:

A
Unser Super-Sparbrief
Zinssatz: 2,5 %
Laufzeit: 2 Jahre

B
Mega Sparen
1. Jahr: 2 %
2. Jahr 3 %

Vergleiche die Angebote miteinander, wenn Herr Götz 10 000 € gewonnen hat.

Vergleiche die Angebote miteinander. Begründe, warum die Frage unabhängig von der Höhe des Gewinns ist.

3.10 Vermischte Aufgaben

1 <, > oder =? Vergleiche die Anteile miteinander.

a) 0,12 □ 1,2 %
$\frac{19}{100}$ □ 0,19
0,04 □ 14 %

b) 0,24 □ $\frac{1}{4}$
100 % □ 0,1
$\frac{1}{5}$ □ 20 %

c) $\frac{7}{20}$ □ 24 %
0,30 □ $\frac{1}{3}$
0,041 □ 41 %

d) 1 □ $\frac{0}{100}$
450 % □ 4,5
2,5 % □ $\frac{25}{10}$

2

	Länge	Breite	Umfang	Flächeninhalt	gefärbter Anteil
1	6 cm	□	18 cm	□	65 %
2	10 cm	□	□	30 cm²	40 %
3	3 cm	4,5 cm	□	□	10 %
4	□	□	16 cm	16 cm²	80 %

a) Übertrage die Tabelle ins Heft und ergänze die fehlenden Rechteckswerte.
b) Zeichne das Rechteck und färbe den angegebenen Prozentsatz ein.

500 € ≙ 100 %
5 € ≙ 1 %
120 € ≙ 24 %

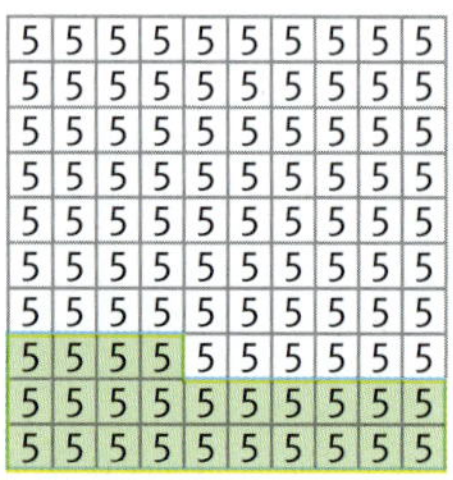

3 **a)** Susanne hat 500 € auf ihrem Konto gespart. Davon hebt sie 120 € ab.
1 Erkläre die Veranschaulichung im Hunderterfeld.
2 Lies am Hunderterfeld ab, wie viel Prozent von 500 € ein Betrag von 160 € (245 €, 320 €, 465 €, 495 €) ist.

b) Stelle jeweils an einem Hunderterfeld dar:
1 36 € (270 €) von 300 €
2 32 % (56 %) von 300 €
3 490 € (546 €) von 700 €
4 66 % (23 %) von 700 €
5 248 € (128 €) von 400 €
6 77 % (42 %) von 400 €

Runde geeignet.

4 Berechne jeweils die fehlende Angabe.

	a)	b)	c)	d)	e)	f)	g)
G	438 m	□	1413 €	51,00 t	□	91,00 a	□
P	□	357 m²	□	43,17 t	588,80 a	89,12 a	464,81 l
p %	68 %	85 %	98 %	□	115 %	□	53 %

5 Frau Hagermann hat 2200 € Ausgaben im Monat. Das Kreisdiagramm zeigt die Verteilung dieses Geldes auf verschiedene Bereiche.

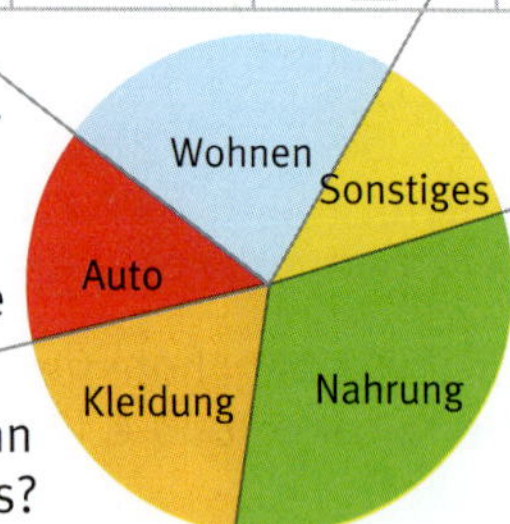

Lies die Winkel so genau wie möglich ab.

a) Miss die jeweiligen Kreiswinkel und bestimme die zugehörigen prozentualen Anteile.
b) Wie viel € ihrer Ausgaben gibt Frau Hagermann etwa pro Monat für die einzelnen Bereiche aus?

Wähle Zahlenbeispiele, wenn es nötig ist.

6 **a)** Wie ändert sich der Prozentwert, wenn der Grundwert sich verdoppelt (verdreifacht, halbiert, drittelt) und der Prozentsatz gleich bleibt?
b) Wie ändert sich der Prozentwert, wenn der Prozentsatz sich verdoppelt (verdreifacht, halbiert, drittelt) und der Grundwert jeweils gleich bleibt?

7 Luisa wirft einen Würfel 200-mal und notiert die gefallene Augenzahl.

Augenzahl	1	2	3	4	5	6
Häufigkeit	32	46	38	35	15	34

a) Stelle die Ergebnisse in Prozent dar. Ordne zuvor die Begriffe Grundwert, Prozentwert und Prozentsatz zu.
b) Stelle das Ergebnis durch ein geeignetes Diagramm dar.

8 Das Etikett zeigt die Mengenangaben in einer Dose „Erbsen und Möhren“.

a) Stelle die prozentualen Anteile der Zutaten in einem Kreisdiagramm dar.

b) Ermittle das jeweilige Gewicht der Zutaten, wenn die Dose 320 g wiegt.

100 g enthalten:	
Erbsen:	25 g
Möhren:	44 g
Wasser:	21 g
Gewürze:	10 g

9 Anita und Marie arbeiten in der gleichen Firma. Anita verdient 1250 €, während Marie 2000 € bekommt. Die Gewerkschaft hat für die Angestellten eine einmalige Zahlung von jeweils 250 € ausgehandelt.

a) Vergleiche die Zahlung in Bezug auf das Gehalt der beiden miteinander.

b) Ist die Zahlung für beide fair? Begründe deine Antwort.

10 Der Waschmittelhersteller WashXtrem wirbt damit, dass sein Feinwaschmittel jetzt 10 % mehr Inhalt hat und der Preis um 20 % reduziert wurde. Frau Geiz findet dies einfach klasse: „Die Ersparnis beträgt ja 30 %.“ Was meinst du dazu?

11 In einem Wohnhaus mit fünf Wohneinheiten werden zwei Wohnungen für 270 €, zwei weitere für 340 € und die größte Wohnung für 490 € vermietet. Nach Renovierungs- und Modernisierungsarbeiten wird die Miete um 15 % erhöht.

a) Wie hoch sind die neuen Mieten? Welche Gesamtmiete erhält der Vermieter?

b) Der Mieter aus der großen Wohnung kündigt aufgrund der Mieterhöhung sein Mietverhältnis. Welchen prozentualen Ausfall hat der Vermieter?

12 Übertrage die Tabelle in dein Heft und vervollständige sie.

	a)	b)	c)	d)	e)	f)	g)
Kapital in €	320		7450		43 000	3870	
Zinssatz	1,75	2,2		2,4	3,25		2,5
Zinsen in €		88,00	141,55	285,60		69,66	387,50

13 Die Basketballmannschaft der „Hessischen Löwen“ braucht neue Trikots. Welches Angebot ist günstiger? Begründe.

Trikotsatz Raul
- 15 Trikots + Hosen + Stutzen
- Beflockung der Trikots
- 3 % Skonto bei Barzahlung

jetzt 749 € (inkl. MwSt.)

Koppa Trikots
- 15 Trikots + Hosen
- Beflockung
- bei Barzahlung gibt's Stutzen gratis und einen 25-€-Gutschein.

für sagenhafte 649 € (zuzüglich 19 % MwSt.)

14 Ein Lehrling erhält die Lohnabrechnung.

a) Wie hoch ist sein Bruttolohn (Nettolohn)?

b) Wie viel Prozent vom Bruttolohn ist der Nettolohn?

c) Wie viel Prozent beträgt die Krankenversicherung (Renten-, Arbeitslosen-, Pflegeversicherung) von seinem Bruttolohn?

d) Wie viel Prozent betragen die Abzüge insgesamt?

Bezeichnung	Berechnungsbasis	Betrag
AZUBI-Gehalt		1073,00
Vermögensbildung: Arbeitgeberanteil		26,00
Bruttolohn		1099,00
Krankenversicherung	1099,00	– 74,18
Rentenversicherung	1099,00	– 105,50
Arbeitslosenversicherung	1099,00	– 35,72
Pflegeversicherung	1099,00	– 9,34
Nettolohn		874,26
Vermögensbildung: Arbeitnehmeranteil		– 78,00
Auszug / Bank		796,26

Augen auf im Straßenverkehr

Die Statistik zeigt die Anzahl von Schülerunfällen nach Verkehrsmitteln gegliedert auf dem Schulweg in Deutschland im Jahr 2012.

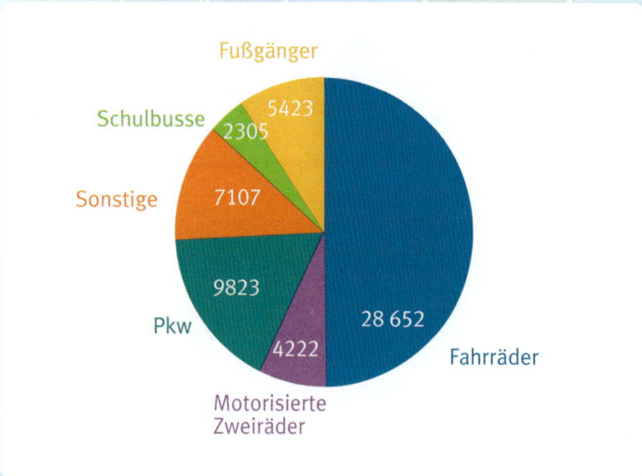

a) Bestimme für jedes Verkehrsmittel die prozentualen Anteile. Runde geeignet.

b) Erstelle ein übersichtliches Diagramm zu dem Sachverhalt, indem du Bereiche zusammenlegst. Begründe diese Zusammenlegung.

Unfall-Gefahr

Die Abbildung zeigt das Risiko, wie oft eine Person bei 1 Mio. km im Durchschnitt mit dem angegebenen Verkehrsmittel verunglückt.

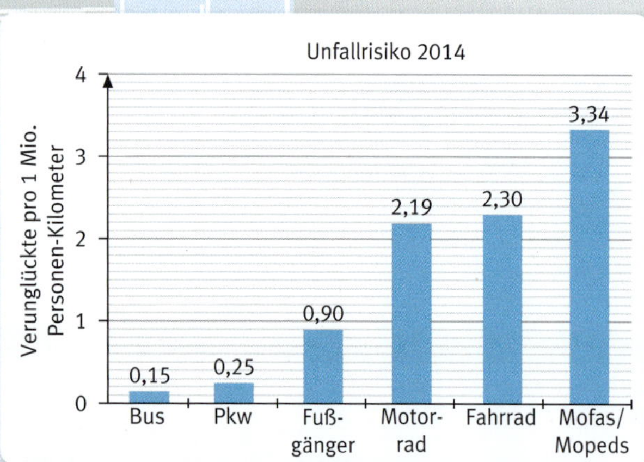

a) Beschreibe das Unfallrisiko für die einzelnen Verkehrsmittel mit eigenen Worten.

b) Vergleiche die Unfallrisiken einzelner Verkehrsmittel miteinander.

Reifen-ABC

Jeder Autoreifen wird durch eine Zeichenfolge beschrieben. Du findest die Angaben jeweils an der Außenseite. Sie lassen sich wie folgt entschlüsseln:

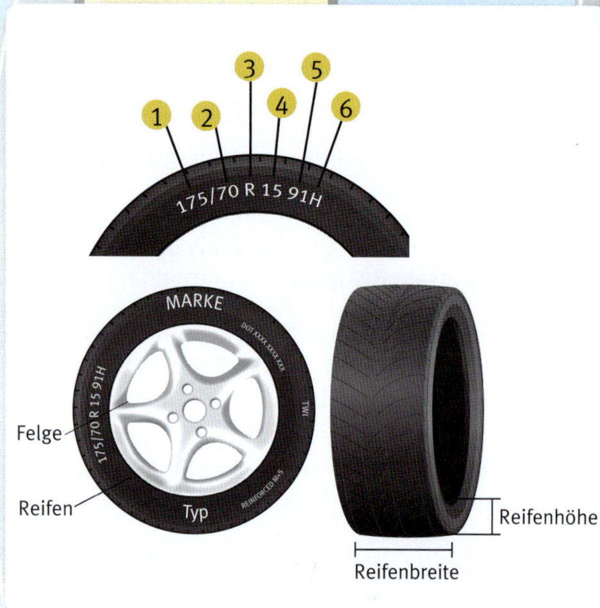

1. Reifenbreite in mm
2. Höhe des Reifens in Prozent der Reifenbreite
Hier: 70 % von 175 mm sind 122,5 mm Höhe.
3. Bauart des Reifens (R: Radialbauart)
4. Durchmesser der Felge in Zoll (1 Zoll ≈ 2,5 cm)
5. Wert für die maximale Belastbarkeit des Reifens (Diese Angabe kann auch manchmal entfallen.)
6. Geschwindigkeit, die der Reifen maximal fahren darf (T: 190 km/h, H: 210 km/h, V: 240 km/h)

Die folgenden Reifentypen sind gängig:

A: 175/65 R 14 T	B: 185/60 R 14 T
C: 195/65 R 15 T	D: 205/55 R 16 H
E: 215/65 R 15 H	F: 225/45 R 17 H

a) Bestimme jeweils die Reifenhöhe.

b) Bestimme den Durchmesser der Felge.

c) Warum ist in der Realität der Durchmesser eines Rades kleiner als die Summe aus Felgendurchmesser und doppelter Reifenhöhe?

d) Welche Reifenangaben findest du in deiner Umgebung?

1. Überprüfe an mehreren Autos in deiner Umgebung die Autoreifen.
2. Fasst eure Ergebnisse in der Klasse zusammen: Welche Reifengröße kommt am häufigsten vor?

Auf und ab

Steile Anstiege werden auf Verkehrsschildern immer prozentual angegeben. Dargestellt ist der Höhenunterschied zwischen zwei Orten, die horizontal („in der Ebene" wie auf einer Landkarte) 100 m voneinander entfernt sind.

$8\,\% = \frac{8}{100} = \frac{\text{8 Höhenmeter}}{\text{auf 100 m „in der Ebene"}}$

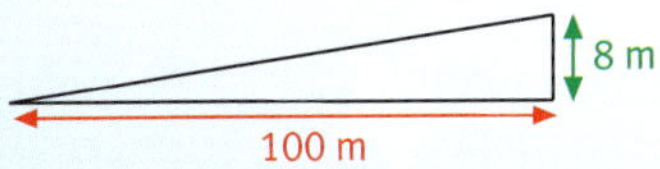

Allgemein gilt also: Möchte man eine bestimmte Strecke horizontal („in der Ebene") laufen, dann gibt der Prozentsatz p % an, um welchen Anteil dieser Strecke man auch in die Höhe gehen muss.

a) Berechne die Höhenunterschiede für die angegebenen Steigungen, wenn man einer Landkarte eine (horizontale) Strecke von 200 m (1 km, 1800 m) entnimmt.

1 

2 

3 

b) Wie lang ist eine Straße mit der Steigung p % mindestens?

1 Konstruiere das rechtwinklige Dreieck („Steigungsdreieck") aus der Zeichnung oben im Verhältnis 1 : 1000 und bestimme so die ungefähre Streckenlänge zeichnerisch. Verfahre ebenso mit den Verkehrsschildern aus a).

2 Bestimme an den Dreiecken jeweils den „Steigungswinkel" zwischen Straße und horizontaler Strecke. Übertrage dazu die Tabelle in dein Heft und vervollständige sie.

Steigung	8 %	12 %	18 %	20 %
Winkel	▢	▢	▢	▢

3 Zeichne den Graphen zu der Zuordnung aus 2. Lies mindestens vier weitere Wertepaare ab.

Flach bergauf

Rampen für Rollstuhlfahrer dürfen nach der deutschen Bauverordnung nicht steiler als 6 % sein. Andernfalls müssen Warnschilder angebracht werden.

1 

2 

a) Bestimme zeichnerisch den Höhenunterschied einer 50 m (30 m) langen Rampe mit den gegebenen Steigungen.

b) Bestimme ungefähr die Steigung der Rampe auf dem Foto. Entnimm dem Foto die notwendigen Angaben.

Auf und ab – auf der Insel anders

In Großbritannien werden die Steigungen als Verhältnis angegeben: Wie verhalten sich die Höhenmeter zur horizontalen Strecke?

1 

2 

3 

a) Beschreibe jeweils anschaulich, was das angegebene Verhältnis bedeutet.

b) Rechne die Verhältnisse auf den Schildern wie in Deutschland um.

c) Rechne die %-Angaben von den Schildern nebenan in Verhältnisse um.

Überprüfe deine Kenntnisse und Kompetenzen. Bearbeite dazu die folgenden Aufgaben und bewerte anschließend deine Lösungen mit einem Smiley.

☺	😐	☹
Das kann ich!	Das kann ich fast!	Das kann ich noch nicht!

Hinweise zum Nacharbeiten findest du auf der folgenden Seite. Die Lösungen stehen im Anhang.

Aufgaben zur Einzelarbeit

1 Wandle in einen Dezimalbruch und einen Bruch um. Kürze so weit wie möglich.

a) 25 %; 20 %; 65 %; 80 %; 95 %; 100 %; 140 %

b) 6 %; 17 %; 29 %; 33 %; 57 %; 72 %; 105 %

c) 0,5 %; 1,25 %; 4,5 %; 22,5 %; 66,8 %; 77,2 %

2 Wandle in einen Dezimalbruch und in Prozent um. Runde gegebenenfalls geeignet.

a) $\frac{27}{100}$; $\frac{3}{50}$; $\frac{37}{50}$; $\frac{6}{25}$; $\frac{17}{25}$; $\frac{3}{20}$; $\frac{7}{20}$

b) $\frac{7}{10}$; $\frac{4}{5}$; $\frac{3}{4}$; $\frac{9}{10}$; $\frac{6}{5}$; $2\frac{1}{2}$; $3\frac{2}{5}$

c) $\frac{32}{40}$; $\frac{34}{60}$; $\frac{17}{45}$; $\frac{7}{9}$; $\frac{1}{11}$; $\frac{5}{12}$; $\frac{5}{6}$

3 Vergleiche die gefärbten Anteile miteinander. Verwende verschiedene Schreibweisen.

a) 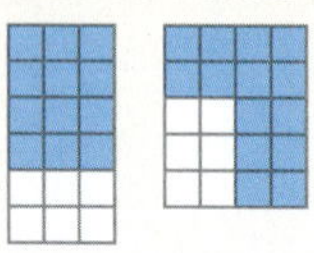

b) 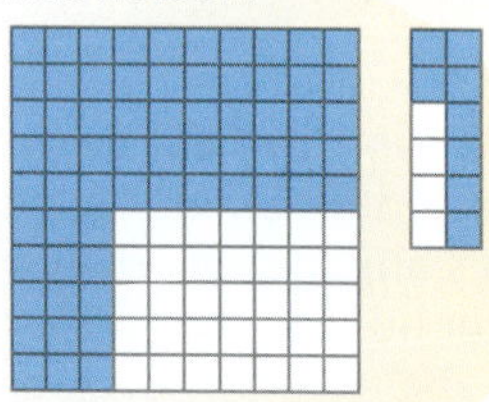

4 Sabine bekommt 20 € Taschengeld, davon spart sie 8 €, Simon spart von 25 € je 10 € und Jakob von 21 € noch 9 €. Wer spart am meisten?

5 Stelle die Anteile in einem Kreisdiagramm dar.

a) 10 %; 15 %; 20 %; 25 %; 30 %

b) 8 %; 12 %; 18 %; 24 %; 38 %

6 Die Buchstaben A, E, I, O, U („Vokale") kommen in deutschen Wörtern in verschiedener Häufigkeit vor. Stelle den Sachverhalt in einem Streifendiagramm (Hunderterfeld) dar.

Vokal	A	E	I	O	U
Häufigkeit	17 %	45 %	20 %	7 %	11 %

7 Ordne die Begriffe Grundwert G, Prozentwert P und Prozentsatz p % jeweils zu. Welche Angaben sind gegeben, welche ist gesucht?

a) Unter 32 Kindern sind 12 Mädchen.

b) Luisas Taschengeld von 20 € wird an ihrem 12. Geburtstag um 10 % erhöht.

c) Der Preis einer Spülmaschine wird um 240 € reduziert. Das sind 16 % des ursprünglichen Kaufpreises.

d) Markus hat 15 von 20 Stimmen bekommen.

8 Berechne den Prozentsatz im Kopf.

a) 78 von 100 Frauen

b) 144 von 400 Fahrrädern

c) 160 € von 800 €

d) 76 von 200 Paprika

e) 40 m von 160 m

f) 232 kg von 400 kg

9 Bestimme den Prozentsatz.

a) 15 min (12 min) von 60 min

b) 36 € (120 €) von 50 €

c) 19,6 kg (46,2 kg) von 56 kg

d) 98,56 € (55,44 €) von 123,20 €

10 Von 1179 Schülerinnen und Schülern der Tassilo-Schule sind 234 in der 7. Jahrgangsstufe. Wie viel Prozent sind das ungefähr?

11 Bestimme den Prozentwert.

a) 30 % (45 %) von 120 kg

b) 6 % (28 %) von 125 m

c) 57 % (112 %) von 89 €

d) 1,2 % (7,5 %) von 95 m

12 Jeder Einwohner in Deutschland hat 2011 etwa 516 kg Hausmüll verursacht. Davon werden etwa 68 % wiederverwertet.

a) Wie viel kg Müll werden wiederverwertet?

b) Wie viel kg nicht verwertbaren Mülls fallen pro Jahr und Einwohner an?

13 Bestimme den Grundwert. Runde geeignet.

a) 40 % (55 %) sind 230 l.

b) 44 % (8 %) sind 625 €.

c) 78 % (3 %) von 217,23 dm

d) 4,5 % (66 %) von 12,7 g

14 Bei einer Verkehrskontrolle fuhren 106 Fahrzeuge zu schnell. Das sind 40 % der kontrollierten Fahrzeuge. Wie viele Fahrzeuge wurden kontrolliert?

15 Ein Bausparvertrag kann erst verwendet werden, wenn 40 % der vereinbarten Summe angespart wurde. Wie hoch ist diese Summe, wenn der Vertrag ab 12 600 € (36 500 €, 58 000 €) genutzt werden kann?

16 In Untersuchungen wurde festgestellt, dass Autofahrer bereits bei einem Alkoholgehalt im Blut von 0,3 ‰ unsicherer fahren. Welcher Menge Alkohol im Blut entspricht das bei einem Menschen mit 5 l Blut?

17 Ordne die Begriffe aus der Zinsrechnung den zugehörigen Begriffen der Prozentrechnung zu.

Guthaben	Jahreszinsen	Darlehen
Zinssatz	Kreditzinsen	Geldanlage
Kapital	Kreditbetrag	Guthabenzinsen

18 Berechne die fehlenden Werte im Heft.

	a)	b)	c)	d)	e)
K	460 €	1200 €	245 €	▢	▢
p %	4 %	6,5 %	▢	6 %	3,5 %
Z	▢	▢	4,90 €	46,80 €	126 €

19 a) Frau Bons hat ein Darlehen aufgenommen und muss bei 7,5 % im Jahr 405 € Zinsen bezahlen. Wie hoch ist das Darlehen?

b) Auf einem Sparbuch liegen 640 €, die mit 2 % im Jahr verzinst werden. Welche Zinsen werden am Jahresende gutgeschrieben?

c) Zu welchem Zinssatz wurde ein Guthaben angelegt, wenn 1200 € in einem Jahr 30 € Zinsen bringen?

Aufgaben für Lernpartner

Arbeitsschritte

1 Bearbeite die folgenden Aufgaben alleine.
2 Suche dir einen Partner und erkläre ihm deine Lösungen. Höre aufmerksam und gewissenhaft zu, wenn dein Partner dir seine Lösungen erklärt.
3 Korrigiere gegebenenfalls deine Antworten und benutze dazu eine andere Farbe.

Sind folgende Behauptungen **richtig** oder **falsch**? Begründe schriftlich.

20 Anteile lassen sich auf verschiedene Arten schreiben.

21 Anteile in Prozent sind oft größer als Anteile, die man als Dezimalbruch schreibt.

22 Es ist vollkommen egal, ob man einen absoluten Vergleich oder einen relativen Vergleich macht. Das Ergebnis ist stets dasselbe.

23 In einem Kreisdiagramm entsprich 1 % stets 3,6°.

24 Der Grundwert ist immer der größte Zahlenwert bei den Angaben.

25 Ein Prozentwert von 100 % ist dasselbe wie der Grundwert.

26 Der Prozentsatz entspricht dem Anteil, den der Prozentwert am Grundwert hat.

27 Bei der Prozentrechnung liegen den Rechnungen proportionale Zuordnungen zugrunde.

28 Rabatte sind Preisaufschläge auf den Rechnungsbetrag.

29 Wird ein Kapital von 200 € mit 2 % verzinst, dann erhält man nach einem Jahr 2 € Zinsen.

30 Die Mehrwertsteuer entspricht einem Rabatt auf einen Preis.

Aufgabe	Ich kann ...	Hilfe
1, 2, 21	Anteile in Prozente, Dezimalbrüche und Brüche umrechnen.	S. 68
3, 4, 20, 22	Anteile bestimmen und miteinander vergleichen.	S. 68
5, 6, 23	Prozentangaben auf verschiedene Arten darstellen.	S. 70
7, 24	die Grundbegriffe der Prozentrechnung zuordnen.	S. 72
8, 9, 10, 26	Prozentsätze bestimmen.	S. 74
11, 12	Prozentwerte bestimmen.	S. 76
13, 14, 25	Grundwerte bestimmen.	S. 78
15, 16, 27, 28, 30	Prozentangaben im Alltag erkennen und die gesuchten Größen bestimmen.	S. 80
17, 18, 19, 29	Grundaufgaben der Zinsrechnung lösen.	S. 82

S. 68

Hundertstelbruch, Prozent

$0{,}35 = \frac{35}{100} = \frac{7}{20} = 35\,\%$

gekürzter Bruch

Dezimalbruch

Stellt man **direkte Angaben** gegenüber, so spricht man von einem **absoluten Vergleich**. Vergleicht man dagegen die **Anteile** miteinander, die den Teil vom Ganzen beschreiben sollen, so spricht man von einem **relativen Vergleich**.

S. 70

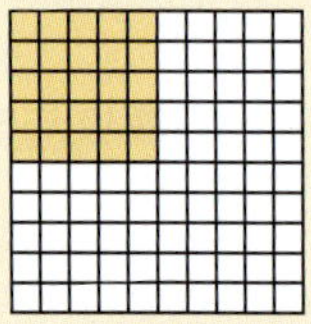

1 % entspricht einem Kästchen des Feldes.

Prozente (Anteile) lassen sich durch verschiedene Diagramme darstellen. Neben dem **Säulendiagramm**, dem **Balkendiagramm** und dem **Bilddiagramm** verwendet man für Angaben bis 100 % auch **Hunderterfelder**, **Streifendiagramm** und **Kreisdiagramm**.

S. 72

8 Schüler von 25 Schülern sind $\frac{8}{25} = \frac{32}{100}$, also 32 %.

Prozentwert P: Teil vom Ganzen absolute Häufigkeit

Grundwert G: das Ganze Gesamtanzahl

Prozentsatz p %: Anteil (Bruchteil) in % relative Häufigkeit in %

Fachbegriffe in der Prozentrechnung:

- **Grundwert G**: Das Ganze entspricht 100 %.
- **Prozentwert P**: der Teil, den man mit dem Ganzen (also dem Grundwert G) vergleicht
- **Prozentsatz p %**: der Anteil vom Ganzen (also vom Grundwert G), den man in % angibt

S. 74

	Anzahl Betten	p %	
: 10	80	100 %	: 10
· 7	8	10 %	· 7
	56	70 %	

$p\,\% = \frac{P}{G}$

$p\,\% = \frac{56}{80} = \frac{7}{10}$

$= 70\,\%$

Bei bekanntem Grundwert ist die Zuordnung $P \longmapsto p\,\%$ **proportional**. Möchte man also den **Prozentsatz p %** bestimmen, dann kann man dieses anhand der Eigenschaften proportionaler Zuordnungen machen.

S. 76

	p %	Geldbetrag	
: 10	100 %	27,90 €	: 10
· 2	10 %	2,79 €	· 2
	20 %	5,58 €	

$P = G \cdot p\,\%$

$P = 27{,}50\,€ \cdot 20\,\%$

$= 5{,}58\,€$

Bei bekanntem Grundwert ist die Zuordnung $p\,\% \longmapsto P$ ebenfalls **proportional**. Somit kann man den **Prozentwert P** mithilfe der Eigenschaften proportionaler Zuordnungen bestimmen.

S. 78

	p %	Preis	
: 4	40 %	150 €	: 4
· 10	10 %	37,50 €	· 10
	100 %	375 €	

$G = \frac{P}{p\,\%}$ bzw.

$G = P : p\,\%$

$G = 150\,€ : 40\,\%$

$= 375\,€$

Ein **Prozentwert von 100 %** und der **Grundwert G** sind stets gleich. Somit kann man ebenfalls die Eigenschaften proportionaler Zuordnungen ausnutzen, um den Grundwert G zu bestimmen.

S. 80

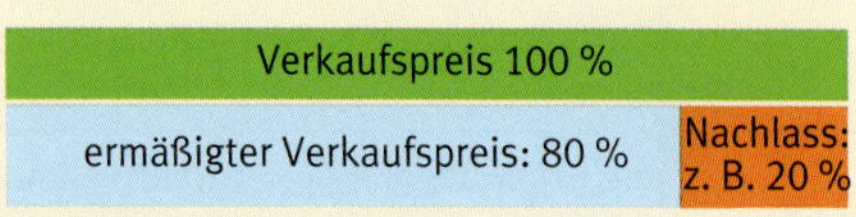

Im Alltag werden verschiedene Begriffe verwendet, um Aufschläge bzw. Abschläge auf Grundwerte mit Prozenten zu beschreiben.

S. 82

Prozentrechung	Zinsrechnung
Grundwert G	Kapital K
Prozentwert P	Zinsen Z
Prozentsatz p %	Zinssatz p %

$Z = K \cdot p\,\%$ („**Zinsformel**“)

Die Zinsrechnung ist eine Anwendung der Prozentrechnung.
In den meisten Fällen wird ein **Jahreszins** vereinbart, d. h. nach einem Jahr wird das Kapital um die berechneten Zinsen erhöht.

Negative Zahlen

1 Wie lauten die markierten Zahlen?

a)

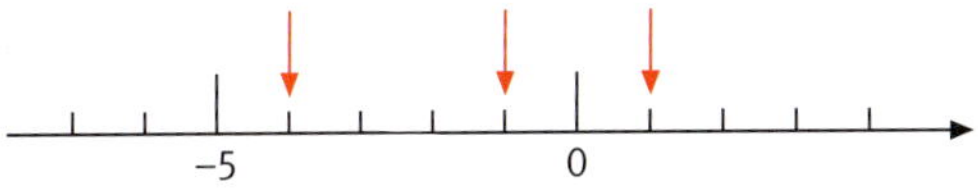

b)

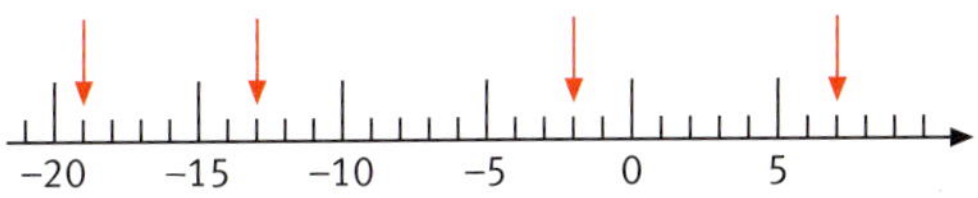

2 Zeichne eine Zahlengerade in dein Heft und markiere die Zahlen.

a) −4,5; +3,0; −1,5; −2,0; 5,5; −6,0; +4,5

b) −3,2; −2,8; −4,6; −3,0; −1,6; −4,2; −1,4

c) −25; −150; 0; −250; +125; −200; 275

3 Gib jeweils Gegenzahl und Betrag an.

a) −34	8	7,2	−4,1	−75,4	1
b) 0	−143	67,2	$-\frac{3}{5}$	0,09	$\frac{1}{2}$

4 Bilde negative dreistellige Zahlen, in denen die Ziffern 5, 7 und 8 jeweils einmal vorkommen, und ordne sie der Größe nach.

5 Das Diagramm stellt die Temperatur an der Wetterstation am Frankfurter Flughafen jeden Morgen um 6.00 Uhr im Januar 2011 dar.

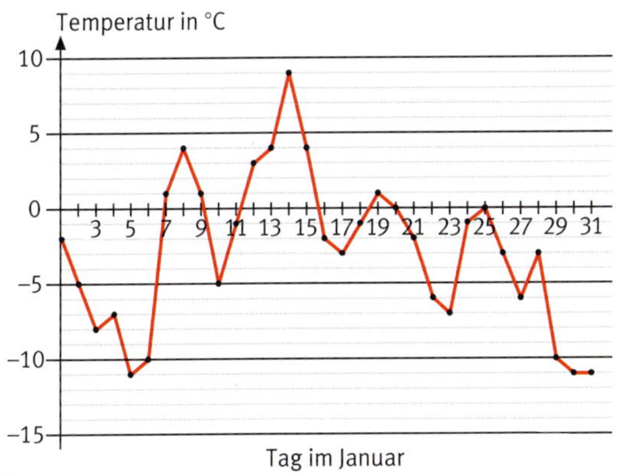

a) An welchen Tagen wurden die niedrigsten (höchsten) Temperaturen gemessen?

b) Während welcher Tage sind die Temperaturen gestiegen (gefallen)?

c) An welchen Tagen betrug die Temperatur um 6.00 Uhr −2 °C (−6 °C; +1 °C; +4 °C)?

Mathematik im Alltag

6 Das Diagramm zeigt die monatlichen Einnahmen (blau) und Ausgaben (rot) einer Computerfirma. Die Angaben wurden auf Millionen € gerundet.

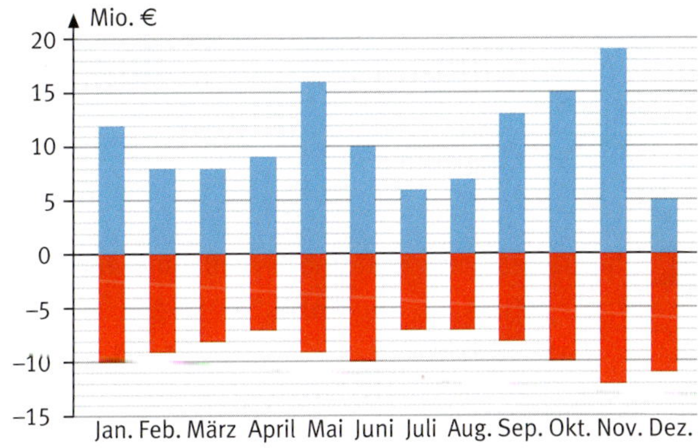

a) Erstelle eine Wertetabelle mit den monatlichen Einnahmen und Ausgaben.

b) Berechne den monatlichen Gewinn bzw. Verlust. In welchem Monat hat die Firma den größten Gewinn (Verlust) gehabt?

c) Welchen Gewinn bzw. Verlust hat die Firma in dem Jahr insgesamt gemacht?

7 Ordne die Lösungswege den einzelnen Aufgaben zu und ergänze die Rechnungen. Welche Größe wird jeweils berechnet?

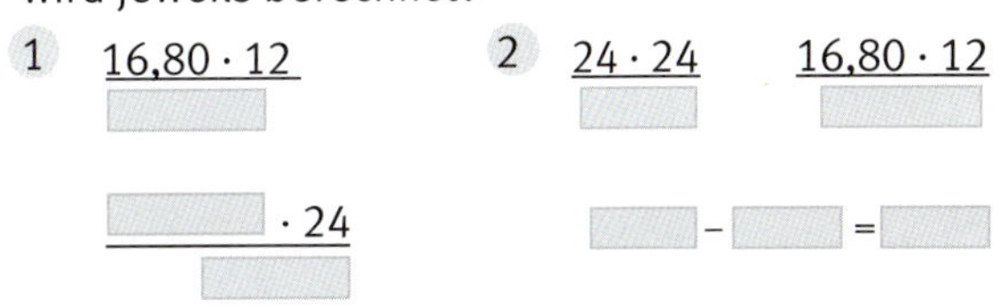

a) Die Klasse 7a fährt mit 24 Schülern für zwölf Tage in die Jugendherberge. Die Kosten pro Schüler betragen am Tag 16,80 €.

b) Frau Marquart baut auf ihrem quadratischen Grundstück mit 24 m Seitenlänge ein Haus von 16,80 m Länge und 12 m Breite.

8 Herr Schnell holt drei Angebote für einen Neuwagen ein. Welches Angebot ist das günstigste?

1 Neupreis: 14 500 €; Nachlass: 500 €

2 Neupreis: 15 000 €; 3,5 % Rabatt

3 Neupreis: 14 800 €; 2,5 % Rabatt. Auf den ermäßigten Preis bei Sofortzahlung noch einmal 1 % Skonto.

Dezimalbrüche

9 Berechne im Kopf.

a) 1,44 : 100   b) 10,6 : 10
c) 2,5 : 1000   d) 6160,2 : 1000
e) 0,415 · 100   f) 0,006 · 10

10 Setze das richtige Zeichen (<, >, =) ein.

a) $2{,}5 \;\square\; 2\frac{1}{4}$ b) $1{,}2 \;\square\; 1\frac{1}{4}$
c) $4\frac{1}{3} \;\square\; 4{,}33$ d) $5\frac{1}{9} \;\square\; 5{,}1$

11 Übertrage in dein Heft und vervollständige.

a) 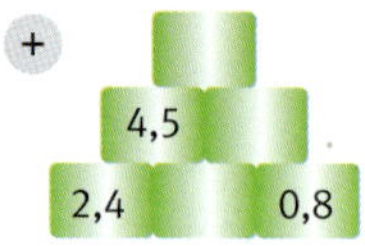

b) 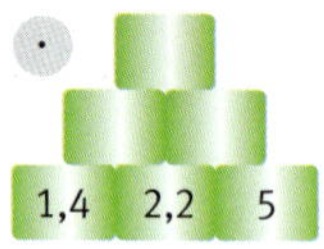

12 Berechne die fehlenden Werte.

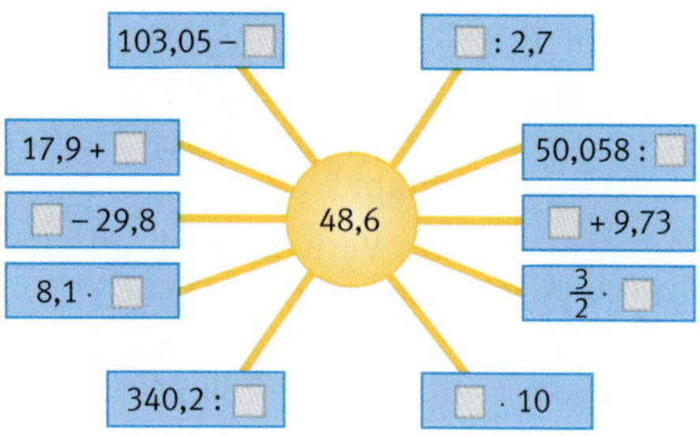

13 Übertrage in dein Heft und ergänze die fehlenden Werte. Setze fehlende Kommas richtig.

a)

	7	●	,6	●	5
−	●	9	,9	2	7
	4	9	,●	7	●

b)

		5	0	●	,9	●
+		●	2	9	,●	2
	●	2	●	6	8	9

c)

●	9	,4	●	·	2	,0	●
		5	8	9	4		
			●	8	●	4	●
		5	9	●	2	●	1

d)

●	,1	5	·	4	,●
		●	6	0	
		●	●	●	5
		0	,7	0	●

Koordinatensystem

14 Übertrage in dein Heft und ergänze jeweils zu einem Parallelogramm. Bestimme die Koordinaten der Eckpunkte.

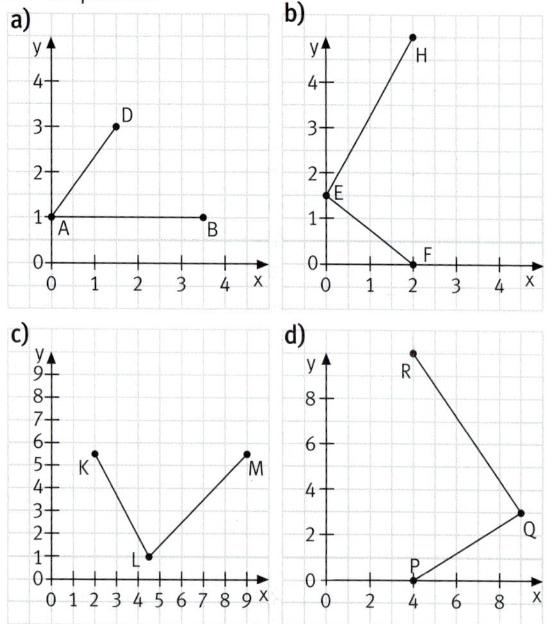

15
1 Rechteck: A (1 | 1); B (6 | 1); C (6 | 5)
2 Quadrat: B (8 | 1); D (2 | 7)
3 Parallelogramm: A (2 | 4); B (8 | 1); C (4 | 5)

a) Zeichne die Figur in ein Koordinatensystem und bestimme die fehlenden Eckpunkte.
b) Zeichne die Symmetrieachsen der Figur ein.
c) Bestimme Umfang und Flächeninhalt des Rechtecks.

16 a) Übertrage in dein Heft und spiegle das Dreieck ABC an der Geraden g.
b) Gib die Koordinaten des Dreiecks und des gespiegelten Dreiecks an.

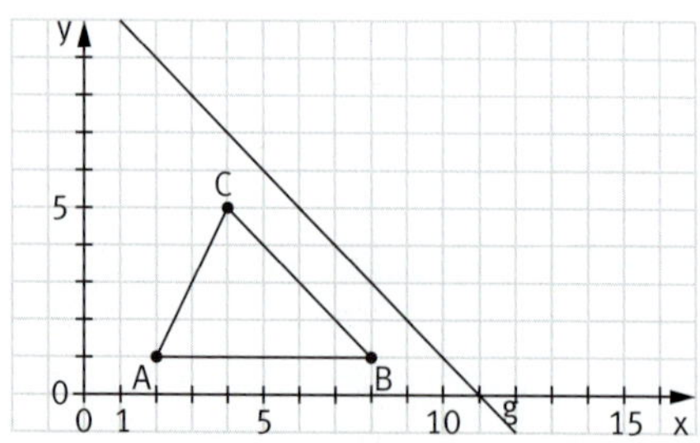

4 Ebene Figuren

Einstieg

- Das Bild zeigt den Ausschnitt einer Wand eines thailändischen Tempels, die mit verschiedenen Formen gefliest wurde. Findest du Figuren, die in Form und Größe übereinstimmen?
- Wie kannst du entscheiden, ob die Figuren wirklich gleich sind?
- Wo begegnen dir in der Umwelt immer wieder Formen und Figuren, die absolut identisch sind?

Ausblick

Am Ende dieses Kapitels hast du gelernt, ...

- wie man erkennt, ob zwei Figuren zueinander kongruent sind.
- wie man mithilfe von Kongruenzabbildungen kongruente Figuren konstruiert.
- Dreiecksarten zu unterscheiden.
- wie man Dreiecke und Vierecke konstruiert.

Ein Einbrecher hat versehentlich alle seine nachgemachten Tresorschlüssel fallen lassen. Vom passenden Tresorschlüssel hat er noch den Originalabdruck.

- Wie kann der Dieb anhand des Abdrucks den passenden Schlüssel finden?
- Gibt es noch weitere Schlüssel, die zu diesem Tresor passen?
- Welche (geometrischen) Eigenschaften muss der Schlüssel haben, damit dieser das Schloss öffnen kann?

Merkwissen

Figuren sind zueinander **kongruent** (**deckungsgleich**), wenn sie in Form und Größe übereinstimmen. Wird eine Figur durch eine **Achsenspiegelung**, **Punktspiegelung**, **Drehung** oder **Verschiebung** abgebildet, so ist die Bildfigur kongruent zum Original.

Achsenspiegelung

Für den Bildpunkt A' von A gilt als Abbildungsvorschrift:

1. Die Strecke $\overline{AA'}$ steht senkrecht zur Spiegelachse g.
2. A' hat von g denselben Abstand d wie A von g.

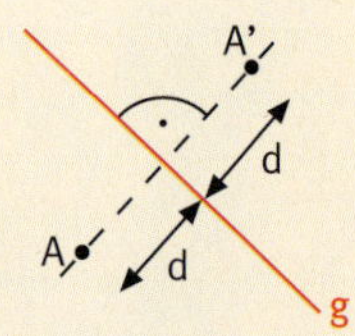

*Punkte auf der Spiegelachse werden auf sich selbst abgebildet. Solche Punkte nennt man **Fixpunkte**.*

Punktspiegelung

Für den Bildpunkt P' von P gilt:

1. Punkt P, **Zentrum Z** und Bildpunkt P' liegen auf einer Geraden.
2. P und P' haben von Z den gleichen Abstand.

Eine Figur heißt **punktsymmetrisch zum Punkt Z** (Symmetriezentrum), wenn sie bei einer Drehung um 180° mit sich zur Deckung kommt.

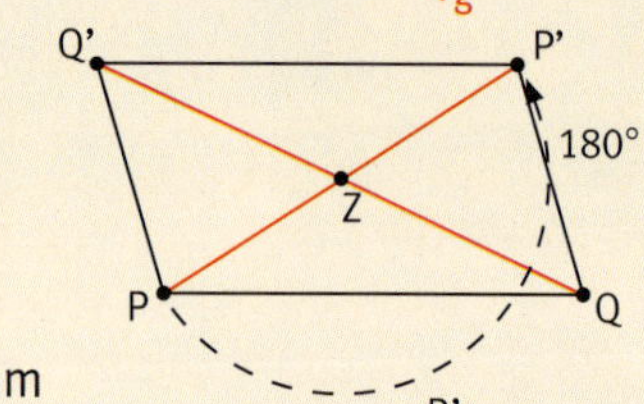

Drehung

Eine Drehung ist durch das **Drehzentrum Z** und den **Drehwinkel** α festgelegt. Eine Figur, die bei einer Drehung um Z mit einem Drehwinkel zwischen 0° und 360° mit sich selbst zur Deckung gebracht wird, nennt man **drehsymmetrisch zum Punkt Z**.

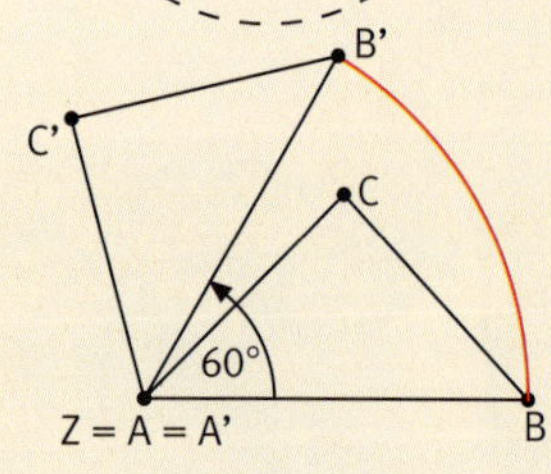

Verschiebung

Bei einer Verschiebung werden alle Punkte einer Figur **um dieselbe Strecke in die gleiche Richtung** verschoben. Die Verschiebungsvorschrift wird durch einen Verschiebungspfeil festgelegt.

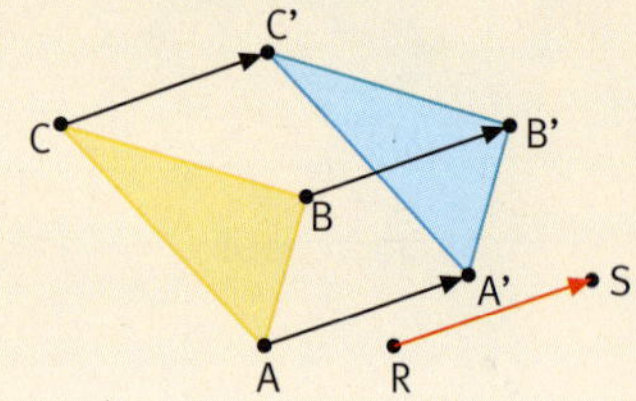

Verschiebungspfeile einer Verschiebung
- *sind gleich lang,*
- *sind zueinander parallel,*
- *haben die gleiche Richtung.*

Beispiele

I Ergänze das Dreieck ABC mit A (2 | –1); B (4 | 2); C (1 | 2) durch ein zu ihm kongruentes Dreieck zu einem Parallelogramm.

Lösung:

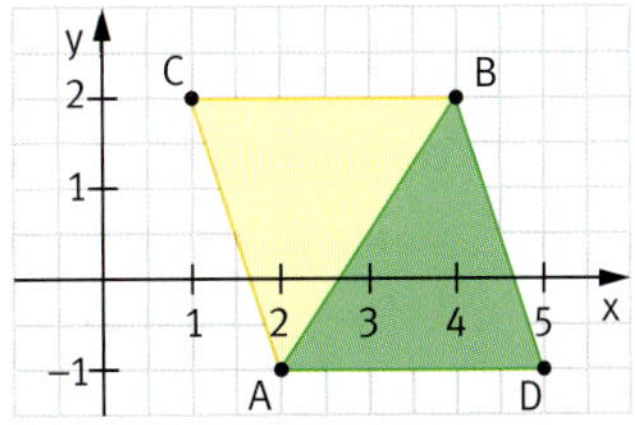

Verständnis

- Selina behauptet, dass kongruente Figuren in allen Winkeln übereinstimmen. Markus erwidert, dass dies auch umgekehrt gelte. Was sagst du dazu?

Aufgaben

1 Welche Figuren sind zueinander kongruent?

Du kannst auch Transparentpapier verwenden.

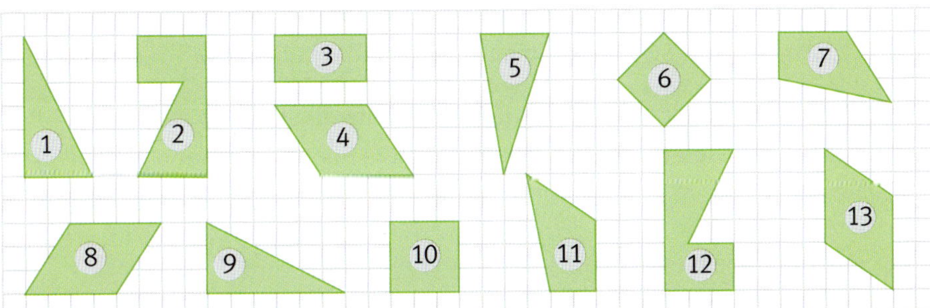

2 Viele Körper besitzen kongruente Flächen. Übertrage die Tabelle ins Heft, setze sie fort und erkläre deine Ausführungen.

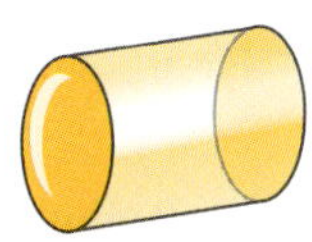

Körper	Kongruente Flächen
Zylinder	ja
Quader	
…	

3 Trage die Punkte A (2 | 1), B (5 | 4) und C (–1 | 6) in ein Koordinatensystem (Einheit 1 cm) ein und verbinde sie zu einem Dreieck. Trage nun die Punkte A' (–1 | 2) und B' (2 | –1) ein und lege den Punkt C' so fest, dass ein kongruentes Dreieck entsteht. Gib die Koordinaten des fehlenden Punktes an. Es gibt zwei Lösungen.

4 **Achsenspiegelung**
Der Punkt A wird an der Spiegelachse g folgendermaßen gespiegelt:
- Das Geodreieck legt man so an, dass die Mittellinie auf der Spiegelachse liegt.
- Man zeichnet eine Hilfslinie durch A, die senkrecht zur Spiegelachse liegt.
- Man zeichnet A' auf dieser Hilfslinie so ein, dass der Abstand von A' zur Spiegelachse genau so groß, ist wie der Abstand von A zur Spiegelachse.

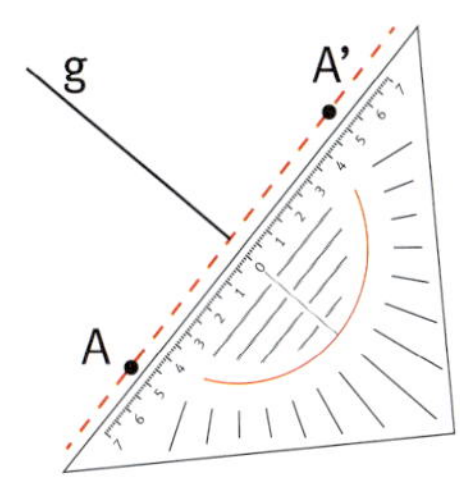

a) Spiegle das Viereck ABCD an der Spiegelachse g, die durch E und F verläuft.
1 A (0 | 3); B (4 | 0); C (6 | 5); D (2 | 8); E (5 | 0); F (7 | 6)
2 A (–2 | 0); B (2 | 0); C (0 | 4); D (–2 | 4); E (3 | 0); F (0 | –2)
b) Warum sind die Dreiecke ABC und A'B'C' kongruent? Begründe.

5 Trage die Punkte A (1 | 2), B (2 | 0), C (5 | 2) und D (4 | 4) in ein Koordinatensystem (Einheit 1 cm) ein und verbinde sie der Reihe nach zu einem Viereck. Spiegle die entstandene Figur anschließend an der Spiegelachse PQ mit P (–4 | 4) und Q (4 | –4). Gib die Koordinaten des kongruenten Vierecks A'B'C'D' an.

Ein dynamisches Geometriesystem kann dir helfen.

6 Durch eine Achsenspiegelung wurde der Punkt A (1 | 4) auf den Punkt A' (4 | 1) abgebildet.

a) Bestimme die Achse, an der gespiegelt wurde.

b) Spiegle auch die Punkte B (2 | 5) und C (3 | 3).

c) Welchen Zusammenhang gibt es zwischen den Koordinaten A, B, C und den Bildkoordinaten A', B', C'? Begründe.

d) Nenne weitere Fixpunkte.

7 **Punktspiegelung**
Spiegelt man eine Strecke $\overline{PQ}$ am Punkt Z, so geht man folgendermaßen vor:
- Man verbindet P mit Z und zeichnet diese Hilfslinie über Z hinaus.
- Man zeichnet einen Kreis um den Mittelpunkt Z mit dem Radius $r = \overline{ZP}$.
- Der Schnittpunkt des Kreises mit der Hilfslinie ist der Bildpunkt P'.
- Mit dem Punkt Q verfährt man ebenso und erhält so die Strecke $\overline{P'Q'}$.

a) Vollziehe das beschriebene Verfahren mithilfe einer Skizze nach.

b) Spiegle das Dreieck ABC am Punkt Z. Gib die Bildkoordinaten des Dreiecks A'B'C' an.

① A (–3 | 0); B (3 | 1); C (0 | 4); Z (3 | 2) ② A (3 | 0); B (55); C (0 | 4); Z (4 | –1)

c) Sind die Dreiecke ABC und A'B'C' kongruent? Begründe.

8 Verbinde die Punkte A (2 | 4), B (3 | 1), C (4 | 4), D (5 | 1) und E (6 | 4) und spiegle die Figur an C. Kann man die Bildfigur auch durch Achsenspiegelungen erhalten?

*Drehungen werden immer in mathematischer Richtung, also **gegen den Uhrzeigersinn** ausgeführt.*

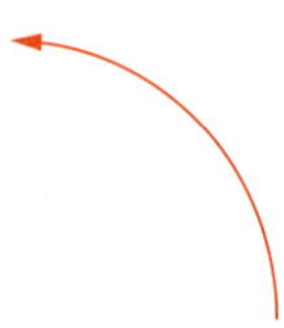

9 **Drehung**
Dreht man den Punkt M an Z um 143°, so geht man folgendermaßen vor:
- Man verbindet Z mit M.
- Im Punkt Z trägt man am Schenkel $\overline{ZM}$ den Winkel $\alpha = 143°$ an.
- Um Z zeichnet man einen Kreisbogen mit Radius $r = \overline{ZM}$.
- Der Punkt M' ist der Schnittpunkt des freien Schenkels des Winkels α und des Kreisbogens.

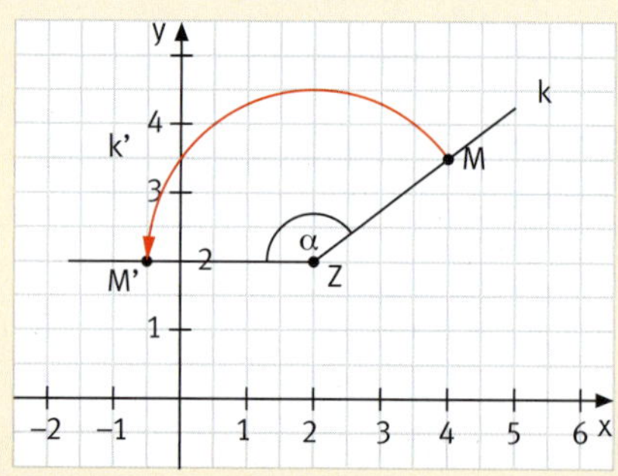

a) Bilde den Punkt B (3 | 4) durch Drehung um Z (–2 | 1) mit dem Drehwinkel $\alpha = 130°$ auf B' ab. Gib die Drehung in Kurzschreibweise an.

b) Gib eine Drehung um Z in Kurzschreibweise so an, dass B' wieder auf B fällt.

10 Bilde die angegebene Figur durch Drehung um Z mit dem Drehwinkelmaß α ab.

a)	Strecke $\overline{AB}$	A (–2 | –3)	B (1 | –4)		Z (1 | 1)	$\alpha = 70°$
b)	Gerade AB	A (2 | –2)	B (3 | 1)		Z (2 | 1)	$\alpha = 230°$
c)	Dreieck ABC	A (–3 | –2)	B (0 | –4)	C (2 | –1)	Z (0 | 0)	$\alpha = 65°$
d)	Rechteck ABCD	A (3 | 2)	B (–2 | 0)	C (–1 | –2,5)	Z (0 | 0)	$\alpha = 205°$

11 **Verschiebung**
Verschiebt man das Dreieck ABC um den angegebenen Verschiebungspfeil, so geht man folgendermaßen vor:

- Man geht vom Punkt A zwei Einheiten nach rechts und drei Einheiten nach oben. Die Spitze des Pfeils ist der Punkt A'.
- Mit den Punkten B und C verfährt man genauso und erhält B' und C'.

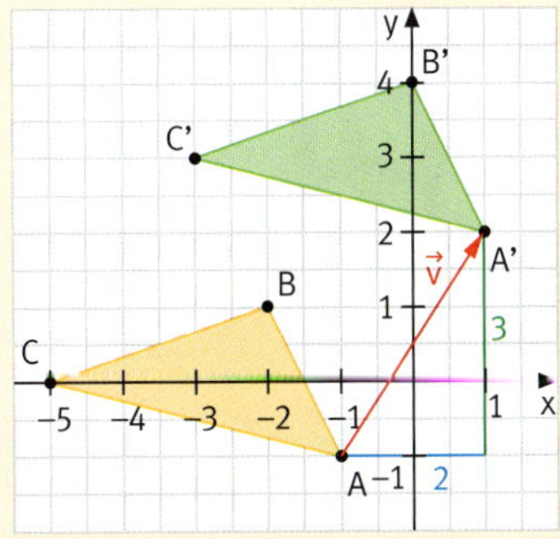

a) ① Zeichne das Fünfeck RUNDE mit R (2 | 8), U (4 | 6), N (7 | 7), D (7 | 10), E (4 | 10) in ein Koordinatensystem (Einheit 1 cm). Markiere auch P (2 | 7) und Q (4 | 2).
② Konstruiere das Bild des Fünfecks bei der Verschiebung um den Pfeil von P nach Q.
③ Vergleiche die Koordinaten der Punkte und ihrer Bildpunkte. Was fällt auf?

b) Verschiebe ebenso das Dreieck LOT mit L (−5 | 2), O (−2 | 2) und T (−3 | 5) um den Verschiebungspfeil von R (1 | −1) nach S (5 | 1).

12 a) Bestimme die Koordinaten der Bildpunkte des Dreiecks ABC mit A (−5 | 2), B (2 | −5) und C (−2 | −3) bei einer Verschiebung um die angegebenen Verschiebungspfeile.

b) Beschreibe den Verschiebungspfeil von H nach I mit Worten. Wie haben sich durch den Verschiebungspfeil die Koordinaten des Dreiecks ABC verändert?

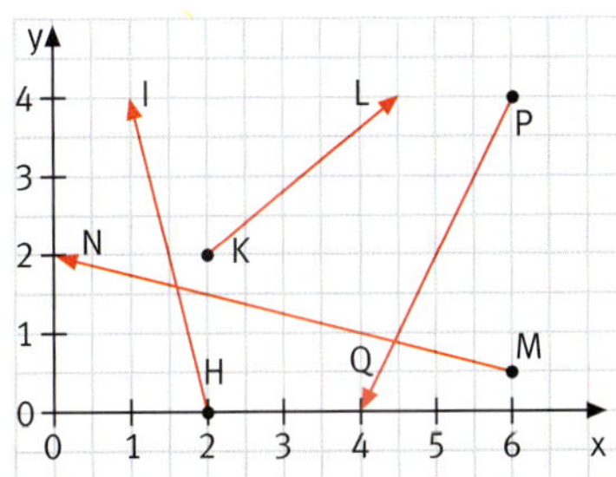

13 Die Strecke $\overline{AB}$ wird durch eine Verschiebung um den Verschiebungspfeil von P nach Q auf $\overline{A'B'}$ abgebildet. Bestimme die Koordinaten der fehlenden Punkte.

Eine Skizze kann helfen.

a) A (−3 | 2) B (0 | −7) P (−4 | 5) Q (−1 | 3) A' (□ | □) B' (□ | □)

b) A (3 | 5) B (−1 | 4) P (0 | 0) Q (□ | □) A' (0 | −4) B' (□ | □)

14 Die Buchstaben sind durch Bewegungen (Achsenspiegelung, Drehung, Verschiebung) entstanden.

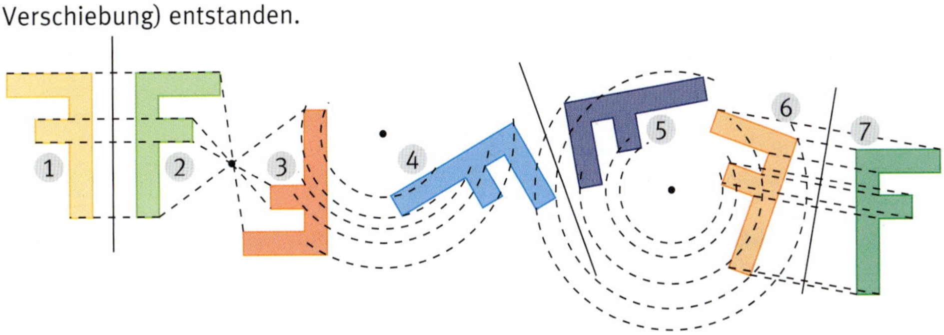

a) Gib die Bewegung an, durch die ein Buchstabe aus dem vorherigen entsteht.

b) Manchmal lassen sich mehrere Bewegungen hintereinander zu einfacheren Bewegungen zusammenfassen. Finde ähnliche Beispiele.

Beispiel: ⑦ entsteht aus ② durch eine Verschiebung.

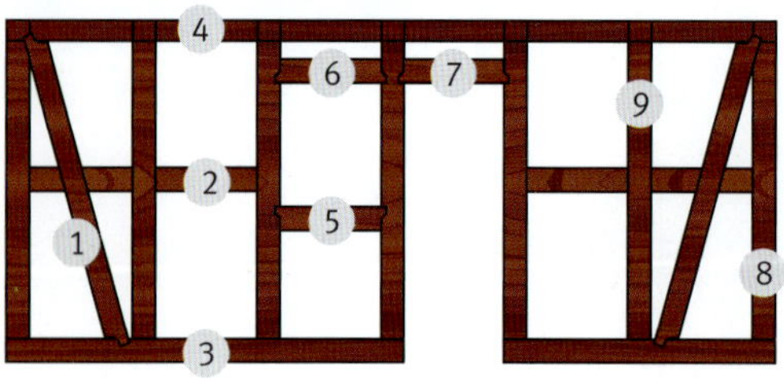

Hier siehst du einen Plan eines Fachwerkhauses. Der Balken 1, der zwischen Schwelle 3 und Rahmholz 4 eingefügt wurde, heißt Strebe oder Band.

- Zeichne zuerst Schwelle und Rahmholz in dein Heft, danach das Band.
- Welche Winkel treten zwischen dem Band und der Schwelle bzw. dem Rahmholz auf?
- Zeichne die Winkel in deine Zeichnung ein. Gibt es Winkel, die gleich sind? Begründe.

α – Alpha
β – Beta
γ – Gamma
δ – Delta
ε – Epsilon
λ – Lambda
φ – Phi

Merkwissen

Wenn sich **zwei Geraden schneiden**, entstehen vier Winkel mit dem gemeinsamen Scheitelpunkt S. Dabei gilt:

- Nebeneinander liegende Winkel ergeben **zusammen stets 180°** ($\alpha + \beta = \beta + \gamma = ... = 180°$). Sie heißen **Nebenwinkel.**
- Gegenüberliegende Winkel sind **gleich groß** ($\alpha = \gamma$ und $\beta = \delta$). Sie heißen **Scheitelwinkel.**

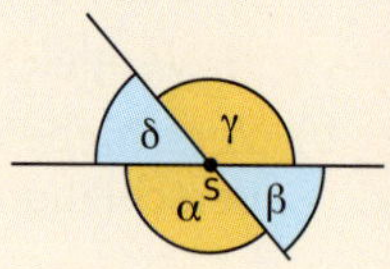

Werden **zwei Parallelen von einer weiteren Gerade** geschnitten, so gilt:

- Zwei Winkel, die auf der gleichen Seite der Schnittgerade und der gleichen Seite der Parallelen liegen, nennt man **Stufenwinkel**. Stufenwinkel sind **gleich groß.**
- Zwei Winkel, die auf verschiedenen Seiten der Schnittgerade und auf entgegengesetzten Seiten der Parallelen liegen, nennt man **Wechselwinkel**. Wechselwinkel sind **gleich groß.**

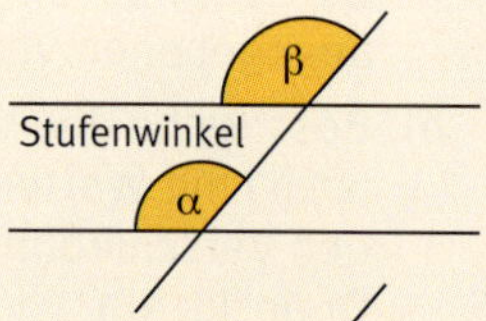

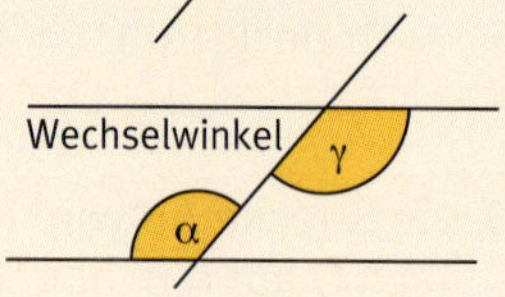

Beispiele

I Bestimme β, γ und δ für $\alpha = 44°$. Erkläre dein Vorgehen.

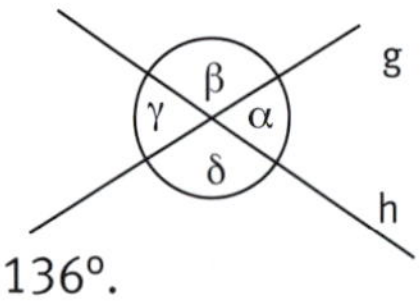

Lösungmöglichkeit:
α und γ sind Scheitelwinkel, sie sind gleich groß: $\gamma = \alpha = 44°$.
α und β sind Nebenwinkel (zusammen 180°): $\beta = 180° - 44° = 136°$.
δ und β sind Scheitelwinkel, sie sind gleich groß: $\delta = \beta = 136°$.

II Bestimme die Größe der Winkel α, β, γ und δ und erkläre dein Vorgehen.

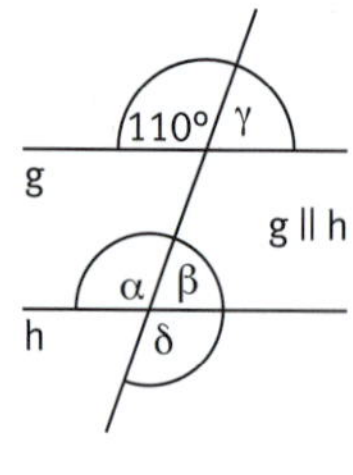

Lösungsmöglichkeit:
$\alpha = 110°$, weil er ein Stufenwinkel zum Winkel 110° ist.
$\gamma = 70°$, weil er ein Nebenwinkel vom Winkel 110° ist.
$\beta = 70°$, weil er ein Stufenwinkel zu γ ist (oder Nebenwinkel zu α).
$\delta = 110°$, weil er Wechselwinkel zum Winkel 110° ist (oder Scheitelwinkel zu α oder Nebenwinkel zu β).

Verständnis

- Giulia glaubt, dass zwei spitze Winkel auch Nebenwinkel voneinander sein können. Hat sie Recht? Begründe deine Antwort.
- Stimmt das? Zwei Nebenwinkel ergeben immer einen gestreckten Winkel.

Aufgaben

1 Bestimme alle Winkelgrößen. Erkläre dein Vorgehen wie in Beispiel I und II.

a)

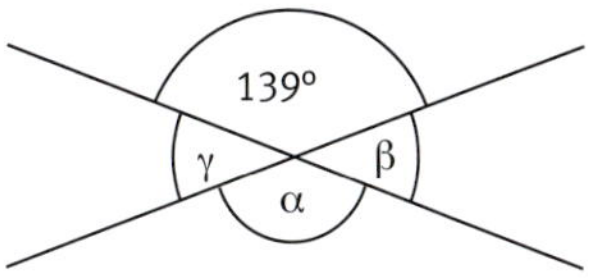

b)

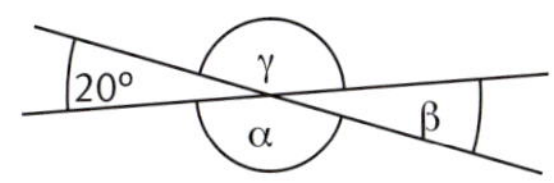

c)

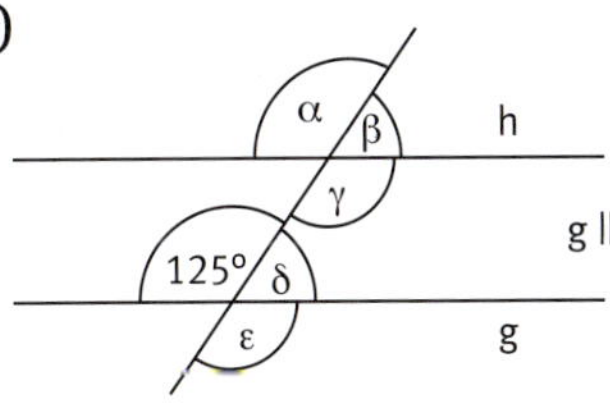

d)

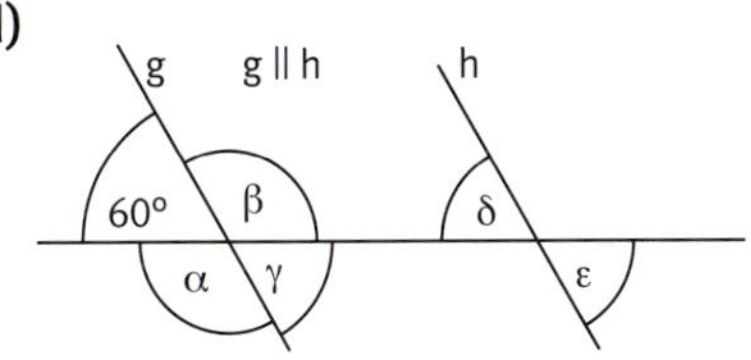

e)

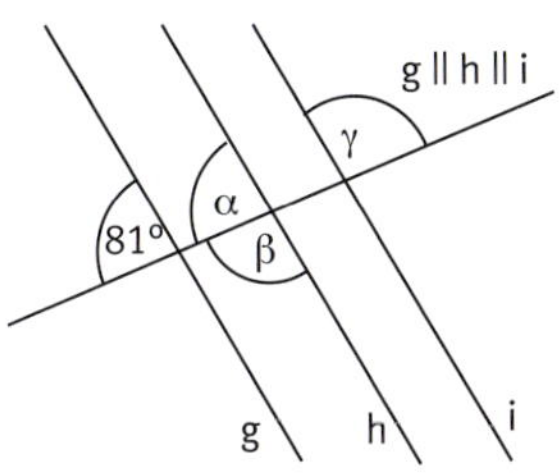

f)

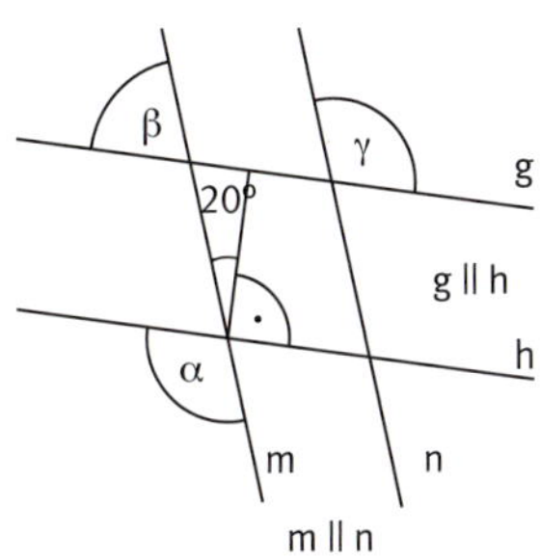

g)

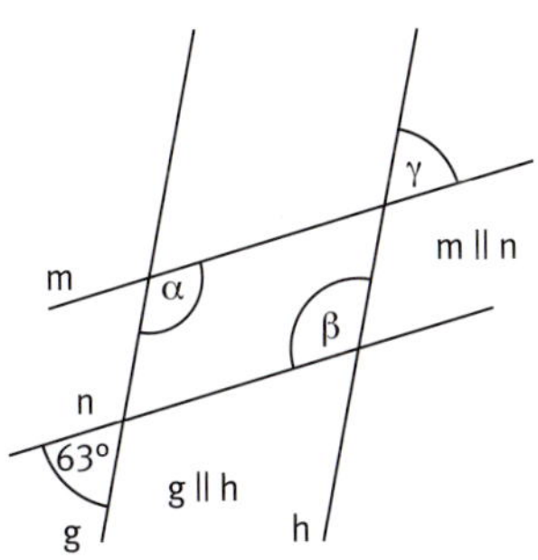

h)

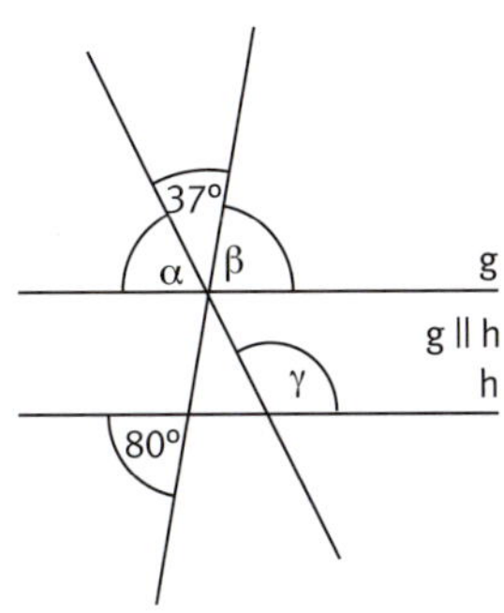

2 Übertrage die Sätze ins Heft und setze die richtigen Begriffe ein.

a) Der Nebenwinkel eines spitzen (stumpfen) Winkels ist immer ein ☐ Winkel.

b) Der Scheitelwinkel zu einem spitzen (stumpfen) Winkel ist stets ein ☐ Winkel.

c) Der Stufenwinkel zu einem spitzen (stumpfen) Winkel ist ein ☐ Winkel.

3 Sind die Winkel α und β Nebenwinkel zueinander? Begründe deine Antwort.

a)

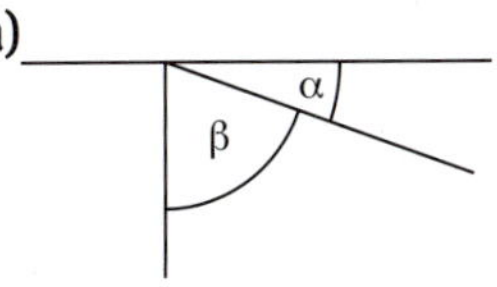

b)

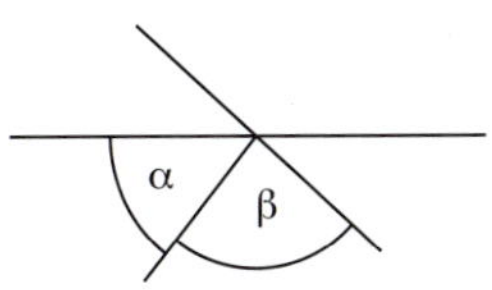

c)

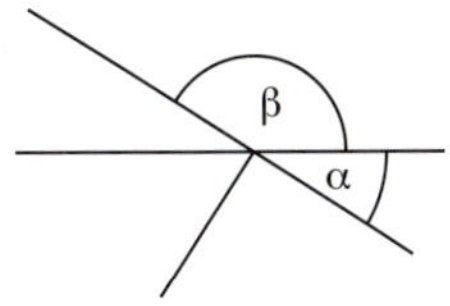

4 a) Zeichne zwei Geraden, die sich unter dem Winkel 35° (50°, 80°) schneiden.

1 Bestimme alle auftretenden Winkel.

2 Die Winkel werden jeweils verdoppelt. Wie ändern sich die anderen auftretenden Winkel? Überlege und überprüfe dann zeichnerisch.

b) Zeichne zwei parallele Geraden im Abstand 3 cm, die unter dem Winkel 45° (60°, 140°) von einer Geraden geschnitten werden. Bestimme alle auftretenden Winkel und benenne sie.

5 In einem Erkundungsprojekt sollen die Schüler der Klasse 7c drei Straßenkreuzungen entlang der Münchner Straße untersuchen.

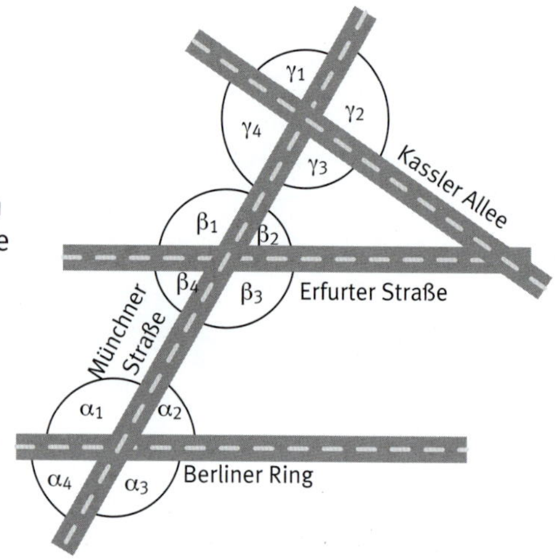

a) Marko meint: „Ich brauche nur einen Winkel zu messen, dann kann ich alle anderen Winkel damit bestimmen." Geht das? Begründe deine Antwort.

b) Marko misst den Winkel $\alpha_1 = 120°$. Was weißt du damit über die Größe der anderen Winkel des Stadtplans?

6 Berechne die Größe der gekennzeichneten Winkel.

a)

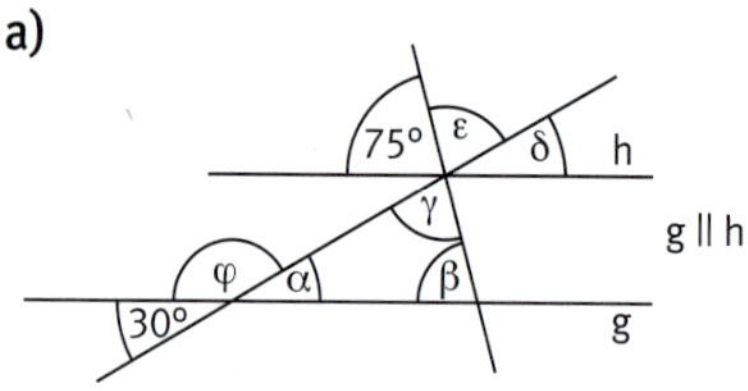

b)

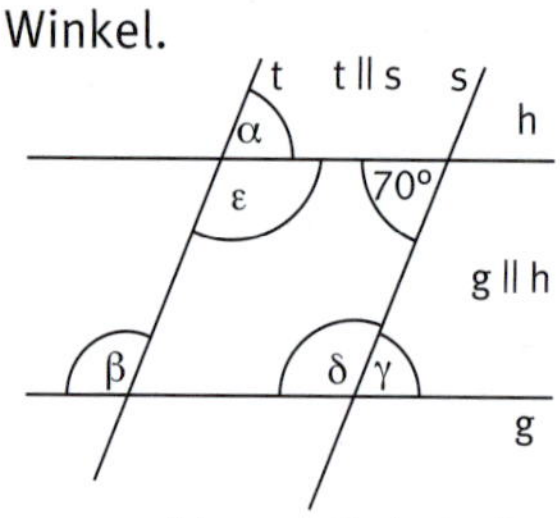

7 Begründe ohne zu messen, dass die Geraden g und h parallel sind.

a)

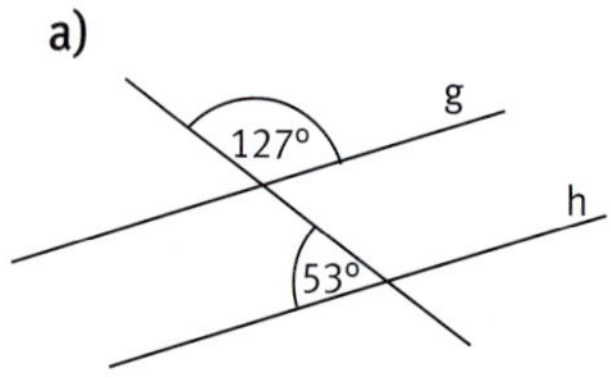

b)

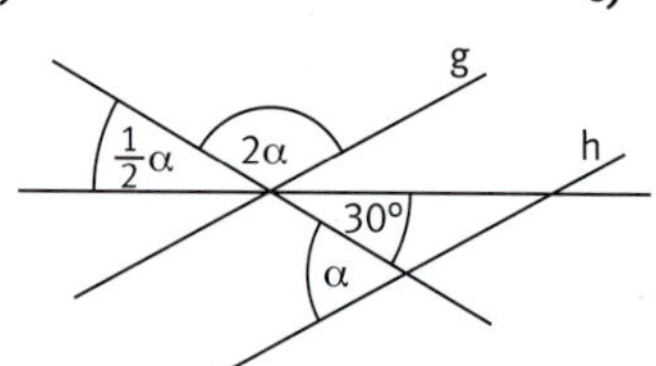

c)

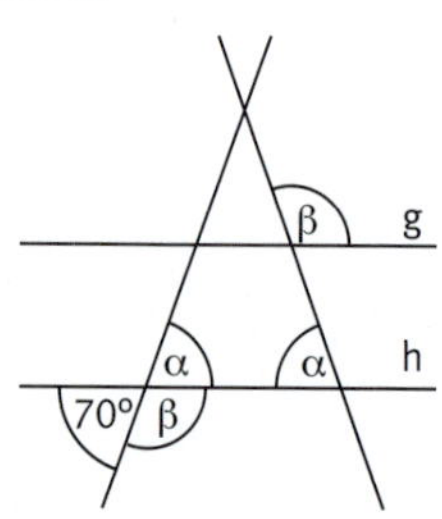

8 Sind die Geraden a und b bzw. d und e parallel? Begründe.

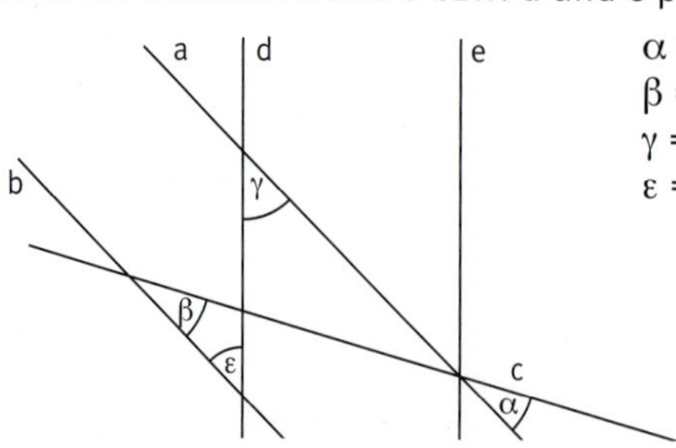

$\alpha = 29{,}06°$
$\beta = 27{,}46°$
$\gamma = 45{,}46°$
$\varepsilon = 47{,}06°$

9 In der Abbildung ist die Gerade durch F und D parallel zur Strecke $\overline{AB}$, die Gerade durch E und F ist parallel zur Strecke $\overline{AC}$ und die Gerade durch D und E ist parallel zur Strecke $\overline{BC}$.

a) Benenne die drei Parallelogramme in der Abbildung.

b) Bestimme die fehlenden Winkel in den Punkten D, E und F.

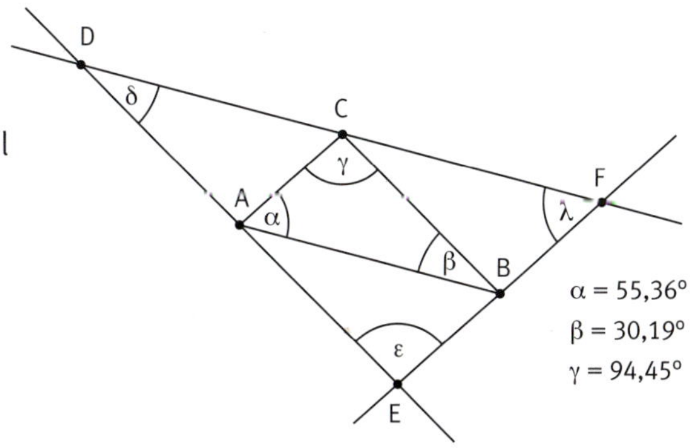

$\alpha = 55{,}36°$
$\beta = 30{,}19°$
$\gamma = 94{,}45°$

Wissen

Eratosthenes

Eratosthenes war ein berühmter griechischer Mathematiker. Bekannt geworden ist das „Sieb des Eratosthenes", eine einfache Methode, um Primzahlen zu finden.
Eratosthenes gelang es ca. 200 Jahre v. Chr., den Erdumfang mit mathematischen Methoden zu berechnen, und das mit einer für damalige Verhältnisse erstaunlichen Genauigkeit. Dabei wusste er bereits, dass die Erde kugelförmig ist. Eratosthenes lebte in Alexandria in Ägypten und verwaltete dort die damals größte Bibliothek der Welt. Er hatte damit Zugang zum gesamten damaligen Wissen der Menschheit. So wusste er, dass sich an einem bestimmten Tag im Jahr (21. Juni) die Sonne in Syene, einer Stadt am Nil (heutiges Assuan), genau im Brunnen spiegelt. Dieses Phänomen trat in Alexandria nie auf, dort warf ein Brunnenrand immer einen Schatten. Die beiden Zeichnungen zeigen die Situation am 21. Juni um 12 Uhr.

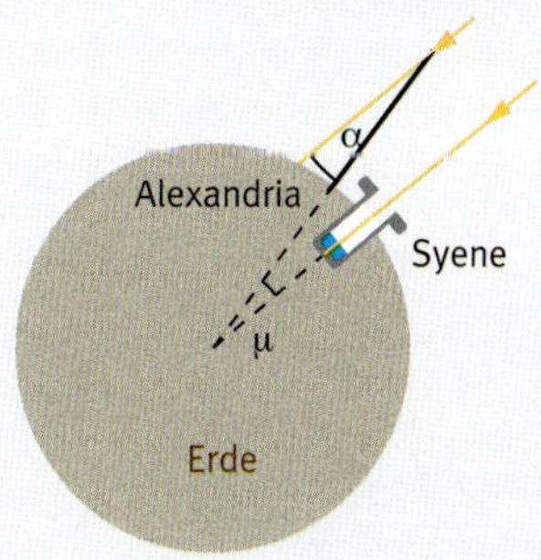

- Finde heraus, wo die Städte Alexandria und Syene/Assuan liegen.
- Was bedeutet es für den Stand der Sonne bezüglich eines Ortes auf der Erde, wenn sie sich dort in einem Brunnen spiegelt?
- Begründe, warum der Mittelpunktswinkel μ gleich dem Schattenwinkel α ist. Die Sonnenstrahlen werden als parallel angenommen.

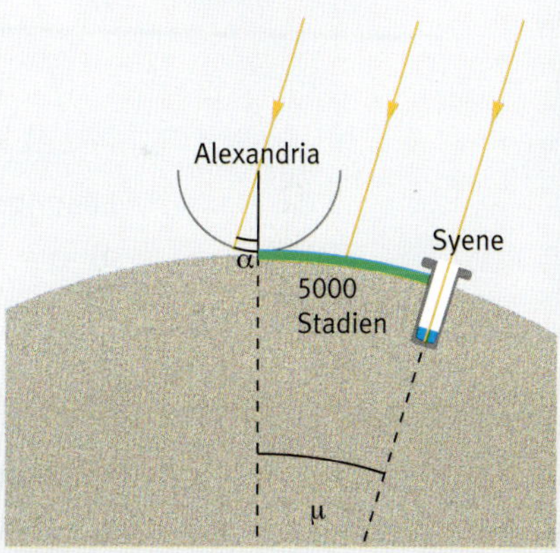

Eratosthenes hat den Winkel α in Alexandria mit einer Skaphe gemessen, einer antiken Sonnenuhr. Diese ist aufgebaut als eine halbe Hohlkugel, an der ein Stab angebracht ist, der im Mittelpunkt der Kugel endet. An der Skaphe kann man ebenfalls gut erkennen, dass die Winkel μ und α identisch sind. Eratosthenes fand heraus, dass der Kreisbogen, der durch α bzw. μ aus der Skaphe „ausgeschnitten" wird, der 12,5. Teil des Viertelkreisbogens der Skaphe ist.

- Begründe, warum die Strecke von Alexandria nach Syene dem 50. Teil des Erdumfangs entspricht.

Nun war Eratosthenes fast am Ziel, er musste nur noch die Entfernung (Luftlinie) zwischen Alexandria und Syene bestimmen. Die königlichen Schrittzähler übermittelten ihm eine Entfernung von 5000 Stadien.
1 Stadion ist eine alte Maßeinheit und entspricht ungefähr 167 m.

- Wie weit ist es von Alexandria nach Syene in unserem heutigen Maßsystem?
- Wie viele Kilometer beträgt der Erdumfang nach der Messmethode von Eratosthenes? Vergleiche auch mit heutigen Messergebnissen.

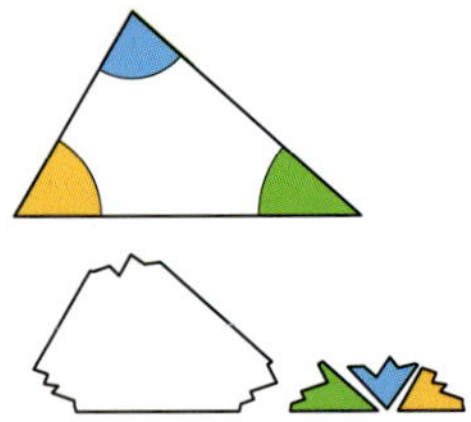

- Zeichne fünf verschiede Dreiecke auf ein Blatt Papier und schneide sie aus. Reiß bei jedem Dreieck die Ecken ab und lege die Winkel, die dabei entstanden sind, aneinander. Was stellst du fest? Erkennst du eine Regel?
- Überprüfe die Vermutung durch Messung. Zeichne dazu weitere unterschiedliche Dreiecke in dein Heft und trage die auftretenden Winkel in eine Tabelle ein. Wird deine Vermutung (im Rahmen der Messgenauigkeit) bestätigt?

Dreieck	α	β	γ	Vermutung bestätigt?
1	50°	▢	▢	▢

In einem Dreieck werden die Ecken üblicherweise entgegen dem Uhrzeigersinn mit A, B und C bezeichnet sowie den zugehörigen Winkeln α, β und γ.

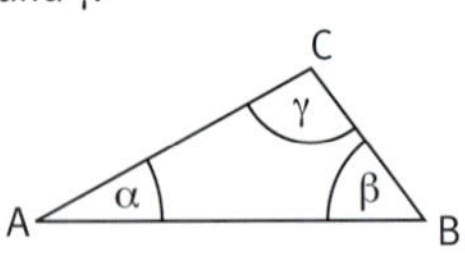

Merkwissen

In jedem **Dreieck** beträgt die **Summe aller Innenwinkelmaße** (die „Winkelsumme") stets **180°**: $\boldsymbol{\alpha + \beta + \gamma = 180°}$.

Begründung über Winkel an Geraden:

1 Verlängere die Seiten des Dreiecks ABC und zeichne eine Gerade durch C, die parallel zu AB liegt.

2 Da in C ein gestreckter Winkel vorliegt, gilt: $\alpha' + \beta' + \gamma' = 180°$.

3 α und β sind Stufenwinkel zu α' und β', also $\alpha' = \alpha$ und $\beta' = \beta$. γ ist Scheitelwinkel zu γ', also $\gamma' = \gamma$. Somit ist auch die Summe aller Innenwinkelmaße stets 180°.

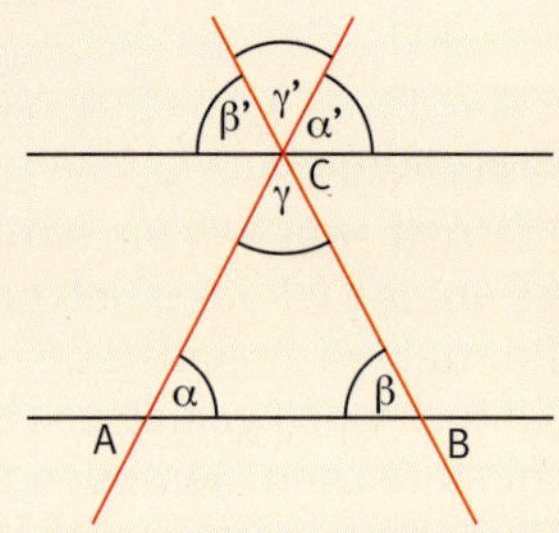

Beispiele

I Berechne die Größe des fehlenden Winkels.

a)

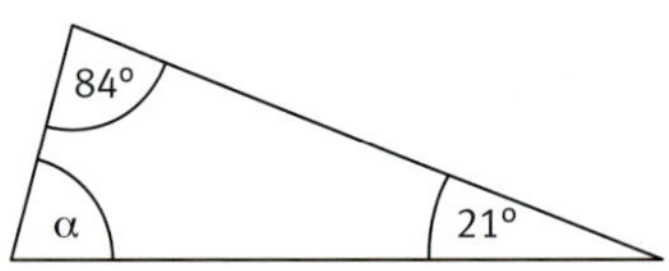

b)

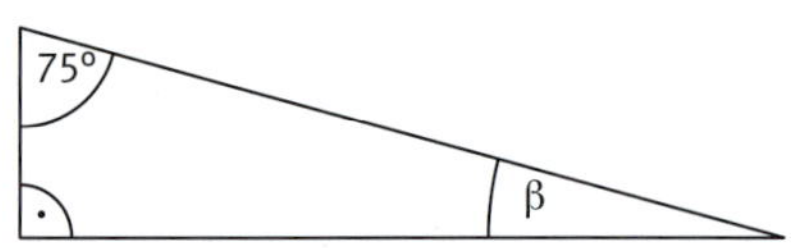

Lösung:

a) $\alpha = 180° - 84° - 21° = 75°$

b) $\beta = 180° - 90° - 75° = 15°$

II In welchen Fällen wurden wohl die Winkel in einem Dreieck falsch gemessen?

a) $\alpha = 35°; \beta = 64°; \gamma = 93°$

b) $\alpha = 20°; \beta = 112°; \gamma = 48°$

Mithilfe der Winkelsumme kannst du Messungen überprüfen.

Lösung:

a) Bei der Winkelmessung ist bestimmt etwas schief gelaufen, denn die Summe aller Winkel beträgt 35° + 64° + 93° = 192°, was deutlich größer als 180° ist.

b) Die Winkelmessung kann richtig sein, denn die Winkelsumme beträgt 20° + 112° + 48° = 180°.

Verständnis

- Ralf behauptet: „Wenn in einem Dreieck ein rechter Winkel vorkommt, dann müssen die beiden anderen Winkel zusammen auch einen rechten Winkel ergeben." Stimmt das? Begründe.
- Die Winkelsumme hängt davon ab, welche Winkel-Skala man auf dem Geodreieck verwendet. Stimmt das? Begründe.

1 Berechne die Größe des fehlenden Winkels im Dreieck.

	a)	b)	c)	d)	e)	f)	g)	h)	i)
α	45°	60°		109°	45°	62°	112°		88°
β	60°	60°	90°		45°	46°	34°	17°	
γ			15°	37°				25°	88°

2 Berechne die fehlenden Winkelmaße in den Dreiecken.

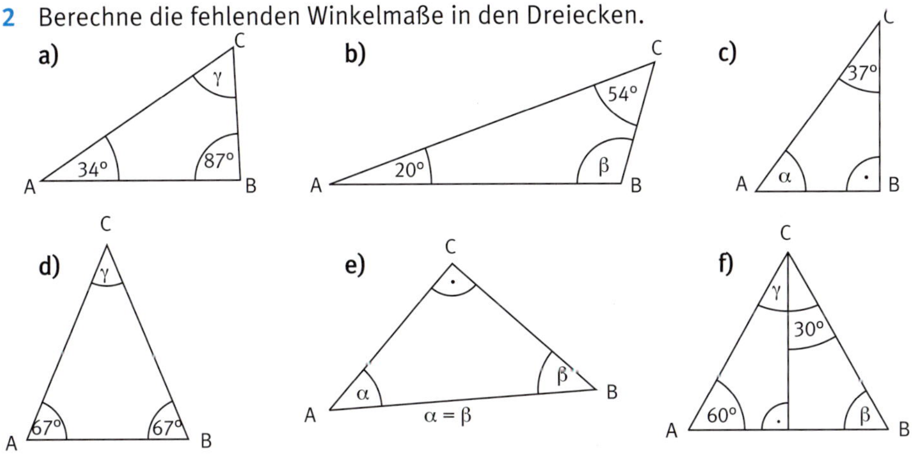

3 Bei welchen Dreiecken wurden die Winkel wohl falsch gemessen? Begründe.

	a)	b)	c)	d)	e)	f)	g)	h)	i)
α	30°	25°	112°	90°	90°	48°	65°	62°	36°
β	70°	75°	90°	90°	80°	56°	65°	57°	102°
γ	80°	100°	22°	10°	10°	76°	65°	63°	42°

4 Sind folgende Aussagen richtig oder falsch? Begründe. Verwende gegebenenfalls eine Zeichnung. Es gibt ein Dreieck mit ...

a) zwei spitzen Winkeln.
b) einem überstumpfen Winkel.
c) zwei rechten Winkeln.
d) einem gestreckten Winkel.
e) einem stumpfen Winkel.
f) zwei stumpfen Winkeln.

5 Der Außenwinkel δ des Winkels α ist in der Zeichnung rot gekennzeichnet. Begründe, dass folgende Beziehung gilt:
$\delta = \beta + \gamma$

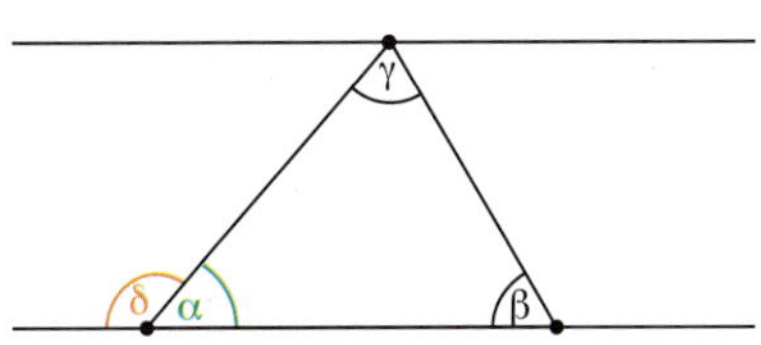

6 Berechne die fehlenden Winkelmaße in der Abbildung. Gib an, welche Winkelpaare gleich sind und begründe.

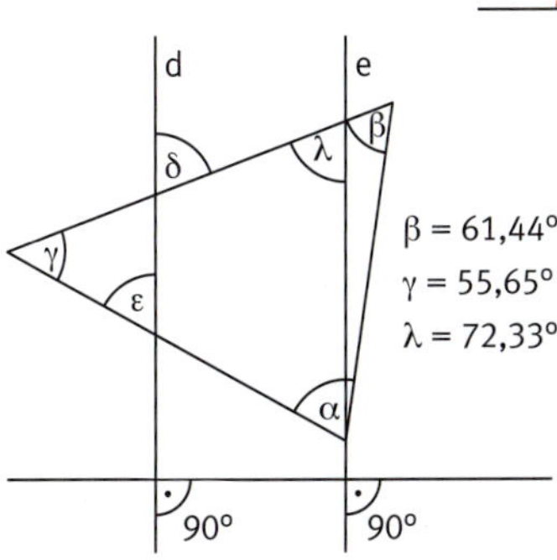

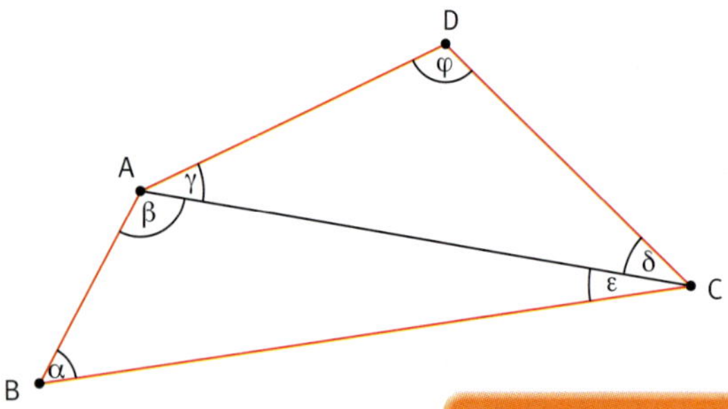

In der nebenstehenden Zeichnung siehst du ein Viereck ABCD, das in zwei Teildreiecke zerlegt ist.

- Bestimme die Größen des Winkels des Dreiecks ACD im Punkt D sowie die der Winkel des Vierecks ABCD in den Punkten A und C.
- Addiere nun alle Winkelmaße des Vierecks ABCD. Was stellst du fest?
- Kann man jedes Viereck in zwei Teildreiecke zerlegen? Begründe.

Merkwissen

In jedem **Viereck** beträgt die **Summe der Innenwinkelmaße** stets **360°**:
$\alpha + \beta + \gamma + \delta = 360°$

Begründung:
Jedes Viereck lässt sich in zwei Teildreiecke zerlegen, deren Winkelsumme jeweils 180° ergibt.

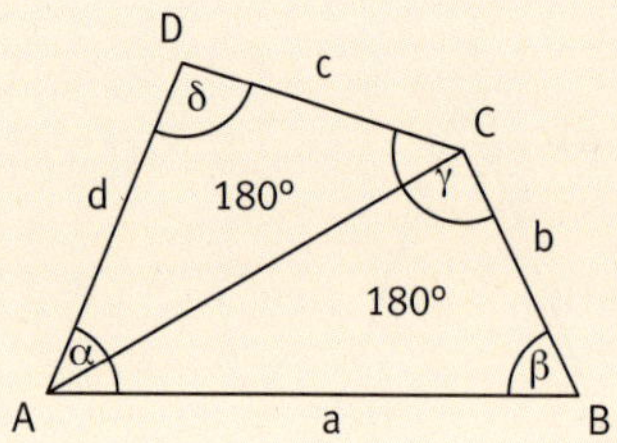

Beispiele

I Bestimme die Maße der gesuchten, rot markierten Winkel.

Lösung:
Zuerst wird der Nebenwinkel β bestimmt.
$\beta = 180° - 104° = 76°$
$\delta = 360° - 90° - 76° - 59° = 135°$

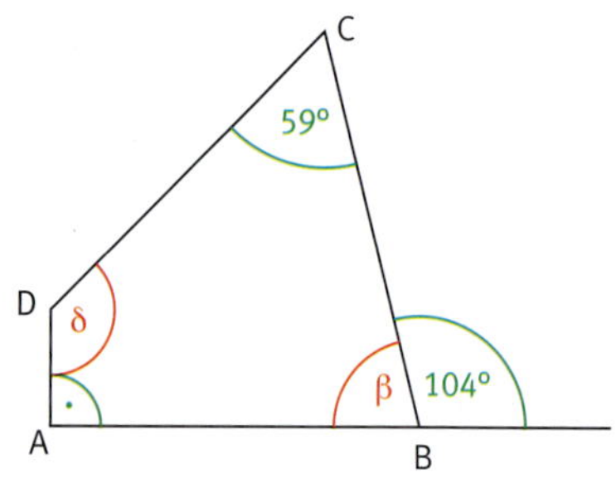

Verständnis

- Kann ein Viereck drei stumpfe Winkel haben? Begründe.
- Ein Viereck mit zwei rechten Winkeln hat immer zwei parallele Seiten. Richtig? Begründe deine Antwort.
- Beschreibe wie man die Winkelsumme in einem beliebigen Vieleck mit n Ecken bestimmen kann.

Aufgaben

Ist ein Viereck immer möglich?

1 Berechne die fehlenden Winkelmaße der Vierecke ABCD.

	a)	b)	c)	d)	e)	f)	g)
α	100°	90°	60°	217°	☐	141°	☐
β	45,4°	☐	60°	☐	45°	☐	14,9°
γ	☐	112,8°	60°	4°	145°	199°	180°
δ	74°	44,4°	☐	39°	90°	20°	23°

2 Berechne die fehlenden Winkelmaße im Viereck ABCD.

a) $\gamma = 49°$; $\delta = 191°$; β ist viermal so groß wie α.

b) $\gamma = 137°$; $\delta = 100°$; α ist halb so groß wie β.

c) $\gamma = 135°$; $\delta = 140°$; α ist um 35° kleiner als β.

d) $\gamma = 21°$; $\delta = 198°$; β ist um 25° kleiner als α.

e) β ist doppelt so groß wie α; δ ist doppelt so groß wie β; γ ist dreimal so groß wie α.

3 Zeichne auf den Schulhof ein großes Viereck und bezeichne die Ecken und Winkel. Bewege dich nun folgendermaßen:

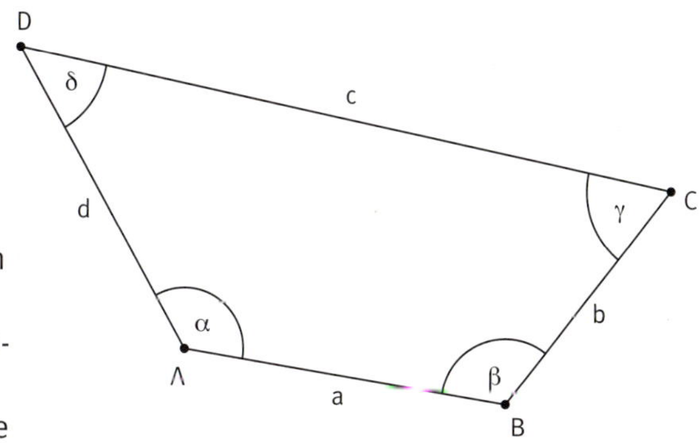

Du kannst die Aufgabe auch auf einem Blatt Papier lösen oder im Klassenzimmer

- Stelle dich auf den Punkt A. Deine Fußspitzen zeigen zum Punkt B.
- Drehe dich gegen den Uhrzeigersinn um den Winkel α.
- Laufe zum Punkt D und drehe dich gegen den Uhrzeigersinn um den Winkel δ.
- Laufe rückwärts zum Punkt C und drehe dich um den Winkel γ.
- Laufe zum Punkt B und drehe dich um den Winkel β.
- Laufe rückwärts zum Ausgangspunkt A zurück.

Wie stehst Du nun im Vergleich zum Anfang? Um welchen Winkel hast du dich auf deinem Weg gedreht?

4 Zeichne ein Fünfeck. Zerlege es in Dreiecke, indem du geeignete Eckpunkte miteinander verbindest. Die Diagonalen sollten sich nicht schneiden.

a) Wie viele Dreiecke erhältst du? Berechne die Winkelsumme im Fünfeck.

b) Verfahre wie oben mit einem Sechseck. In wie viele Dreiecke kannst du es zerlegen? Berechne die Winkelsumme im Sechseck.

c) Berechne die Winkelsumme im Siebeneck, Achteck und Neuneck.

d) Welcher Zusammenhang besteht zwischen der Anzahl der Ecken und der Anzahl der Dreiecke?

e) Stelle eine Formel auf, mit der sich die Winkelsumme im Vieleck berechnen lässt. (Ein Vieleck hat n Ecken.)

5 Zeichne ein Viereck mit vier unterschiedlich langen Seiten auf Karton, schneide es aus und benenne die Winkel wie üblich mit α, β, γ und δ. Fertige von diesem Viereck zusammen mit deinem Nachbarn insgesamt acht Kopien an und markiere die Winkel entsprechend. Versuche nun, diese kongruenten Vierecke lückenlos aneinanderzulegen. Was stellst du fest? Begründe das Phänomen.

In Fachwerkhäusern sind oftmals verschiedene Dreiecke zu erkennen.

- Beschreibe die Dreiecke anhand der vorkommenden Winkelarten.
- Beschreibe die Dreiecke, indem du sie nach der Anzahl gleich langer Seiten sortierst.
- Findest du weitere Dreiecksarten, die bei diesem Fachwerkhaus nicht vorkommen?

Winkelarten
spitzer Winkel: zwischen 0° und 90°
rechter Winkel: 90°
stumpfer Winkel: zwischen 90° und 180°
gestreckter Winkel: 180°
überstumpfer Winkel: zwischen 180° und 360°
Vollwinkel: 360°

Merkwissen

Dreiecke lassen sich anhand der darin vorkommenden Winkel unterscheiden:

spitzwinkliges Dreieck

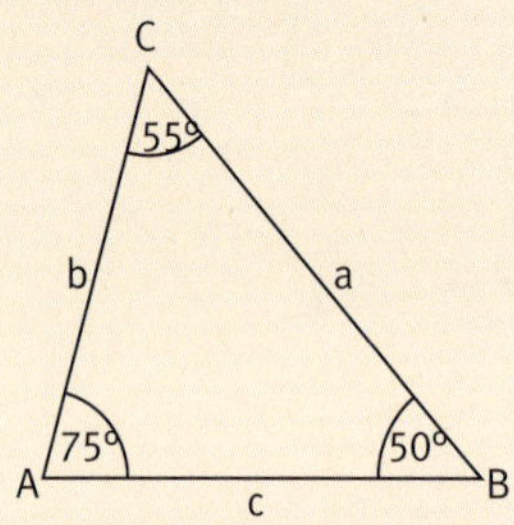

alle Winkel < 90°

rechtwinkliges Dreieck

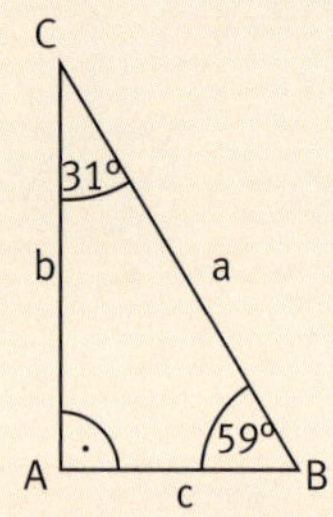

ein rechter Winkel

stumpfwinkliges Dreieck

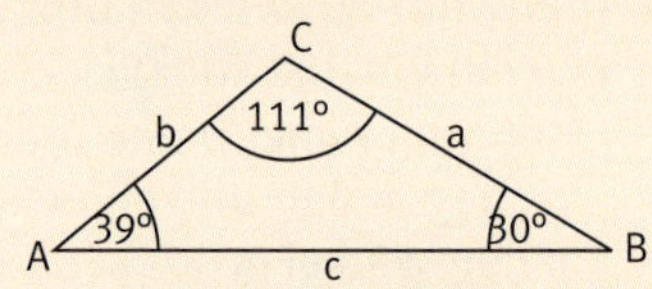

ein Winkel > 90°

Ebenso kann man Dreiecke anhand gleicher Seitenlängen beschreiben:

gleichschenkliges Dreieck

a, b = Schenkel
c = Basis

γ = Scheitelwinkel
α, β = Basiswinkel

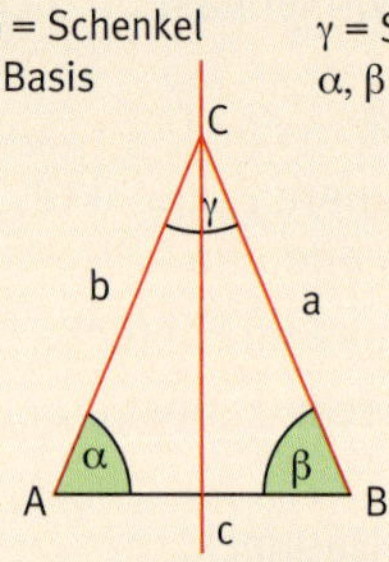

Zwei Seiten sind gleich lang.
$a = b$ (Schenkel)
$\alpha = \beta$

gleichseitiges Dreieck

Z = Symmetriezentrum

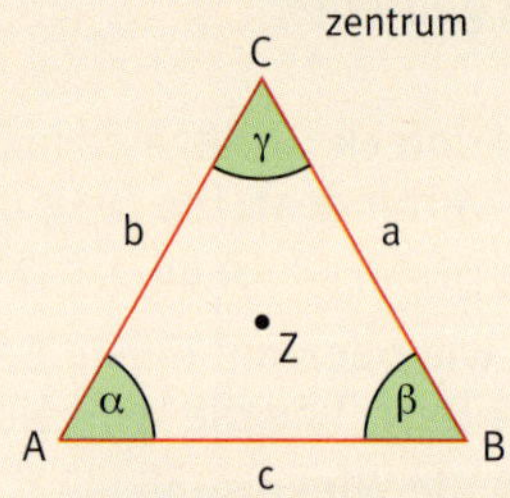

Alle Seiten sind gleich lang.
$a = b = c$
$\alpha = \beta = \gamma = 60°$

Gleichschenklige** Dreiecke sind **achsensymmetrisch.

***Gleichseitige** Dreiecke sind zusätzlich **drehsymmetrisch**.*

Beispiele

I Entscheide, ob spitzwinklige, stumpfwinklige oder rechtwinklige Dreiecke vorliegen. Überprüfe auch, ob sie gleichseitig oder gleichschenklig sind.

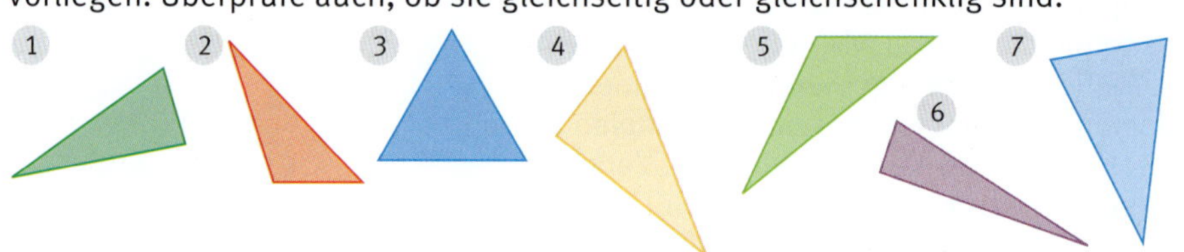

Lösung:
rechtwinklig: 1, 4 und 6 spitzwinklig: 3 und 7 stumpfwinklig: 2 und 5
gleichseitig: 3 gleichschenklig: 3 und 7

Verständnis

- Max behauptet, dass es auch rechtwinklig-gleichschenklige und stumpfwinklig-gleichseitige Dreiecke gibt. Was denkst du darüber? Begründe.
- Warum kann es kein Dreieck mit einem überstumpfen Winkel geben?

Aufgaben

1 Betrachte die Winkel. Welches Dreieck in einer Reihe passt nicht zu den anderen? Begründe deine Entscheidung.

a) 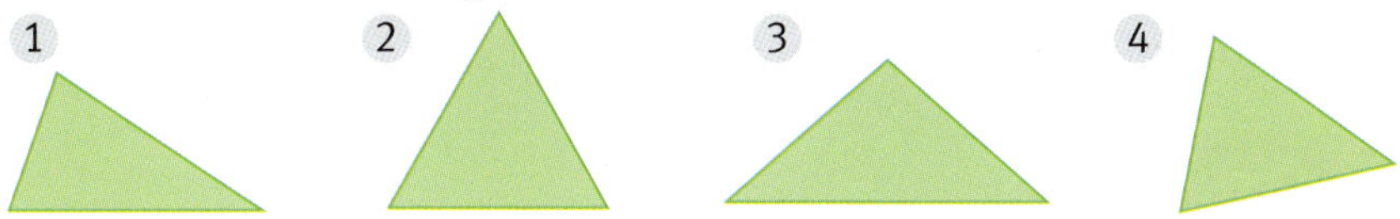

b) 

c) 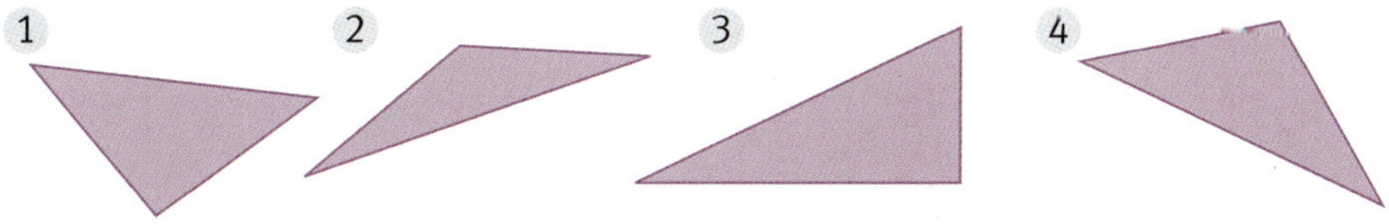

2 Suche Dreiecke in deiner Umwelt (z. B. Verkehrsschilder, Muster). Beschreibe die Dreiecke anhand ihrer Winkel und Seiten.

3 Untersuche die Winkel in einem Dreieck. Um welche Dreiecksart handelt es sich?

a) $\alpha = 35°$; $\beta = 135°$; $\gamma = 10°$ **b)** $\alpha = 40°$; $\beta = 50°$; $\gamma = 90°$

c) $\alpha = 70°$; $\beta = 40°$; $\gamma = 70°$ **d)** $\alpha = 39°$; $\beta = 78°$; $\gamma = 63°$

4 **a)** Zeichne die Figur in dein Heft. Markiere möglichst viele verschiedene Dreiecksarten in der Figur und färbe diese unterschiedlich ein.

b) Erfinde selbst ein solches Muster mit verschiedenen Dreiecksarten. Dein Tischnachbar soll deine Aufgabe ebenfalls lösen und seine Ergebnisse am Ende mit dir vergleichen.

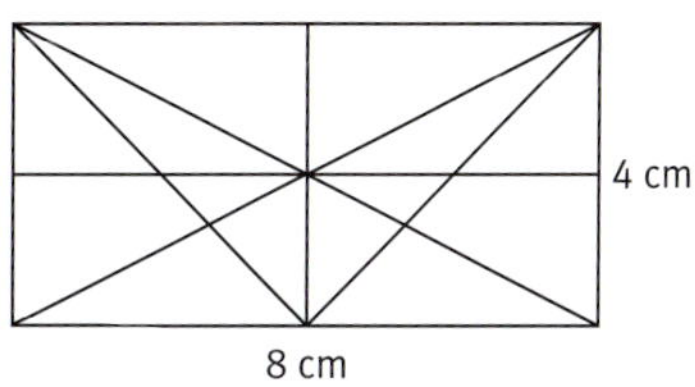

5 Trage die Punkte in ein Koordinatensystem ein (Einheit 1 cm) und verbinde sie zu einem Dreieck. Bestimme die Dreiecksart bezüglich der Winkel und Seiten.

Überlege zunächst, wie groß das Koordinatensystem sein muss.

a) A (−1 | 0); B (4 | 5); C (1 | 6) **b)** P (7 | 4); Q (13 | 3); R (11 | 8)

c) S (2 | 0); T (10 | 0); U (6 | 3) **d)** D (−3 | 0); E (2 | −4); F (0 | 0)

6 **a)** Zeichne ein gleichschenkliges und ein gleichseitiges Dreieck in dein Heft. Untersuche die Dreiecke auf alle auftretenden Symmetrien.

b) Begründe mithilfe der Symmetrien aus Teilaufgabe a):

1 Die Basiswinkel im gleichschenkligen Dreieck sind gleich groß.

2 Die Winkel im gleichseitigen Dreieck sind alle gleich groß.

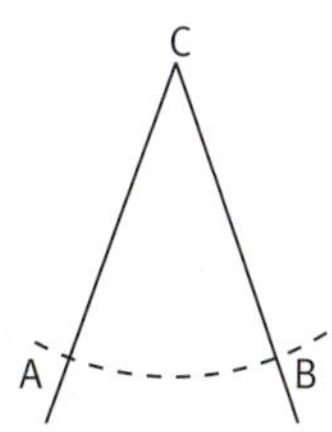

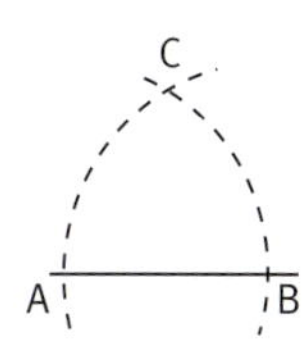

Familie Biermann möchte Nistkästen für Höhlenbrüter mit einem gleichschenkligen Dreieck als Vorderseite bauen. Im Internet finden sie zwei verschiedene Baupläne.

1 Die Länge der Schenkel soll 24 cm und die der Basis 14 cm betragen.
- Zeichne die Vorderseite (verkleinert) in dein Heft. Beschreibe dein Vorgehen.
- Vergleiche deine Lösung mit einem Partner. Sind die Dreiecke kongruent?

2 Ein zweiter Bauplan gibt lediglich die Größe der Winkel an: Basiswinkel 70°, Scheitelwinkel 40°. Frau Biermann meint: „Da gibt es doch mehrere Lösungen."
- Zeichne auch hier eine Vorderseite. Beschreibe dein Vorgehen.
- Hat Frau Biermann Recht mit ihrer Behauptung?

Schritte zur Konstruktion:

1 Die Planfigur ist eine Skizze der Figur, in der die gegebenen Größen farbig markiert sind.

2 Die Zeichnung stellt die eigentliche Umsetzung der Konstruktion dar.

3 Die Beschreibung gibt in Stichworten an, mit welchen Schritten man die Zeichnung erhalten kann.

Merkwissen

Unter einer **Konstruktion** versteht man in der Mathematik die Zeichnung von Figuren aus gegebenen Stücken mithilfe bestimmter Zeichenwerkzeuge. In der Regel sind als Konstruktionswerkzeuge nur Zirkel und Lineal zugelassen, das Geodreieck darf zum Winkelmessen benutzt werden. Eine Konstruktion besteht aus drei Schritten:

1 Planfigur 2 Zeichnung 3 Beschreibung

Für die Konstruktion von Dreiecken benötigt man drei Angaben, von denen eine eine Seitenlänge sein muss.

Dreiecke sind genau dann **kongruent** zueinander, wenn sie in der Länge ihrer drei Seiten übereinstimmen.
(Kongruenzsatz SSS)

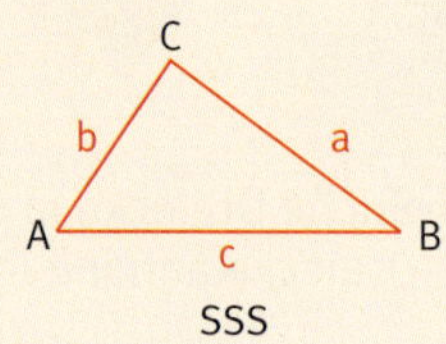

Beispiele

I Konstruiere das Dreieck ABC mit a = 3 cm; b = 4 cm und c = 3,5 cm.

Lösung:
Planfigur:

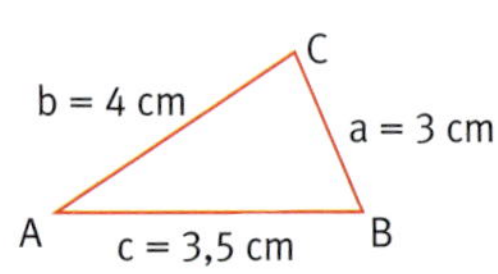

Zeichnung:

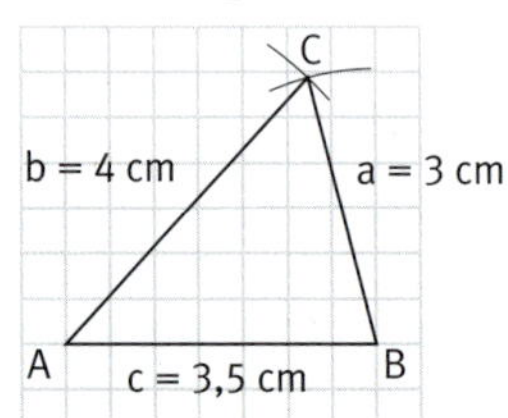

Beschreibung:
1. Zeichne die Strecke c mit den Eckpunkten A und B.
2. Zeichne einen Kreisbogen um A mit Radius b.
3. Zeichne einen Kreisbogen um B mit Radius a.
4. Die Kreise schneiden sich in C. Verbinde die Punkte A und C bzw. B und C zum Dreieck ABC.

Verständnis

- Ist die Summe der Länge zweier Seiten kleiner als die Länge der dritten Seite, ergibt die Konstruktion kein Dreieck. Ist die Aussage wahr? Begründe.

Aufgaben

1 Konstruiere das Dreieck ABC wie im Beispiel.

a) a = 4 cm; b = 3 cm; c = 5 cm **b)** a = 4,5 cm; b = 5 cm; c = 6 cm
c) a = 6 cm; b = 7 cm; c = 8 cm **d)** a = 5,1 cm; b = 3,6 cm; c = 5,8 cm
e) a = 3,5 cm; b = 6,4 cm; c = 5,7 cm **f)** a = 9 cm; b = 6 cm; c = 5 cm
g) a = 12,3 cm; b = 5,5 cm; c = 9,2 cm **h)** a = 5 cm; b = 2 cm; c = 2,5 cm

2 1 O (7 | 6); M (9 | 4); A (10 | 7) und O' (1 | 4); M' (3 | 2); A' (4 | 5)
2 U (1 | 1); L (3 | 5); F (1 | 5) und U' (5 | 3); L' (3 | –1); F' (5 | –1)
3 G (1 | 0); E (6 | 1); L (4 | 2) und G' (1 | 0); E' (2 | –2); L' (0 | –3)
4 P (–1 | 5); I (–4 | 6); N (–3 | 3) und P' (–5 | 5); I' (–6 | 2); N' (–3 | 3)

a) Zeichne die Dreiecke in ein Koordinatensystem (Einheit 1 cm). Überprüfe mithilfe des Kongruenzsatzes SSS, ob die Dreiecke kongruent zueinander sind.
b) Finde für kongruente Dreiecke aus a) eine Achsenspiegelung, Punktspiegelung, Drehung oder Verschiebung, die die Dreiecke aufeinander abbildet.

Achte auf einen geeigneten Ausschnitt des Koordinatensystems.

3 Übertrage die Spiralfigur ins Heft. Beginne mit dem kleinsten Dreieck.

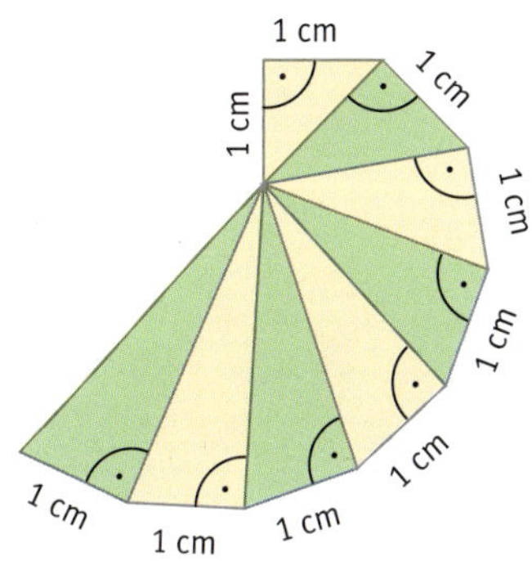

4 **a)** Konstruiere ein gleichschenkliges Dreieck ABC mit:
1 Basis c = 4,9 cm und a = 7 cm 2 Basis a = 6,3 cm und b = 4,3 cm
b) Konstruiere ein gleichseitiges Dreieck ABC mit a = 4,5 cm (a = 6,4 cm). Finde verschiedene Möglichkeiten der Konstruktion.
c) Konstruiere ein gleichseitiges Sechseck mit a = 4 cm.

5 **a)** Ein Dreieck mit a = 3 cm, b = 4 cm und c = 5 cm ist rechtwinklig. Überprüfe diese Aussage durch Konstruktion und miss nach. Welcher Winkel beträgt 90°?
b) Man erhält immer rechtwinklige Dreiecke, wenn man alle Seitenlängen aus a) verdoppelt, verdreifacht, halbiert, usw. Überprüfe dies an Beispielen.

6 Überprüfe, ob aus den gegebenen Seitenlängen ein Dreieck konstruierbar ist. Begründe deine Antwort und korrigiere gegebenenfalls die Seitenlängen, so dass ein Dreieck konstruierbar wird.

Ein Blick in den „Wissen“-Kasten hilft.

a) a = 6 cm b = 4 cm c = 9 cm **b)** a = 3 cm b = 5 cm c = 8 cm
c) a = 3 cm b = 5 cm c = 10 cm **d)** a = 4,5 cm b = 3,8 cm c = 7,9 cm

Wissen

Rund ums Dreieck

Die wichtigste mathematische Grundform ist das Dreieck, bei dem sich einige interessante Zusammenhänge beobachten lassen:

- Zeichne fünf beliebige Dreiecke in dein Heft und miss bei jedem Dreieck alle Seitenlängen und Winkel.
  1 Ordne die Seitenlängen und die Winkel der Größe nach. Welcher Winkel liegt jeweils der längsten Seite gegenüber? Formuliere eine Regel.
  2 Vergleiche die Summe der beiden kürzeren Dreiecksseiten mit der längeren Dreiecksseite. Was stellst du fest?
  Diesen Zusammenhang nennt man übrigens **Dreiecksungleichung**.
  $a + b > c$ $a + c > b$ $b + c > a$
- Kann es aufgrund dieser Überlegung Dreiecke mit den folgenden Seitenlängen geben?
  1 2 cm; 3 cm; 6 cm 2 2 cm; 3 cm; 4 cm 3 6 cm; 9 cm; 2 cm

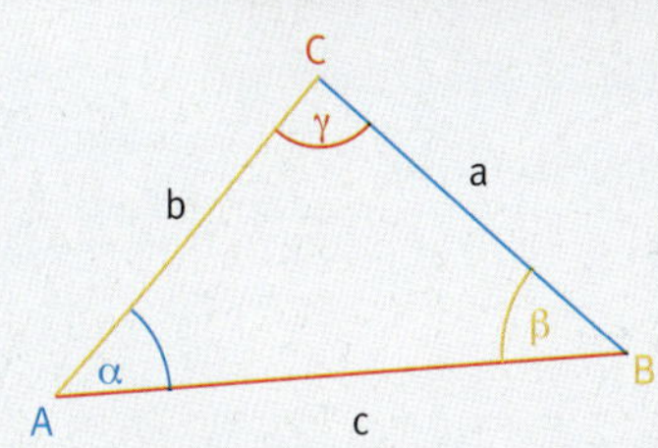

Sicherlich hast du schon öfter Menschen gesehen, die mit verschiedenen Geräten und langen Stangen am Straßenrand stehen. Das sind (meist) Vermessungstechniker, die Daten sammeln und auswerten, wenn beispielsweise Straßen gebaut oder Landkarten erstellt werden sollen. Das Prinzip der Landvermessung lässt sich auch mit Mitteln durchführen, wie sie bereits seit Jahrhunderten genutzt werden.

- Mit der Mathematik kann man Strecken und Entfernungen zwischen zwei Punkten im Gelände bestimmen, ohne die Strecken direkt abzumessen. Das klappt selbst dann, wenn die beiden Punkte nicht zugänglich sind. Bestimme zeichnerisch die Länge des Teichs zwischen A und C. Zeichne im Maßstab 1 : 100. Erkläre dein Vorgehen.

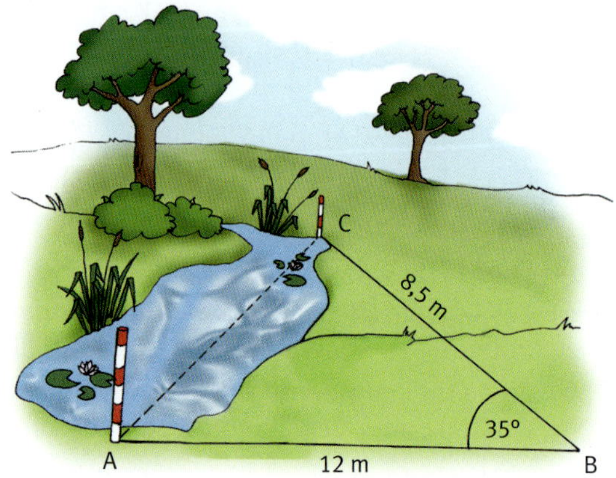

Merkwissen

Dreiecke sind genau dann kongruent zueinander, wenn sie in der Länge zweier Seiten und der Größe des eingeschlossenen Winkels übereinstimmen.
(Kongruenzsatz SWS)

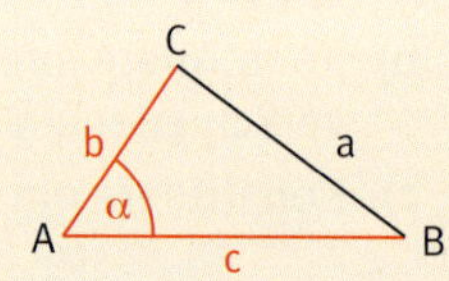

SWS

Beispiele

I Konstruiere das Dreieck ABC mit a = 4 cm; c = 5 cm und $\beta = 40°$.

Lösung:

Planfigur (SWS):

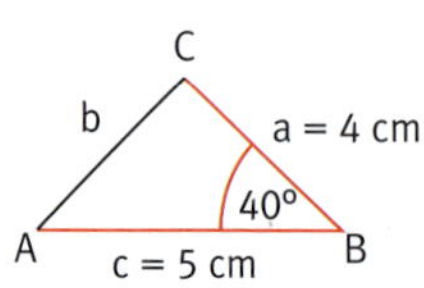

Zeichnung:

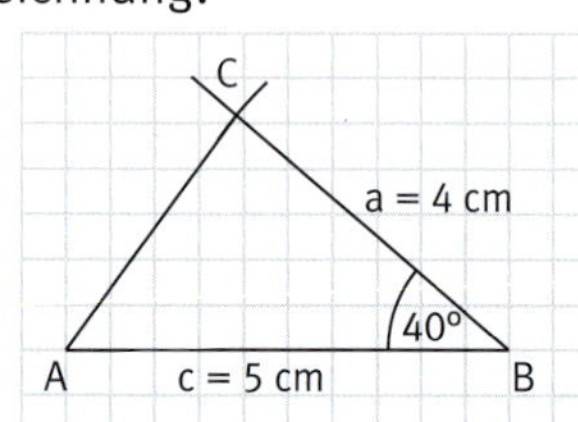

Beschreibung:
1. Zeichne die Strecke c mit den Eckpunkten A und B.
2. Trage in B den Winkel β an.
3. Miss die Länge des Schenkels in B ab und beschrifte den Punkt mit C.
4. Verbinde die Punkte A und C.

Verständnis

- Richtig oder falsch? Man kann ein Dreieck mit dem Kongruenzsatz SWS konstruieren, wenn man zwei beliebige Strecken und einen Winkel im Dreieck kennt.
- Im Dreicke ABC schließen die Seiten a und b den Winkel γ ein.

1 Konstruiere das Dreieck ABC wie im Beispiel.

a) $a = 5$ cm; $c = 4$ cm; $\beta = 40°$
b) $a = 6$ cm; $c = 3{,}5$ cm; $\beta = 60°$
c) $b = 3{,}5$ cm; $c = 3$ cm; $\alpha = 55°$
d) $a = 7$ cm; $b = 4{,}5$ cm; $\gamma = 70°$
e) $b = 3{,}9$ cm; $c = 7{,}3$ cm; $\alpha = 36°$
f) $a = 5{,}2$ cm; $b = 6{,}6$ cm; $\gamma = 48°$
g) $c = 3{,}5$ cm; $a = 4{,}5$ cm; $\beta = 110°$
h) $b = 4{,}3$ cm; $c = 5{,}6$ cm; $\alpha = 53°$

2 Konstruiere drei rechtwinklige Dreiecke, die nicht zueinander kongruent sind. Miss alle Seiten der Dreiecke. Welche Seite ist in jedem Dreieck die längste? Formuliere deine Entdeckung als Satz.

3 Konstruiere ein rechtwinkliges Dreieck mit ...

a) $a= 3{,}8$ cm, $b=4{,}9$ cm der rechte Winkel liegt gegenüber der Seite $\overline{AB}$.
b) $a=4{,}5$ cm, $c= 6{,}3$cm der rechte Winkel liegt gegenüber der Seite $\overline{AC}$.
c) $c = 5{,}4$ cm, $b = 6{,}3$ cm. Der rechte Winkel liegt gegenüber der Seite $\overline{BC}$.

4 Konstruiere ein gleichschenkliges Dreieck mit ...

a) $a =4{,}5$ cm; $\gamma = 55°$ und Basis $\overline{AB}$
b) $c= 7{,}2$ cm; $\beta =90°$ und Basis $\overline{AC}$
c) $\alpha = 110°$, $b = 4{,}2$ cm und Basis $\overline{BC}$.
d) $\gamma = 40°$; $a = 3{,}5$ cm und Basis $\overline{AB}$

5 Durch einen Berg soll ein geradliniger Tunnel gebaut werden. Die Stellen, an denen die Eingangsportale des Tunnels geplant sind, sind von einem Punkt P aus unter einem Winkel von 42° sichtbar und von diesem Punkt 1200 m bzw. 1500 m entfernt. Bestimme die Länge des Tunnels aus einer Zeichnung im Maßstab 1 : 20 000.

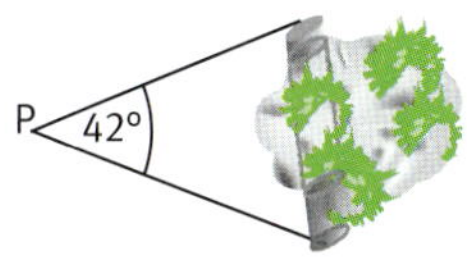

6 Der Messeturm in Frankfurt ist mit fast 257 m Höhe eines der höchsten Gebäude in Deutschland.

a) Unter welchem Winkel sieht ein Beobachter ungefähr die Turmspitze, wenn er etwa 80 m vom Turm entfernt steht? Löse mit einer Zeichnung und vernachlässige die Augenhöhe.
b) Wie weit steht ein Beobachter vom Turm entfernt, wenn er dessen Spitze unter einem Winkel von 80° sieht?

Einen Winkel, unter dem man etwas oberhalb der Sichtlinie beobachtet, nennt man auch Höhenwinkel. Entsprechend heißt ein Winkel unterhalb der Sichtlinie Tiefenwinkel.

Wissen

Kathedrale Notre-Dame in Paris

Vor der Kathedrale Notre-Dame in Paris ist im Boden eine Messingplatte eingelassen, auf der die Insel „Île de la Cité“ als symbolisches Zentrum von Frankreich ausgewiesen ist.
Von diesem Nullkilometer wurden in der Vergangenheit alle Entfernungen gemessen. Bordeaux liegt Luftlinie 500 km von diesem Punkt entfernt, Lyon 390 km. Der Winkel zwischen den beiden Luftlinien beträgt 52°.
Wie weit ist Bordeaux von Lyon entfernt?

Um für Flugzeuge nachts die Wolkenhöhe zu bestimmen, strahlte man früher von der Erde aus die Wolkendecke mit einem Scheinwerfer S an. Von einem Punkt B aus wird der Lichtfleck an der Wolkenunterseite von einem Beobachter angepeilt.

- Begründe, warum sich durch dieses Vorgehen die Wolkenhöhe bestimmen lässt.
- Wie hoch ist die Wolkendecke über der Erde, wenn der Beobachter 7 km vom Scheinwerfer entfernt ist und einen Winkel $\alpha = 29°$ ($\alpha = 35°$) beobachtet? Konstruiere (1 km ≙ 1 cm).

Merkwissen

Dreiecke sind genau dann kongruent zueinander, wenn sie in der Länge einer Seite und der Größe der beiden anliegenden Winkel übereinstimmen.
(Kongruenzsatz WSW)

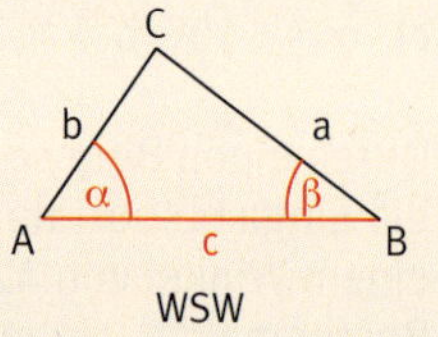

Beispiele

I Konstruiere das Dreieck ABC mit $b = 3$ cm; $\alpha = 90°$ und $\gamma = 30°$.

Lösung:
Planfigur (WSW):

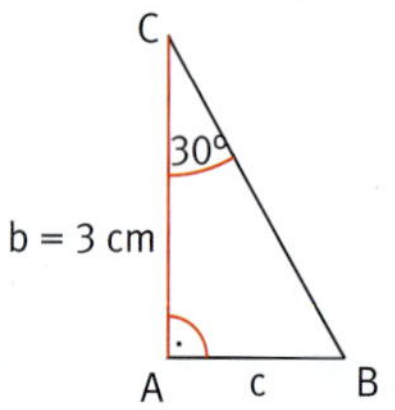

Zeichnung:

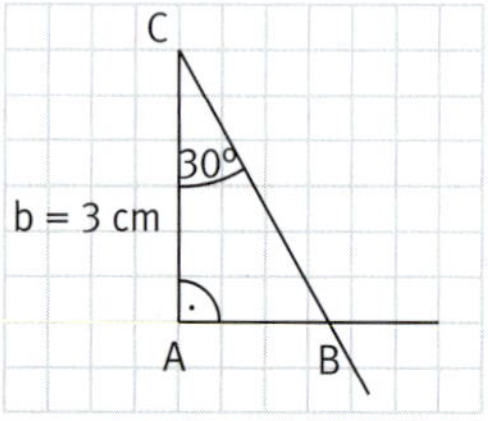

Beschreibung:
1. Zeichne die Strecke b mit den Eckpunkten A und C.
2. Trage in A den Winkel α an.
3. Trage in C den Winkel γ an.
4. Der Schnittpunkt der freien Schenkel von α und γ ergibt B.

Verständnis

- Leon behauptet, dass man ein Dreieck auch dann eindeutig konstruieren kann, wenn alle drei Winkel gegeben sind. Stimmt das? Begründe.

1 Konstruiere das Dreieck ABC wie in Beispiel I.

a) b = 4 cm; $\alpha = 80°$; $\gamma = 40°$
b) b = 6,5 cm; $\alpha = 45°$; $\gamma = 65°$
c) c = 8 cm; $\alpha = 40°$; $\beta = 55°$
d) a = 4,2 cm; $\beta = 63°$; $\gamma = 68°$
e) c = 5,4 cm; $\alpha = 44°$; $\beta = 72°$
f) b = 7cm; $\alpha = 57°$; $\gamma = 42°$
g) a = 4,5 cm; $\gamma = 110°$; $\beta = 25°$
h) c = 4,3 cm; $\gamma = 54°$; $\beta = 94°$

2 Finde einen Punkt C' so, dass die Dreiecke ABC und A'B'C' kongruent sind.

a) A (2|2); B (6|4); C (1|4) und A' (8|1); B' (12|3); C' (▢|▢)
b) A (4|5); B (6|7); C (2|7) und A' (7|1); B' (9|3); C' (▢|▢)
c) A (–1|–2); B (3|0); C (–1|2) und A' (3|7); B' (1|3); C' (▢|▢)
d) A (1|4); B (5|0); C (7|2) und A' (1|1); B' (–3|5); C' (▢|▢)

3 Zeichne auf unliniertem Papier jeweils die beiden Dreiecke ABC und DEF und untersuche sie auf Kongruenz. Nenne den zugehörigen Kongruenzsatz.

a) c = 4,5 cm; $\beta = 50°$; $\gamma = 45°$ und f = 4,5 cm; $\delta = 50°$; $\varepsilon = 85°$
b) b = 6 cm; c = 5 cm; $\beta = 85°$ und d = 5 cm; f = 6 cm; $\varphi = 85°$
c) c = 7 cm; $\alpha = 60°$; $\beta = 35°$ und f = 5,5 cm; $\delta = 60°$ und $\varepsilon = 35°$

Weitere griechische Buchstaben: delta δ, Epsilon ε, Phi φ Diese Buchstaben entsprechen d, e und f in unserem Alphabet.

4 Von einer geraden Straße s aus soll eine möglichst kurze Stichstraße zu einem Fernsehturm gebaut werden.

a) Bestimme die Länge dieser Straße anhand einer maßstäblichen Zeichnung.
b) Wie hoch ist der Fernsehturm, wenn er unter dem Sichtwinkel von 55° erscheint? Der Beobachter ist 80 m entfernt. Die Körpergröße kann vernachlässigt werden.

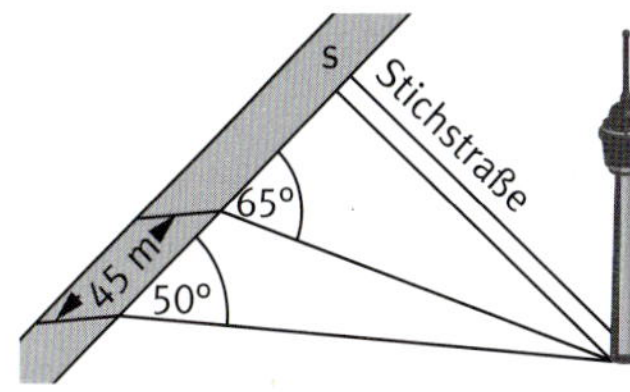

Landvermessung

Material

Winkelmesser (Schultheodolit, Blatt mit Winkelkreis), Fluchtstäbe, Maßband, Stifte, Nägel

Mess- und Bestimmungsvorgang

Um die Entfernung zwischen zwei Bäumen (Kirschbaum K, Nussbaum N) zu bestimmen, wählt man eine Standlinie und markiert deren Endpunkte A und B mit zwei Fluchtstangen.

Anschließend misst man die Länge dieser Standlinie $\overline{AB}$.

Mit dem Theodoliten oder einer Winkelscheibe misst man dann von A aus die beiden Winkel α und δ, von B aus β und γ.

Nun kann man mithilfe des Kongruenzsatzes WSW die Dreiecke ABK und ABN konstruieren.

Die Länge der Strecke $\overline{NK}$ kann man auf dem Papier ausmessen und mithilfe des gewählten Maßstabs den Abstand der beiden Bäume in Wirklichkeit bestimmen.

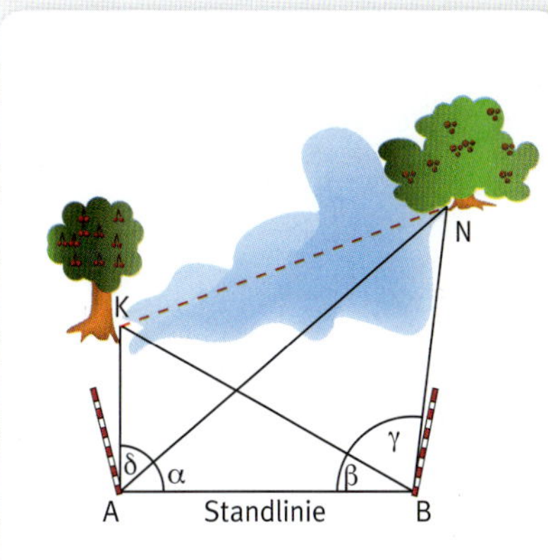

- Bestimme den Abstand der beiden Bäume für folgende gemessene Größen:
  $\alpha = 49°$; $\delta = 63°$; $\beta = 41°$; $\gamma = 59°$; $\overline{AB} = 55$ m
  Wähle einen passenden Maßstab und löse die Aufgabe zeichnerisch.
- Ermittele mit dieser Methode auch andere Längen und Entfernungen in deiner Umgebung.

Bezeichnungen im Viereck:

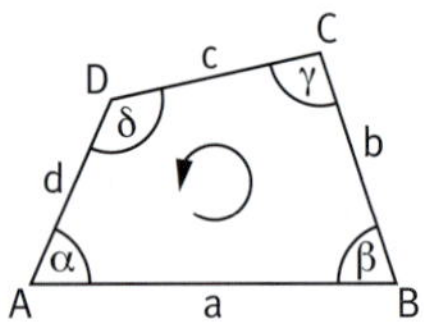

Bei Dreiecken haben wir festgestellt, dass drei Bestimmungsstücke ausreichen können, um ein Dreieck eindeutig festzulegen. Wie sieht es bei einem Viereck aus?
Gegeben sind folgende Größen:
$a = 5$ cm; $b = 1{,}8$ cm; $d = 4$ cm; $\alpha = 40°$

- Konstruiere das Viereck. Beginne mit dem Teildreieck ABD. Was stellst du fest?
- Wie viele mögliche Vierecke erhältst du?

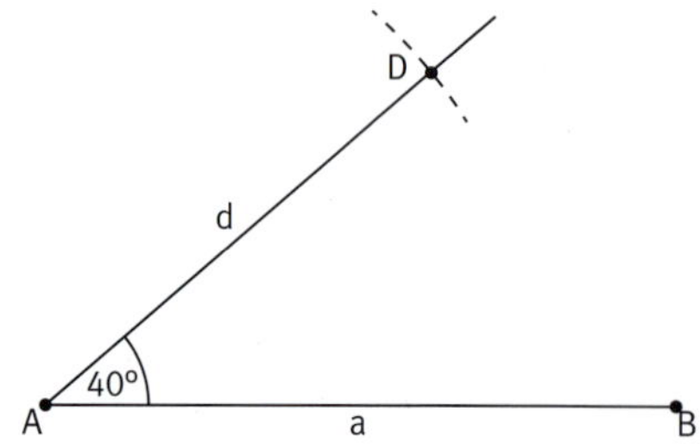

Merkwissen

Verbindet man vier Punkte zu einem Viereck, das keine besondere Symmetrie aufweist, dann spricht man von einem **allgemeinen Viereck.**
Die Verbindungsstrecken nicht benachbarter Ecken nennt man **Diagonalen.** Ihre Längen (und oft auch sie selbst) werden mit e und f bezeichnet.

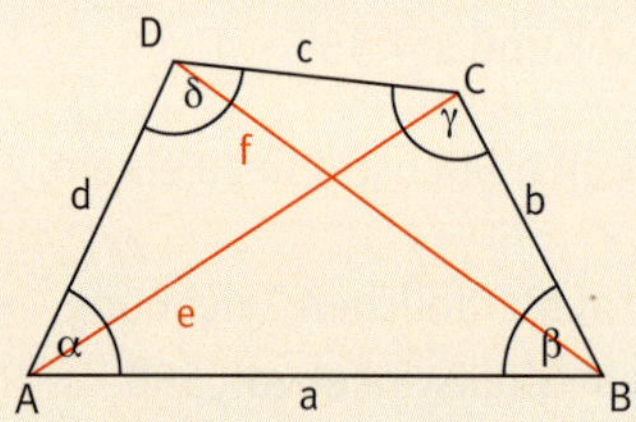

Im Viereck werden die Seiten entgegen dem Uhrzeigersinn bezeichnet, dabei liegt die Seite a am Eckpunkt A an, b an Punkt B, …
Der Winkel α liegt am Eckpunkt A an, β an B, …

In den Vierecken die wir betrachten, verlaufen die Diagonalen im Innern des Vierecks.

Beispiele

I Konstruiere das Viereck ABCD mit $a = 5$ cm, $c = 3{,}5$ cm, $d = 2$ cm, $f = 6$ cm und $\beta = 45°$.

Lösung:
Planfigur:

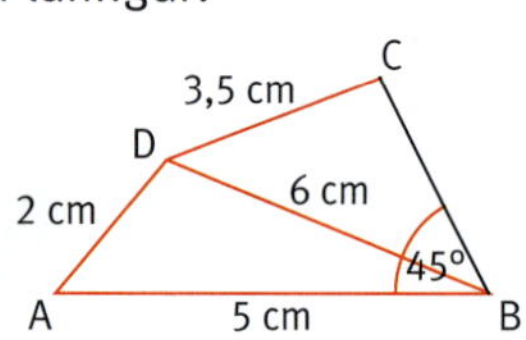

An der Planfigur kann man erkennen: Das Teildreieck ABD lässt sich mit dem Kongruenzsatz SSS konstruieren.

Zeichnung:

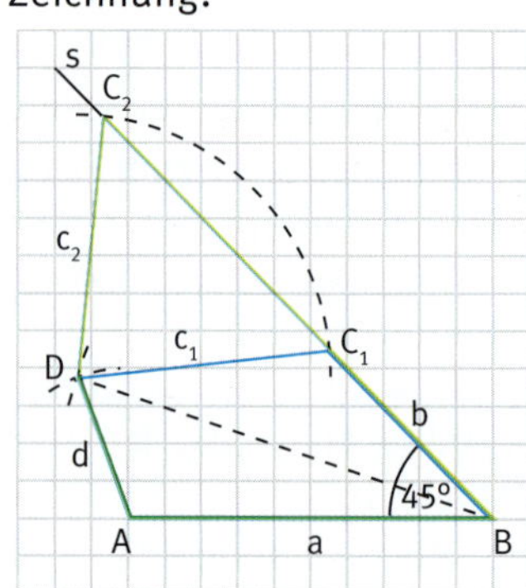

Konstruktion eines Vierecks:
1 Konstruktion eines Teildreiecks aus drei der fünf gegebenen Größen
2 Konstruktion der vierten Ecke (bzw. des zweiten Teildreiecks) aus den verbliebenen Größen

Beschreibung:
1. Konstruiere das Dreieck ABD nach dem Kongruenzsatz SSS.
2. Trage in B den Winkel β an $\overline{AB}$ an. Du erhältst den freien Schenkel s.
3. Zeichne einen Kreis um D mit Radius c.
4. Der Schnittpunkt der Kreislinie und s ergibt C_1 bzw. C_2.

Es gibt bei der Konstruktion zwei nicht kongruente Lösungen: ABC_1D und ABC_2D.

Verständnis

- Begründe durch die Zerlegung in Dreiecke, warum für die Festlegung eines Vierecks mindestens fünf Bestimmungsstücke notwendig sind.
- Finde ein Beispiel, bei dem fünf Bestimmungsstücke nicht ausreichen, um das Viereck eindeutig zu konstruieren.

Aufgaben

Übertrage die Zeichnung gegebenenfalls mehrmals in dein Heft.

1 Auf wie viele Arten lassen sich vier der fünf Punkte zu einem Viereck verbinden?

a)

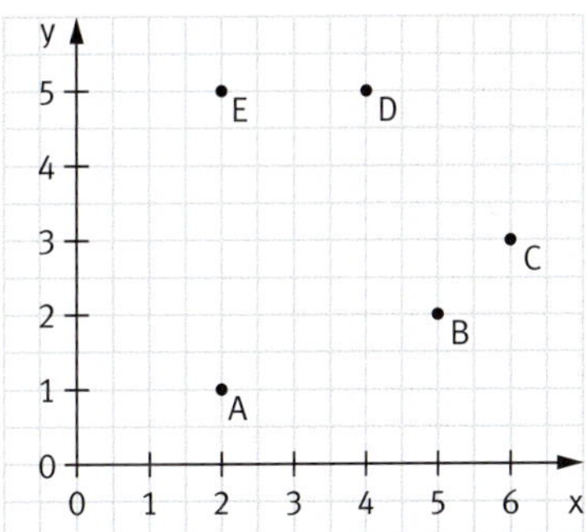

b)

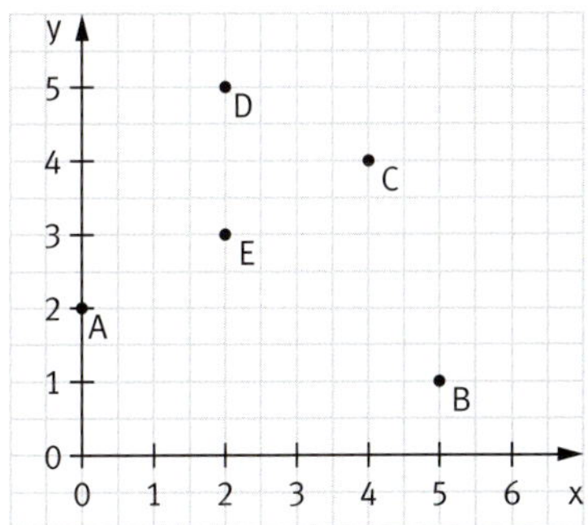

2 Konstruiere ein Viereck ABCD (Planfigur, Zeichnung, Beschreibung) wie im Beispiel. Gibt es mehrere nicht kongruente Lösungen, so sind diese einzuzeichnen.

a) $a = 4{,}5$ cm; $b = 3$ cm; $d = 3$ cm; $f = 5$ cm; $\delta = 80°$

b) $a = 6$ cm; $b = 2{,}5$ cm; $d = 4{,}5$ cm; $\beta = 110°$; $\gamma = 80°$

c) $b = 7$ cm; $d = 3{,}6$ cm; $e = 7{,}2$ cm; $f = 9{,}2$ cm; $\alpha = 75°$

d) $a = 5{,}4$ cm; $b = 6$ cm; $\alpha = 95°$; $\beta = 70°$; $\gamma = 75°$

e) $a = 6$ cm; $b = 6{,}5$ cm; $c = 8{,}5$ cm; $e = 9$ cm; $f = 8$ cm

3 Vom Viereck CARO sind die Punkte C $(-3|-2)$, A $(4|-2)$ und R $(4|4)$ bekannt. O liegt auf dem Umkreis des Dreiecks CAR und ist 6 cm von C entfernt. Konstruiere das Viereck CARO und bestimme die Koordinaten von O. Was für ein Viereck erhältst du?

4 Gegeben sind die Gerade g = PQ mit P $(-4|6)$ und Q $(8|3)$ sowie die Strecke [AB] mit A $(-3|-4)$ und B $(4|-1)$. Für die Vierecke ABC_nD_n gelten die folgenden Bedingungen:

(1) $C_n \in g$ (2) $D_n(-3|y_D)$ mit $y_D > -4$

a) Zeichne ein Viereck ABC_1D_1 in ein Koordinatensystem.

b) Unter den Vierecken gibt es ein Parallelogramm ABC_2D_2. Zeichne es ein und gib die Koordinaten von C_2 und D_2 an.

c) Gibt es ein Viereck ABC_3D_3 mit drei Seiten der Länge $\overline{AB}$? Wie viele findest du?

5 a) Begründe mithilfe der Zerlegung in Teildreiecke: Die Summe der Innenwinkelmaße in einem Viereck beträgt 360°.

b) Berechne die fehlenden Winkelmaße im Viereck ABCD.

(1) $\alpha = 52°$; $\beta = 104°$; $\gamma = 85°$ (2) $\beta = 4\alpha$; $\gamma = 3\alpha$; $\delta = \alpha$

6 Von einem Viereck sind bekannt: $\alpha = 50°$; $\beta = 100°$; $\gamma = 85°$ und $e = 9$ cm. Konstruiere das Viereck. Zeichne zunächst irgendein Viereck, in dem nur die Winkel übereinstimmen.

Folgende Vierecke kennst du schon aus der 6. Klasse:

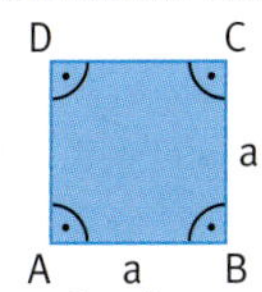

Quadrat

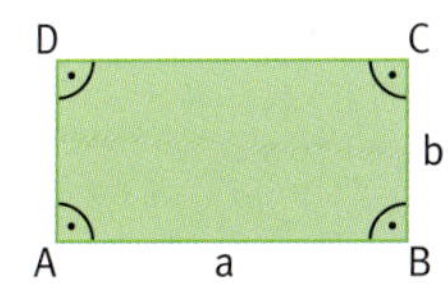

Rechteck

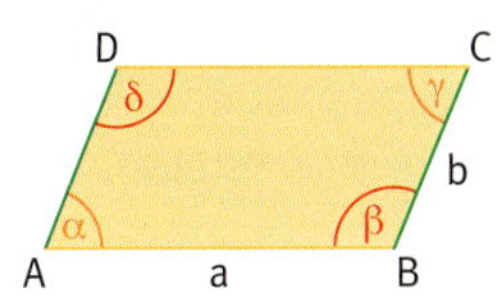

Parallelogramm

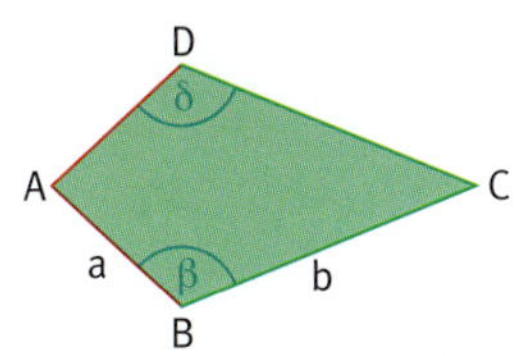

Drachenviereck

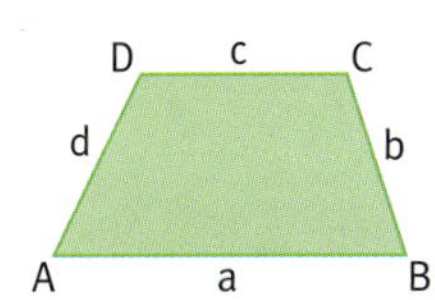

Trapez

Am besten nimmst du Origami-Papier. Alternativ kannst du auch ein DIN-A4-Blatt vorher quadratisch zurecht schneiden.

Die Grafiken zeigen drei Faltanleitungen für Vierecke. Falte die Vierecke.

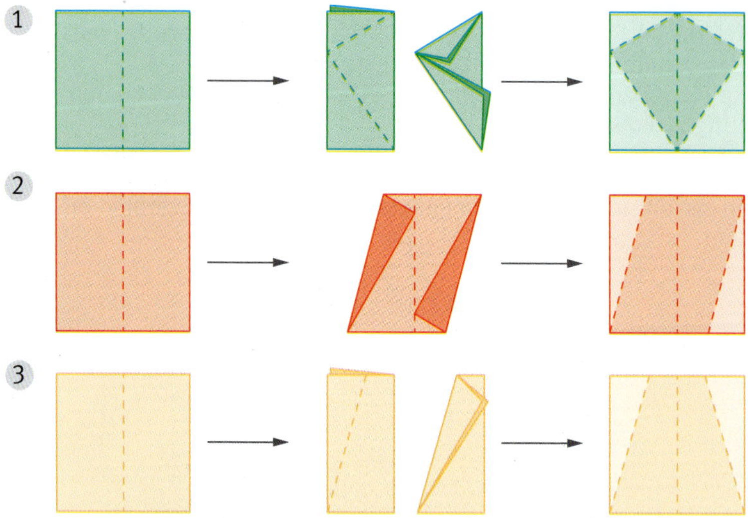

- Welche Symmetrien (Eigenschaften) hat das gefaltete Viereck jeweils?
- Kannst du noch weitere Vierecke (z. B. eine Raute) falten?

Merkwissen

Vierecke lassen sich anhand ihrer Symmetrie unterscheiden.

Sonderfälle: Raute, Quadrat

Achsensymmetrische Vierecke: Diagonale als Symmetrieachse
Ein Viereck, bei dem eine Diagonale auf der Symmetrieachse liegt, bezeichnet man als **Drachenviereck** (oder kurz: Drachen). Eigenschaften:
1. Je zwei Seiten sind gleich lang: a = d; b = c
2. Die Diagonalen stehen senkrecht aufeinander. Zwei Winkel sind gleich groß.

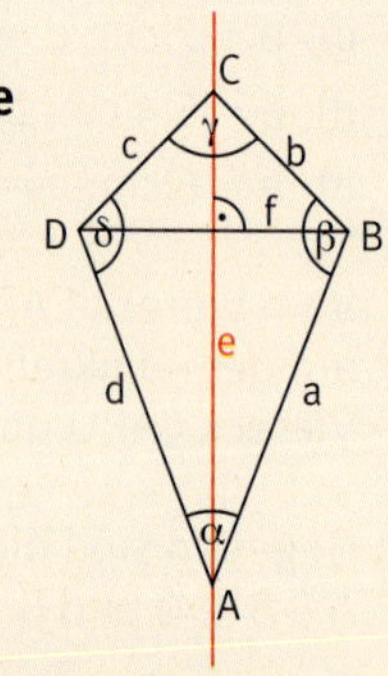

Sonderfälle: Rechteck, Quadrat

Achsensymmetrische Vierecke:
Ein Viereck, mit einer Symmetrieachse, heißt **gleichschenkliges Trapez**. Eigenschaften:
1. Die Grundlinien sind zueinander parallel: a ǁ c
2. Die Winkel an den Grundlinien sind jeweils gleich groß: $\alpha = \beta$; $\gamma = \delta$
3. Die Schenkel sind gleich lang: b = d
4. Die Diagonalen sind gleich lang: e = f

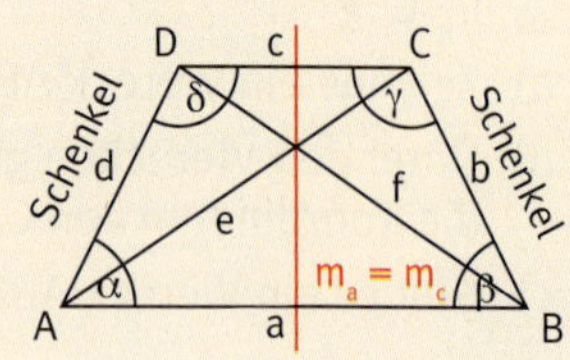

Sonderfälle: Raute, Rechteck, Quadrat

Punktsymmetrische Vierecke
Jedes punktsymmetrische Viereck ist ein **Parallelogramm** und umgekehrt. Eigenschaften:
1. Je zwei gegenüberliegende Seiten sind parallel und gleich lang: a ǁ c; b ǁ d; a = c; b = d
2. Gegenüberliegende Winkel haben das gleiche Maß: $\alpha = \gamma$; $\beta = \delta$
3. Die Diagonalen halbieren sich gegenseitig im Symmetriezentrum Z.

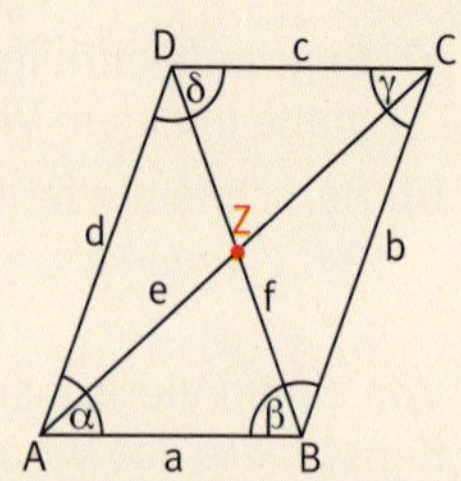

Beispiele

I Konstruiere ein gleichschenkliges Trapez mit a = 4 cm, d = 3 cm und β = 60°.

Lösung:

Planfigur:

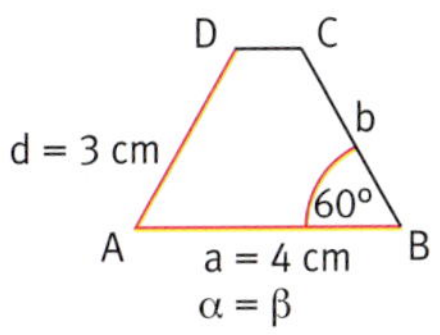

Zeichnung:

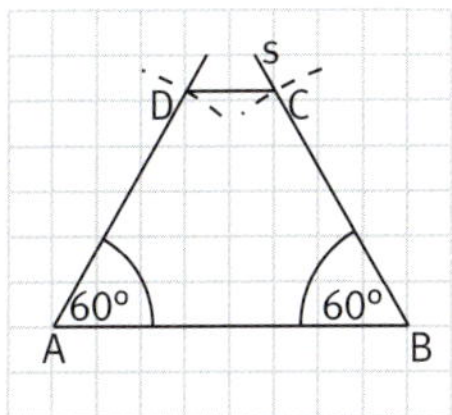

Beschreibung:
1. Konstruiere das Dreieck ABD nach SWS.
2. Trage in B den Winkel β an [AB] an; freier Schenkel s.
3. Zeichne einen Kreis um B mit Radius d.
4. Der Schnittpunkt der Kreislinie mit s ergibt den Punkt C bzw. D.

Bei symmetrischen Vierecken erhält man mit den Eigenschaften zusätzliche Bestimmungsstücke. Je nachdem, welche Bestimmungsstücke gewählt werden, kann die Konstruktion unterschiedlich durchgeführt werden.

II Konstruiere ein Parallelogramm mit a = 4 cm, d = 3 cm und β = 60°.

Lösungsmöglichkeit:

Planfigur:

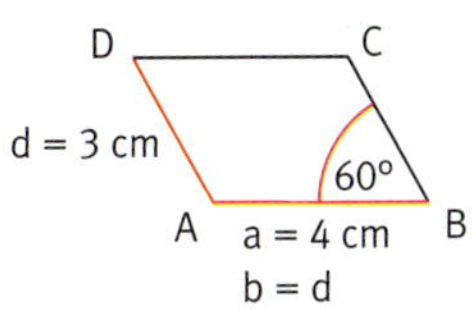

Zeichnung:

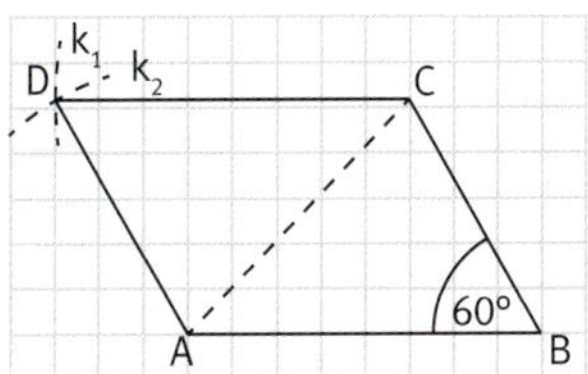

Beschreibung:
1. Konstruiere das Dreick ABC nach SWS
2. Zeichne einen Kreis k_1 um C mit Radius c.
3. Zeichne einen Kreis k_2 um A mit Radius d.
4. Der Schnittpunkt der Kreislinien ergibt den Punkt D.

Verständnis

- Begründe jeweils die Eigenschaften der achsensymmetrischen Vierecke mithilfe der Eigenschaften der Achsenspiegelung.
- Was unterscheidet ein Rechteck von einer Raute?

Aufgaben

1 Konstruiere ein Parallelogramm ABCD mit den gegebenen Größen.

a) a = 5 cm; b = 4,5 cm; α = 70° **b)** c = 6 cm; d = 3,6 cm; e = 7 cm
c) a = 6,2 cm; b = 4,5 cm; δ = 115° **d)** a = 3,5 cm; e = 4 cm; f = 5 cm

Ein Planskizze hilft. Überlege bei d), wie sich die Diagonalen im Parallelogramm schneiden.

2 Konstruiere das angegebene achsensymmetrische Viereck ABCD.

a) Drachenviereck
(1) a = 5 cm; e = 6 cm; β = 90° (2) a = 4,5 cm; e = 7 cm; γ = 60°
(3) a = 4 cm; f = 4,5 cm; γ = 120° (4) d = 5,5 cm; e = 7,6 cm; f = 6 cm

b) gleichschenkliges Trapez (a ll c)
(1) a = 5,5 cm; b = 3,5 cm; α = 75° (2) a = 9 cm; b = 5,5 cm; e = 7,3 cm
(3) b = 4,4 cm; e = 5,5 cm; α = 60° (4) b = 4 cm; c = 4 cm; e = 7 cm

Berechne, falls möglich, die fehlenden Innenwinkel.

3 An einem Bahndamm mit trapezförmigem Querschnitt wurden nebenstehende Messungen durchgeführt. Konstruiere den Querschnitt des Bahndamms in einem geeigneten Maßstab und bestimme die Länge der Dammsohle.

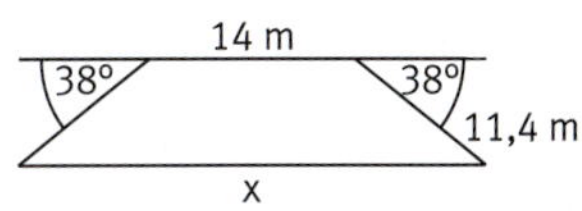

4.11 Aufgaben zur Differenzierung

Zu 4.1

1 Entscheide, welche der Figuren zueinander kongruent sind. Begründe.

a)

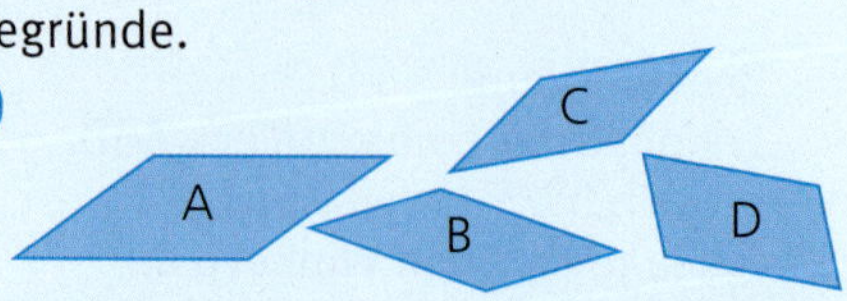

b)

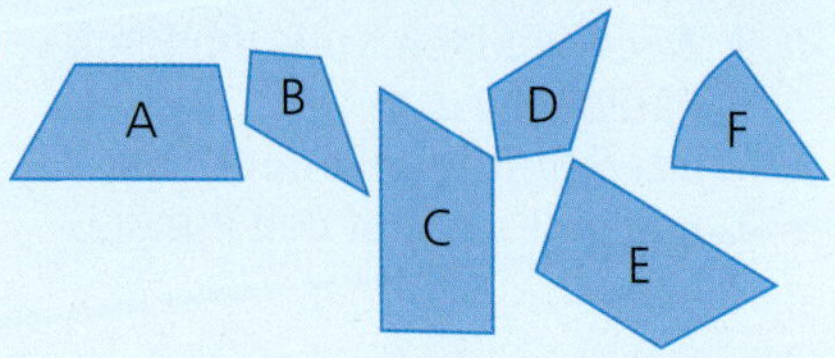

In Lauras Puzzle fehlen noch vier Teile.

a) An welchen Platz gehört jedes der Puzzleteile? Beschreibe dein Vorgehen.

b) Laura meint, dass es 24 verschiedene Reihenfolgen für das Einpassen der vier Puzzleteile gibt. Klaus sagt, es sind nur 10. Was meinst du?

Zu 4.2

2 Bestimme die fehlenden Winkelmaße.

a)

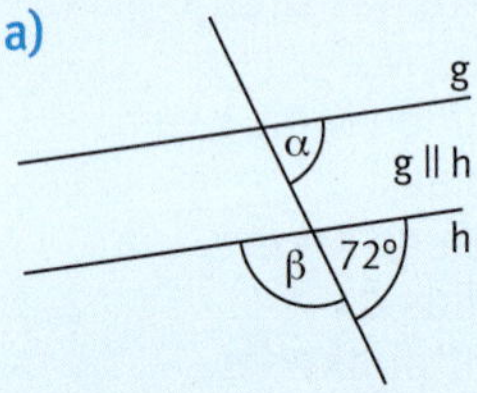

b)

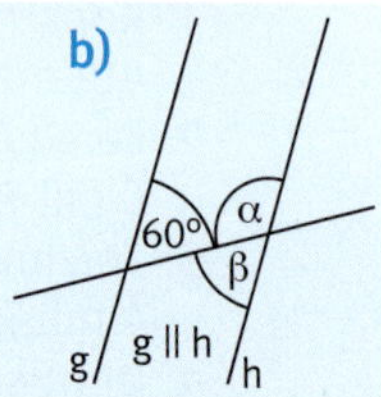

a)

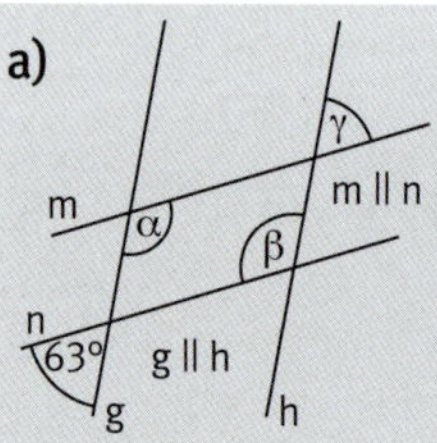

b)

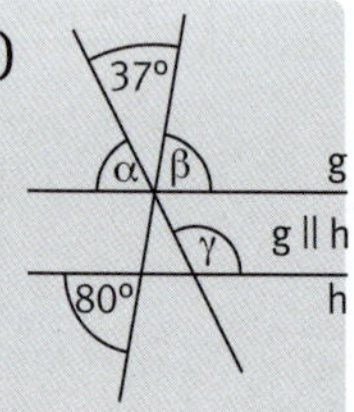

Zu 4.3

3 Sind die Aussagen für ein Dreieck ABC wahr (w) oder falsch (f)?

	w	f
Ist $\gamma = 18°$, dann muss α oder β ein stumpfer Winkel sein.	S	K
Die Innenwinkelsumme kann auch mal 185° betragen.	A	L
Ist $\alpha = 90°$, so ist auch $\beta + \gamma = 90°$.	A	R
Gilt $\alpha = 60°$, so ist das Dreieck gleichseitig.	O	R

a) Bestimme die Winkelmaße im Dreieck ABC.

1. α ist um 20° größer als β und β ist nur halb so groß wie γ.
2. γ ist doppelt so groß wie α und β ist dreimal so groß wie α.
3. γ ist die Hälfte von α und β ein Drittel von γ.

b) Erkläre, warum die folgende Aussage richtig ist:
„Ein Dreieck kann niemals zwei stumpfe Winkel haben."

Zu 4.4

4 Bestimme die Winkelsummen im ...

Viereck   Fünfeck   Achteck.   6-Eck.   16-Eck.   n-Eck.

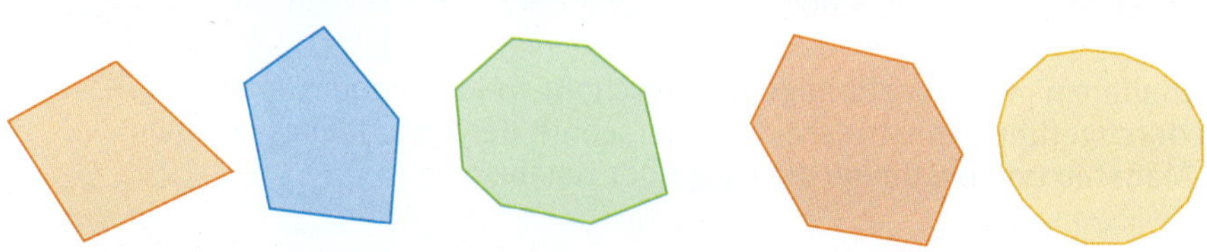

5 Bezeichne jedes Dreieck möglichst genau.

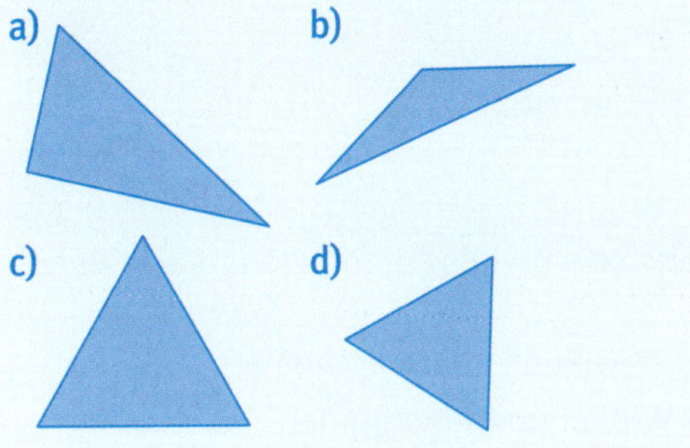

Stelle die Zusammenhänge zwischen den verschiedenen Dreiecksarten dar.

- rechtwinkliges Dreieck
- allgemeines Dreieck
- gleichschenkliges Dreieck
- spitzwinkliges Dreieck
- gleichseitiges Dreieck
- stumpfwinkliges Dreieck

Zu 4.5

6 Konstruiere das Dreieck ABC mit dem angegebenen Kongruenzsatz.

a) SSS:
1. $a = 4$ cm; $b = 3$ cm; $c = 5$ cm
2. $a = 6$ cm; $b = 7$ cm; $c = 8$ cm

b) SWS:
1. $a = 5$ cm; $c = 4$ cm; $\beta = 40°$
2. $b = 3{,}5$ cm; $c = 3$ cm; $\alpha = 55°$

c) WSW:
1. $b = 4$ cm; $\alpha = 80°$; $\gamma = 40°$
2. $c = 8$ cm; $\alpha = 40°$; $\beta = 55°$

a) SSS:
1. $a = 4{,}5$ cm; $b = 5$ cm; $c = 6$ cm
2. $a = 5$ cm; $b = 3{,}6$ cm; $c = 5{,}8$ cm

Zu 4.6

b) SWS:
1. $a = 6$ cm; $c = 3{,}5$ cm; $\beta = 60°$
2. $a = 7$ cm; $b = 4{,}5$ cm; $\gamma = 70°$

Zu 4.7

c) WSW:
1. $b = 6{,}5$ cm; $\alpha = 45°$; $\gamma = 65°$
2. $a = 4{,}2$ cm; $\beta = 63°$; $\gamma = 68°$

Zu 4.8

7 Konstruiere das Dreieck ABC (Planfigur, Zeichnung, Beschreibung). Benenne jeweils den Kongruenzsatz, den du nutzt.

a) $a = 7{,}5$ cm; $b = 6{,}5$ cm; $c = 3{,}5$ cm

b) $a = 4{,}8$ cm; $c = 8{,}2$ cm; $\beta = 90°$

c) $a = 6{,}5$ cm; $c = 4{,}8$ cm; $\alpha = 50°$

Welche Dreiecke können nicht konstruiert werden? Überprüfe und begründe.

a) $c = 5$ cm; $\alpha = 90°$; $\beta = 110°$

b) $a = 4$ cm; $\beta = 95°$; $\gamma = 85°$

c) $b = 6$ cm; $\alpha = 30°$; $\gamma = 80°$

d) $a = 8$ cm; $b = 3$ cm; $c = 4$ cm

e) $c = 5{,}5$ cm; $a = 3$ cm; $b = 4$ cm

8 Konstruiere ein Viereck ABCD.

Zu 4.9

a) $a = 6$ cm; $b = 4$ cm; $d = 3{,}5$ cm; $f = 6$ cm; $\gamma = 70°$

b) $b = 4{,}5$ cm; $d = 4$ cm; $e = 7{,}5$ cm; $f = 9$ cm; $\alpha = 65°$

a) $a = 7$ cm; $b = 5{,}5$ cm; $\alpha = 80°$; $\beta = 100°$; $\gamma = 90°$

b) $b = 4{,}5$ cm; $c = 4{,}3$ cm; $d = 3{,}1$ cm; $\beta = 60°$; $\gamma = 75°$

9 Konstruiere das angegebene Viereck ABCD.

Zu 4.10

Parallelogramm mit
1. $a = 4{,}5$ cm; $b = 2{,}8$ cm; $\alpha = 75°$
2. $a = 5$ cm; $b = 4{,}5$ cm; $\alpha = 70°$
3. $a = 6$ cm; $b = 3{,}6$ cm; $e = 7$ cm

Gleichschenkliges Trapez ($a \parallel c$) mit
1. $a = 5{,}6$ cm; $b = 3{,}8$ cm; $\beta = 55°$
2. $b = 4{,}4$ cm; $e = 5{,}5$ cm; $\alpha = 60°$
3. $b = 4$ cm; $c = 4$ cm; $e = 7$ cm

1 Welche Dreiecke sind zueinander kongruent?

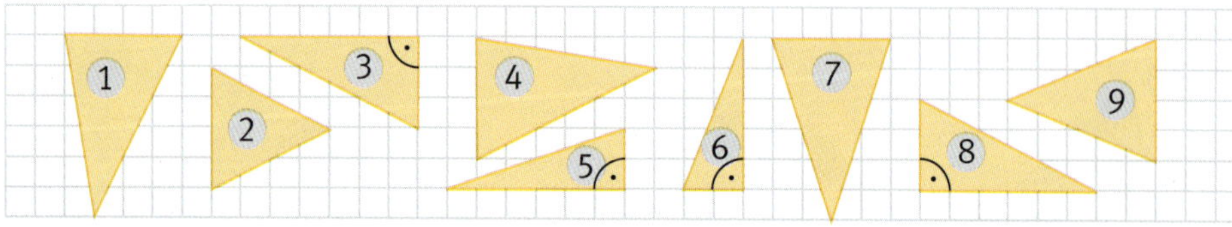

2 Wahr oder falsch? Begründe. Zwei Dreiecke sind kongruent, wenn sie in den Längen ...

a) zweier Seiten und in der Größe eines Winkels übereinstimmen.

b) einer Seite und den Größen zweier Winkel übereinstimmen.

c) zweier Seiten und den Größen aller drei Winkel übereinstimmen.

Du kannst ein Geometrieprogramm nutzen.

3 Von einem Dreieck ABC ist die Seitenlänge $c = 5$ cm und der Winkel $\alpha = 42°$ gegeben. Finde mithilfe einer Zeichnung heraus, für welche Länge(n) der Seite a du ...

a) zwei verschiedene Dreiecke erhältst.

b) genau ein Dreieck erhältst.

c) kein Dreieck erhältst.

4 Welche der in den Bildern gezeigten Gegenstände sind drehsymmetrisch, punktsymmetrisch oder achsensymmetrisch? Gib wenn möglich den Drehwinkel an.

a) 

b) 

c) 

5 a) Zeichne das Dreieck ABC mit A (1 | 5), B (3 | 0), C (5 | 3) und spiegle es an der Geraden g, die durch die Punkte P (6,5 | 2,5) und Q (0,5 | 2,5) verläuft.

b) Zeichne in ein Koordinatensystem durch die Punkte S (5 | 5) und T (–2 | –2) eine Spiegelachse g. Zeichne das Sechseck MARLEN mit M (–1,5 | –2,5), A (1,5 | –4,5), R (5,5 | –3), L (3 | 1), E (7,5 | 2) und N (2,5 | 5) ein und spiegle es an g. Notiere die Koordinaten der Bildpunkte.

Tipp für das Koordinatensystem:

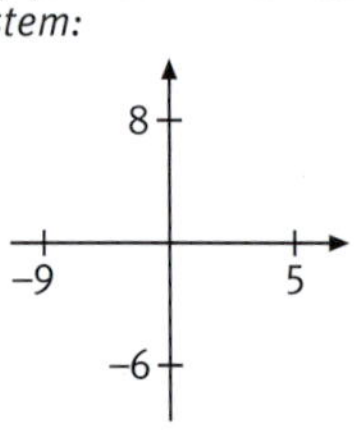

6 a) Drehe den Punkt A (–4 | 7) mehrfach so um den Punkt Z (–2 | 1), dass ein regelmäßiges Fünfeck ABCDE entsteht. Um welches Drehwinkelmaß muss A um Z jeweils gedreht werden?

b) Drehe den Punkt F (–4 | 4) ebenso, du erhältst das Fünfeck FGHIJ.

c) Verbinde die Punkte aus a) und b) in der Reihenfolge AFBGCHDIEJ zu einer Figur. Zu welchen Winkelmaßen ist diese Figur drehsymmetrisch?

7 Gib jeweils den kleinsten Drehwinkel an, unter dem das regelmäßige Vieleck mit sich selbst zur Deckung kommt.
Übertrage dazu die Tabelle in dein Heft und vervollständige sie.

Anzahl der Ecken	3	4	5	6	8	9	10	12	15	18	20
Drehwinkel	120°	90°									

8 Welche Großbuchstaben einer Druckschrift sind nur punktsymmetrisch, welche sind punktsymmetrisch und zugleich achsensymmetrisch? Zeichne jeweils das Symmetriezentrum und falls möglich die Symmetrieachse ein.

9 Bestimme die Größe der auftretenden Winkel. Erkläre dein Vorgehen.

a)

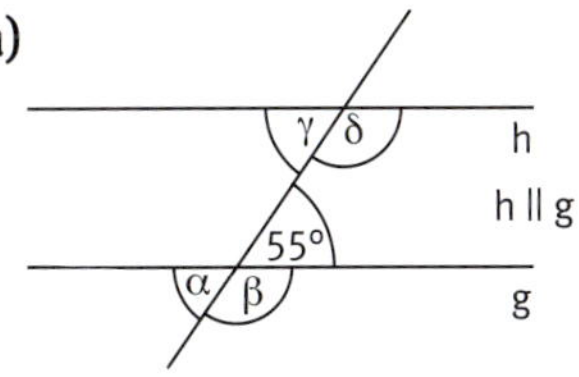

b)

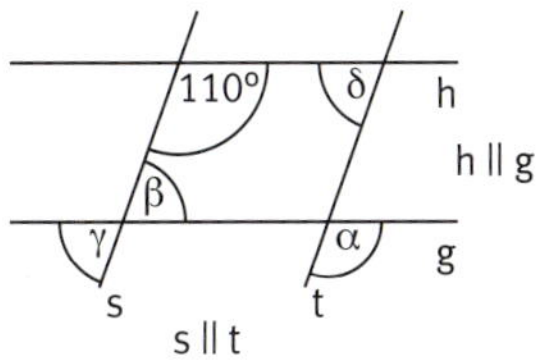

c)

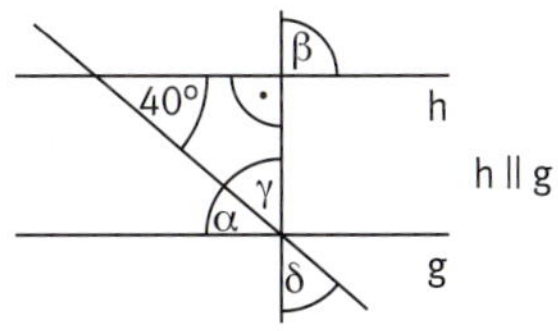

10 Damit eine Arbeitsleiter sicher steht, darf der Anstellwinkel α nicht größer als 70° sein. Im Baumarkt werden Leitern in den Längen 4 m, 5 m und 6 m angeboten.

a) Bestimme anhand einer Zeichnung, bis zu welcher Höhe die Leitern unter der gegebenen Bedingung maximal reichen.

b) Ein Maurer möchte mit dem höchsten Punkt seiner Leiter auf 4,5 m gelangen. Wie lang muss die Leiter mindestens sein, wenn die Sicherheitsbestimmung eingehalten werden soll?

11 a) Berechne die fehlenden Winkelmaße α, β_1, β_2, γ und δ_1, wenn gilt $\overline{DB} = \overline{DC}$.

b) Ist das Dreieck ABD gleichschenklig? Begründe.

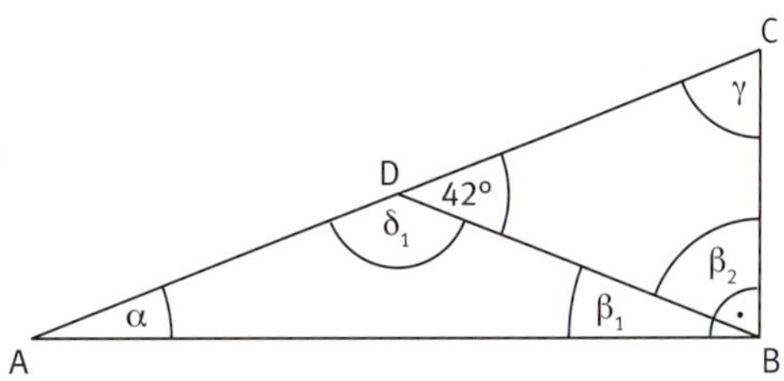

12 Berechne die fehlenden Winkelmaße α, β, γ, δ.

a)

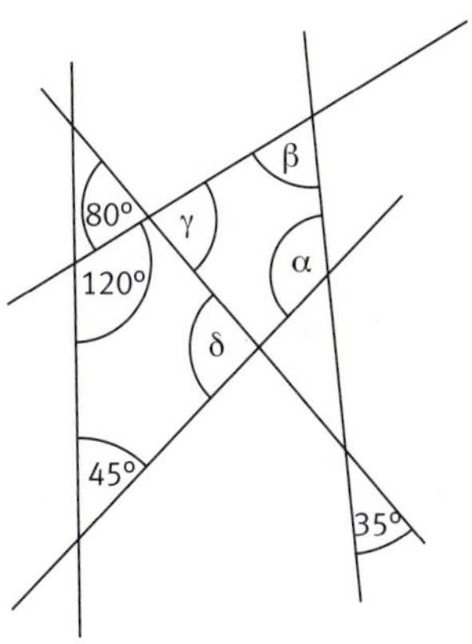

b)

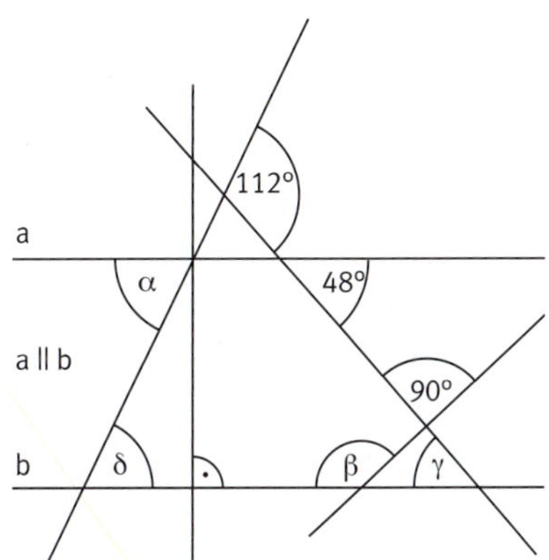

13 Berechne die Maße der markierten Winkel.

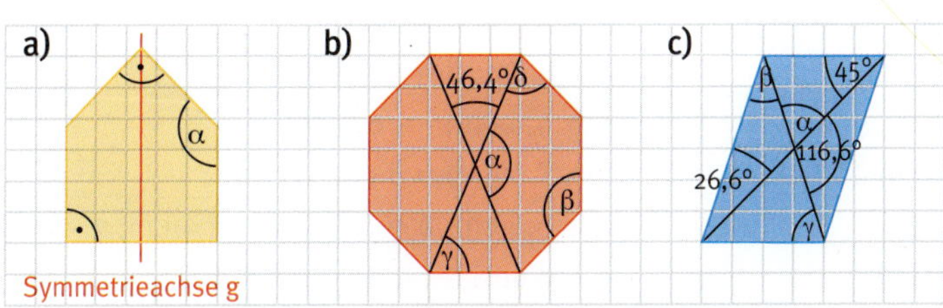

Wie lautet das Lösungswort?

14 Wahr (w) oder falsch (f)? Beantworte die Fragen für ein Dreieck ABC.

Aussage	w	f
Es können nie zwei Winkel im Dreieck größer als 90° sein.	D	P
Sind α und β gleich groß, so ist das Dreieck rechtwinklig.	F	R
Ist $\gamma = 18°$, dann muss α oder β ein stumpfer Winkel sein.	K	E
Die Innenwinkelsumme kann auch mal 185° betragen.	T	I
Ist $\beta = 41°$ und $\gamma = 100°$, dann ist $\alpha = 39°$.	E	L
Ist $\alpha = 90°$, so ist auch $\beta + \gamma = 90°$.	C	I
Gilt $\alpha = 60°$, so ist das Dreieck gleichseitig.	G	K

15 Bestimme die Winkelmaße im Dreieck ABC.

a) α ist um 20° größer als β und β ist nur halb so groß wie γ.

b) γ ist doppelt so groß wie α und β ist dreimal so groß wie α.

16 Entscheide, um welche Dreiecksart es sich handelt. Du darfst auch messen.

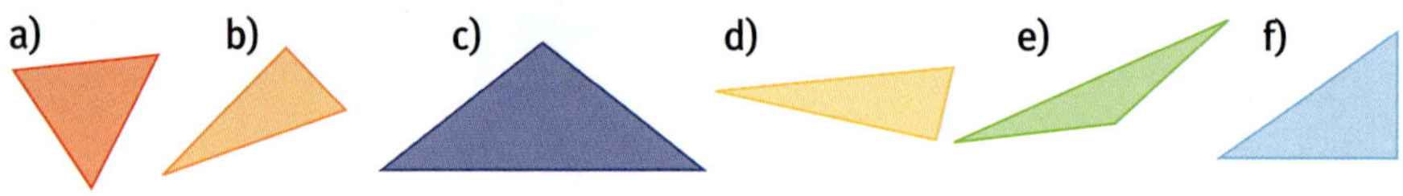

17 Trage die Punkte in ein Koordinatensystem ein und verbinde sie zu einem Dreieck. Um welche Dreiecksart handelt es sich jeweils?

a) A (−7 | 1,5); B (−2 | 1,5); C (−2 | 7,5) **b)** D (−5 | −1); E (−1 | 1); F (1 | −3,5)

c) G (−1,5 | 7); H (1 | −1); I (6 | −3) **d)** L (1 | 3,5); M (6 | 2,5); N (7 | 7,5)

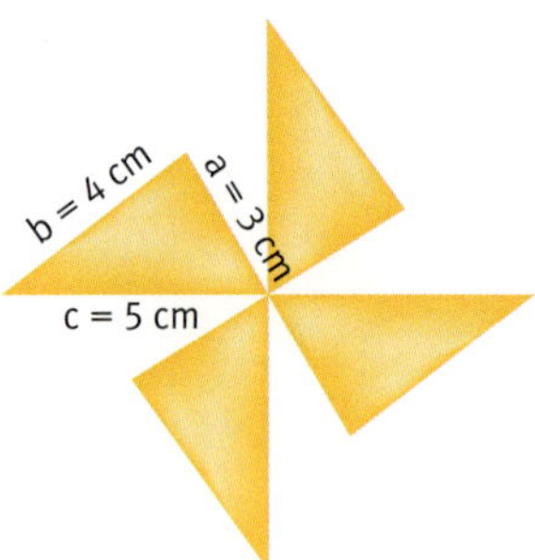

18 Konstruiere das nebenstehende Windrad. Beschreibe die Konstruktion.

19 Konstruiere das Dreieck. Um welche Dreiecksart handelt es sich jeweils?

a) a = 7 cm; b = 6 cm; c = 8 cm **b)** b = 5,5 cm; $\alpha = 30°$; $\gamma = 100°$

c) b = 6 cm; c = 4,5 cm; $\alpha = 65°$ **d)** a = 6,4 cm; c = 3,7 cm; $\beta = 37°$

e) a = 7 cm; c = 5,5 cm; $\alpha = 90°$ **f)** a = 6,3 cm; $\beta = 45°$; $\gamma = 75°$

20 a) Konstruiere folgende Dreiecke ABC.

1 $\overline{AB}$ = 12 cm; $\overline{BC}$ = 7 cm; $\gamma = 90°$ 2 a = 7,8 cm; b = 10,2 cm; $\beta = 90°$

3 gleichschenkliges Dreieck mit der Basis c = 5 cm und Basiswinkeln von 65°

b) Konstruiere mithilfe eines dynamischen Geometrieprogramms ein gleichseitiges Dreieck ABC mit a = 6,5 cm ($\alpha = 60°$).

21 Konstruiere das Viereck ABCD mit den angegebenen Bestimmungsstücken.

a)	Trapez	a = 6 cm; c = 3,5 cm; f = 7 cm; $\alpha = 80°$
b)	Raute	a = 4 cm; $\alpha = 70°$
c)	Parallelogramm	a = 6 cm; d = 4 cm; $\beta = 115°$
d)	Raute	e = 4,6 cm; f = 6,8 cm
e)	gleichschenkliges Trapez (a ∥ c)	a = 7 cm; b = 3 cm; $\alpha = 65°$
f)	Trapez (a ∥ c)	a = 6,5 cm; b = 5,5 cm; c = 4 cm; $\gamma = 110°$
g)	Drachenviereck	e = 6 cm; f = 4,5 cm; $\alpha = 50°$

22 Berechne die fehlenden Winkelmaße der Vierecke ABCD.

	a)	b)	c)	d)	e)	f)	g)
α	100°	90°	60°	217°		141°	
β	45,4°		60°		45°		14,9°
γ		112,8°	60°	4°	145°	199°	180°
δ	74°	44,4°		39°	90°	20°	23°

Ist ein Viereck immer möglich?

23 Berechne die fehlenden Winkelmaße im Viereck ABCD.

a) $\gamma = 49°$; $\delta = 191°$; β ist viermal so groß wie α.

b) $\gamma = 137°$; $\delta = 100°$; α ist halb so groß wie β.

c) $\gamma = 135°$; $\delta = 140°$; α ist um 35° kleiner als β.

d) $\gamma = 21°$; $\delta = 198°$; β ist um 25° kleiner als α.

e) $\beta = 2\alpha$; $\delta = 2\beta$; $\gamma = 3\alpha$.

24 Betrachte die rechts abgebildete Ordnung der Vierecke.

a) Bezeichne die abgebildeten Vierecke.

b) Erkläre den Aufbau der Ordnung.

c) An welcher Stelle müsste das Parallelogramm eingefügt werden? Begründe deine Antwort.

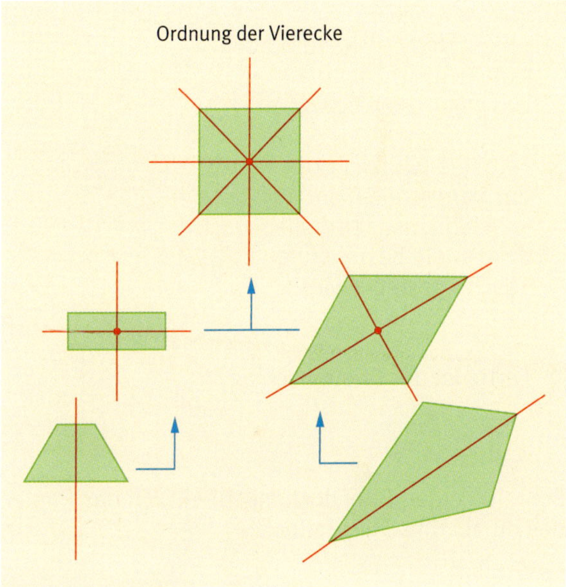

25 Wahr oder falsch? Begründe. Nutze die abgebildete Ordnung der Vierecke.

a) Jede Raute ist ein Parallelogramm.

b) Jedes Quadrat ist ein Drachenviereck.

c) Ein Rechteck hat zwei gleich lange Diagonalen.

d) Jedes Quadrat hat genau drei rechte Innenwinkelmaße.

e) Jedes Trapez hat zwei unterschiedlich lange Diagonalen.

f) Jedes gleichschenklige Dreieck hat zwei gleiche Innenwinkelmaße.

g) Spiegelt man ein gleichseitiges Dreieck an einer der Dreiecksseiten, so entsteht eine Raute.

h) Spiegelt man ein gleichschenkliges Dreieck an der Basis, so entsteht ein Drachenviereck.

26 Konstruiere ein Viereck ABCD mit den angegebenen Größen.

a) Raute mit a = 4 cm und $\alpha = 70°$ **b)** Rechteck mit a = 6 cm und e = 8 cm

27 Wahr oder falsch? Begründe.

a) In jedem gleichschenkligen Dreieck ist die Basis die kürzeste Seite.

b) In einem Dreieck ist jede Seite länger als die Summe der beiden anderen Seiten.

c) Ein Dreieck, von dem man alle drei Innenwinkel kennt, lässt sich eindeutig konstruieren.

Wir falten einen Briefumschlag

Zum Falten dieses Briefumschlags brauchst du ein Blatt Papier im Format DIN-A4.

1. Halbiere die lange Seite des DIN-A4-Blattes und öffne das Papier wieder.

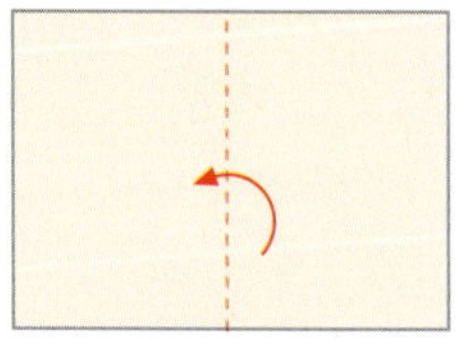

2. Falte zwei gegenüberliegende Ecken so zur Mittellinie, dass die obere Kante jeweils auf der Mittellinie liegt.

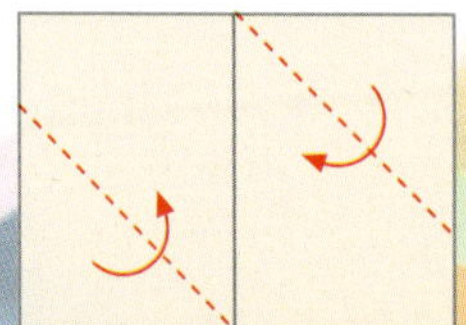

3. Falte die beiden überstehenden Randstreifen jeweils bis zur Unterkante der geknickten Ecke.

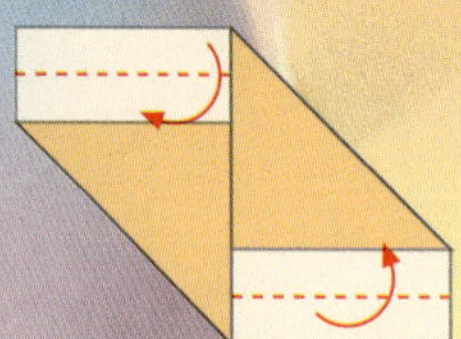

4. Falte die beiden Ecken der Randstreifen entlang so nach innen, dass die Ecke in die bestehende Tasche gesteckt wird.

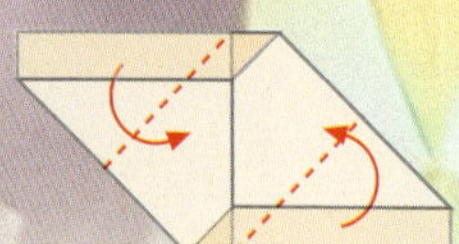

5. Fertig ist der Briefumschlag.

Schreibe einen Brief doch mal direkt auf das Papier, das du als Umschlag faltest.

Das Faltmuster des Briefumschlags

Entfalte deinen Briefumschlag wieder und betrachte das Faltmuster. Zeichne mit einem Stift die Faltlinien nach.

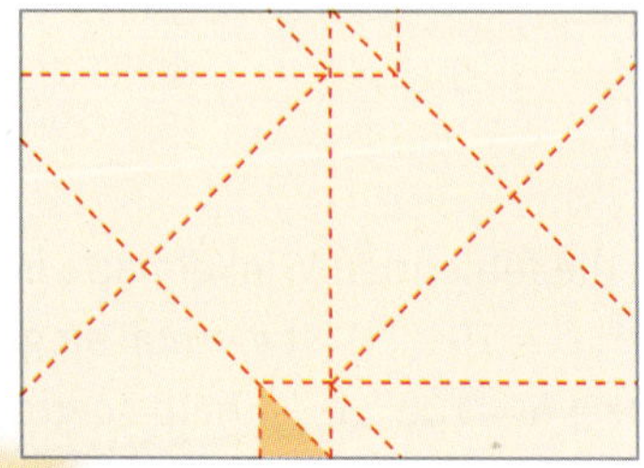

a) Welche Figuren erkennst du? Bezeichne sie so genau wie möglich.

b) Überprüfe die Dreiecke im Faltmuster auf Kongruenz ...

   1. durch Faltungen, indem du kongruente Figuren tatsächlich übereinanderlegst und somit zur Deckung bringst.
   2. mithilfe der Kongruenzsätze für Dreiecke. (Miss Längen oder Winkel nach, wenn du keine anderen Möglichkeiten siehst.)

c) Das eingefärbte Dreieck ist kongruent zu weiteren Dreiecken im Faltmuster. Zeichne die Symmetrieabbildungen in dein Faltmuster ein, die das Dreieck auf alle kongruenten Dreiecke abbilden.

Figuren auf dem Briefumschlag

Untersuche den Briefumschlag.

a) Welche Figuren kannst du entdecken? Bezeichne sie.

b) Überprüfe die Figuren auf Kongruenz.

c) Zeichne Symmetrieabbildungen ein, die die Kongruenz der Figuren aus b) bestätigen.

Der schlaue Fuchs

Zum Falten dieses Fuchses brauchst du ein quadratisches Blatt Papier.

1 Falte das Quadrat entlang einer Diagonalen.

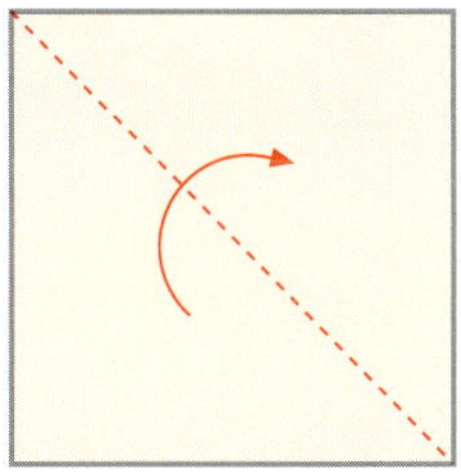

2 Falte das entstandene Dreieck einmal in der Mitte und öffne wieder.

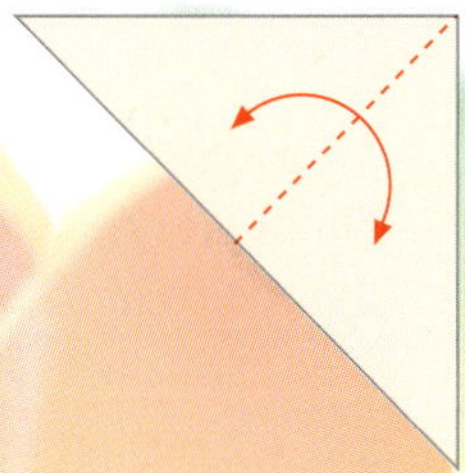

3 Falte die beiden unteren halben Dreieckskanten auf die entstandene Mittellinie.

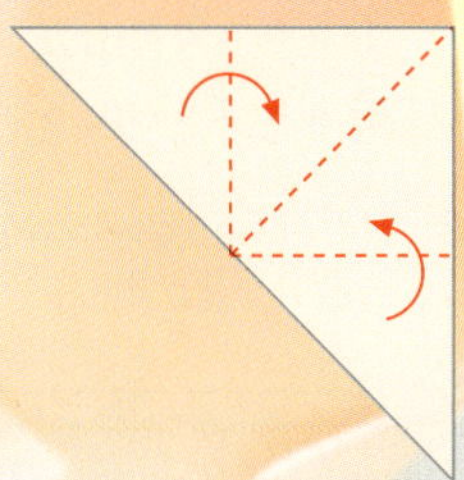

4 Knicke das entstandene Quadrat entlang der Diagonalen nach hinten um.

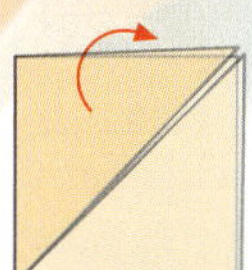

5 Falte am rechten Rand einen Teil des Dreiecks um. Es liegen drei Randstreifen übereinander.

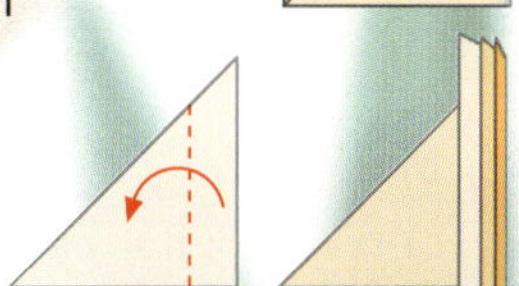

6 Falte den oberen Randstreifen zurück, wodurch der mittlere Streifen mitgezogen wird. Dabei baut sich das obere Ende auf, sodass es als Kopf nach unten geknickt wird. Klappe einen Schwanz um. Fertig ist der Fuchs.

Dem Fuchs auf der Spur

a) Betrachte den gefalteten Fuchs. Sind die Dreiecke der Ohren und die im Gesicht kongruent zueinander? Begründe deine Antwort durch Faltung.

b) Entfalte den Fuchs wieder und untersuche das Faltmuster. Betrachte das markierte Dreieck.

Zeige kongruente Dreiecke anhand von Achsenspiegelung, Punktspiegelung, Drehung und Verschiebung.

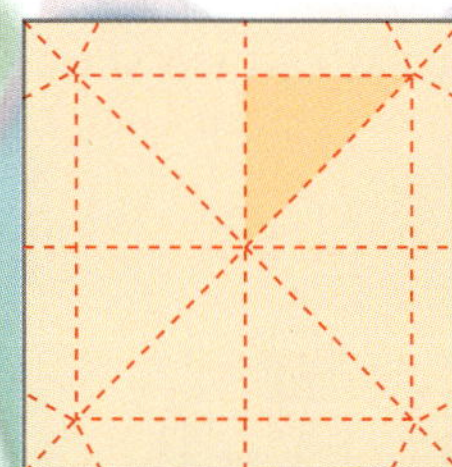

Mehr Lust auf Origami?

Origami ist die japanische Kunst des Papierfaltens. Meistens geht man von einem quadratischen Blatt Papier aus, aus dem man dann ohne Schere und Klebstoff Figuren oder Körper bastelt.

Mehr Ideen zu Faltfiguren in der Geometrie findest du im gleichnamigen Arbeitsheft zu dieser Schulbuchreihe. Gib dazu unter www.ccbuchner.de die Zahl 8413 ins Suchfeld ein.

Überprüfe deine Kenntnisse und Kompetenzen. Bearbeite dazu die folgenden Aufgaben und bewerte anschließend deine Lösungen mit einem Smiley.

☺	😐	☹
Das kann ich!	Das kann ich fast!	Das kann ich noch nicht!

Hinweise zum Nacharbeiten findest du auf der folgenden Seite. Die Lösungen stehen im Anhang.

Aufgaben zur Einzelarbeit

1 Entscheide, welche Figuren kongruent sind.

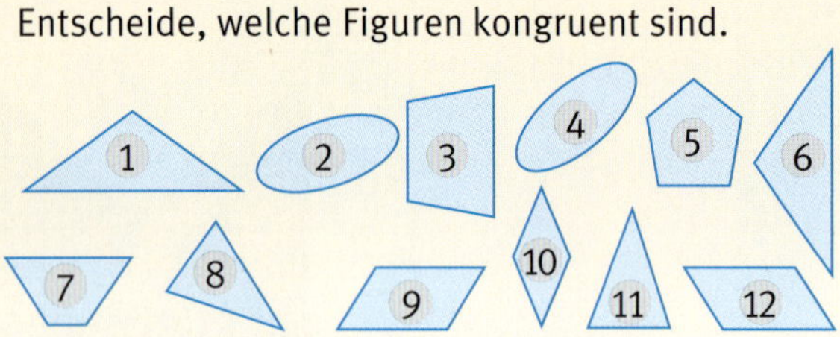

2 Zeichne in ein Koordinatensystem (Einheit 1 cm) das Viereck ABCD mit A (3|4), B (7|3), C (6|8) und D (4|7). Konstruiere dann das Bild des Vierecks bei Spiegelung an PQ.

a) P (2|8), Q (8|2) **b)** P (–2|4); Q (8|9)
c) P (–1|5); Q (3|–3) **d)** P (–2|4); Q (2|0)

3 Trage die Punkte G (3|1), O (5|2), T (3|3), H (2|5), A (1|3) in ein Koordinatensystem (Einheit 1 cm) ein und verbinde sie zu einem Fünfeck. G' (1|1) ist der Spiegelpunkt des Punktes G am Zentrum Z.

a) Konstruiere das Zentrum Z und gib seine Koordinaten an.

b) Ermittle die Koordinaten der übrigen Spiegelpunkte O', T', H', A' und zeichne das Bildfünfeck.

c) Kennzeichne zwei zueinander kongruente Winkel (Strecken) farbig.

4 Übertrage die Figur in dein Heft. Stelle kongruente Figuren durch eine Verschiebung her. Die Verschiebung ist durch einen Pfeil angegeben.

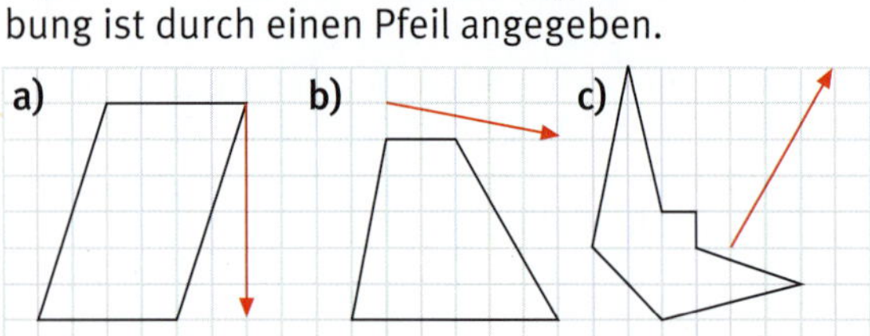

5 Gib eine möglichst genaue Beschreibung der Dreiecke an.

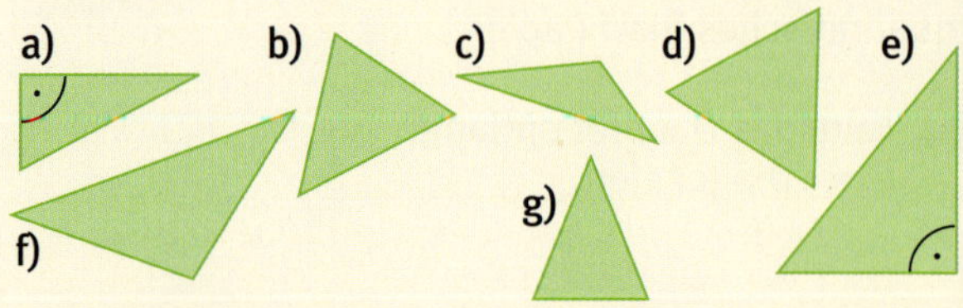

6 Entscheide, um welche Dreiecksart es sich handelt.

a) $\alpha = 35°$; $\beta = 125°$ **b)** $a = b$; $\gamma = 60°$
c) $\alpha = 36°$; $\gamma = 54°$ **d)** $\alpha = \beta$; $\alpha + \beta = 120°$
e) $\beta = 65°$; $\gamma = 50°$ **f)** $\alpha = 61°$; $\beta = 60°$

7 Konstruiere das Dreieck ABC mit den drei Schritten Planfigur – Zeichnung – Beschreibung.

a) c = 4,9 cm; $\alpha = 53°$; $\beta = 87°$
b) b = 5,4 cm; $\alpha = 75°$; $\gamma = 59°$
c) b = 7,5 cm; c = 9,2 cm; $\alpha = 33°$
d) a = 4,4 cm; b = 3,3 cm; c = 5,5 cm
e) a = 3,8 cm; b = 5,4 cm; $\gamma = 70°$

8 Berechne die Innenwinkelmaße des Vierecks ABCD, wenn a ∥ b ∥ c.

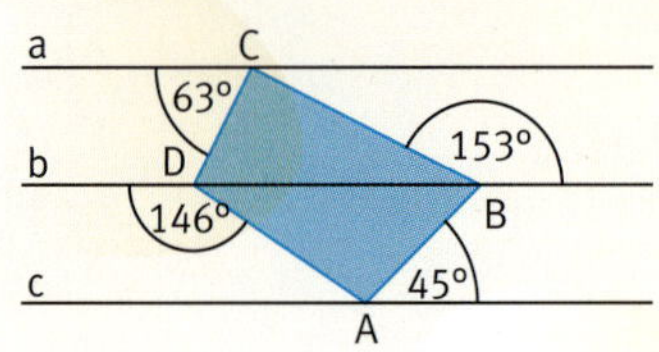

9 Berechne fehlende Winkelmaße im Viereck ABCD.

a) $\alpha = 132°$; $\beta = \gamma = 56°$
b) $\alpha = 108°$; $\beta = 156°$; $\gamma = 37°$
c) $\alpha = 54°$; $\beta = \gamma = \delta$
d) a ∥ c; b ∥ d; $\alpha = 132°$
e) β ist um 40° kleiner als α; $\gamma = 150°$ und $\delta = 122°$.
f) α ist dreimal so groß wie β; $\gamma = 103°$ und $\delta = 157°$.

10 Bestimme die fehlenden Winkelmaße.

11 Die Höhe eines Bürogebäudes soll mithilfe eines Winkelmessers gemessen werden. Er wird in 70 m Entfernung vom Bürogebäude aufgestellt. Die Spitze des Gebäudes wird unter einem Winkel von 35° gemessen. Die Augenhöhe bleibt unberücksichtigt. Fertige zunächst eine Skizze an und zeichne dann im Maßstab 1 : 1000. Bestimme aus der Zeichnung die Höhe des Gebäudes.

12 Früher wurden schwer zugängliche Höhen wie abgebildet gemessen. Schätze zunächst die Höhe des Felsens. Konstruiere anschließend und ermittle die Höhe zeichnerisch.

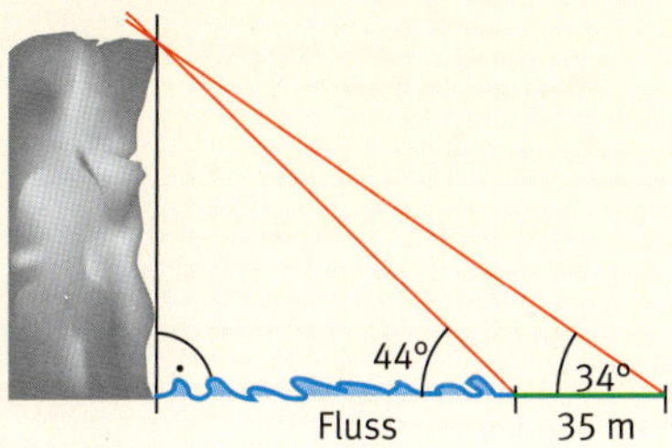

13 Konstruiere das Viereck (Planfigur, Zeichnung, Beschreibung).

a) a = 5 cm; b = 3 cm; e = 6,5 cm; f = 5,5; α = 55°

b) a = 6 cm; e = 6 cm; d = 6,5 cm; β = 50°; γ = 100°

c) b = 6 cm; c = 5,5 cm; d = 3 cm; β = 65°; γ = 70°

d) a = 6 cm; b = 3 cm; c = 4,5 cm; d = 5 cm; e = 6,5 cm

14 a) Konstruiere ein Rechteck mit einer Seitenlänge a = 4 cm und einer Diagonalen d = 7 cm.

b) Konstruiere ein punktsymmetrisches Viereck ABCD mit a = 6 cm, b = 5 cm und δ = 70°.

Aufgaben für Lernpartner

Arbeitsschritte
1 Bearbeite die folgenden Aufgaben alleine.
2 Suche dir einen Partner und erkläre ihm deine Lösungen. Höre aufmerksam und gewissenhaft zu, wenn dein Partner dir seine Lösungen erklärt.
3 Korrigiere gegebenenfalls deine Antworten und benutze dazu eine andere Farbe.

Sind folgende Behauptungen **richtig** oder **falsch**? Begründe schriftlich.

15 Figuren sind kongruent zueinander, wenn die Längen ihrer Seiten übereinstimmen.

16 Bei einer Achsenspiegelung sind Original- und Bildgerade zueinander parallel.

17 Bei einer Punktspiegelung dreht sich der Umlaufsinn der Eckpunkte einer Bildfigur gegenüber der Originalfigur um.

18 Ein Wechselwinkel ist eine Kombination aus Stufenwinkel und Nebenwinkel.

19 Die Summe aller Winkelmaße in einem Dreieck ist 180°.

20 Jedes gleichseitige Dreieck ist auch gleichschenklig.

21 Jedes rechtwinklige Dreieck besitzt auch einen spitzen Winkel.

22 Ein Dreieck lässt sich nur dann eindeutig konstruieren, wenn drei Seiten gegeben sind.

23 Die Schreibweise des Kongruenzsatzes SWS besagt, dass der Winkel von den beiden Seiten eingeschlossen wird.

24 Ein Viereck mit den gegebenen Größen b = 5 cm; c = 6 cm; d = 4 cm; β = 70°; γ = 95° lässt sich nicht eindeutig konstruieren.

25 Das Drachenviereck ist ein punktsymmetrisches Viereck.

26 Ein Trapez ist ein achsensymmetrisches Viereck.

Aufgabe	Ich kann ...	Hilfe
1, 15	überprüfen, ob Figuren kongruent zueinander sind.	S. 98
2, 3, 4, 16, 17	kongruente Figuren durch Spiegelungen, Drehung und Verschiebung zeichnen.	S. 99, 100, 101
8, 18	Winkel an Geradenkreuzungen bestimmen.	S. 102
10, 19	die Winkelsumme in Dreiecken bestimmen.	S. 106
9	die Winkelsumme in Vierecken bestimmen.	S. 108
5, 6, 20, 21	Dreiecksarten unterscheiden.	S. 110
7, 22, 23	mithilfe der Kongruenzsätze für das Dreieck entsprechende Dreiecke konstruieren.	S. 112, 114, 116
11, 12	Sachaufgaben in Dreieckskonstruktionen überführen und lösen.	S. 112, 114, 116
13, 24	Vierecke aus Teildreiecken konstruieren.	S. 118
14, 25, 26	Vierecke anhand ihrer Symmetrie unterscheiden und für Konstruktionen nutzen.	S. 120

S. 98
S. 99
S. 100
S. 101

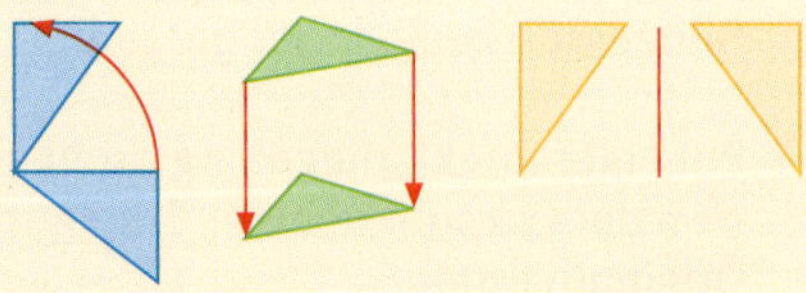

Figuren sind zueinander **kongruent**, wenn sie in Form und Größe übereinstimmen. Achsenspiegelung, Punktspiegelung, Drehung und Verschiebung sind Kongruenzabbildungen, d. h. Original- und Bildfigur sind zueinander **deckungsgleich**.

S. 102

1

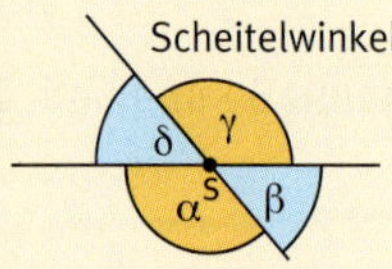

$\alpha = \gamma \quad \beta = \delta$

$\alpha + \beta = ... = 180°$

2

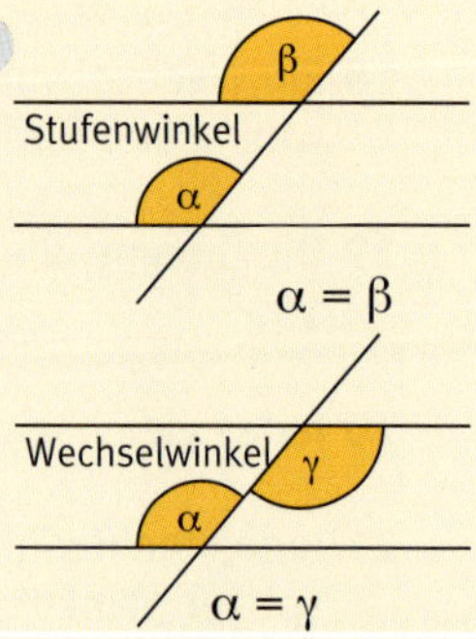

1 Schneiden sich zwei Geraden, so heißen gegenüberliegende Winkel **Scheitelwinkel**, die jeweils gleich groß sind. Nebeneinander liegende Winkel heißen **Nebenwinkel** und ergeben zusammen immer 180°.

2 Schneidet eine Gerade zwei Parallelen, erhält man **Stufenwinkel** auf der gleichen Seite von Schnittgerade und Parallelen sowie **Wechselwinkel** auf den entgegengesetzten Seiten. Stufen- und Wechselwinkel sind **gleich groß**.

S. 106

Im Dreieck ABC gilt: $\alpha + \beta + \gamma = 180°$.

Die Summe aller Winkelmaße im Dreieck beträgt 180°.

S. 110

gleichschenklig

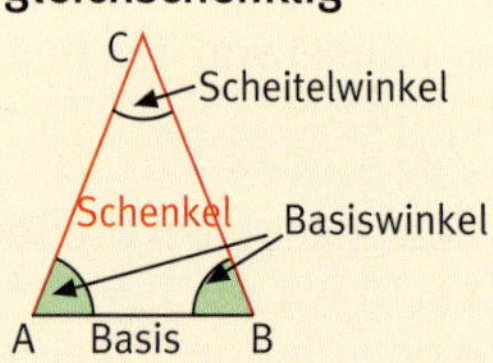

gleichseitig

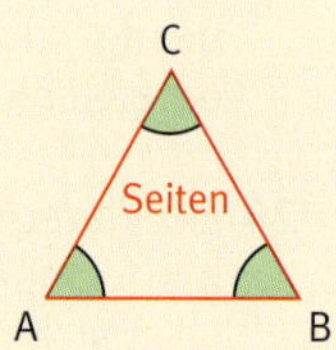

Unterscheidung von Dreiecken nach Winkeln:

- **spitzwinkliges Dreieck**: Alle Winkel kleiner 90°.
- **rechtwinkliges Dreieck**: Ein Winkel 90°.
- **stumpfwinkliges Dreieck**: Ein Winkel größer 90° und kleiner 180°

Unterscheidung nach Seitenverhältnissen:

- **gleichschenkliges Dreieck**
- **gleichseitiges Dreieck**

S. 112
S. 114
S. 116

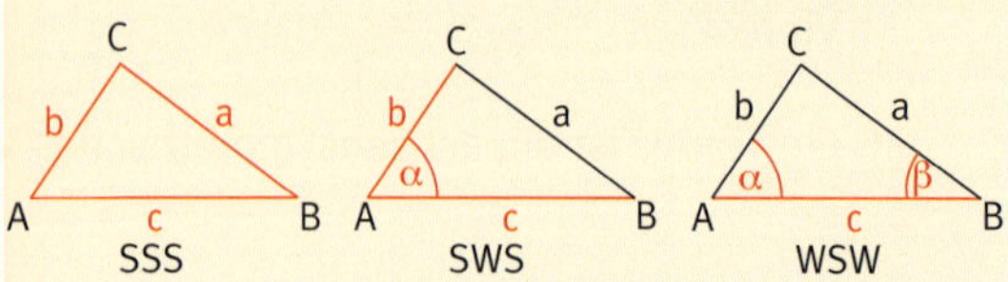

Kongruenzsätze für Dreiecke

Dreiecke sind genau dann kongruent, wenn sie ...

- in der Länge aller Seiten übereinstimmen (**SSS**).
- in der Länge zweier Seiten und der Größe des eingeschlossenen Winkels übereinstimmen (**SWS**).
- in der Länge einer Seite und der Größe beider anliegenden Winkel übereinstimmen (**WSW**).

S. 118

In den Vierecken, die wir betrachten, verlaufen die Diagonalen im Innern des Vierecks.

Ein **Viereck** lässt sich **konstruieren**, indem man es in zwei Teildreiecke zerlegt und diese dann konstruiert.

S. 120

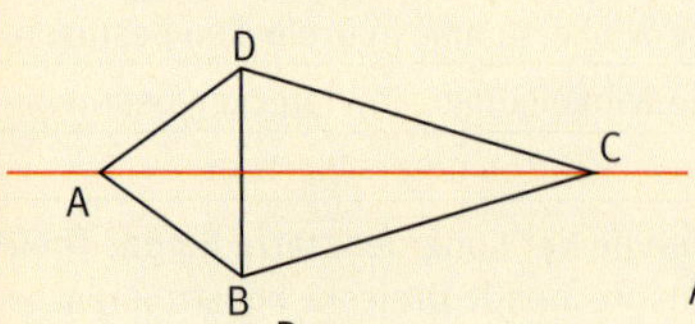

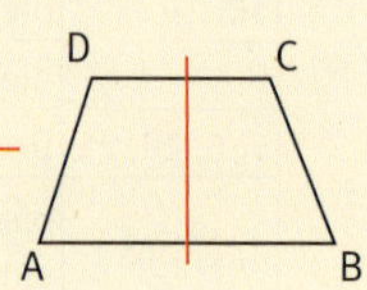

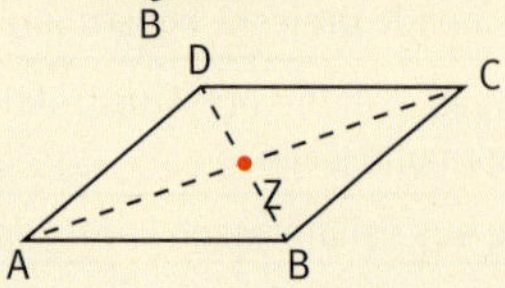

Achsensymmetrische Vierecke

1 Ein Viereck, bei dem eine **Diagonale** auf der Symmetrieachse liegt, bezeichnet man als **Drachenviereck**.

2 Ein Viereck, bei dem eine **Mittelsenkrechte** Symmetrieachse ist, heißt **gleichschenkliges Trapez**.

Punktsymmetrische Vierecke

Ein punktsymmetrisches Viereck ist ein **Parallelogramm**.

Flächeninhalt

1 Schneide ein Quadrat mit dem Flächeninhalt von 1 dm^2 aus. Zerschneide es entlang der beiden Diagonalen und versuche, mit den Teilen die dargestellten Figuren nachzulegen.

a) 

b) 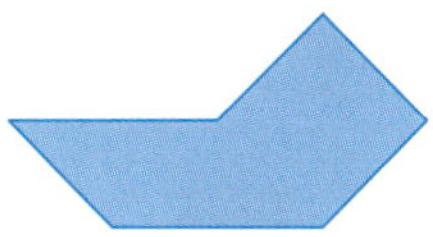

c) 

d) 

2 Übertrage die Tabelle in dein Heft und bestimme die fehlenden Größen des Rechtecks.

	a)	b)	c)
Länge a	3,5 cm	14,2 dm	□
Breite b	2,8 cm	2,3 m	85 mm
Flächeninhalt A	□	□	22,1 cm^2
Umfang u	□	□	□

3 Bestimme die Seitenlängen eines Rechtecks, das einen Flächeninhalt von 54 cm^2 hat und einen Umfang von 30 cm.

4 Vergleiche die Flächen (Umfänge) einer Tischtennisplatte, eines Badmintonfeldes und eines Tennisplatzes miteinander.

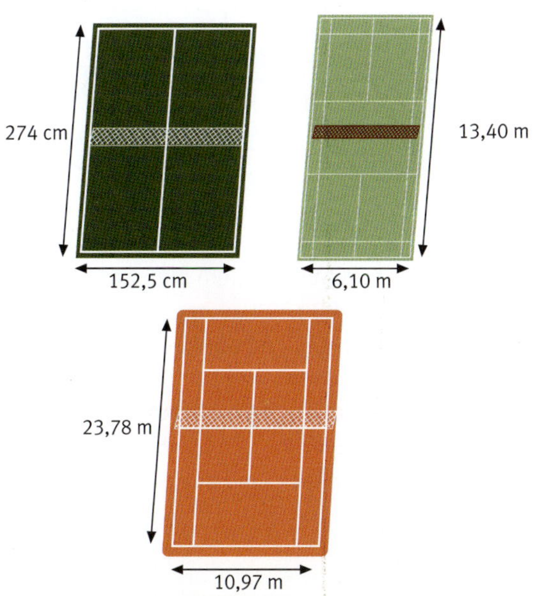

Brüche

5 Welcher Anteil der Schokolade wurde gegessen?

a) 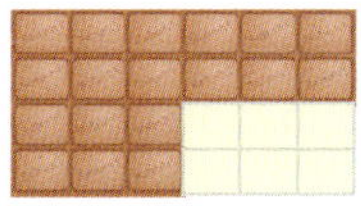

b) 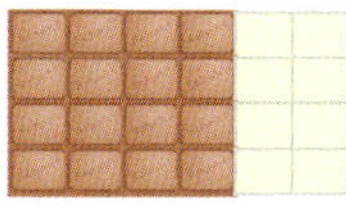

c) 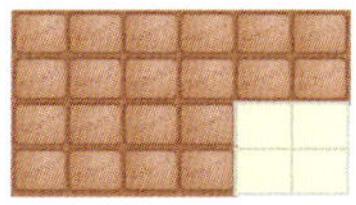

6 Anteile von Brüchen lassen sich in einem Kreis darstellen. **Beispiel**:

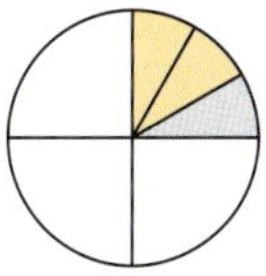

$\frac{2}{3}$ von $\frac{1}{4} = \frac{2}{3} \cdot \frac{1}{4} = \frac{2}{12} = \frac{1}{6}$

a) Bestimme ebenso den gefärbten Anteil vom ganzen Kreis.

1 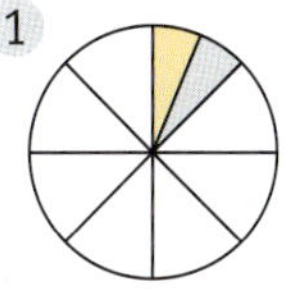

2 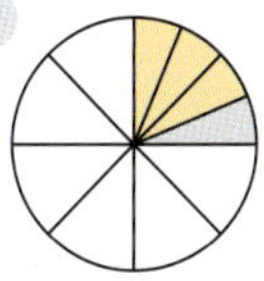

3 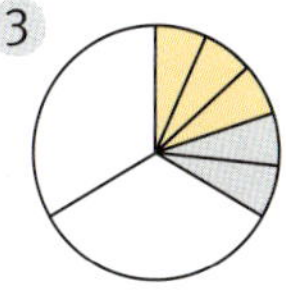

b) Veranschauliche ebenso am Kreis.

1 $\frac{1}{2}$ von $\frac{1}{2}$ $\quad$ $\frac{1}{4}$ von $\frac{1}{2}$ $\quad$ $\frac{1}{2}$ von $\frac{1}{3}$

2 $\frac{1}{5}$ von $\frac{1}{4}$ $\quad$ $\frac{1}{3}$ von $\frac{1}{8}$ $\quad$ $\frac{1}{6}$ von $\frac{1}{4}$

3 $\frac{2}{3}$ von $\frac{1}{4}$ $\quad$ $\frac{2}{5}$ von $\frac{1}{2}$ $\quad$ $\frac{5}{6}$ von $\frac{1}{3}$

4 $\frac{2}{3}$ von $\frac{3}{8}$ $\quad$ $\frac{3}{4}$ von $\frac{3}{4}$ $\quad$ $\frac{2}{3}$ von $\frac{5}{6}$

7 Berechne und kürze so weit wie möglich.

a) $\frac{3}{8} \cdot \frac{3}{18}$ $\quad$ $\frac{4}{9} \cdot \frac{3}{16}$ $\quad$ $\frac{8}{11} \cdot \frac{5}{12}$

b) $\frac{9}{35} \cdot \frac{7}{21}$ $\quad$ $\frac{24}{55} \cdot \frac{15}{27}$ $\quad$ $\frac{90}{144} \cdot \frac{60}{81}$

c) $3\frac{1}{3} \cdot \frac{6}{7}$ $\quad$ $2\frac{7}{8} \cdot 1\frac{3}{5}$ $\quad$ $4\frac{5}{6} \cdot 3\frac{3}{7}$

8 Übertrage in dein Heft und multipliziere entlang der Richtung mit den angegebenen Faktoren.

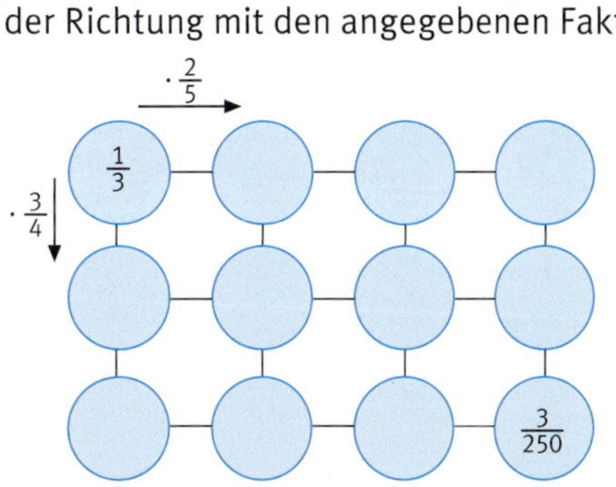

Kongruenz

9 Die zweite Figur ist aus der ersten durch Drehung, Spiegelung oder Verschiebung entstanden. Beschreibe jeweils die Art der Symmetrie, sowie die Lage des Drehzentrums und des Drehwinkels, die Spiegelachse oder den Verschiebungspfeil.

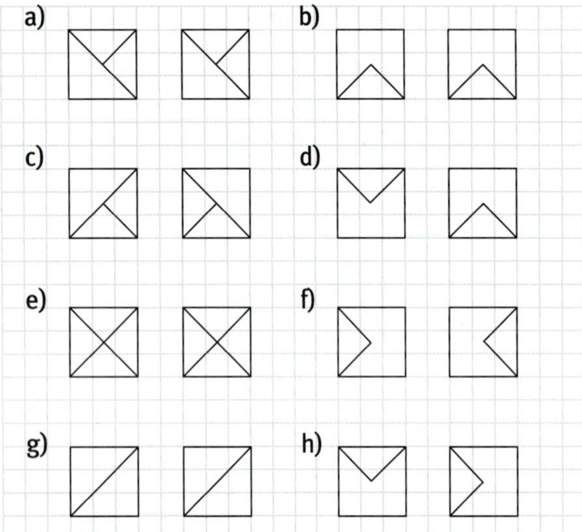

10 Übertrage in dein Heft und drehe die Figur am Drehzentrum Z um 90° (180°, 270°).

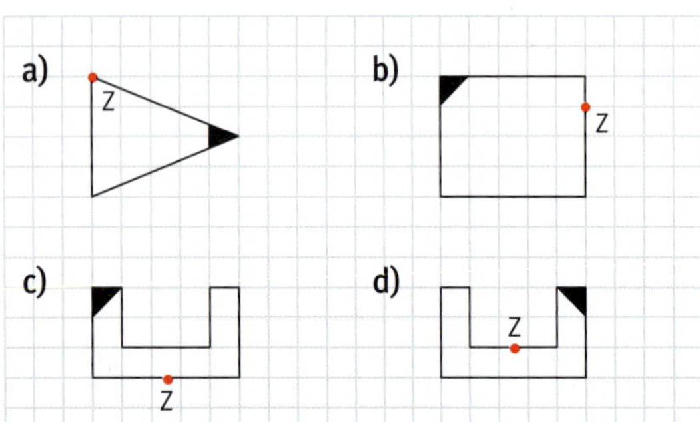

11 Welcher Körper entsteht, wenn sich die Fläche um die Achse dreht?

a) b) c) d)

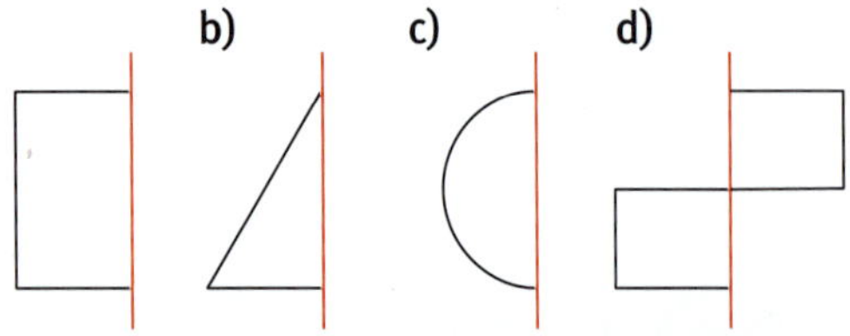

Terme

12 Ordne den richtigen Rechenbaum zu.
Eine Fahrt mit einem Taxi kostet 1,20 € pro Kilometer. Bei der Fahrt wird noch eine Grundgebühr von 2 € hinzugerechnet. Achim fährt 11 Kilometer.

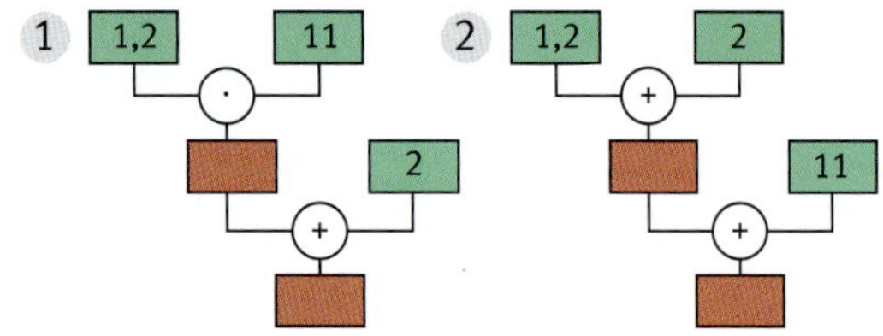

13 Übertrage die Tabelle in dein Heft und berechne die fehlenden Werte.

x	y	x + y	2 · x + y	x − 2 · y + 3
7	4			
3,5	0,25			
$\frac{4}{5}$	$\frac{2}{7}$			

14 Stelle einen Term auf und berechne.

a) Dividiere die Summe aus 6,6 und 34 durch 0,4.

b) Multipliziere die Differenz aus 68 und 54 mit 12.

c) Subtrahiere das Produkt der Zahlen 0,24 und 8 vom Quotienten aus den Zahlen 7,8 und 2.

15 Welche Terme haben die gleiche Bedeutung?

- 1 $\frac{1}{8} \cdot x$
- 2 $8 : x$
- 3 $x \cdot \frac{1}{8}$
- 4 $x \cdot 8$
- 5 $x : 8$
- 6 $\frac{8}{x}$
- 7 $\frac{x}{8}$
- 8 $1 : (8 \cdot x)$
- 9 $8 \cdot x$
- 10 $\frac{1}{(x \cdot 8)}$

16 Stelle einen Term auf, mit dem man den Umfang der Figur berechnen kann.

a) Bei einem Rechteck ist eine Seite 5 cm länger (3 cm kürzer) als die andere Seite.

b) Bei einem Parallelogramm ist eine Seite halb so lang wie die andere.

c) Bei einem Sechseck sind alle Seiten gleich lang.

5 Zufall

Einstieg

- Wie groß ist die Wahrscheinlichkeit, bei einem Spielwürfel eine 6 zu würfeln?
- Würfle hintereinander möglichst oft mit einem Würfel. Bestätigt sich deine Vermutung?
- Wie lassen sich die Ergebnisse des Würfelwurfs mithilfe von Kennzahlen beschreiben und darstellen?

Am Ende dieses Kapitels hast du gelernt, ...

- wie du Kennzahlen von Daten bestimmen kannst.
- wie du die Verteilung von Daten durch einen Boxplot darstellen kannst.
- auf welche Weise man aus den wiederholten Ergebnissen eines Zufallsversuchs eine Wahrscheinlichkeit schätzen kann.
- was eine Laplace-Wahrscheinlichkeit ist und wie man sie bestimmen kann.

Als „geworfen" gilt jeweils die oben liegende Beschriftung.

Wenn Quirin Quak im Sommer eine Vorhersage machen soll, ob es Niederschlag geben wird, wirft er einen „Halbzylinder". Diesen hat er aus einem der Länge nach halbierten Flaschenkorken gebaut. Die rechteckige Begrenzungsfläche ist mit *Kein Niederschlag* beschriftet, die gewölbte mit *Regen*. Auf den restlichen beiden steht jeweils *Hagel*.

- Welche Ergebnisse sind bei dem „Halbzylinder" möglich?
- In der Wetterkunde werden Naturerscheinungen auch als natürliche Ereignisse bezeichnet. Gib an, welche Elemente der von dir notierten Menge zum Ereignis *Niederschlag* gehören. Schreibe sie als neue Menge.
- Baue den „Halbzylinder" nach und ermittle einen Schätzwert für die Wahrscheinlichkeit des Ergebnisses *Kein Niederschlag*, indem du ihn 50-mal wirfst. Wie groß ist folglich die Wahrscheinlichkeit für das Ereignis *Niederschlag*? Erkläre.

*$\overline{E}$ ist das **Gegenereignis** des Ereignisses E:*
$\overline{E} = \Omega \setminus E$
↑ „ohne"

Merkwissen

Alle sich voneinander unterscheidenden möglichen Ergebnisse eines Zufallsexperiments bilden zusammen den **Ergebnisraum** Ω. Jede Teilmenge des Ergebnisraums stellt ein **Ereignis E** dar. Alle Ergebnisse, die nicht zu einem bestimmten Ereignis E gehören, bilden zusammen das **Gegenereignis von E**. Man kürzt es mit $\overline{\mathbf{E}}$ („E quer") ab.

Beispiel:
In einem Plastikbecher befinden sich zwei gelbe und ein rotes Gummibärchen. Ohne hinzusehen wird eines entnommen und seine Farbe notiert.

$\Omega = \{\text{Gelb; Rot}\}$

Ausgehend von den Teilmengen des Ergebnisraums lassen sich vier verschiedene Ereignisse angeben: „Das entnommene Gummibärchen ist ...

$E_1 = \{\text{Gelb}\}$	gelb."
$E_2 = \{\text{Rot}\}$	rot."
$E_3 = \{\text{Gelb; Rot}\}$	gelb oder rot."
$E_4 = \emptyset$	weder gelb noch rot."

Die Ereignisse E_1 und E_2 sind jeweils Elementarereignisse. Das Ereignis E_3 wird als **sicheres Ereignis** bezeichnet, das Ereignis E_4 als **unmögliches Ereignis**.

Beachte:
Die leere Menge und die Menge selbst sind Teilmengen jeder Menge.

Beispiele

I Ein gewöhnlicher Spielwürfel wird geworfen.

a) Welcher Ergebnisraum könnte betrachtet werden? Gib zwei Möglichkeiten an.

b) Betrachtet wird: $\Omega = \{1; 2; 3; 4; 5; 6\}$. Schreibe jeweils als Menge:
E: „Die gewürfelte Zahl ist gerade." $\overline{E}$: „Die gewürfelte Zahl ist ungerade."

Lösung:

a) $\Omega = \{1; 2; 3; 4; 5; 6\}$; $\Omega = \{\text{Sechs; keine Sechs}\}$

b) $E = \{2; 4; 6\}$ $\overline{E} = \{1; 3; 5\}$

Verständnis

- Kann das Ereignis $E = \Omega$ ein Elementarereignis sein? Berücksichtige, was man unter einem Zufallsexperiment versteht, und begründe.
- Wahr oder falsch? Ein Gegenereignis zu einem sicheren Ereignis ist ein unmögliches Ereignis.

1 Gib einen passenden Ergebnisraum an.

a) Eine deutsche 2-€-Münze wird geworfen.

b) Aus einer Tüte, in der sich zwei Bonbons mit Orangen-, drei mit Zitronen- und vier mit Kirschgeschmack befinden, wird ohne hinzusehen eines entnommen.

c) Beim Samstagslotto 6 aus 49 wird die Zusatzzahl gezogen. Die Gewinnzahlen lauten: 1, 2, 3, 47, 48 und 49.

d) Eine Karte der Farbe Pik wird aus einem Kartenstapel mit 32 Karten gezogen.

2 Notiere alle Teilmengen des Ergebnisraums. Wie viele sind es insgesamt?

a) Ω = {Zahl; Brandenburger Tor} b) Ω = {Tor 1; Tor 2; Tor 3}

c) Ω = {Norden; Osten; Süden; Westen} d) Ω = {Mo.; Di.; Mi.; Do.; Fr.}

Um welches Zufallsexperiment könnte es sich handeln?

3 Michaela hat beim Preisausschreiben einer großen Tageszeitung mitgemacht.

Was meinst du zu Michaelas Aussage? Begründe deine Meinung.

4 Ordne dem Ergebnisraum Ω = {Blau; Grün; Weiß} mögliche Zufallsgeräte zu. Beschreibe die betreffenden Zufallsexperimente.

1

2

3
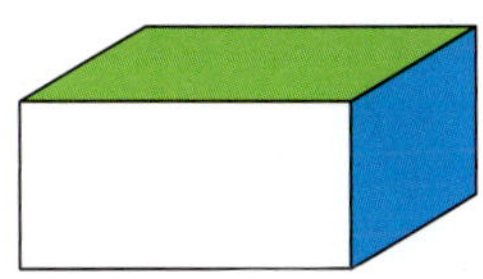

5 Auf dem Tisch liegen, verdeckt und gut gemischt, die fünf abgebildeten Karten des „1 × 1 Bingo". Eine Karte wird umgedreht.

a) Tilo notiert: Ω = {Eis; 30; 14; Raupe; 10}. Was hat er falsch gemacht? Erkläre.

b) Schreibe folgende Ereignisse als Menge. Gib jeweils den zugehörigen Ergebnisraum an.
E_1: „Auf der gezogenen Karte ist ein Tier abgebildet."
E_2: „Auf der gezogenen Karte steht eine durch acht teilbare Zahl."

c) Notiere die Gegenereignisse der Ereignisse E_1 und E_2 als Menge. Welches der beiden stellt ein Elementarereignis dar?

6 Ein Einkaufswagen-Chip mit einem Stern auf der Vorder- und einer Sonne auf der Rückseite wird zweimal nacheinander geworfen. Es wird jeweils festgehalten, ob der Stern oder die Sonne oben liegt.

a) Schreibe den zugehörigen Ergebnisraum als Menge auf. Aus wie vielen Elementen besteht der Ergebnisraum?

b) Bei welchen Ergebnissen lässt sich sagen, dass das Ereignis E: „Bei genau einem der beiden Würfe liegt die Sonne oben." eingetreten ist? Erläutere.

7 Pat wirft eine Poker-Spielkarte so oft in die Luft, bis sie zum ersten Mal mit der Vorderseite nach oben landet. Gib einen passenden Ergebnisraum an.

Hast du schon einmal mit Schraubverschlüssen gewürfelt? Wenn sie an der Seite recht gerade sind, lassen sich drei Positionen unterscheiden.

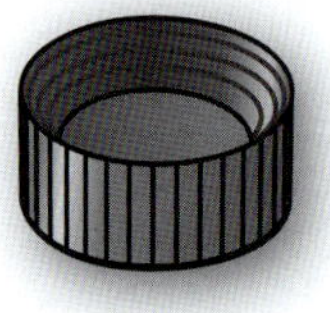
oben (o)

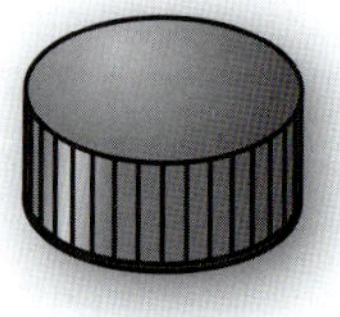
unten (u)

Seite (S)

- Besorge dir zehn gleichartige Verschlüsse (z. B. von Milchtüten oder Getränkeflaschen). Würfle wiederholt mit den Verschlüssen und vervollständige die Tabelle.

*Erinnere dich: Die tatsächliche Anzahl, wie oft ein Ergebnis vorkommt, bezeichnet man als **absolute Häufigkeit H**. Den Anteil, den ein Ergebnis in Bezug auf alle Ergebnisse hat, nennt man **relative Häufigkeit h**.*

Anzahl geworfener Verschlüsse	absolute Häufigkeit H			relative Häufigkeit h		
	H (o)	H (u)	H (S)	h (o)	h (u)	h (S)
10						
50						
100						
500						
1000						
...						

- Beschreibe, wie sich die absoluten und relativen Häufigkeiten in Abhängigkeit von der Anzahl der Würfe verändern.

Merkwissen

Führt man ein Zufallsexperiment sehr oft durch, dann beobachtet man, dass sich die **relativen Häufigkeiten** bei wachsender Versuchszahl stabilisieren. Das heißt, die relativen Häufigkeiten ändern sich kaum noch, wenn das Experiment nur oft genug durchgeführt wird. Diese Tatsache wird auch als das **empirische Gesetz der großen Zahlen** bezeichnet.

„Empirisch" bedeutet, dass das Gesetz auf Erfahrungen beruht.

Die stabilisierten relativen Häufigkeiten sind ein guter **Schätzwert für die Wahrscheinlichkeit**, mit der man die Ergebnisse eines Zufallsexperiments erwartet.

Beispiele

I Eine Reißzwecke wird wiederholt 1000-mal geworfen. Bestimme einen Schätzwert für die Wahrscheinlichkeit, dass die Reißzwecke auf dem Kopf landet.

Kopf:

Seite:

Durchgang	1	2	3	4
Anzahl Kopf	356	372	365	362

Lösungsmöglichkeiten:

1 relative Häufigkeit als Mittelwert aller Würfe:

$$\bar{x} = \frac{356 + 372 + 365 + 362}{4000} = \frac{1455}{4000} \approx 0{,}364 = 36{,}4\ \%$$

2 Mittelwert der relativen Häufigkeiten der einzelnen Durchgänge:

$$\bar{x} = \frac{0{,}356 + 0{,}372 + 0{,}365 + 0{,}362}{4} = \frac{1{,}455}{4} \approx 0{,}364 = 36{,}4\ \%$$

Man kann erwarten, dass in ca. 36 % der Fälle die Reißzwecke auf dem Kopf landet.

Verständnis

- Stimmt das? Egal wie häufig man ein Zufallsexperiment bei verschiedenen Durchgängen durchführt, kann man immer den Mittelwert der relativen Häufigkeiten als Schätzwert für die Wahrscheinlichkeit verwenden.
- Begründe, warum die Lösungsmöglichkeiten in Beispiel I gleichwertig sind.

Aufgaben

1 Wirf mehrere Reißzwecke auf einen harten Untergrund. Ermittle für die Lagen Kopf und Seite (siehe Beispiel I) einen Schätzwert für die Wahrscheinlichkeit, indem du wiederholt die Lage von 200 Reißzwecken bestimmst.

2 Eine Spielkarte wird 10-mal nacheinander in die Luft geworfen. Sie landet 7-mal auf der Vorderseite und 3-mal auf der Rückseite. Nelson ist sich sicher: „Die Wahrscheinlichkeit, dass die Spielkarte auf der Vorderseite landet, beläuft sich auf 70 %.“ Was meinst du dazu? Begründe deine Meinung.

3 Telefonnummern bestehen aus verschiedenen Ziffern. Die Tabelle zeigt die absoluten Häufigkeiten der Ziffern in den Seiten eines Telefonbuchs.

Ziffer	0	1	2	3	4	5	6	7	8	9
S. 34	354	276	451	289	313	462	243	178	254	327
S. 187	267	189	312	251	281	361	176	189	243	278
S. 342	317	229	395	321	276	385	207	165	265	332

a) Bestimme die relativen Häufigkeiten der Ziffern auf den einzelnen Seiten.

b) Bestimme einen Schätzwert für die Wahrscheinlichkeit der einzelnen Ziffern der Telefonnummern.

4 In deutschen Texten treten die Buchstaben mit unterschiedlichen Häufigkeiten auf.

a) Nimm eine beliebige Buchseite aus diesem Schulbuch und bestimme die Anzahl der einzelnen Buchstaben. Übertrage dazu die Tabelle in dein Heft und vervollständige sie.

Buchstabe	a	b	c	d	e	f	g		x	y	z
H („Buchstabe“)	▢	▢	▢	▢	▢	▢	▢	…	▢	▢	▢
h („Buchstabe“)	▢	▢	▢	▢	▢	▢	▢		▢	▢	▢

b) Führe die Untersuchung an einer weiteren Seite durch. Bestimme mit deinen Ergebnissen einen Schätzwert für die Wahrscheinlichkeiten des Auftretens der einzelnen Buchstaben.

5 Sicherlich kennst du das Spiel „Schere, Stein, Papier und Brunnen“. Dabei entscheidet man sich gleichzeitig für eine dieser Figuren und es gewinnt:

1 **Schere** schneidet Papier.
2 **Papier** bedeckt Brunnen und wickelt Stein ein.
3 **Stein** schleift Schere.
4 Stein bzw. Schere fällt in **Brunnen**.

a) Untersuche die Gewinnchancen, wenn man nur die Figuren Schere, Stein und Papier verwendet.

b) Beim Spiel mit allen Figuren hat man angeblich die besten Gewinnchancen, wenn man niemals „Stein“ benutzt. Überprüfe die Behauptung mit einem Partner, indem einer niemals „Stein“ benutzt und ein anderer in etwa einem Viertel aller Fälle. Beschreibt eure Ergebnisse und versucht, sie zu erklären.

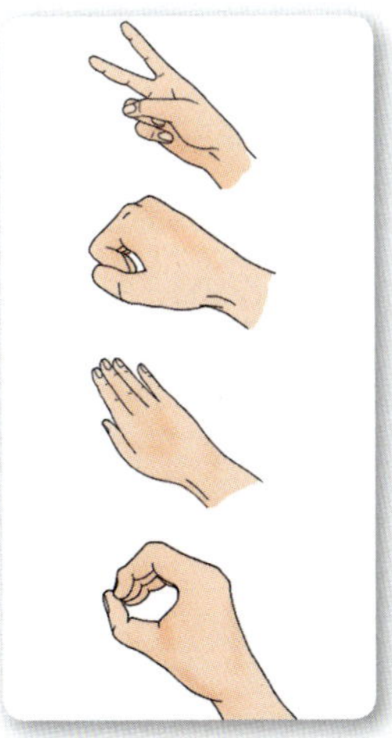

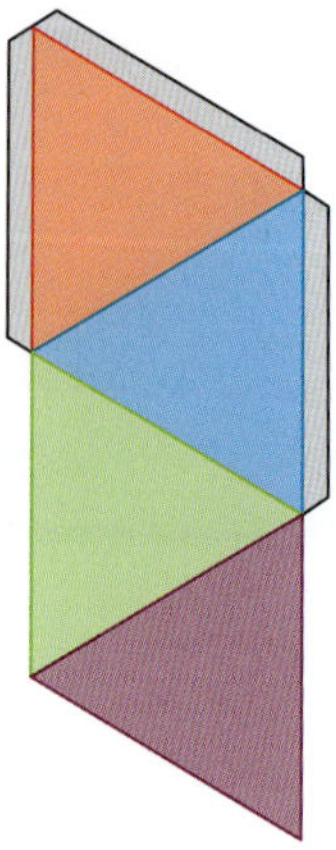

Bastle einen Tetraeder und male die Begrenzungsflächen mit den Farben rot, blau, grün und violett an.
Mit dem Tetraeder soll gewürfelt werden. Diejenige Farbe gilt als gewürfelt, mit der die untere, nicht sichtbare Fläche angemalt wurde.

- Überlege zunächst vor dem ersten Würfeln: In wie viel Prozent aller Fälle erwartest du, dass die Farbe rot (blau) gewürfelt wird? Begründe deine Antwort.
- Überprüfe deine Vermutungen, indem du mit dem Tetraeder 1000-mal würfelst. Stimmen die relativen Häufigkeiten mit deinen Erwartungen überein?
- Kannst du mit deinen Überlegungen auch einen Schätzwert für die Wahrscheinlichkeiten eines Spielwürfels angeben, ohne mit ihm zu würfeln?

MERKWISSEN

Bei manchen Zufallsexperimenten kann aufgrund theoretischer Überlegungen (z. B. Symmetriebetrachtungen) davon ausgegangen werden, dass **alle möglichen Ergebnisse gleich wahrscheinlich sind.**
Gibt es n mögliche Ergebnisse (n = 2, 3, 4, ...), dann ist die Wahrscheinlichkeit für jedes einzelne Ergebnis $\frac{1}{n}$. Man spricht von einer **Laplace-Wahrscheinlichkeit.**

Man sagt auch: „$\frac{\text{Günstige}}{\text{Mögliche}}$“

Das Zufallsexperiment heißt dann **Laplace-Experiment**.

Werden mehrere Ergebnisse zu einem Ereignis E zusammengefasst, dann berechnet sich die Wahrscheinlichkeit für das Ereignis E:

$\mathbf{P\,(E) = \frac{|E|}{|\Omega|}}$ |E| bezeichnet die Anzahl der Elemente des Ereignisses E, |Ω| die Anzahl der Elemente des Ergebnisraums.

Beispiel:
Aus den abgebildeten Buchstaben eines Wortspiels wird einer zufällig gezogen. Mit welcher Wahrscheinlichkeit ist es ein Vokal?

A, E, I, O, U sind Vokale.

$\Omega = \{I; M; N; O; S\}$ $|\Omega| = 5$

Es kann davon ausgegangen werden, dass alle fünf möglichen Ergebnisse gleich wahrscheinlich sind.

E = „Der gezogene Buchstabe ist ein Vokal.“
$E = \{I; O\}$ $|E| = 2$ $P\,(E) = \frac{2}{5} = 0{,}4 = 40\,\%$

BEISPIELE

I Mary sitzt bereits seit einer Stunde beim Zahnarzt im Warteraum. Sie weiß nur, dass es in der Praxis drei Behandlungszimmer (I, II und III) gibt.
Wie groß ist die Wahrscheinlichkeit, dass die Behandlung von Mary im Behandlungszimmer III stattfindet?

Die Annahme von gleichen Wahrscheinlichkeiten kann auch bei völliger Ungewissheit sinnvoll sein.

Lösung:
Für alle drei möglichen Behandlungszimmer kann die gleiche Wahrscheinlichkeit angenommen werden. Somit ist die Wahrscheinlichkeit, dass die Behandlung von Mary in Zimmer III stattfindet, $\frac{1}{3} = 0{,}\overline{3} = 33{,}\overline{3}\,\%$.

II In einem Beutel sind 64 Kugeln. Manche sind grün, der Rest rot. Wie viele es von jeder Farbe sind, ist leider nicht bekannt.
Die Wahrscheinlichkeit, eine rote Kugel zu ziehen, beträgt P („rote Kugel“) = $\frac{11}{16}$.
Wie viele Kugeln von jeder Farbe sind im Beutel?

Lösung:
Insgesamt sind 64 Kugeln im Beutel, also sind 64 Ergebnisse möglich. Erweitert man den Bruch mit 4, so folgt:
P („rote Kugel“) = $\frac{11}{16} = \frac{44}{64}$.
Somit sind 44 der 64 Kugeln rot, die restlichen 20 Kugeln sind grün.

Verständnis

- Kann die Laplace-Wahrscheinlichkeit für ein mögliches Ergebnis bei einem Zufallsexperiment 75 % betragen? Begründe.
- Erkläre den Zusammenhang zwischen der Wahrscheinlichkeit eines Elementarereignissens $\frac{1}{n}$ und der allgemeinen Formel $P(E) = \frac{|E|}{|\Omega|}$.

Aufgaben

1 Entscheide, ob es sich um ein Laplace-Experiment handelt. Begründe.
a) Werfen einer 50-ct-Münze
b) Ziehen der Zusatzzahl beim *Samstagslotto 6 aus 49*
c) Würfeln mit einem halbkugelförmigen Karamellbonbon
d) Werfen eines Flaschendeckels
e) Ziehen eines Loses aus einer Lostrommel

2 Ordne den angegebenen Laplace-Wahrscheinlichkeiten das passende Zufallsgerät zu.
1 8,$\overline{3}$ %
2 16,$\overline{6}$ %
3 33,$\overline{3}$ %

Urne

Würfel

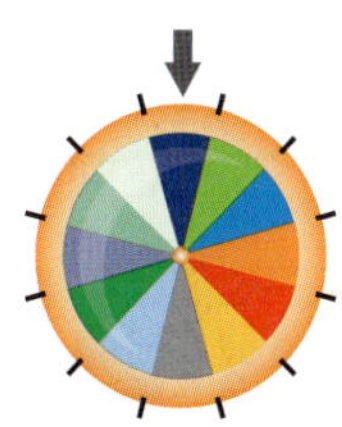
Glücksrad

3 Gib die zugehörige Laplace-Wahrscheinlichkeit in Prozent an.
a) Werfen eines Buchstabenwürfels mit den Buchstaben A, D, I, R, T und W
b) Ziehen einer Socke aus einer Sockenschublade, in der ein Paar dunkelblaue und ein Paar schwarze Socken liegen
c) Werfen eines Oktaeder-Würfels mit den Augenzahlen 1, 2, 3, 4, 5, 6, 7 und 8

4 Denke dir jeweils zwei Laplace-Experimente aus, bei denen jedes mögliche Ergebnis mit der folgenden Wahrscheinlichkeit auftritt. Stelle sie der Klasse vor.
a) 0,5   b) 5 %   c) $\frac{1}{5}$ d) 25 %   e) $\frac{1}{3}$

5 Die Abbildungen zeigen verschiedene Glücksräder.
1

2

3
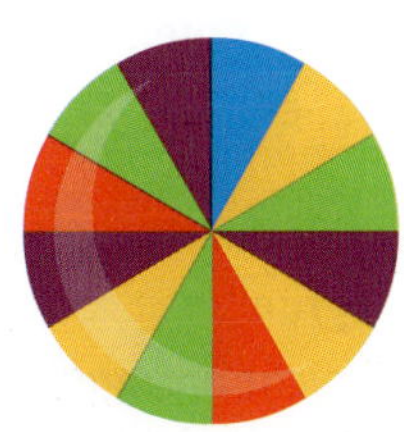

a) Bestimme jeweils die Wahrscheinlichkeit für die Farbe blau (gelb).
b) Jedes Glücksrad wird 200-mal (360-mal) gedreht. Wie oft erwartest du die Farbe blau (gelb)?

Die Kugeln sind jeweils gleichartig, d. h. durch Fühlen nicht zu unterscheiden.

6 Die Abbildungen zeigen Behälter mit verschiedenfarbigen Kugeln.

1 
2 
3 

a) Bestimme jeweils die Wahrscheinlichkeit dafür, eine blaue Kugel zu ziehen, wenn man aus dem vollen Behälter eine Kugel entnimmt.

b) Jemand zieht jeweils 120-mal eine Kugel und legt diese anschließend wieder zurück. Wie oft erwartest du, dass eine blaue Kugel gezogen wird?

7 In einem Gefäß sind 7 schwarze, 3 weiße und 5 rote Kugeln, die jeweils gleich groß sind. Bestimme die Wahrscheinlichkeit für das Ziehen einer ...

a) Kugel, die nicht rot ist. **b)** schwarzen Kugel. **c)** roten Kugel.
d) Kugel, die nicht grün ist. **e)** schwarzen oder roten Kugel. **f)** gelben Kugel.

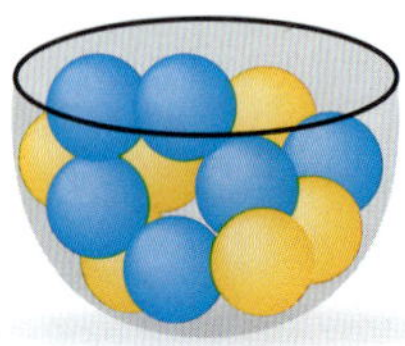

8 In einem Becher sind insgesamt 24 blaue und gelbe Kugeln. Die Wahrscheinlichkeit, eine gelbe Kugel zu ziehen, ist ...

a) $\frac{1}{2}$. **b)** $\frac{2}{3}$. **c)** $\frac{3}{8}$. **d)** $\frac{5}{6}$.

Wie viele Kugeln von jeder Farbe befinden sich jeweils im Becher?

9 Die Abbildung zeigt alle Spielkarten eines Skatspiels.

Bezeichnungen:
J: Bube ♣*: Kreuz*
Q: Dame ♥*: Herz*
K: König ♠*: Pik*
A: Ass ♦*: Karo*

a) Aus dem Spiel wird verdeckt eine Karte gezogen. Wie groß ist die Wahrscheinlichkeit, dass es sich dabei ...

1 um Herz 10 handelt?
2 um eine schwarze Karte handelt?
3 um eine Kreuzkarte handelt?
4 um ein Ass handelt?
5 um ein Bild handelt?
6 um eine Zahlkarte 7 bis 10 handelt?
7 um eine rote Dame handelt?
8 um ein Kreuz-Bild handelt?

b) Sind alle Ereignisse gleich wahrscheinlich, dann lassen sich die Wahrscheinlichkeiten wie Anteile bestimmen. Begründe diese Aussage.

c) Nelly hat das Herz Ass aus dem Spiel gezogen. Sie zieht noch einmal blind. Bestimme die Wahrscheinlichkeit, dass die zweite Karte wieder ...

1 ein Ass ist. 2 eine Herzkarte ist.

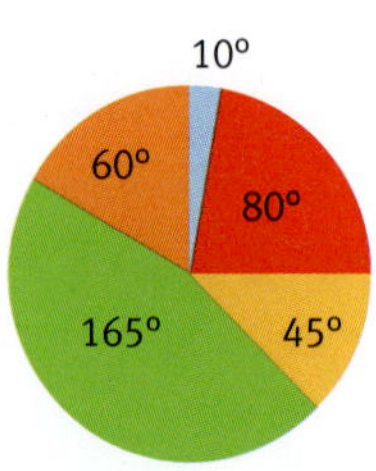

10 Gib die Wahrscheinlichkeiten zu den Ereignissen beim abgebildeten Glücksrad an.

a) „grün“ **b)** „rot oder blau“
c) „nicht orange“ **d)** „weder grün noch gelb“

11 Abgebildet sind die Lottotipps von Albert und Bertram. Einer der beiden hat 6 Richtige.
Was meinst du zu Hedwigs Einschätzung?
Begründe deine Meinung.

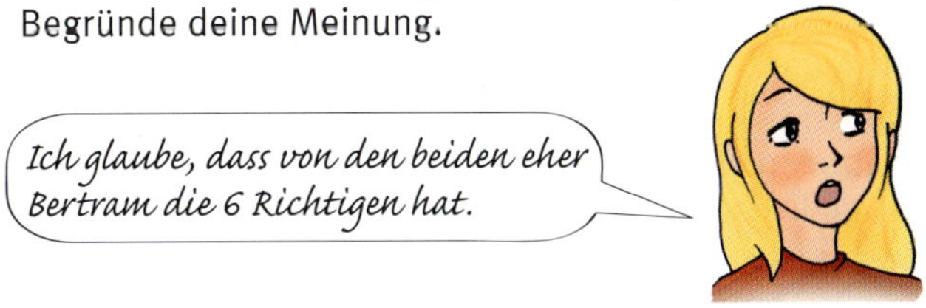

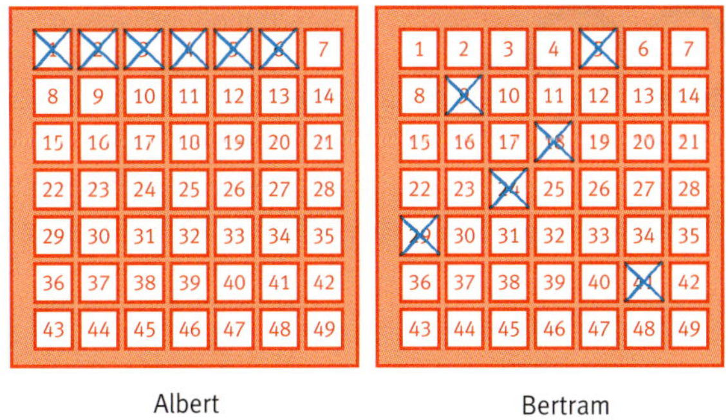

12 Beim „Mensch-ärgere-dich-nicht" ist die Spielsituation wie dargestellt.

Informiere dich über die gängigen Spielregeln.

a) Max, der die gelben Figuren hat, darf würfeln. Wie groß ist die Wahrscheinlichkeit, dass er mit diesem Wurf ...
   1 eine neue Figur ins Spiel bringen kann?
   2 mit einer Figur ins Haus einziehen kann?
   3 eine andere Figur schlagen kann?

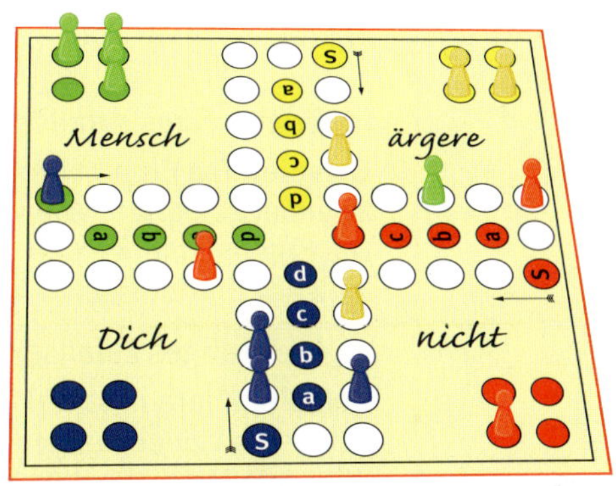

b) Max hat eine  gewürfelt. Nun ist Uli dran.
   Pia stellt dazu fest:

Welche Farbe haben Ulis Figuren? Begründe.

13 Beim Roulette kann die Kugel auf die Zahlen von 0 bis 36 fallen.
Auf dem Spielfeld gibt es verschiedene Möglichkeiten zum Setzen:

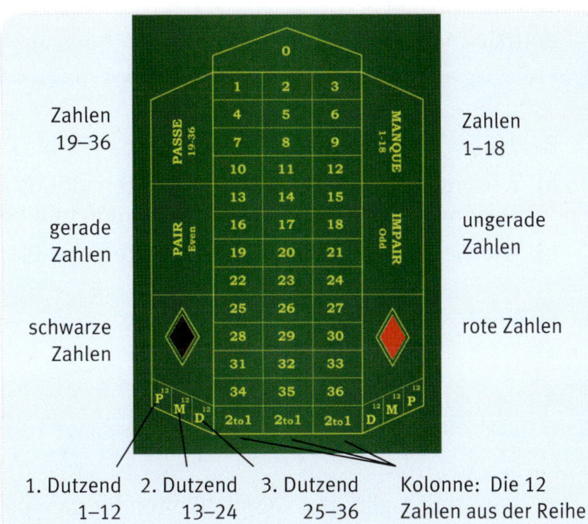

Beachte: Die Zahl 0 ist beim Roulette weder gerade noch ungerade. Sie ist nicht rot und auch nicht schwarz und gehört auch zu keinem Dutzend und keiner Kolonne.

a) Bestimme die Wahrscheinlichkeit für die Ereignisse:
   1 Es fällt die Zahl 18.
   2 Es kommt die Zahl 0.
   3 Die Zahl ist gerade.
   4 Es fällt eine schwarze Zahl.
   5 Es kommt eine Zahl aus dem 1. Dutzend (aus einer Kolonne).

b) Für eine einzelne Zahl erhält ein Spieler das 36-Fache seines Einsatzes zurück.
   Findest du das Spiel fair? Begründe.

Bei den olympischen Spielen in Peking 2008 gab es im Handball zwei Gruppen. Im Endspiel spielt die beste Mannschaft aus Gruppe A gegen die beste Mannschaft aus Gruppe B.
Es wird angenommen, dass alle Mannschaften gleich gut spielen.

Gruppe A	Gruppe B
Frankreich	Südkorea
Polen	Dänemark
Kroatien	Island
Spanien	Russland
Brasilien	Deutschland

- Wie viele mögliche Kombinationen gibt es? Überlege zunächst, wie du möglichst geschickt vorgehen kannst.
- Wie groß ist die Wahrscheinlichkeit, dass Deutschland ins Finale kommt?

Ein Baumdiagramm verzweigt sich wie die Äste einer Baumkrone.

*Die Multiplikation der Möglichkeiten auf jeder Stufe wird auch oft als **Zählprinzip** bezeichnet.*

Merkwissen

Will man unterschiedliche Dinge miteinander kombinieren, so kann man die verschiedenen Möglichkeiten in einem **Baumdiagramm** darstellen. Es besteht aus verschiedenen Stufen, an dem sich das Diagramm verzweigt. Für jede Stufe muss man sich stets überlegen, welche Bedeutung sie haben soll. Zu jedem Ergebnis gehört ein **Pfad**. Die Anzahl der Pfade entspricht der **Anzahl der Ergebnisse**.

1 Zweistufiges Zufallsexperiment:
Beispiel: Ein Chip mit roter und blauer Seite wird zweimal geworfen. Wie viele Ergebnisse gibt es?
Die Ergebnismenge $\Omega = \{rr; rb; br; rr\}$ enthält $2 \cdot 2 = 4$ Ergebnisse.

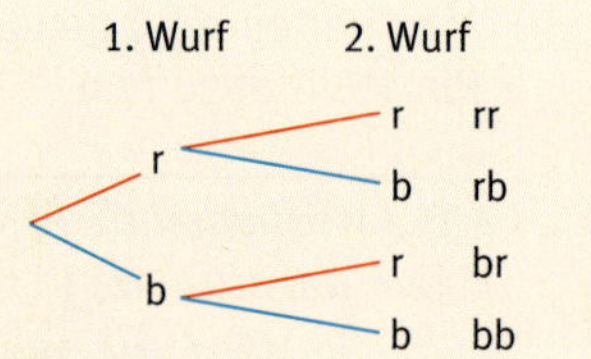

2 Dreistufiges Zufallsexperiment:
Beispiel: Clara hat zwei Mützen, drei Schals und zwei Paar Handschuhe. Wie viele Möglichkeiten hat sie, die drei Kleidungsstücke miteinander zu kombinieren?
Die Ergebnismenge $\Omega = \{M_1S_1H_1; M_1S_1H_2; ...; M_2S_3H_2\}$ enthält $2 \cdot 3 \cdot 2 = 12$ Ergebnisse.

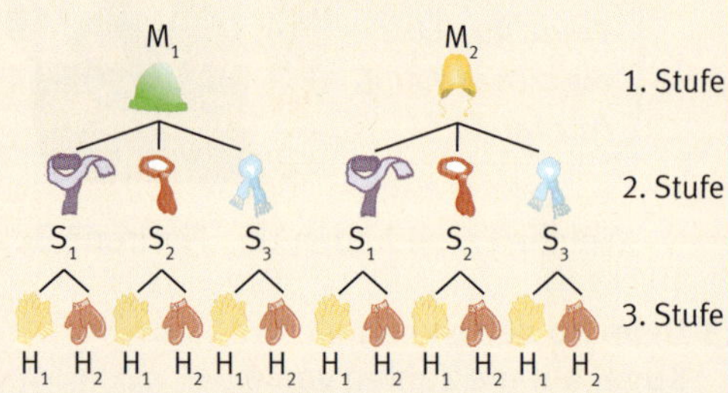

Beispiel

Ein Baumdiagramm kann nach unten sehr breit werden. Zeichne deshalb die Äste in der ersten Stufe so weit wie möglich auseinander.

I Bei einem Pferderennen sind vier Pferde (P1 bis P4) am Start.

a) Wie viele verschiedene Möglichkeiten gibt es für die ersten beiden Plätze? Zeichne ein passendes Baumdiagramm und beschreibe seinen Aufbau.

b) Wie viele Möglichkeiten für die ersten drei Plätze gibt es?

Lösung:

a)

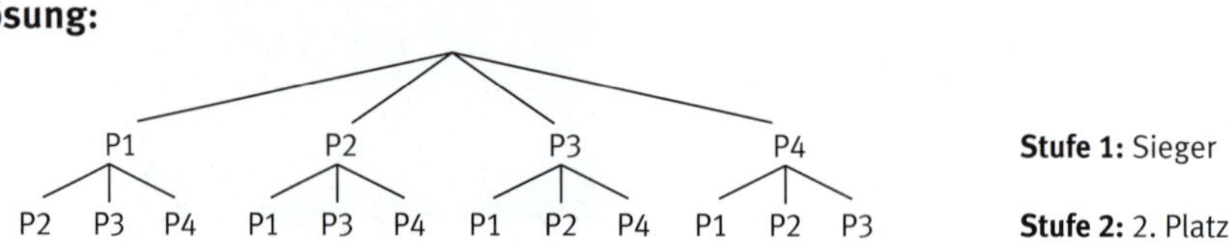

Auf Stufe 1 gibt es 4 Möglichkeiten für das Siegerpferd. Dieses ist dann im Ziel, sodass für den 2. Platz in Stufe 2 noch jeweils 3 Pferde in Frage kommen. Insgesamt erhält man damit 12 Möglichkeiten. Eine Rechnung liefert ebenfalls $4 \cdot 3 = 12$ Möglichkeiten, die ersten beiden Plätze zu besetzen.

b) Für den 3. Platz (Stufe 3) verbleiben nach jeder der obigen Kombinationen noch 2 Pferde. Insgesamt: $4 \cdot 3 \cdot 2 = 24$ Möglichkeiten für die ersten drei Plätze.

VERSTÄNDNIS

- Nenne Beispiele, bei denen die Anzahl der Möglichkeiten auf jeder Stufe eines Baumdiagramms gleich groß ist.
- Ein Baumdiagramm kann man in verschiedene Richtungen zeichnen (z. B. auch von links nach rechts). Nenne Vor- und Nachteile der einzelnen Anordnungen.

AUFGABEN

1 Nico möchte sich eine Eistüte mit drei verschiedenen Sorten Eis kaufen. Die Eisdiele hat sechs verschiedene Sorten zur Auswahl. Wie viele Möglichkeiten gibt es, eine Eistüte mit lauter verschiedenen Sorten für Nico zusammenzustellen?

2 a) Ali, Samira, Hassan und Merve sollen beim Schultheater nebeneinander auf einer Bank sitzen. Wie viele verschiedene Sitzordnungen gibt es? Probiere aus, zeichne ein Baumdiagramm und beschreibe seinen Aufbau.

b) Stelle die Rechnung auf, mit der du die Anzahl der Möglichkeiten angeben kannst, wenn sich 5, 6, 7, ..., 10, 20, ..., n Kinder nebeneinander setzen möchten. Fomuliere eine Regel.

3 Du wirfst einen Laplace-Würfel zweimal hintereinander. Ermittle die Wahrscheinlichkeiten der folgenden Ereignisse. Nutze ein Baumdiagramm zur Veranschaulichung.
A: „Es wird zweimal die 6 geworfen."
B: „Es wird zweimal die gleiche Zahl, also ein Pasch, gewürfelt."
C: „Es werden nur ungerade Zahlen gewürfelt."

4 Zainab steht vor ihrem Kleiderschrank und kann sich nicht entscheiden, was sie anziehen möchte. Zur Auswahl stehen vier verschiedene Hosen, sechs T-Shirts, drei Pullover, zwei Paar Socken und ein Paar Schuhe.
Auf wie viele Arten kann Zainab sich kleiden, wenn sie eine Hose, ein T-Shirt, einen Pullover, ein Paar Socken und Schuhe anziehen möchte?

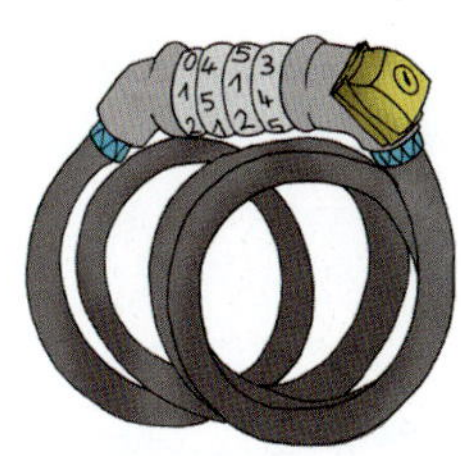

5 Zum Geburtstag hat Murat ein tolles neues Fahrrad bekommen. Natürlich braucht er auch ein Schloss.

a) Warum gibt es keine Zahlenschlösser mit nur einer verstellbaren Ziffer?

b) Murat hat zwei Schlösser zur Auswahl: eines mit vier Ziffernräder jeweils von 0 bis 5 und eines mit drei Ziffernräder von 0 bis 9. Hilf Murat bei seiner Wahl.

6 Josef und Tina wollen Pizza bestellen. In der Karte können sie auswählen zwischen folgenden Belagsorten:
Grundbelag: **S**alami, **Sch**inken   Beilage: **P**eperoni, **O**liven, **C**hampignons

a) Wie viele unterschiedliche Pizzen könnten sie bestellen, wenn sie einen Grundbelag und eine Beilage auswählen müssten? Zeichne dazu ein Baumdiagramm. Verwende die markierten Buchstaben als Kürzel.

b) Als Felix hinzukommt, wollen sie noch eine Käsesorte auswählen. Dazu bietet der Lieferservice **M**ozzarella und **G**ouda an. Wie viele Kombinationsmöglichkeiten gibt es nun für eine Pizza aus Grundbelag, Beilage und Käse?

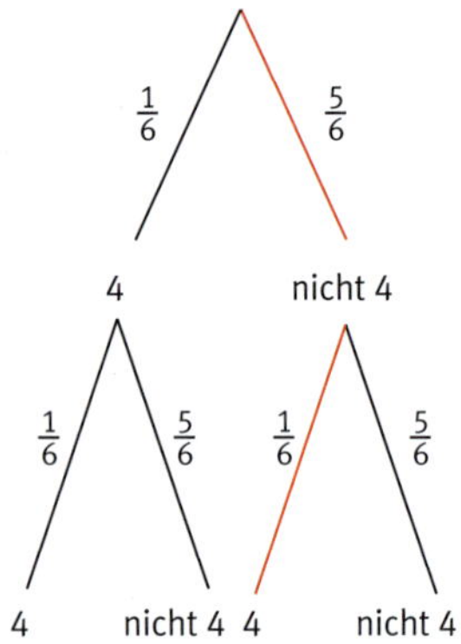

Das abgebildete Baumdiagramm soll veranschaulichen, ob bei einem Zufallsexperiment die Zahl 4 auftritt oder nicht.

- Beschreibe das Baumdiagramm mit eigenen Worten.
  Gib die Bedeutung der Zahlen an den einzelnen Zweigen an.
- Nenne einen Sachzusammenhang, der zum Baumdiagramm passen könnte.
- Beschreibe das Ereignis E, das zu dem rot gezeichneten Ast passt. Bestimme dessen Wahrscheinlichkeit P (E).
- Formuliere eine Regel, wie man die Wahrscheinlichkeit eines Astes in einem Baumdiagramm bestimmen kann.

Merkwissen

1. Pfadregel:
Jedem **Ergebnis** entspricht genau **ein Pfad im Baumdiagramm.** Die Wahrscheinlichkeit eines Ergebnisses wird berechnet, indem alle Wahrscheinlichkeiten **entlang des Pfads** miteinander **multipliziert** werden.

Die Wahrscheinlichkeit eines Ergebnisses schreibt man direkt an den zugehörigen Pfad.

Beispiel: Aus einer Urne mit drei weißen und zwei schwarzen Kugeln werden nacheinander zwei Kugeln gezogen.
Die gezogene Kugel wird nicht zurückgelegt.

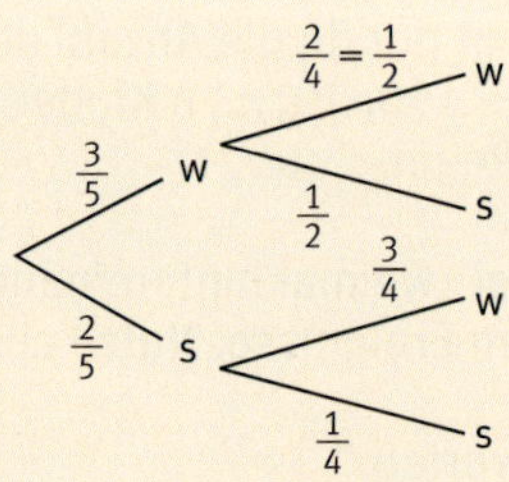

$P\,(ww) = \frac{3}{5} \cdot \frac{1}{2} = \frac{3}{10} = 30\,\%$

$P\,(ws) = \frac{3}{5} \cdot \frac{1}{2} = \frac{3}{10} = 30\,\%$

$P\,(sw) = \frac{2}{5} \cdot \frac{3}{4} = \frac{3}{10} = 30\,\%$

$P\,(ss) = \frac{2}{5} \cdot \frac{1}{4} = \frac{1}{10} = 10\,\%$

2. Pfadregel:
Gehören zu einem **Ereignis** mehrere Ergebnisse, so müssen die **Pfadwahrscheinlichkeiten** der einzelnen Ergebnisse **addiert** werden, um die Wahrscheinlichkeit des Ereignisses zu berechnen.
P („eine schwarze und eine weiße Kugel") = P (ws) + P (sw) = $\frac{3}{10} + \frac{3}{10} = \frac{6}{10}$

Ein Zufallsexperiment, das mehrmals nacheinander durchgeführt wird, heißt mehrstufig.

Beispiel

I Aus einer Urne zieht man zwei Kugeln ...

(1) mit Zurücklegen. (2) ohne Zurücklegen.

Zeichne jeweils ein Baumdiagramm. Berechne die Wahrscheinlichkeit für das Ziehen zweier gleicher Kugeln.

Beim „Ziehen mit Zurücklegen" verändern sich die Wahrscheinlichkeiten nicht.

Lösung:

(1)

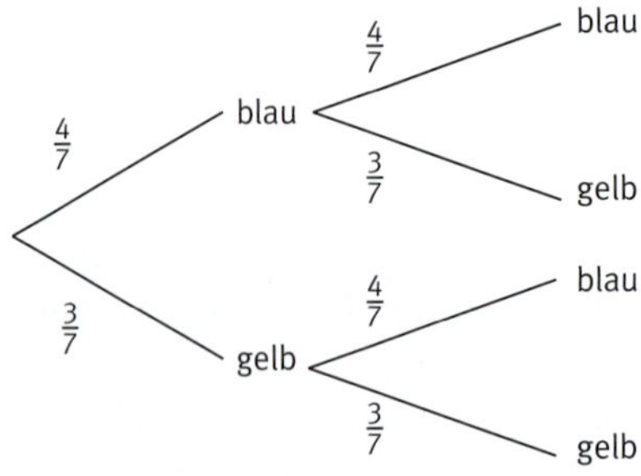

$P\,(bb) = \frac{4}{7} \cdot \frac{4}{7} = \frac{16}{49}$

$P\,(gg) = \frac{3}{7} \cdot \frac{3}{7} = \frac{9}{49}$

P („zwei gleichfarbige Kugeln") = P (bb) + P (gg) = $\frac{16}{49} + \frac{9}{49} = \frac{25}{49}$

2

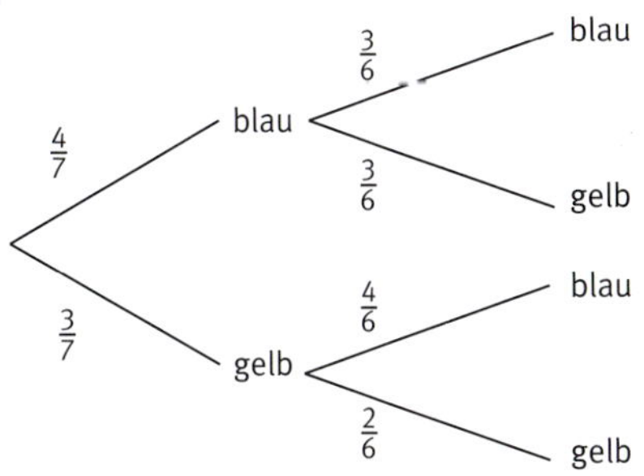

$P\,(bb) = \frac{4}{7} \cdot \frac{3}{6} = \frac{2}{7}$

$P\,(gg) = \frac{3}{7} \cdot \frac{2}{6} = \frac{1}{7}$

P („zwei gleichfarbige Kugeln“) = $P\,(bb) + P\,(gg) = \frac{2}{7} + \frac{1}{7} = \frac{3}{7}$

VERSTÄNDNIS

- Warum ist es wahrscheinlicher, beim viermaligen Werfen einer Laplace-Münze zweimal Wappen und zweimal Zahl zu erhalten, als viermal Zahl?
- Du ziehst aus einer Urne mit schwarzen und weißen Kugeln. Wie unterscheidet sich das Baumdiagramm beim Ziehen mit Zurücklegen von dem beim Ziehen ohne Zurücklegen? Woher kommen die Unterschiede?

AUFGABEN

1 Eine Laplace-Münze wird dreimal geworfen. Wie groß ist die Wahrscheinlichkeit, dass ...

a) jedes Mal Zahl erscheint?

b) zweimal Wappen und zweimal Zahl erscheint?

c) mindestens einmal Zahl erscheint?

d) höchstens einmal Zahl erscheint?

2 Jannis und Carlo spielen in der gleichen Handballmannschaft. Jannis trifft einen Siebenmeter mit 90 % Wahrscheinlichkeit, Carlo in 70 % der Fälle. Im Training wirft zuerst Jannis und danach Carlo.

a) Wie groß ist die Wahrscheinlichkeit, dass ...

1 beide treffen? 2 keine trifft?

3 mindestens eine trifft? 4 Jannis trifft, Carlo jedoch nicht?

b) Wie verändern sich die Wahrscheinlichkeiten aus a), wenn zuerst Carlo wirft und dann Jannis?

3 Beim Kniffel-Spiel würfelt man gleichzeitig mit fünf Würfeln. Einen sogenannten „Kniffel“ hat man, wenn alle Würfel die gleiche Augenzahl zeigen.

Ob du gleichzeitig mit fünf Würfeln würfelst oder den gleichen Würfel fünfmal nacheinander wirfst, macht mathematisch keinen Unterschied.

a) Wie groß ist die Wahrscheinlichkeit, beim ersten Versuch einen Kniffel aus fünf Sechsen zu bekommen?

b) Wie groß ist die Wahrscheinlichkeit, beim ersten Versuch einen Kniffel mit einer beliebigen Augenzahl zu würfeln?

c) Manchmal wird Kniffel auch mit sechs Würfeln gespielt. Wie groß ist dann die Wahrscheinlichkeit, auf Anhieb einen Kniffel zu würfeln?

d) Eine „große Straße“ hat man gewürfelt, wenn jede Augenzahl genau einmal vorkommt. Bestimme beim Kniffeln mit sechs Würfeln die Wahrscheinlichkeit, beim ersten Versuch eine große Straße zu bekommen.

4 Statistische Erhebungen haben ergeben, dass bei der Geburt die Wahrscheinlichkeit für einen Jungen 51,3 % beträgt.

a) Wie groß ist die Wahrscheinlichkeit, dass eine Familie, die zwei Kinder hat, zwei Mädchen (zwei Jungen) hat?

b) Wie groß ist die Wahrscheinlichkeit, dass eine Familie mit drei Kindern zwei Mädchen und einen Jungen hat?

5 Beim Mensch-ärgere-dich-nicht-Spiel darf man nur starten, wenn man eine Sechs würfelt. Dazu hat man maximal drei Versuche.

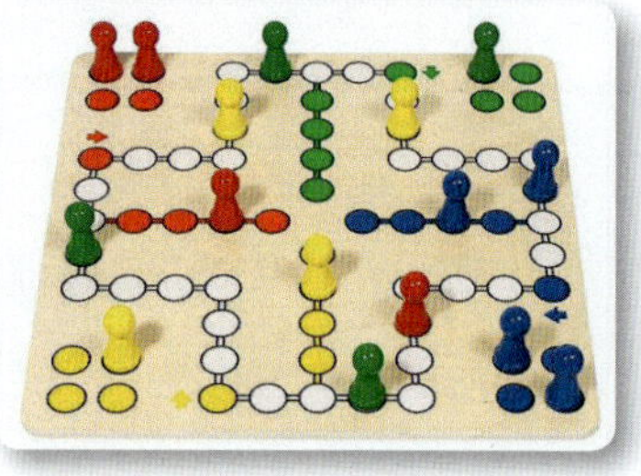

a) Zeichne ein Baumdiagramm. Beachte, dass es nach dem Würfeln einer Sechs keine Rolle mehr spielt, welche Zahl als nächstes gewürfelt wird.

b) Wie groß ist die Wahrscheinlichkeit, dass man starten darf?

c) Timo spielt mit den gelben Steinen. Mit welcher Wahrscheinlichkeit schlägt Timo mit dem nächsten Wurf einen anderen Stein?

Manchmal reicht auch nur der Anfang eines Baumdiagramms aus, um dessen Aufbau zu verstehen und dann die Möglichkeiten zu berechnen.

6 Ein Fragebogen besteht aus 12 Fragen zum Ankreuzen, die alle entweder mit „trifft zu“ oder „trifft nicht zu“ beantwortet werden müssen.

a) Gib die Anzahl der Möglichkeiten für das Ausfüllen dieses Fragebogens an.

b) Ein Fragebogen mit fünf Fragen wird zufällig ausgefüllt. Wie groß ist die Wahrscheinlichkeit, dass …

1 alle Fragen richtig beantwortet wurden?

2 80 % aller Fragen richtig beantwortet wurden?

3 mindestens 80 % aller Fragen richtig beantwortet wurden?

7 Luisa hat ihr Handy verloren. Zum Glück war es ausgeschaltet. Wenn der Code dreimal hintereinander falsch eingegeben wird, wird die SIM-Karte automatisch gesperrt. Sie fragt sich: „Mit welcher Wahrscheinlichkeit gelingt es einem Finder, den vierstelligen PIN-Code zu knacken?“.

a) Gib einen Schätzwert für die Chancen des Finders an.

b) Ermittle die Wahrscheinlichkeit, dass beim ersten Versuch der richtige PIN-Code eingegeben wird.

c) Ermittle die Wahrscheinlichkeit, den Code erst beim zweiten (dritten) Versuch zu knacken.

d) Wie groß ist die Wahrscheinlichkeit, den PIN-Code herauszufinden, bevor die SIM-Karte gesperrt wird? Verwende die Lösungen von b) und c).

Die Zahlen reichen von 0 000 000 bis 9 999 999.

8 Beim „Spiel 77“ nimmt ein Spieler mit seiner gewählten 7-stelligen Zahl an einer Ziehung teil, die auf dem Lotto-Spielschein abgedruckt ist. Der Spieleinsatz beträgt 2,50 €. Je nachdem, wie viele Endziffern (EZ) mit der gezogenen Zahl übereinstimmen, erhält man einen unterschiedlich hohen Gewinn. Wie groß ist die Wahrscheinlichkeit für die verschiedenen Gewinne?

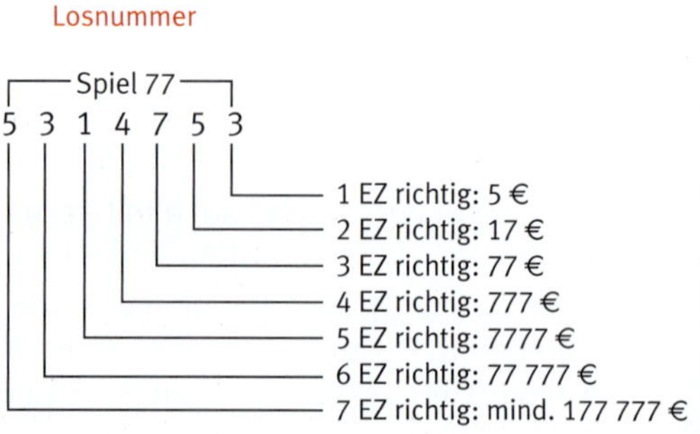

9 Etwa 25 % einer Bevölkerung sind Linkshänder. Ermittle die Wahrscheinlichkeit, dass unter 10 zufällig ausgewählten Personen ...

a) nur Linkshänder sind.

b) keine Linkshänder sind.

c) mindestens ein Linkshänder ist.

d) höchstens ein Rechtshänder ist.

10 Aus einer Urne werden nacheinander (ohne Zurücklegen) vier Kugeln gezogen. Aus den gezogenen Kugeln soll das Wort AFFE gebildet werden. Ermittle die Wahrscheinlichkeit für dieses Ereignis, wenn ...

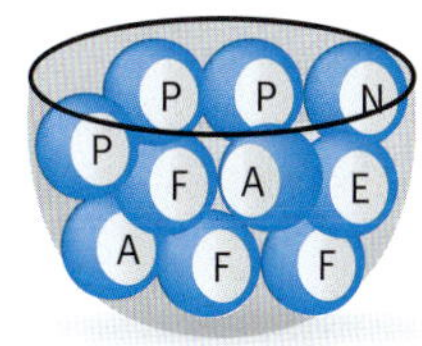

a) die Kugeln in der richtigen Reihenfolge gezogen werden müssen.

b) die Reihenfolge nach dem Ziehen verändert werden darf.

11 Alberta kommt neu in ihre Klasse und wird von der Klassenleiterin zwischen Frank und Tine gesetzt.

a) Wie groß ist die Wahrscheinlichkeit, dass einer ihrer neuen Banknachbarn am gleichen Tag Geburtstag hat wie sie?

b) Wie groß ist die Wahrscheinlichkeit, dass zwei von ihnen am gleichen Tag Geburtstag haben?

c) Wie groß ist die Wahrscheinlichkeit, dass alle drei am gleichen Tag Geburtstag haben?

12 Ein Laptophersteller testet jeden Laptop dreimal, bevor er verkauft wird. Ein bestimmter Fehler wird bei jeder Kontrolle mit 20 % Wahrscheinlichkeit übersehen. Bestimme die Wahrscheinlichkeit, dass ein Laptop, der diesen Fehler aufweist, ...

a) schon bei der ersten Kontrolle entdeckt wird.

b) erst im dritten Test entdeckt wird.

c) fehlerhaft verkauft wird.

Spiel

Einer gewinnt immer ... (Partnerspiel)

Spielmaterial

- drei verschiedene Würfel:

  1 viermal 3, zweimal 6 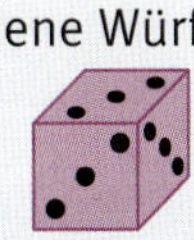
  2 zweimal 2, viermal 5 
  3 sechsmal 4 

- 10 Spielplättchen pro Spieler, z. B. 1-ct-Münzen

Regeln

- Der erste Spieler wählt einen Würfel aus. Anschließend wählt der zweite Spieler seinen Würfel.
- Nun wird gewürfelt. Wer die niedrigere Augenzahl hat, gibt ein Spielplättchen an seinen Mitspieler ab.
- Das Spiel ist zu Ende, wenn einer der Spieler keine Spielplättchen mehr hat.
- Fortsetzung: Tauscht die Rollen, sodass der zweite Spieler nun zuerst einen Würfel wählen kann. Wiederholt das Spiel. Was stellt ihr fest? Findet Gründe.

Zu 5.1

1 Welche der folgenden Vorgänge können Zufallsexperimente sein? Begründe.

a) Werfen eines Würfels mit lauter gleichen Augenzahlen
b) Auslosen des Tafeldiensts für die nächste Woche

a) Klassenwettkampf im Weitsprung
b) Kinobesuch von Familie Schlau am Sonntagnachmittag

2 Gib einen passenden Ergebnisraum an. Notiere ein sicheres sowie ein unmögliches Ereignis.

Zwei Würfel werden gleichzeitig geworfen.

Die vier Freunde Anna, Bert, Clemens und Doris mieten sich jeweils zu zweit ein Tretboot.

Zu 5.2

3 Luca hat einen manipulierten Würfel 2500-mal geworfen und die absoluten Häufigkeiten für die einzelnen Augenzahlen in eine Tabelle eingetragen:

Augenzahl	1	2	3	4	5	6
H	319	362	419	307	496	597

a) Berechne die zugehörigen relativen Häufigkeiten in Prozent.
b) Ermittle einen Schätzwert für die Wahrscheinlichkeit, mit diesem Würfel eine Sechs zu werfen.
c) Beschreibe, wie Luca vorgehen könnte, um einen noch besseren Schätzwert zu erhalten.

a) Bestimme aus den Daten einen ungefähren Wert für die Wahrscheinlichkeit, mit der man mit Lucas Würfel eine Sechs wirft.
b) Luca behauptet: „Eine Fünf oder Sechs zu würfeln ist doppelt so wahrscheinlich wie eine Eins oder Vier zu werfen.“
Nimm Stellung zu Lucas Aussage.

Zu 5.3

4 Paula hat die drei abgebildeten „Spielwürfel“ zur Verfügung:

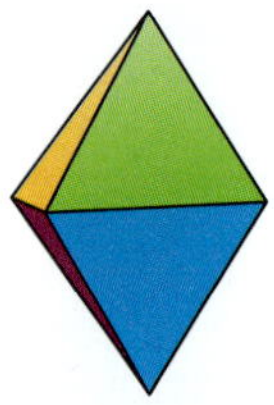

Oktaeder:
8 gleich große Seiten

Dodekaeder:
12 gleich große Seiten

Ikosaeder:
20 gleich große Seiten

Alle „Würfelseiten“ sind mit unterschiedlichen Farben gefärbt.
a) Bestimme jeweils die Wahrscheinlichkeit für die Farbe Gelb.
b) Begründe, dass es sich beim Werfen dieser „Spielwürfel“ um Laplace-Experimente handelt.

a) Wie viele Würfelseiten müssen jeweils gelb angemalt sein, damit die Wahrscheinlichkeit für die Farbe Gelb 25 % beträgt?
b) Erkläre, wie die Würfelseiten gefärbt sein müssen, dass es sich beim Werfen aller „Spielwürfel“ um Laplace-Experimente handelt.

5 In einem Becher sind blaue und rote Kugeln.

Wie viele der insgesamt 32 Kugeln sind blau, wenn die Wahrscheinlichkeit für das Ziehen einer blauen Kugel $\frac{1}{8}$ beträgt?

Die Wahrscheinlichkeit, eine blaue Kugel zu ziehen, beträgt $\frac{3}{8}$. Wie viele blaue bzw. rote Kugeln könnte der Becher enthalten? Mache mindestens drei Vorschläge.

6 Korbinian würfelt zweimal mit dem abgebildeten Würfel und multipliziert die Augenzahlen.

Netz des Würfels:

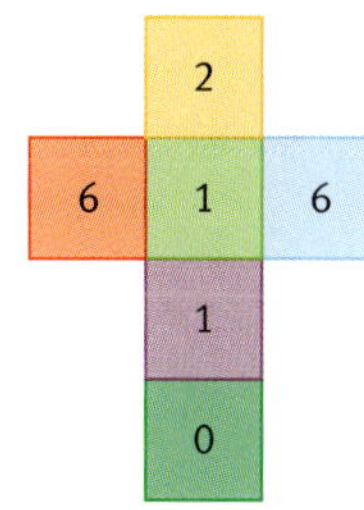

a) Gib ein unmögliches Ergebnis dieses Zufallsexperiments an.
b) Bestimme den Ergebnisraum.
c) Handelt es sich um ein Laplace-Experiment? Begründe.
d) Verändere das Würfelnetz so, dass es noch wahrscheinlicher ist, Null zu würfeln. Der Ergebnisraum soll gleich bleiben?

a) Bestimme den Ergebnisraum.
b) Isabel macht das Zufallsexperiment mit einem anderen Würfel. Ihr Ergebnisraum lautet {0; 1; 3; 4; 9; 12; 16}. Zeichne ein mögliches Netz von Isabels Würfel.
c) Wie muss das Netz in Aufgabe b) beschaffen sein, damit es möglichst wahrscheinlich ist, 16 zu erhalten?

7 Bei einem „Einarmigen Banditen" werden als Gewinn Kaugummikugeln ausgeworfen, wenn alle drei Rädchen das gleiche Symbol anzeigen.

Zu 5.4
Zu 5.5

a) Auf den Rädchen gibt es die Symbole , △ und . Zeichne ein Baumdiagramm, aus dem alle möglichen Kombinationen hervorgehen. Wie viele sind es?
b) Ermittle mithilfe deines Baumdiagramms die Wahrscheinlichkeit, dass drei gleiche Symbole angezeigt werden.

a) Auf den Rädchen gibt es die Symbole , △, ,  und . Zeichne ein Baumdiagramm, aus dem alle möglichen Kombinationen hervorgehen. Wie viele sind es?
b) Bestimme die Wahrscheinlichkeit, dass bei diesem „Einarmigen Banditen" drei gleiche Symbole angezeigt werden.

8 Bei einem Multiple-Choice-Test sind zu jeder der insgesamt 10 Fragen vier Antwortmöglichkeiten A bis D vorgegeben, von denen jeweils nur eine richtig ist.
Rico hat vor lauter Aufregung alle Antworten vergessen.

a) Skizziere ein Baumdiagramm. Gib die Anzahl aller möglichen Antwortkombinationen an.
b) Berechne die Wahrscheinlichkeit, dass Rico zufällig bei allen Fragen das Richtige ankreuzt.
c) Ermittle die Wahrscheinlichkeit, dass Rico genau ein richtiges Kreuz setzt?
d) Bestimme die Wahrscheinlichkeit, dass Rico genau jede erste und letzte Frage richtig beantwortet.

a) Ermittle die Wahrscheinlichkeit, dass Rico genau jede zweite Frage richtig beantwortet.
b) Der Test gilt als bestanden, wenn höchstens ein falsches Kreuz gemacht wurde. Berechne die Wahrscheinlichkeit, dass Rico zufällig besteht.
c) Aus wie vielen Fragen müsste der Test mindestens bestehen, damit die Wahrscheinlichkeit, ihn zufällig zu bestehen, höchstens 1 % beträgt?

1 Bei vielen Wetterberichten wird eine Wahrscheinlichkeit dafür angegeben, dass es am folgenden Tag regnet.

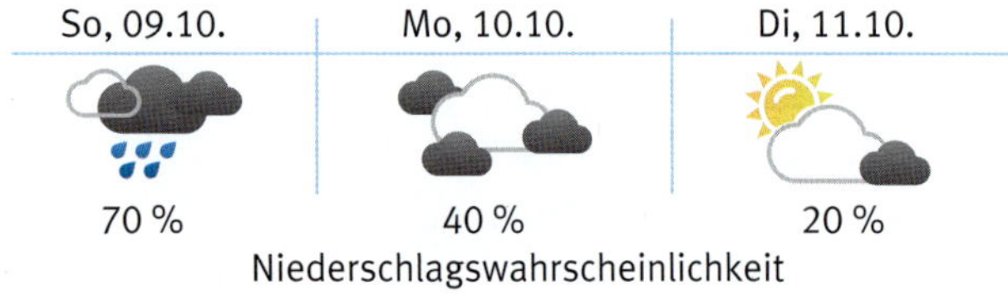

a) Welche Bedeutung haben die Angaben?

b) Alexander meint: „Dann mache ich am Montag einen Ausflug, denn mit einer Wahrscheinlichkeit von 60 % scheint die Sonne." Was meinst du? Begründe.

2 Beim Mensch-ärgere-Dich-nicht-Spiel hat Jenny die Vermutung, dass der Würfel gezinkt ist. Sie macht folgende Versuchsreihe:

Augenzahl	1	2	3	4	5	6
50 Würfe	7	8	11	9	6	9
150 Würfe	27	27	28	23	18	27
500 Würfe	98	79	85	82	75	81
1000 Würfe	202	168	164	170	164	132

a) Welche Wahrscheinlichkeiten wird Jenny für die einzelnen Augenzahlen bestimmen? Hat Sie mit ihrer Vermutung Recht?

b) Stelle die Entwicklung der relativen Häufigkeiten für die Augenzahl 3 (für alle Augenzahlen) grafisch dar. Du kannst ein Tabellenprogramm verwenden.

3 Micha und Eva haben ein Glücksrad gebaut. Zum Testen haben sie das Rad wiederholt gedreht und die Ergebnisse in einer Strichliste festgehalten.

a) Welche Wahrscheinlichkeiten erwartest du für die einzelnen Ziffern?

b) Micha behauptet: „Ganz klar, unser Glücksrad ist ein Laplace-Glücksrad." Was meint er damit? Ist seine Meinung gerechtfertigt?

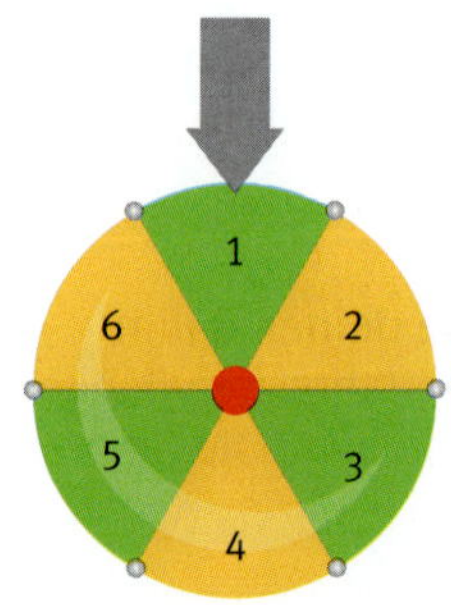

4 Gib die Wahrscheinlichkeit an für den Geburtstag einer Person ....

a) am 01. Januar.
b) im März.
c) im Herbst.
d) an einem Sonntag.

Welche Annahmen hast du getroffen?

5 Jakob wirft einen Spielwürfel. Wie groß ist die Wahrscheinlichkeit, dass die geworfene Augenzahl ...

a) kleiner als 4 ist?
b) mindestens 5 ist?
c) eine Primzahl ist?

6 Der Elternbeirat verlost unter allen 54 Schülern der 7. Jahrgangsstufe einer Schule einen Tischtennisschläger. Wie viele Jungen und wie viele Mädchen gehören zu dem Jahrgang, wenn die Wahrscheinlichkeit, dass ein Junge den Schläger gewinnt, die folgenden Werte hat?

a) 50 %
b) $\frac{7}{54}$
c) $\frac{2}{3}$
d) $\frac{4}{9}$

7 Nimm zu folgenden Aussagen jeweils Stellung.

22.5.2011
Reykjavik - Grimsvötn bricht aus

Nachts erreichte die Eruptionssäule eine Höhe von 15 km und gegen Morgen waren es nur noch 10 km. Stärkere Explosionen trieben sie gelegentlich noch bis auf 15 km Höhe.

26.5.2011
Reykjavik – Es wird ruhiger

Die Aktivität ließ stark nach und es steigt nur noch wenig Dampf auf. Vulkanische Erdbeben wurden seit zwei Tagen nicht mehr registriert. Die Eruption ist somit für dieses Mal beendet, allerdings kann davon ausgegangen werden, dass der Grimsvötn in den nächsten 10 Jahren mit 75 %-iger Wahrscheinlichkeit wieder ausbricht.

a) „75 % von 10 Jahren sind 7,5 Jahre. Das heißt, der Grimsvötn wird in 7,5 Jahren wieder ausbrechen.“

b) „Eine 75 %-ige Wahrscheinlichkeit ist groß! Also wird der Grimsvötn in den nächsten 10 Jahren ganz sicher ausbrechen.“

c) „Ob der Grimsvötn tatsächlich ausbricht, weiß kein Mensch! Aber es ist dreimal so wahrscheinlich, dass es passiert, als dass es nicht passiert.“

8 Finja wirft eine 2-€-Münze und erhält „Zahl“. Anschließend wirft Judith dieselbe Münze und erhält ebenfalls „Zahl“. Nun ist Lisa an der Reihe.

a) Wie groß ist die Wahrscheinlichkeit, dass Lisa ebenso „Zahl“ erhält? Erläutere.

b) Tatsächlich erhält Lisa wieder Zahl und schlussfolgert: „Die Münze ist gezinkt! Dreimal hintereinander kann man mit einer Laplace-Münze fast gar nicht Zahl bekommen.“ Hat Lisa Recht? Begründe deine Entscheidung.

c) Wie wahrscheinlich ist es, mit einer Münze, die sogar in 60 % aller Fälle Wappen zeigt, trotzdem dreimal (fünfmal, zehnmal) hintereinander Zahl zu erhalten?

9 Henry würfelt 7-mal mit einem Laplace-Würfel. Die Ergebnisse schreibt er hintereinander auf, sodass er eine siebenstellige Zahl erhält.

a) Handelt es sich um ein Laplace-Experiment? Begründe.

b) Ermittle die Wahrscheinlichkeiten der Ereignisse.

1 E: „Er würfelt eine gerade Zahl.“

2 E: „Die gewürfelte Zahl ist durch vier teilbar.“

3 E: „Die Quersumme der gewürfelten Zahl beträgt 8.“

4 E: „Die Zahl, die Henry erhält, ist größer als 6 000 000.“

10 Man weiß aus langjährigen Untersuchungen, dass auf einen sonnigen Tag mit 70 %-iger Wahrscheinlichkeit ein sonniger Tag folgt. Mit einer Wahrscheinlichkeit von $\frac{2}{3}$ folgt auf einen Regentag wieder ein Regentag. Wie groß ist die Wahrscheinlichkeit an einem sonnigen Freitag, dass ...

Wochenende: Samstag und Sonntag

a) das ganze Wochenende die Sonne scheint?

b) an mindestens einem Tag des Wochenendes die Sonne scheint?

c) am Montag die Sonne scheint, es aber das ganze Wochenende geregnet hat?

d) es bis zum nächsten Freitag ununterbrochen regnet?

The City of Las Vegas

Las Vegas is the most populous city in the U.S. state of Nevada. It is a famous location for gambling, shopping and fine dining. The city bills itself as *The Entertainment Capital of the World*.

Las Vegas

The gambling and entertainment industry is mostly focused in the Las Vegas Strip. The largest casinos and buildings are located there. Perhaps you have already heard about casino-hotels like The Mirage, Caesar's Palace and Casino Royale.

Las Vegas Strip at night

In addition to poker and roulette, blackjack and craps are famous casino games. Slot machines are commonplace in casinos.

- What do you know about poker (roulette)?

Blackjack

Blackjack, also known as Twenty-one, is a comparing card game between a player and dealer. It is played with one or more decks of 52 cards.
Number-cards count as their natural value; the jack, queen, and king (also known as „face cards") count as 10; aces are valued as either 1 or 11 according to the player's best interest. If the hand value exceeds 21 points, it busts.

The player is initially dealt two cards with the option of drawing cards to bring the total value to 21 or less without exceeding it. If the player's hand busts, the dealer wins.
After the player has finished, the dealer's hand is resolved by drawing cards until the hand busts or achieves a value of 17 or higher. If the dealer's hand busts, the player wins. If the dealer's hand does not bust, the player wins provided his hand is higher than the dealer's. He loses if his hand is lower. In the case of a tied score, a blackjack (an ace and a face card or a ten) beats any hand which is not a blackjack, even with value 21. Blackjack versus blackjack is a tie.

A blackjack

- What kind of game is blackjack?
- How many decks of cards do you need if you want to play blackjack with 104 cards?
- Which value do number-cards (aces, face cards) have?
- Complete the sentence: A hand busts if ...
- Right or wrong? The total value of a hand consisting of ...
  1. a jack and a queen is 21.
  2. two kings is 20.
  3. a ten and an ace is 20.
  4. a king, a queen and an ace is 21.
- A player is initially dealt two cards. Which total value is the lowest possible?
- When does a player have a blackjack?
- Find at least ten different possibilities in which a player can achieve a value of 21 with three cards.
- Suppose blackjack is played with one deck (two decks) of cards. Calculate the probability of the following event: the first card dealt is an ace.

Craps

Craps is a game played with a pair of dice on a table. The dice have to be rolled with one hand. They have to bounce off the wall surrounding the table.
A player („shooter") wagers money against the bank. To start a round, the shooter makes a come-out roll.

- A come-out roll of 2, 3 or 12 is called „craps". The shooter loses.
- A come-out roll of 7 or 11 is a „natural". The shooter wins.
- The other possible numbers on the come-out roll are 4, 5, 6, 8, 9 and 10. If the shooter rolls one of these numbers, this establishes his „point", and he enters the second phase of the round.

In the second phase, the shooter makes point rolls until ...

- he rolls a 7, then he loses.
- he hits the point value again before rolling a 7, then he wins. Any value of the dice that sum to the point will do; the shooter doesn't have to repeat the value combination of the come-out roll.

A natural

- What kind of game is craps?
- How many dice do you need to play craps?
- Which phases can a round be divided into? Complete the sentence: A shooter enters the second phase of a round only if ...
- Calculate the probability ...
  1. to win on the come-out roll.
  2. to lose on the come-out roll.
  3. for establishing a „point" on the come-out roll.
- Right or wrong? A shooter wins in the second phase if he rolls an 11.
- Which total number of point-rolls is the highest possible a shooter can expect to make?
- Suppose a player is in the second phase. Calculate the probability of the following event: with his first roll in this phase the shooter wins (loses).

Vocabulary

most populous – bevölkerungsreichste
location – Standort
gambling – Glücksspiel
fine dining – gehobenes Essen
to bill – anpreisen
entertainment – Unterhaltung
focused – konzentriert, gebündelt
in addition to – neben
slot machine – Spielautomat
commonplace – alltäglich
dealer – Croupier
deck of cards – Kartensatz
value – Wert
jack – Bube
to exceed – überschreiten
to bust – kaputtgehen (ugs.)
initially – anfänglich
to be dealt – vom Croupier bekommen
to resolve – auflösen
to achieve – erreichen
provided – vorausgesetzt
tie – Unentschieden
to beat – schlagen
versus – gegen
to consist of sth. – aus etw. bestehen
at least – mindestens
to suppose – annehmen
to calculate – berechnen
probability – Wahrscheinlichkeit
event – Ereignis
dice – Spielwürfel (pl.)
to roll the dice – die Spielwürfel werfen
to bounce off – abprallen
surrounding – umgebend
to wager – wetten
to establish – festsetzen
to enter – eintreten
to hit – erreichen
to sum – addieren
to repeat – wiederholen
to expect – erwarten

Überprüfe deine Fähigkeiten und Kenntnisse. Bearbeite dazu die folgenden Aufgaben und bewerte anschließend deine Lösungen mit einem Smiley.

☺	😐	☹
Das kann ich!	Das kann ich fast!	Das kann ich noch nicht!

Hinweise zum Nacharbeiten findest du auf der folgenden Seite. Die Lösungen stehen im Anhang.

Aufgaben zur Einzelarbeit

1 Wenn man eine Münze wirft, kann entweder das Ergebnis Wappen (W) oder Zahl (Z) kommen.

a) Handelt es sich bei dem Münzwurf um ein Zufallsexperiment? Begründe.

b) Eine Münze wird 20-mal geworfen:
W, W, Z, W, Z, Z, Z, Z, W, W, Z, Z, W, W, Z, W, Z, Z, Z, W, W, W
Bestimme die relative Häufigkeit für W.

2 Wirft man den Schraubverschluss einer PET-Flasche in die Luft, so bleibt er nach der Landung auf einem harten Boden entweder auf der Seite oder mit der Fläche nach unten oder oben liegen. Beschreibe, wie man vorgehen kann, wenn man für jede der drei Positionen einen Schätzwert für die Wahrscheinlichkeit ermitteln will.

3 Benny hält fünf Spielkarten verdeckt in der Hand, eine davon ist der „Schwarze Peter". Till muss eine Karte von Benny ziehen. Mit welcher Wahrscheinlichkeit zieht Till den „Schwarzen Peter"?

4 Michelle ist mit Würfeln an der Reihe. Sie hat die roten Spielfiguren. Gib die Wahrscheinlichkeit dafür an, dass Michelle das Spiel mit diesem Wurf beendet.

5 Lucy und Hank informieren sich im Internet, welche Lottozahlen bisher wie oft gezogen wurden: Am häufigsten war die Zahl 12 mit 358-mal dran, am seltensten die Zahl 16 mit 249-mal.

Was meinst du?

6 Ella hat den abgebildeten Glückskreisel gebastelt. Sie geht davon aus, dass die Wahrscheinlichkeit für alle Farben gleich groß ist.

a) Gib die Wahrscheinlichkeit in Prozent an.

b) Ermittle die Wahrscheinlichkeit, dass beim zweimaligen Drehen jeweils gelb angezeigt wird. Formuliere das Gegenereignis in Worten.

7 Vor langer Zeit lebte einmal ein strenger und gemeiner König. Zu seinem Geburtstag tat er kund, dass er alle Gefangenen freizulassen gedenke, die es schafften, aus einer Schatulle, die eine schwarze und eine weiße Kugel enthielt, eine Kugel herauszuziehen, deren Farbe der Gefangene zuvor richtig vorhergesagt hatte.
Gib einen Schätzwert dafür an, wie viele der 12 319 Gefangenen freigekommen sind.

8 Gregor würfelt mit einem Laplace-Würfel. Beschreibe das Ereignis in Worten und beurteile seinen Ausgang.

A = {1; 3; 5} B = {2; 3; 4; 5; 6}
C = {2; 3; 5} D = {1; 6}
E = {9} F = {6}

9 Drei Sportschützen schießen gleichzeitig auf eine Tontaube. Der erste Schütze trifft mit einer Wahrscheinlichkeit von 55 %, der zweite mit 60 % und der dritte mit 85 %. Ermittle mithilfe eines Baumdiagramms die Wahrscheinlichkeit dafür, dass die Tontaube nicht getroffen wird.

10 Eine Losbude hat 2000 Lose, darunter sind 200 Nieten. Wie groß ist die Wahrscheinlichkeit, dass beim Ziehen von zwei Losen mindestens ein Gewinn ist? Nutze ein Baumdiagramm.

11 Gib die Ergebnismenge an.

a) Gleichzeitiges Ziehen von zwei Kugeln und Angabe der Summe der Zahlen auf den Kugeln.

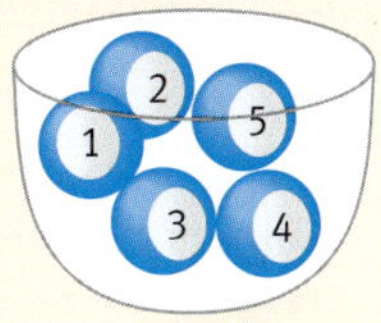

b) Einmaliges Werfen des abgebildeten Tetraeder-Würfels.

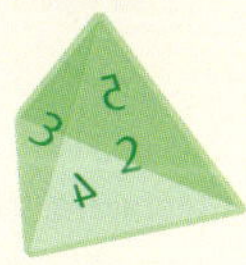

12 Wochenendbesucher wurden befragt. Jeder Dritte reiste mit der Bahn an, die restlichen mit dem Auto. Die Hälfte sind im Hotel untergebracht, ein Drittel der Besucher in Pensionen und der Rest in Privatquartieren.

a) Ermittle die Wahrscheinlichkeit, dass ein mit dem Auto Angereister im Hotel untergebracht ist.

b) Ermittle die Wahrscheinlichkeit, dass ein mit der Bahn Angereister nicht im Privatquartier übernachtet.

Aufgaben für Lernpartner

Arbeitsschritte

1 Bearbeite die folgenden Aufgaben alleine.
2 Suche dir einen Partner und erkläre ihm deine Lösungen. Höre aufmerksam und gewissenhaft zu, wenn dein Partner dir seine Lösungen erklärt.
3 Korrigiere gegebenenfalls deine Antworten und benutze dazu eine andere Farbe.

Sind folgende Behauptungen **richtig** oder **falsch**? Begründe schriftlich.

13 Bei wiederholter Durchführung eines Zufallsexperiments stabilisiert sich die absolute Häufigkeit eines Ergebnisses mit wachsender Versuchszahl.

14 Laplace-Wahrscheinlichkeiten lassen sich bei allen Zufallsexperimenten angeben.

15 Sind bei einem Zufallsexperiment 20 verschiedene Ergebnisse möglich und alle 20 Ergebnisse gleich wahrscheinlich, dann ist die Wahrscheinlichkeit für jedes einzelne Ergebnis 5 %.

16 Wenn man bei einem Spielwürfel eine „1“ würfeln möchte, kann es sein, dass dieses bei den ersten sechs Würfen nicht der Fall ist. Nach 60 Würfen sollte aber eine „1“ schon fallen.

17 Beim Lotto „6 aus 49“ wird die Zahl 13 seltener gezogen als die Zahl 47.

18 Mit einem Laplace-Würfel ist es wahrscheinlicher, hintereinander die Zahlen 1, 2 und 3 (in dieser Reihenfolge) zu würfeln als drei Sechser.

19 Wenn beim Münzwurf viermal hintereinander Wappen erscheint, so hat man eine gezinkte Münze verwendet.

20 Ist bei einem gezinkten Spielwürfel die Wahrscheinlichkeit für eine gerade Zahl 75 %, dann ist die Wahrscheinlichkeit, eine Eins zu würfeln, mit Sicherheit kleiner als 25 %.

21 Es handelt sich um ein Laplace-Experiment, wenn eine zufällig ausgewählte Person nach dem Wochentag befragt wird, an dem sie geboren ist.

22 Die Wahrscheinlichkeit, dass aus einem Skatspiel ein Ass gezogen wird, beträgt $\frac{1}{8}$.

23 Im Baumdiagramm erhält man die Wahrscheinlichkeiten eines Pfades, indem man die Wahrscheinlichkeiten seiner Zweige addiert.

Aufgabe	Ich kann …	Hilfe
1	Zufallsexperimente erkennen und auswerten.	S. 136
2, 7, 13, 16, 19	relative Häufigkeiten und einen Schätzwert für die Wahrscheinlichkeit bestimmen.	S. 138
3, 4, 15, 22	Laplace-Wahrscheinlichkeiten bestimmen.	S. 140
5, 14, 17, 21	beurteilen, ob Laplace-Wahrscheinlichkeiten vorliegen.	S. 140
7, 8, 11, 20	Ergebnisse, Ereignisse und Gegenereignisse auf verschiedene Arten beschreiben und beurteilen.	S. 140, 144
6, 9, 10, 12, 18, 19, 23	Wahrscheinlichkeiten mithilfe der Pfadregeln bestimmen.	S. 144, 146

S. 136

$\Omega = \{\text{Gelb; Rot}\}$

Einige Ereignisse:
$E_1 = \{\text{Gelb}\}$; $E_2 = \{\text{Rot}\}$
$E_3 = \{\text{Gelb, Rot}\}$; $E_4 = \varnothing$

E_3: **sicheres Ereignis**; E_4: **unmögliches Ereignis**. E_2 ist **Gegenereignis** von E_1.

Alle sich voneinander unterscheidenden möglichen Ergebnisse eines Zufallsexperiments bilden zusammen den **Ergebnisraum** Ω.

Jede Teilmenge des Ergebnisraums stellt ein **Ereignis E** dar.

Alle Ergebnisse, die nicht zu einem bestimmten **Ereignis E gehören**, bilden zusammen das **Gegenereignis** $\overline{E}$.

S. 140

Bei einem Farbwürfel mit den Farben Rot, Gelb, Grün, Blau, Weiß und Schwarz beträgt die Wahrscheinlichkeit für das Ergebnis Grün $\frac{1}{6}$.

Sind alle möglichen Ergebnisse gleich wahrscheinlich und gibt es n mögliche Ergebnisse (n = 2, 3, 4, ...), dann ist die **Laplace-Wahrscheinlichkeit** für jedes einzelne Ergebnis $\frac{1}{n}$.

S. 140

Mit welcher Wahrscheinlichkeit wird ein Vokal aus den Buchstaben eines Wortspiels zufällig gezogen?

$\Omega = \{I; M; N; O; S\}$ $\quad |\Omega| = 5$

Es kann davon ausgegangen werden, dass alle Ergebnisse gleich wahrscheinlich sind.

E = „Der gezogene Buchstabe ist ein Vokal."
$E = \{I; O\}$ $\quad |E| = 2$

$P(E) = \frac{2}{5} = 0{,}4 = 40\,\%$

Jedem **Ereignis** kann eine **Wahrscheinlichkeit** zugeordnet werden. Man schreibt kurz:

P (E) „Wahrscheinlichkeit des Ereignisses E"
Bei einem **Laplace-Experiment** gilt:

$$\mathbf{P(E) = \frac{|E|}{|\Omega|}} \qquad \left(\text{„}\frac{\text{günstige Ergebnisse}}{\text{alle möglichen Ergebnisse}}\text{"}\right)$$

|E|: Anzahl der Elemente des Ereignisses E
|Ω|: Anzahl der Elemente des Ergebnisraums

Beachte:
$0 \leqq P(E) \leqq 1 \qquad P(E) + P(\overline{E}) = 1$

S. 144

Zweimaliges Werfen einer Reißzwecke:

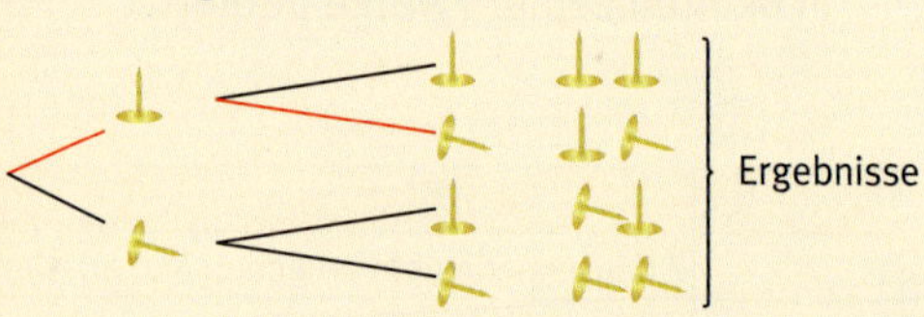

Ein **mehrstufiges** Zufallsexperiment setzt sich aus nacheinander ausgeführten Teilexperimenten zusammen.

Die Menge der Ergebnisse kann in Form eines **Baumdiagramms** übersichtlich dargestellt werden. Zu jedem Ereignis gehört ein **Pfad**.

S. 146

Zweimaliges Drehen eines Glücksrads:

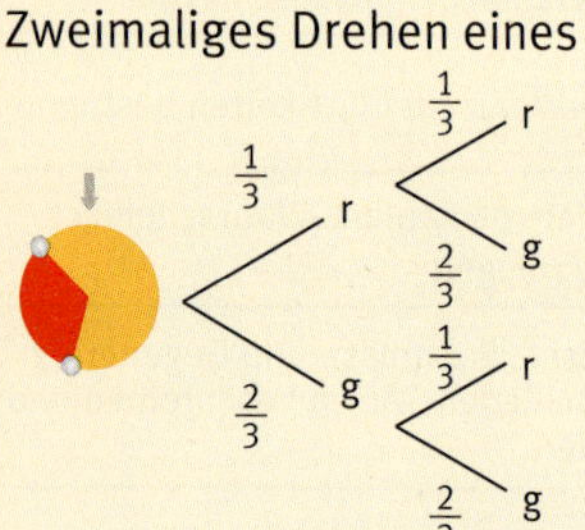

$P(rr) = \frac{1}{3} \cdot \frac{1}{3} = \frac{1}{9}$

$P(gg) = \frac{2}{3} \cdot \frac{2}{3} = \frac{4}{9}$

P („gleiche Farbe") $= \frac{1}{9} + \frac{4}{9} = \frac{5}{9}$

In einem Baumdiagramm werden die Wahrscheinlichkeiten, an dem zugehörigen Pfad notiert. Regeln für die Wahscheinlichkeiten zusammengesetzter Ereignisse:

1. Pfadregel: Die Wahrscheinlichkeiten entlang eines Pfades werden multipliziert.

2. Pfadregel: Wenn mehrere Pfade zu einem Ereignis gehören, addiert man die Wahrscheinlichkeiten der entsprechenden Pfade.

Knobeln

1 Ein Wurm kriecht einen Stab hinauf. Am Tag schafft er jeweils 1 m. Nachts, wenn er schläft, rutscht er wieder 0,4 m hinunter. Wann erreicht er die Spitze des 6 m langen Stabes? Fertige eine Skizze an.

2 Sandra und Martha sind zusammen 34 Jahre alt. Sandra ist acht Jahre älter als Martha. Wie alt sind beide?

3 Hans hat ein Vorhängeschloss (1) mit vier Zahlrädern, auf denen jeweils die Ziffern von 1 bis 7 enthalten sind.

(1)

(2)

a) Wie viele verschiedene Zahlenkombinationen kann das Zahlenschloss (1) besitzen?

b) Wie viele Kombinationen gibt es, wenn Hans noch weiß, dass keine Ziffer doppelt in seiner Nummer vorgekommen ist?

c) Anna-Sophia hat ein Zahlenschloss (2) mit drei Rädern. Diese sind aber mit den Ziffern von 1 bis 9 besetzt. Welches Zahlenschloss ist leichter zu „knacken"?

4 Wie viele Quadrate bzw. Rechtecke findest du?

a)

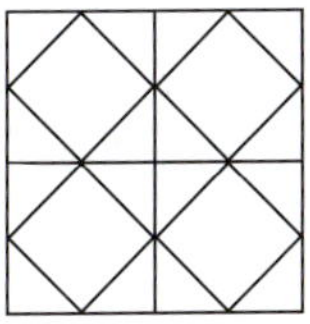

b)

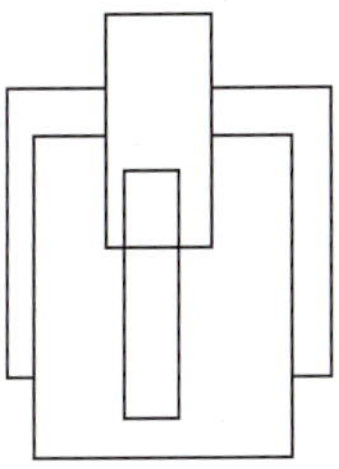

Bruchrechnung

5 Welcher Anteil ist farbig dargestellt? Kürze so weit wie möglich.

a)

b)

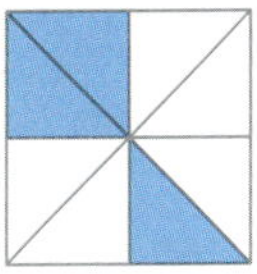

c)

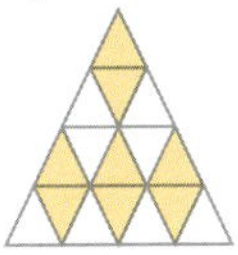

d)

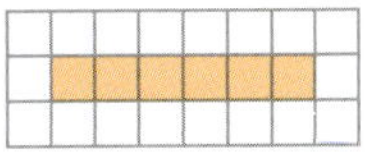

e)

f)

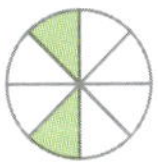

6 Übertrage und berechne.

a) +

b) ·

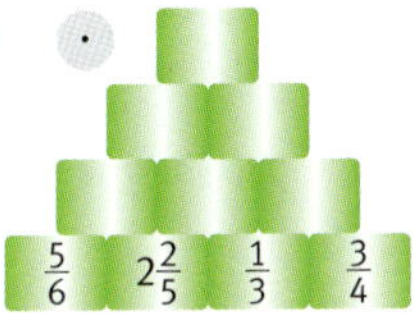

7 Bestimme die fehlenden Werte so, dass alle Rechnungen das Ergebnis in der Mitte haben.

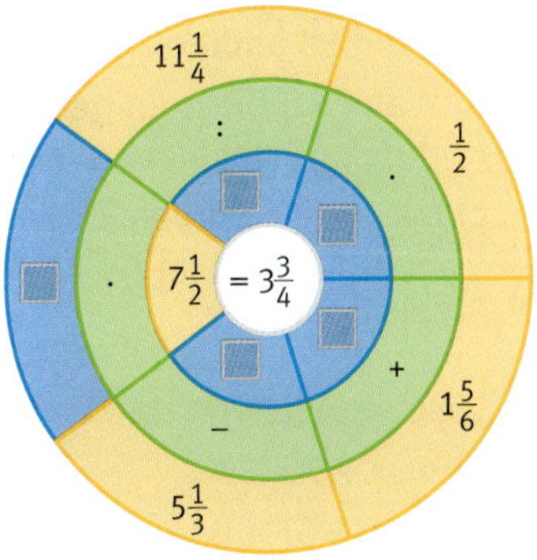

8 Übertrage den Rechenbaum in dein Heft und bestimme die fehlenden Werte.

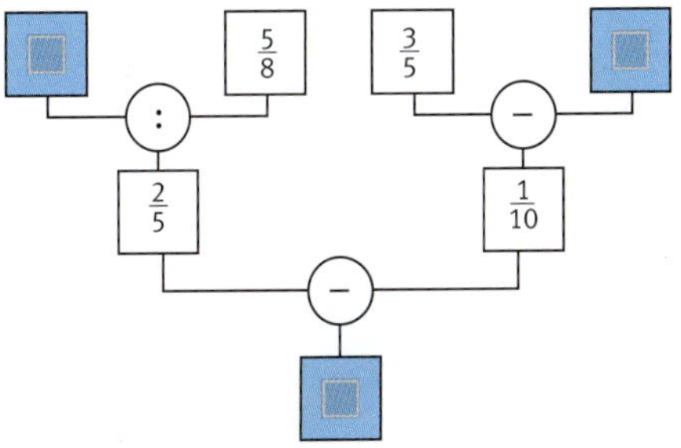

9 Ordne die Brüche der Größe nach. Beginne mit dem kleinsten.

a) $\frac{3}{4}$; $\frac{6}{9}$; $\frac{30}{40}$; $\frac{2}{4}$; $\frac{10}{15}$; $\frac{16}{12}$

b) $\frac{5}{4}$; $\frac{2}{5}$; $\frac{12}{8}$; $\frac{14}{16}$; $\frac{7}{10}$; $\frac{6}{5}$; $1\frac{3}{5}$

Gleichungen

10 Ordne den Textaufgaben die richtige Gleichung zu. Wie lautet das Lösungswort?

1. Addiert man zum Doppelten einer Zahl 8, so erhält man 14.
2. Das Doppelte einer Zahl multipliziert mit 8 ergibt 14.
3. Subtrahiert man vom Doppelten von 8 eine Zahl, so erhält man 14.
4. Die Summe aus 2 und einer Zahl vermindert um 8 ergibt 14.
5. Das Produkt aus 2 und einer Zahl vermindert um 8 ergibt 14.

E	$2 \cdot x - 8 = 14$	W	$2 \cdot x + 8 = 14$
I	$2 \cdot x \cdot 8 = 14$	L	$2 - x + 8 = 14$
S	$2 + x - 8 = 14$	E	$2 \cdot 8 - x = 14$

11 Stelle eine Gleichung auf und löse.

a) Wenn ich eine Zahl mit 24 multipliziere und dann 58 addiere, erhalte ich 274.

b) Wenn ich die Summe aus einer Zahl und 1796 durch 69 dividiere, erhalte ich 84.

c) Die Summe dreier Zahlen ist 10 000. Der erste Summand ist 555. Der zweite ist viermal so groß wie der dritte.

12 Löse mithilfe von Umkehraufgaben.

a) $4 \cdot x + 9 = 57$ b) $52 - 2 \cdot y = 26$

c) $7 \cdot (z - 5) = 63$ d) $(u + 8) \cdot 3 = 39$

e) $(v - 8) : 6 = 7{,}5$ f) $\frac{1}{2}w - 6{,}6 = 13{,}4$

13 Wie lautet die Summe aller Variablen?

Proportionale und antiproportionale Zuordnungen

14 Bei der Zuordnung handelt es sich um eine proportionale Zuordnung. Übertrage die Tabelle in dein Heft und ergänze die fehlenden Werte.

a)

x	□	8	6	□	64	□
y	5	□	15	30	□	89

b)

x	1,5	2	□	12	□	20
y	□	3	7	□	15	□

15 Bei der Zuordnung handelt es sich um eine antiproportionale Zuordnung. Übertrage die Tabelle in dein Heft und ergänze die fehlenden Werte.

a)

x	□	9	6	□	45	□
y	3	□	15	12	□	0,5

b)

x	17	2	□	12	□	3,4
y	□	34	13,6	□	4	□

16 Herr und Frau Becker bezahlen die Rechnung für einen Kurzurlaub im „Hotel zur Post".

Hotel zur Post

RECHNUNG

Zimmer 27

5 Übernachtungen DZ	445,00 €
Getränke	34,70 €
Speisen	87,50 €
	349,70 €

Wir hoffen, Sie hatten einen schönen Aufenthalt.

a) Welchen Betrag für die Übernachtung im Doppelzimmer (DZ) müssen die beiden einplanen, wenn sie künftig 2 (5, 7) Tage länger bleiben möchten?

b) Wie hoch waren während des Aufenthalts die Kosten für Speisen und Getränke im Durchschnitt pro Tag?

17 Für ein Sportfest werden 15 Gruppen zu je 8 Schülern gebildet. Wegen Zeitmangels wird das Programm auf 12 Gruppen umgestellt. Wie viele Schüler sind jetzt in einer Gruppe?

18 Der Frischwaservorrat auf einem Segelschiff reicht bei 6 Personen für eine 12-tägige Reise. Täglich werden dabei 120 l Wasser verbraucht. Wie viele Tage reicht der Vorrat bei gleichem Verbrauch und 8 Personen?

6 Terme und Gleichungen

Einstieg

- Zwei Pflastersteine lassen sich zu einem Quadrat legen. Ebenso ergeben acht Pflastersteine wieder ein Quadrat usw. Zeichne die ersten sechs Schritte einer Folge von Pflastersteinen, die man der Reihe nach zu einem Quadrat legen kann.
- Wie viele Pflastersteine werden für jeden Schritt benötigt?
- Stelle einen Term auf, der für jeden Schritt, den man als Quadrat legen möchte, die Anzahl der benötigten Pflastersteine angibt.

Ausblick

Am Ende dieses Kapitels hast du gelernt, …

- was Terme, Gleichungen und Variablen sind.
- wie man Terme aufstellen und vereinfachen kann.
- wie man Gleichungen auf unterschiedliche Weisen lösen kann.
- wie man Sachaufgaben mithilfe von Termen und Gleichungen löst.

Nimm gleichartige Holzwürfel und baue Würfeltürme. Untersuche dabei für jeden Turm die Anzahl der sichtbaren Seitenflächen.

Anzahl Würfel	1	2	3	4	5
Anzahl sichtbarer Seitenflächen	5				

- Vervollständige die Tabelle.
- Beschreibe in Worten, wie sich mit jedem weiteren Würfel die Anzahl der sichtbaren Seitenflächen ändert.
- Stelle einen Term auf, mit dem man die Anzahl der sichtbaren Flächen bestimmen kann.
- Überprüfe deinen Term für 10 (20, 25, ...) Würfel.

Ein Term ist ein Rechenausdruck.

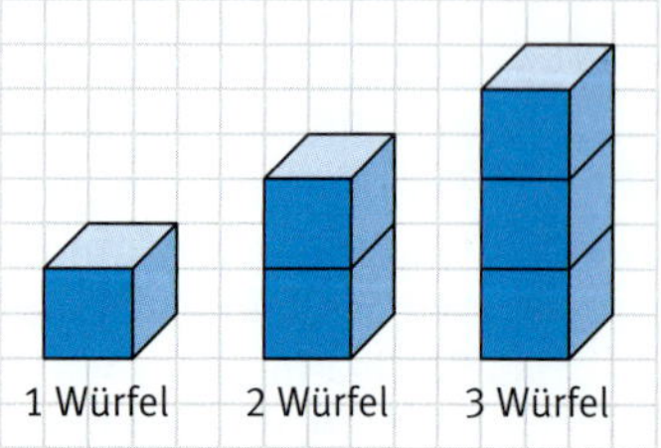

Merkwissen

In **Termen** können **Variablen** (Platzhalter) für beliebige Zahlen auftreten, die man in der Regel mit kleinen Buchstaben a, b, c, ..., x, y, z bezeichnet.
Ein Term verbindet Zahlen und/oder Variablen mithilfe von Rechenzeichen.
Terme, in denen keine Variablen vorkommen, nennt man **Zahlterme**.

Beispiele

I Setze in den folgenden Termen für die Variable den Wert –2,4 ein und berechne.

a) $12{,}3 \cdot a$ **b)** $8{,}7 - b$ **c)** $-5{,}3 + 2 \cdot c$

Lösung:

a) $12{,}3 \cdot (-2{,}4) = -29{,}52$ **b)** $8{,}7 - (-2{,}4) = 11{,}1$ **c)** $-5{,}3 + 2 \cdot (-2{,}4) = -10{,}1$

II Bei einem gleichschenkligen Dreieck sind die beiden Schenkel jeweils doppelt so lang wie die Basis. Stelle einen Term auf für die Umfangslänge des Dreiecks.

Verfahre so:
*1. Unbekanntes mit einer **Variablen belegen***
*2. Term **aufstellen***

Lösungsmöglichkeit:
Sei ABC ein gleichschenkliges Dreieck mit Basis c.
Variable: Basis c
Somit hat ein Schenkel die Länge $2 \cdot c$.
Term für den Umfang eines Dreiecks: $u = a + b + c$
$u = 2 \cdot c + 2 \cdot c + c = 5 \cdot c$

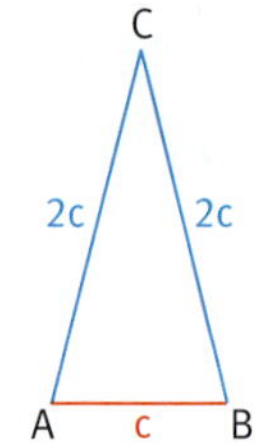

III Die dargestellte Folge aus Dreiecken wird fortgesetzt. Gib einen Term an, mit dem man den Flächeninhalt des Dreiecks in Rechenkästchen für jeden Schritt bestimmen kann.

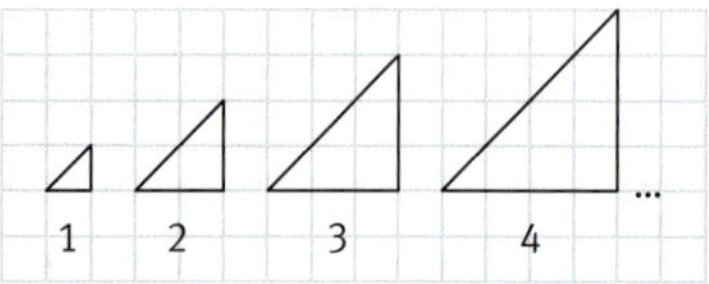

Lösungsmöglichkeiten (Flächeninhalt in Rechenkästchen):

① 1: $A_1 = \frac{1}{2} \cdot 1^2 = \frac{1}{2}$
2: $A_2 = \frac{1}{2} \cdot 2^2 = 2$
3: $A_3 = \frac{1}{2} \cdot 3^2 = 4\frac{1}{2}$
4: $A_4 = \frac{1}{2} \cdot 4^2 = 8$
...
allgemein: $A_n = \frac{1}{2} \cdot n^2$

② 1: $A_1 = 0{,}5$
2: $A_2 = A_1 + 1{,}5$
3: $A_3 = A_2 + 2{,}5$
4: $A_4 = A_3 + 3{,}5$
...
allgemein: Beim n-ten Schritt nimmt der Flächeninhalt um $\left(n - \frac{1}{2}\right)$ Kästen zu.

Verständnis

- Handelt es sich bei folgenden Ausdrücken um einen Term? Begründe.
  $2 \cdot x + 7{,}3$ $3{,}5 - 7{,}6$ $8 \cdot c + 1$ $a + 0$ -35 $1{,}7 - 35$
- Ist der Term $4 \cdot x - 12$ ein Produkt oder eine Differenz? Begründe.

Aufgaben

Lösungen zu 1:
−132; −40; −39; −33; −26; −24; −15; −12; −10; −8; −3,5; −3,5; −2,7; −0,4; 0; 0,65; 2,05; 4,3; 5,5; 6,75; 9; 12; 12,5; 13,3; 14; 30; 44

1 Setze für die Variable den Wert 4 (−3; −12) ein und berechne.

a)	b)	c)
$120 : a$	$9 + \frac{3}{4} \cdot e$	$j + j + j - 3$
$b + 8{,}5$	$2{,}5 \cdot f + 4$	$i + 1{,}3 - 2 \cdot i$
$c + 4 \cdot (-3)$	$22 \cdot \frac{g}{2}$	$(h + 4{,}2) : h$

2 Die dargestellte Folge aus Streichholzfiguren wird fortgesetzt.

1
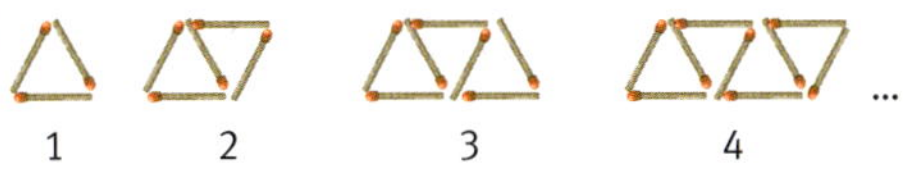

2
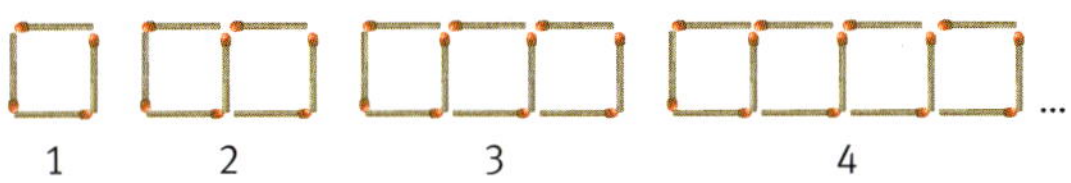

3
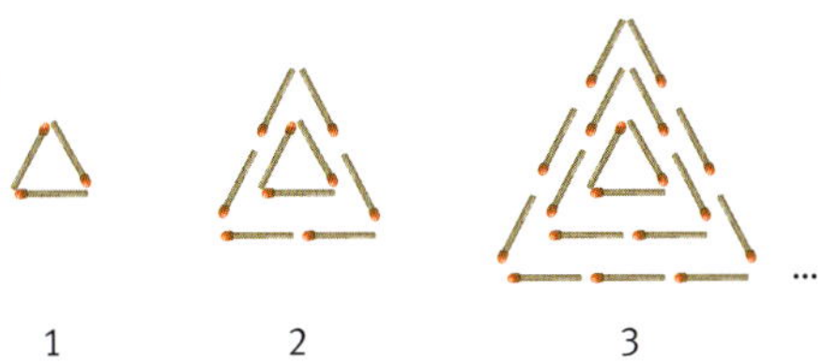

a) Erstelle für jede Folge eine Tabelle ins Heft und vervollständige sie.

Schritt	1	2	3	4	5	6	8	10	20	25	50
Anzahl Streichhölzer	▢	▢	▢	▢	▢	▢	▢	▢	▢	▢	▢

b) Beschreibe, wie sich die Anzahl der Streichhölzer bei jedem Schritt ändert.

c) Gib einen Term an, mit dem man die Anzahl der benötigten Streichhölzer bei jedem Schritt bestimmen kann.

3 Welcher Term passt zu welcher Beschreibung?

A $s : 7$ B $8 \cdot y + 5$ C $3 \cdot a$ D $23 \cdot (z + 4)$ E $m - 7$
F $(12 - q) : 2$ G $5 \cdot b + 8$ H $3 + x$ I $23 + 4 - c$

1 Das Produkt aus einer Zahl und 3
2 Die Summe aus dem 8-Fachen einer Zahl und 5
3 Das Produkt aus 23 und der Summe einer Zahl mit 4
4 Der Quotient aus einer Zahl und 7
5 Die Hälfte der Differenz aus 12 und einer Zahl

4 Beschreibe folgende Terme mit Worten.

a) $3 \cdot y + 7$ b) $a + 15$ c) $(r - 8) \cdot 4$ d) $13 - 2 \cdot z$
e) $-5 \cdot \frac{x}{3}$ f) $\frac{1}{4} \cdot k + 7{,}5$ g) $2{,}5 \cdot s - 3 \cdot t$ h) $\frac{m}{4} - \frac{2}{7} \cdot n + 4{,}5$

Zwei Terme nennt man ***äquivalent*** *(gleichwertig), wenn nach* ***jedem*** *Einsetzen von Variablen ihre Ergebnisse* ***übereinstimmen****.*

5 Übertrage die Tabelle ins Heft und berechne durch Einsetzen. Finde heraus, welche Terme äquivalent sind.

x	−5	−3	−1,5	0	1	4,5	7,2
1 x + 5							
2 3 + 2x							
3 2 + 2 · x + 1							
4 x + x + 1 · x							
5 3 · x							
6 2 + x + 3							

Der ***Um****fang ist* ***um*** *eine Figur herum.*

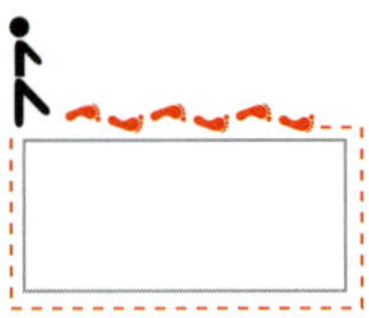

6 Stelle einen Term auf, mit dem man den Umfang der Figur bestimmen kann.

a) Bei einem Rechteck ist eine Seite doppelt so lang wie die andere.

b) Bei einem gleichschenkligen Dreieck ist die Basis 5 cm länger als jeder Schenkel.

c) Bei einem Parallelogramm ist eine Seite 2 cm kürzer als die andere.

d) Bei einem Drachenviereck ist eine Seite dreimal so lang wie die andere.

e) Bei einem symmetrischen Trapez sind die beiden parallelen Seiten zusammen doppelt so lang wie die Summe der beiden anderen Seiten.

7 Welche Terme führen stets zu denselben Ergebnissen?

A 3 · h + 17

D 2 · f + 3 − f

G d + d + 1

C 1 + 2 · a

F 2 + 12 · g − 6

B 12 · b − 4

E 3 + e

H c − 6

8

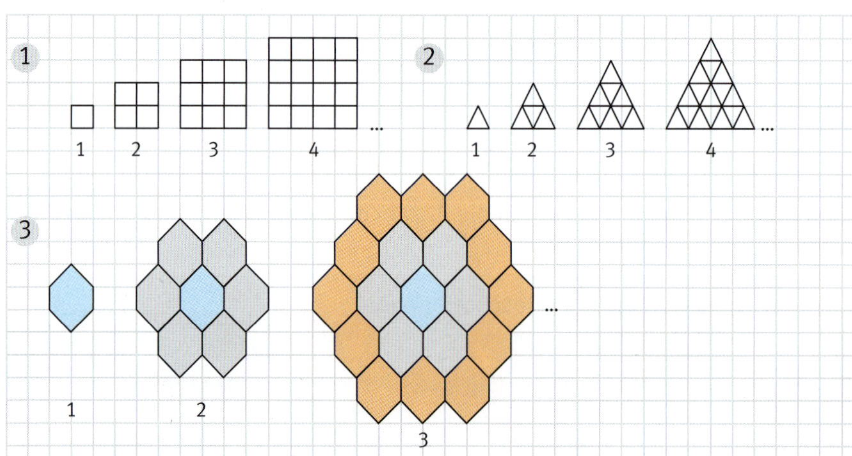

a) Übertrage die Figurenfolge in dein Heft und setze sie um mindestens zwei Schritte fort.

b) Bestimme einen Term, mit dem man für jeden Schritt die Anzahl der Grundfiguren bestimmen kann, aus denen jede Figur aufgebaut ist.

c) Bestimme einen Term, mit dessen Hilfe man beschreiben kann, wie viele Grundfiguren bei jedem Schritt hinzugekommen sind.

d) Bestimme mit den Termen aus b) und c) die Anzahlen für die 8. Figur (10. Figur, 15. Figur, 25. Figur).

9 In einem Fahrschulbuch steht folgende Faustformel, um die Länge des Anhalteswegs schnell zu ermitteln: Der Anhalteweg setzt sich aus Reaktionsweg und Bremsweg zusammen. Der Reaktionsweg (in Metern) ergibt sich aus der Multiplikation der Geschwindigkeit (Tachoanzeige) mit 3 dividiert durch 10. Der Bremsweg (in Metern) ergibt sich, wenn man die Geschwindigkeit (Tachoanzeige) durch 10 dividiert und das Ergebnis mit sich selbst multipliziert.

a) Stelle einen Term für den Anhalteweg auf.

b) Stelle den Anhalteweg mit einem Tabellenprogramm in einem Graph für Geschwindigkeiten zwischen 20 $\frac{km}{h}$ und 200 $\frac{km}{h}$ dar.

c) Lies aus dem Graph die Anhaltewege für 85 $\frac{km}{h}$ und 110 $\frac{km}{h}$ ab.

10 Vergleiche veschiedene Handyangebote.

Tarif 1: Keine Grundgebühr. Jede SMS 9 ct.	Tarif 2: 5 € Grundgebühr. 50 SMS kostenlos. Jede weitere SMS 4 ct.

a) Übertrage die Tabelle in dein Heft und vervollständige.

Anzahl SMS	0	10	25	50	60	70	85	110
Kosten Tarif 1	▢	▢	▢	▢	▢	▢	▢	▢
Kosten Tarif 2	▢	▢	▢	▢	▢	▢	▢	▢

b) Stelle den Sachverhalt in einem Graphen dar.

c) Wann lohnt sich welcher Tarif? Gib eine Empfehlung ab und begründe deine Antwort.

d) Erstelle jeweils einen Term, mit dessen Hilfe man die Kosten für verschickte SMS für jeden Tarif bestimmen kann.

Spiel

Terme suchen (Partnerspiel)

Material

Spielblatt mit einer dreispaltigen Tabelle (x, Ergebnis, Term?), Stift

Ablauf

- Spieler 1 überlegt sich einen Term. Spieler 2 schreibt auf sein Spielblatt eine Zahl für die Variable.
- Spieler 1 setzt die Zahl in seinen Term ein und schreibt das Ergebnis auf das Spielblatt von Spieler 2.
- Spieler 2 rät (wenn möglich) den gesuchten Term. Ist der Term noch nicht gefunden, schreibt er eine neue Zahl auf. Hat er den Term gefunden, weden die Rollen getauscht.
- Gewonnen hat, wer die wenigsten Rateversuche benötigt.

Tipp: Beginnt mit Termen wie $3 \cdot x$, $-6 \cdot x$, ..., später könnt ihr dann auf Terme wie $2 \cdot x - 4$, $-3 \cdot x + 6$, ... umsteigen. Beschränkt euch zunächst auf ganze Zahlen bis 20. Sprecht euch dann darüber ab, welche Terme und Zahlen zulässig sind.

- Sedrik meint: „Wenn man für x = 0 einsetzt, hat man es leichter.“ Probiere aus und erkläre.

Hier seht ihr ein Spielblatt, bei dem der Term nach drei Schritten geraten wurde.

x	Ergebnis	Term?
2	−6	$-3 \cdot x$
4	−10	/
0	−2	$-2x - 2$

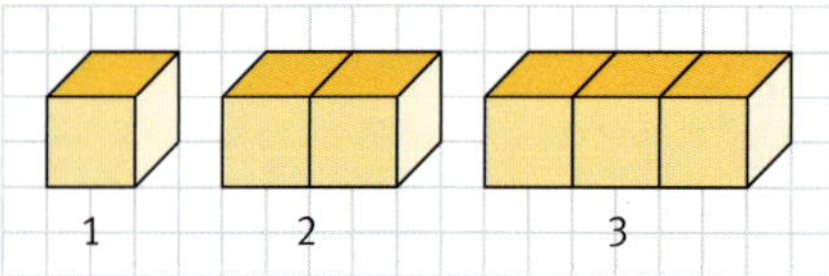

Du kannst nicht nur Würfeltürme, sondern auch Würfelschlangen bauen.

- Finde mindestens zwei verschiedene Terme, mit denen man die Anzahl der sichtbaren Seitenflächen für jeden Schritt bestimmen kann.
- Überprüfe, ob die Terme äquivalent (gleichwertig) zueinander sind.
- Findest du eine Möglichkeit, um einen Term in einen anderen umzuformen? Versuche es.

Merkwissen

Terme lassen sich oft **vereinfachen**. Es gelten die **Rechenregeln** wie beim Rechnen mit rationalen Zahlen. Dadurch entstehen zueinander **äquivalente Terme**.

- Eine Summe gleicher Summanden lässt sich als **Produkt** schreiben.
  Beispiel: $a + a + a + a + a = 5 \cdot a$
- Mithilfe des Kommutativgesetzes lassen sich **Summanden ordnen**.
  Beispiel: $a + b + a + a + b = a + a + a + b + b = 3 \cdot a + 2 \cdot b$
- Mit dem Distributivgesetz lassen sich **gleichartige Variablen zusammenfassen**.
  Beispiele:
  $6 \cdot a - 4 \cdot a = (6 - 4) \cdot a = 2 \cdot a$ $\quad -5 \cdot b - 8 \cdot b = (-5 - 8) \cdot b = -13 \cdot b$

Gleichartige Variablen unterscheiden sich lediglich in ihrer Vielfachheit. $3 \cdot a$ und $2 \cdot a$ sind gleichartig und lassen sich zusammenfassen. $3 \cdot a$ und $2 \cdot a^2$ sind nicht gleichartig, lassen sich also nicht zusammenfassen.

Beispiele

I Vereinfache die folgenden Terme.

a) $x + x + x + x$ b) $5 \cdot y - 3 \cdot y$ c) $5 \cdot x + 4 \cdot y - 4 \cdot z - 8 \cdot y + 2{,}4 \cdot z$

Lösung:

a) $4 \cdot x$

b) $(5 - 3) \cdot y = 2 \cdot y$

c) $5 \cdot x + 4 \cdot y - 8 \cdot y - 4 \cdot z + 2{,}4 \cdot z$
$= 5 \cdot x + (4 - 8) \cdot y + (-4 + 2{,}4) \cdot z$
$= 5 \cdot x - 4 \cdot y - 1{,}6 \cdot z$

II Was ist falsch? Finde den Fehler und berichtige ihn.

$5 \cdot x - 17 \cdot x^2 + 8 \cdot x = (5 - 17 + 8) \cdot x = -4 \cdot x$ *f*

Lösung:
Bei der Aufgabe wurden nicht gleichartige Variablen zusammengefasst. Gleichartig sind hier nur die Vielfachen von x, also $5 \cdot x$ und $8 \cdot x$. Richtig ist:
$5 \cdot x - 17 \cdot x^2 + 8 \cdot x = 5 \cdot x + 8 \cdot x - 17 \cdot x^2 = 13 \cdot x - 17 \cdot x^2$

Verständnis

- Sind folgende Vereinfachungen richtig? Begründe.
  (1) $4 \cdot s + 4 \cdot t = 4 \cdot (s + t)$ (2) $4 \cdot s + 4 \cdot t = 4 \cdot s \cdot t$ (3) $4 \cdot s + 4 \cdot s^2 = 4 \cdot s^3$
- Betrachte $x^2 - 2 \cdot x$ und $x^3 - 2 \cdot x^2$. Für $x = 0$ erhält man 0, für $x = 1$ ergibt sich -1. Also sind beide Terme äquivalent. Was meinst du?

Aufgaben

Kurzform: $1 \cdot x = x$

1 Vereinfache die Terme, wenn es möglich ist.

a) $y + y + y + y$ b) $a + a + a$ c) $b + b + 2 \cdot b$ d) $2 \cdot x + 3 \cdot x + 4 \cdot x$
e) $r + 2 \cdot r - 13 \cdot r$ f) $180 \cdot y - 33 \cdot y$ g) $b + c + b + c$ h) $10 \cdot x - 4{,}5 \cdot x$
i) $-12{,}5 \cdot t + 7{,}3 \cdot t$ j) $-1{,}6 \cdot q - 4{,}5 \cdot q$ k) $3{,}2 \cdot x - 3{,}2 \cdot x$ l) $\frac{5}{6} \cdot p - \frac{7}{8} \cdot p^2 - p$

2 Ordne zunächst und fasse dann zusammen.
Beispiel: $-x + 2y - 3x + 2x - 5y + 8y = -x - 3x + 2x + 2y - 5y + 8y = -2x + 5y$

a) $x + x + y + y + x + y + x + x + y + y + y + y$
b) $a + b + b + a + a + a + a + b + b + b + b + b + a + b$
c) $-s + t + t - t - s - s + s + t - t + t - t + s - s - t$
d) $3x + 4y + 5x + 6x + 7y + 8x + 9y + 10y$
e) $2{,}5a + 7a + 2b + 5a + 0{,}5a + 8b$ f) $-4m + 3x + m - x - 5m - 4x + 8m - 6x$

Zwischen Zahl und Variable darfst du den Malpunkt weglassen:
$5 \cdot x = 5x$

3 Fasse, wenn möglich, zusammen. Berechne dann den Term für $x = -2$ und $y = 4$.

a) $17x + 8 + 13x$ b) $3x + 18 - x - 4$ c) $4{,}5x + 2{,}5x + 2$
d) $2{,}6x + 1{,}3 - 2{,}6x$ e) $36x + 12y - 18x$ f) $1{,}5y + 2x - 4{,}5y$
g) $-3x + 6y - 5$ h) $12x - 15y$ i) $8{,}2x - 3{,}5x + 5y$
j) $3\frac{1}{4}x + 8y - \frac{3}{4}x$ k) $7{,}5y - 3x - 0{,}5y$ l) $-3y + x - 7 + 5y$
m) $1{,}5y - 2{,}5 - 1{,}3y - \frac{2}{5}x$ n) $2{,}8x - 4y + 2{,}2x - 5{,}2$ o) $-3 + \frac{5}{8}y - 5 + \frac{1}{4}x$

Lösungen zu 3:
−84; −52; −31,2; −16; −12; −6; −1; −0,9; 1,3; 10; 10,6; 12; 25; 27; 34

4 Ergänze so, dass die Rechnung stimmt.

a) $6a + \square = 10a$ b) $2x + 3x + \square = 9x$ c) $12z - \square + 3z = 8z$
d) $15q - \square = -7q$ e) $222s - \square + 3s = 134s$ f) $2{,}8x + \square = 5x$
g) $7r + \square - 3s + s = 5r - 2s$ h) $3y + \square - 8x - \square = 7y - 12x$

5 Finde mindestens drei Möglichkeiten, sodass die Rechnung stimmt.

a) $\square + \square - \square = 15a$ b) $-\square - \square + \square = 20b$ c) $\square - \square + 3\square = c$
d) $\square - \square = -9{,}5d$ e) $2\square - \square + \square = -1{,}3e$ f) $-\square + \square - \square + \square = 2{,}1f$

6
1
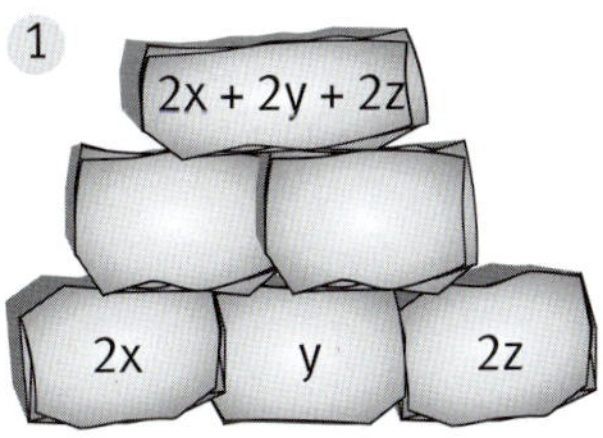

2

3
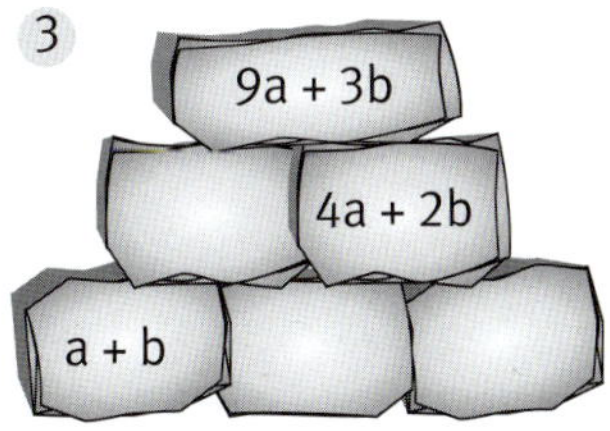

Der Wert eines Steins ergibt sich aus der Summe der beiden darunter liegenden Steine.

a) Übertrage die Zahlenmauern in dein Heft und berechne.
b) Finde eine Regel, wie sich der Term im obersten Stein aus den untersten Steinen zusammensetzt. Überprüfe die Regel an mindestens zwei eigenen Zahlenmauern.

7 Der Umfang eines Fußballfeldes soll berechnet werden.
Marco rechnet: *105 m + 68 m + 105 m + 68 m*
Moritz geht wie folgt vor: *2 · 105 m + 2 · 68 m*
Stelle für jedes Vorgehen einen Term zur Berechnung des Rechtecksumfangs auf (Länge a, Breite b) und beurteile die Lösungen.

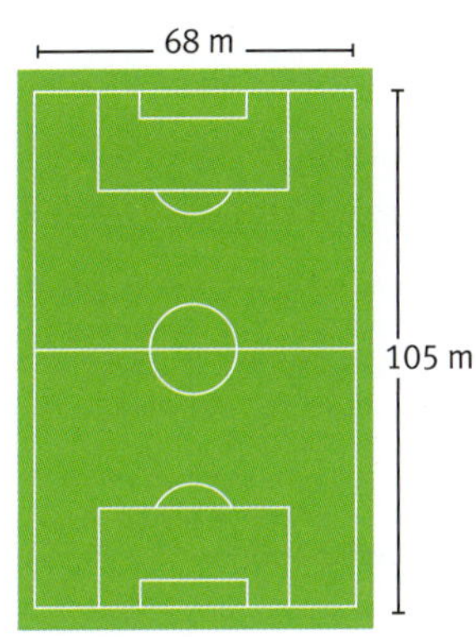

8

$2x + x^2 + x$		$x - 3x$		$x^2 - x \cdot x$		$x + x + x + x$		$x^3 - 2x - x^3$	
$3x + x^2$	$4x^4$	$-2x^2$	$-2x$	x^2	0	$4x$	x^2	0	$-2x$
S	D	E	A	M	L	A	I	S	T

a) Finde jeweils heraus, welcher der beiden Terme zum oberen Term äquivalent ist. Die Buchstaben in der Reihenfolge ergeben ein Lösungswort.
b) Wie viele mögliche Worte gibt es, wenn jemand das Lösungswort rät?

$5x \cdot 2$ | $-3x \cdot 4$ | $x \cdot x^2$ | $2x \cdot 3y$ | $15x : 3$ | $36x : (-6)$

$10x$ | $5x$ | $5xy$ | $-6x$ | $12x$ | $6xy$ | x^3 | $7x$ | $-12x$ | x | $2x^2$ | $30x$

- Finde zu jedem blauen Term den zugehörigen äquivalenten gelben Term. Überprüfe, indem du verschiedene Werte für die Variablen einsetzt.
- Finde anhand äquivalenter Terme Gesetzmäßigkeiten heraus, wie man bei Termen multiplizieren und dividieren kann. Stelle deine Überlegungen in der Klasse vor.

KG: Kommutativgesetz (Vertauschungsgesetz)
$6 \cdot 7 = 7 \cdot 6$
AG: Assoziativgesetz (Verbindungsgesetz)
$(6 \cdot 7) \cdot x = 6 \cdot (7 \cdot x)$

Beachte den Unterschied:
$x + x = 2 \cdot x$

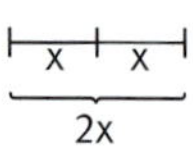

jedoch
$x \cdot x = x^2$

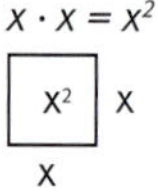

Merkwissen

Ein **Produkt** aus Termen mit **Zahlen und Variablen** wird vereinfacht, indem man **Zahlen mit Zahlen** und **Variablen mit Variablen** multipliziert.
Begründung:

- Multiplikation verschiedener Variablen:

$3x \cdot 4y = 3 \cdot x \cdot 4 \cdot y$
$\overset{KG}{=} 3 \cdot 4 \cdot x \cdot y$
$\overset{AG}{=} (3 \cdot 4) \cdot (x \cdot y)$
$= 12xy$

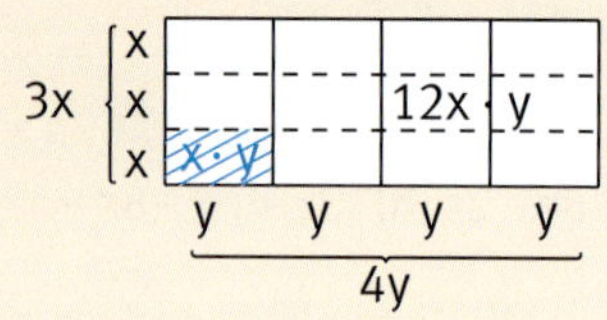

- Multiplikation gleicher Variablen:

$3x \cdot x = 3 \cdot x \cdot x$
$\overset{AG}{=} 3 \cdot (x \cdot x)$
$= 3x^2$

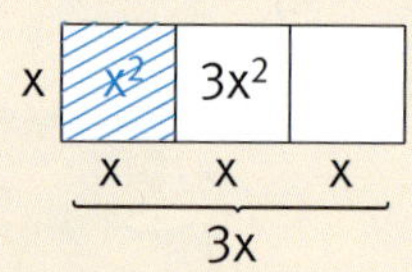

Dividiert man einen **Term durch eine Zahl**, dividiert man die **Zahlen**.
Begründung:
$25x : 5 = 25 \cdot x \cdot \frac{1}{5} \overset{KG}{=} 25 \cdot \frac{1}{5} \cdot x \overset{AG}{=} \left(25 \cdot \frac{1}{5}\right) \cdot x = 5x$

Beispiele

Hilfen zur Übersichtlichkeit:
- *„Punkt vor Strich", also erst Produkte berechnen.*
- *In Produkten werden **Zahlen vor Variablen** geschrieben.*
- *Bei mehreren Variablen werden diese **alphabetisch sortiert**.*

I Vereinfache die Terme. Begründe die Umformungsschritte.

a) $3x \cdot 4$ **b)** $5a \cdot 13b$ **c)** $21x : 7$

Lösung:

a) $3x \cdot 4$
$\overset{KG}{=} 3 \cdot 4 \cdot x$
$\overset{AG}{=} 12 \cdot x = 12x$

b) $5a \cdot 13b$
$\overset{KG}{=} 5 \cdot 13 \cdot a \cdot b$
$\overset{AG}{=} 65 \cdot a \cdot b = 65ab$

c) $21x : 7$
$\overset{KG}{=} 21 : 7 \cdot x$
$\overset{AG}{=} 3 \cdot x = 3x$

II Vereinfache so weit wie möglich.

a) $4s \cdot 2{,}5t - 12s \cdot 0{,}5t$ **b)** $3x \cdot 4y \cdot 5z \cdot 2x$

Lösung:

a) $4s \cdot 2{,}5t - 12s \cdot 0{,}5t = 4 \cdot 2{,}5 \cdot s \cdot t - 12 \cdot 0{,}5 \cdot s \cdot t = 10st - 6st = 4st$

b) $3x \cdot 4y \cdot 5z \cdot 2x = 3 \cdot 4 \cdot 5 \cdot 2 \cdot x \cdot x \cdot y \cdot z = 120x^2yz$

Verständnis

- Erkläre den Unterschied zwischen 3a und a^3.
- Die Division durch eine rationale Zahl kann durch eine Multiplikation ersetzt werden. Erkläre.

Aufgaben

1 Vereinfache so weit wie möglich im Kopf.

a) $6y \cdot 8$ b) $12a : 3$ c) $7 \cdot 12x$ d) $15b \cdot a$
e) $12x \cdot 12y$ f) $2a \cdot 3b \cdot a$ g) $4r \cdot 3s : 2$ h) $8p \cdot 7p \cdot 3q$

2 Schreibe als Potenz.

Zerlege erst und wandle dann um: $x^2 = x \cdot x$

Schaue im Grundwissen nach, wenn du nicht mehr weißt, was Potenzen sind.

a) $q \cdot q \cdot q \cdot q$ b) $g \cdot g \cdot g \cdot g \cdot g \cdot g$ c) $x \cdot x \cdot x \cdot x \cdot x \cdot x \cdot x \cdot x$
d) $ax \cdot ax \cdot ax \cdot ax$ e) $lo \cdot lo \cdot lo \cdot lo$ f) $a \cdot b \cdot b \cdot a \cdot b$
g) $m \cdot n \cdot m \cdot m \cdot n \cdot n \cdot m$ h) $f^2 \cdot f \cdot f \cdot f^3 \cdot f$ i) $s^2 \cdot t \cdot t \cdot s \cdot t^3$

3 Vereinfache so weit wie möglich.

a) $48v : 6$ b) $17d \cdot 5$ c) $6 \cdot 18x \cdot 5s$ d) $512f : 16$
e) $81q : (-27)$ f) $\frac{1}{2}c \cdot 3s \cdot 4b$ g) $45a : 45$ h) $6f \cdot 7k \cdot (-c) : 8$
i) $q \cdot w \cdot 7q \cdot 3w \cdot 2w$ j) $2a \cdot 5b \cdot c \cdot 4a \cdot b \cdot 3a$ k) $7xy \cdot 3x \cdot 2y \cdot x$
l) $3x \cdot 5 \cdot 12x$ m) $15r : 9 \cdot 3r$ n) $a^2 \cdot 2b \cdot 4a \cdot 4$
o) $x^3 y \cdot 3y \cdot 2x : 12$ p) $-2a \cdot 3b \cdot (-2c) \cdot 3a \cdot 2a\,b$ q) $3x^2 \cdot \frac{1}{2}y^2 \cdot 4x^2$

4 Übertrage die Sterne ins Heft und ergänze die fehlenden Einträge.

Der Wert eines äußeren Sternzackens ergibt sich aus dem Produkt der beiden angrenzenden Felder.

a)
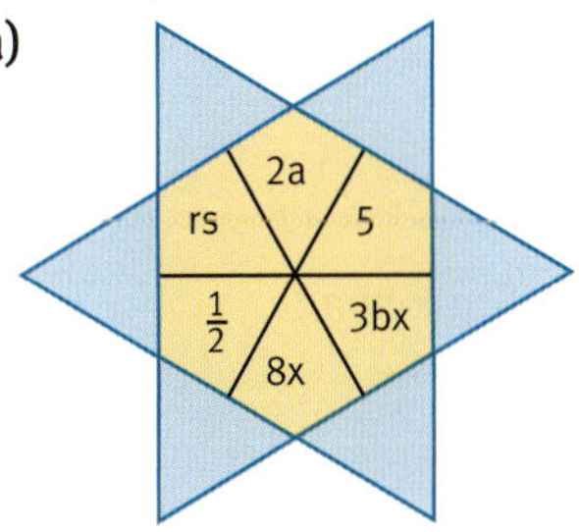

b)
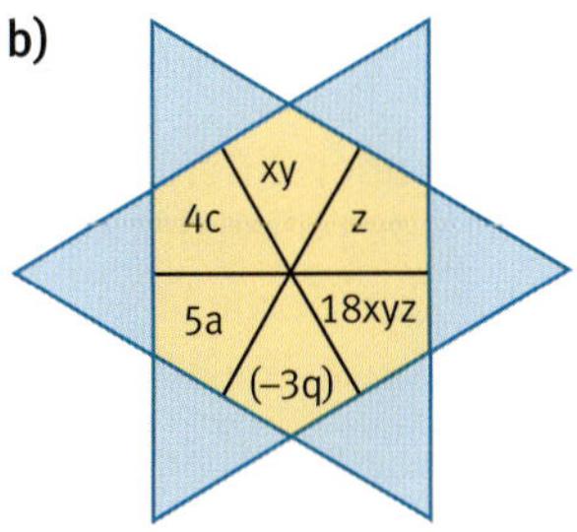

c)
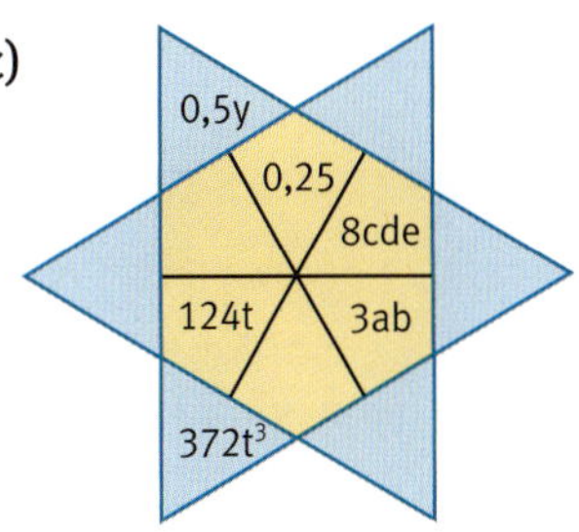

d)
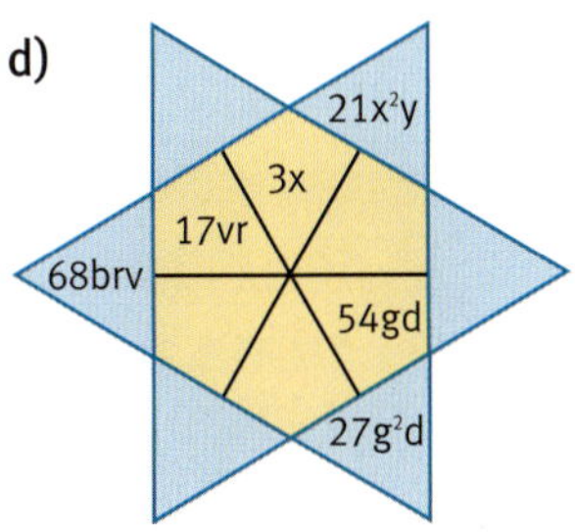

5 Kunst- und Bauwerke sind häufig nach dem goldenen Schnitt aufgebaut. Eine Strecke wird dabei so in zwei Abschnitte a und b geteilt, dass sich die ganze Strecke zu ihrem größeren Abschnitt a wie dieser zum kleineren Abschnitt b verhält.

a) Weise bei der Säule den goldenen Schnitt nach.
b) Stelle einen Term für den goldenen Schnitt auf.

Durchmesser und Höhe der Säule stehen im Verhältnis des goldenen Schnitts.

Eine Sporthalle in Rodheim soll abgerissen werden, damit eine neue entstehen kann. Die neue Halle soll 12 m breiter und 17 m länger werden als die alte.

- Stelle einen Term auf, mit dem du den neuen Flächeninhalt berechnen kannst.
- Verwende anschließend die Maße der alten Halle zur Berechnung: Länge: 27 m, Breite: 15 m.

Merkwissen

*Beim Auflösen einer **„Plusklammer“** bleiben die Vorzeichen erhalten, bei einer **„Minusklammer“** kehren sie sich um.*

Für das Rechnen mit Klammern gelten bei Termen die üblichen Rechenregeln.

Addition einer Summe oder Differenz:
Lässt man die Klammern weg, dann bleiben die **Vorzeichen gleich**.

1 $x + (y + z) = x + y + z$ 2 $x + (y - z) = x + y - z$ 3 $x + (-y - z) = x - y - z$

Subtraktion einer Summe oder Differenz:
Lässt man die Klammern weg, dann **kehren sich die Vorzeichen um**.

1 $x - (y + z) = x - y - z$ 2 $x - (y - z) = x - y + z$ 3 $x - (-y - z) = x + y + z$

+ mal + → +
+ mal − → −
− mal + → −
− mal − → +

Multiplikation eines Faktors mit einer Summe oder Differenz:
Der **Faktor** wird auf **jedes Glied** der Klammer **verteilt** (Distributivgesetz). Das jeweilige Vorzeichen ergibt sich aus dem Vorzeichen beider Faktoren.

1 $x \cdot (y + z) = x \cdot y + x \cdot z$ 2 $(-x - y) \cdot z = -x \cdot z - y \cdot z$ 3 $-x \cdot (-y + z) = +x \cdot y - x \cdot z$

Division einer Summe oder Differenz **durch einen Divisor**:
Der **Divisor** wird auf jedes Glied der Klammer **verteilt**.

$(x - y) : z = (x - y) \cdot \frac{1}{z}$ (Somit wie im Fall der Multiplikation lösbar.)

Beispiel

I Vereinfache die Terme, indem du die Klammern auflöst.

a) $15x + (8 - x)$ **b)** $8y - (-5 - 2y) - 3$ **c)** $2 \cdot (-3x + 2) - (-x + 3)$

Lösung:

	a)	b)	c)
Schrittfolge	$15x + (8 - x)$	$8y - (-5 - 2y) - 3$	$2 \cdot (-3x + 2) - (-x + 3)$
1 Klammern auflösen	$= 15x + 8 - x$	$= 8y + 5 + 2y - 3$	$= -6x + 4 + x - 3$
2 ordnen	$= 15x - x + 8$	$= 8y + 2y + 5 - 3$	$= -6x + x + 4 - 3$
3 zusammenfassen	$= 14x + 8$	$= 10y + 2$	$= -5x + 1$

Verständnis

- Warum kann man bei der Addition von Summen die Klammern „weglassen“?
- Welcher Term ist für ein positives a größer: $2a - (6 + 3a)$ oder $2a - 6 + 3a$? Begründe deine Antwort.

1 Löse die Klammern auf und vereinfache.

a) $12 \cdot (12x + 5y)$ **b)** $(-5c - 2d) \cdot 10$ **c)** $13 - (x - z)$ **d)** $(51c - 9) : 3$
e) $3a + (-4b + 5a)$ **f)** $(3x + 8) \cdot 16$ **g)** $\frac{1}{4} \cdot (12 - 4v)$ **h)** $x - (-8 + 3x)$
i) $b \cdot (-1{,}4r - 2{,}2y)$ **j)** $(y - z) - 3{,}3$ **k)** $(2g - h) \cdot (-1)$ **l)** $\frac{2}{5} - (-f - 0{,}8)$
m) $8x + (3y + (-2x))$ **n)** $(10{,}2x + 3{,}4) : 17$ **o)** $\frac{1}{8} \cdot \left(-16 - \frac{4}{5}t\right)$ **p)** $(-3{,}6 + 2x) : (-4)$

2 **a)** Übertrage die Streifen in dein Heft. Bestimme die unbekannte Streckenlänge auf verschiedene Arten und erkläre damit die Regel für „Minusklammern“.

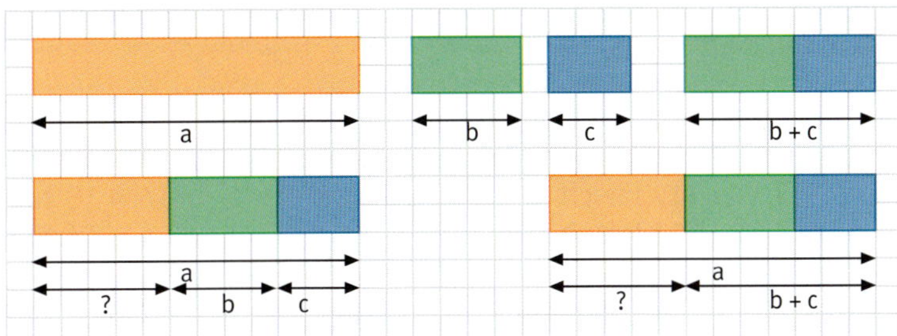

b) Erkläre ebenso die Regel für „Plusklammern“.

3 Löse die Klammern auf und vereinfache so weit wie möglich.

a) $(4q + 9r) \cdot 7 - 5q$ **b)** $13x \cdot (3y - 5x + r)$ **c)** $158p \cdot (-71q + 1)$
d) $(3yx - 3xy) \cdot 134x$ **e)** $(-45tp - 36ms) : 18$ **f)** $27 \cdot (-2x - 3y) : 9$
g) $\frac{1}{2} \cdot (12{,}8xy - 5{,}6z)$ **h)** $(-8) \cdot (0{,}2x + 1{,}2g)$ **i)** $19x \cdot (1{,}3 - x)$
j) $x \cdot (-y - z) + (2xy - 3xz)$ **k)** $\frac{3}{11} \cdot (-4rz + 4zr) + \left(2x - \frac{3}{8}y\right)$

4 Mit dem Distributivgesetz kannst du auch gemeinsame Faktoren in Differenzen und Summen ausklammern. Bearbeite die folgenden Aufgaben ebenso.
Beispiele: 1 $2xy + 3y = y \cdot (2x + 3)$ 2 $3x^2 + 12xs = 3x \cdot (x + 4s)$

a) $13ax + 5x$ **b)** $10r - 5s$ **c)** $xyz + 2yz$ **d)** $6ab - 6ac$
e) $0{,}5x - 0{,}5xy$ **f)** $a^2x - ay$ **g)** $15r - 25rs$ **h)** $12ab + 3a - 15ac$
i) $49p^2q - 14p$ **j)** $-\frac{4}{3}g^2h + g$ **k)** $1{,}8r^2s - 2r + rs$ **l)** $\frac{2}{5}x^2y + \frac{4}{5}xy^2$

5 Von einem Quadrat mit dem Flächeninhalt 64 cm² wird ein Streifen von 3 cm Breite abgeschnitten.

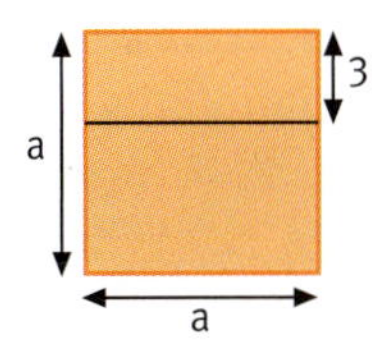

a) Gib verschiedene Terme für den Flächeninhalt des Rechtecks an und überprüfe, ob die Terme äquivalent sind.
b) Welche Abmessungen hat das entstehende Rechteck?

6 Stelle einen Term auf und vereinfache so weit wie möglich.

a) Multipliziere die Summe aus 8x und y mit der Zahl –3.
b) Subtrahiere von der Summe aus 7a und 4b die Differenz aus –8b und 12a.
c) Multipliziere y mit der Differenz aus –4x und –8,2.

7 Hier stimmt doch was nicht. Finde den Fehler und verbessere ihn.

a) $2x - (3x + 4) = -x + 4$ **b)** $3 \cdot (4a + 7) = 12a + 7$
c) $b + (2y + 4z) = 2by + 4bz$ **d)** $(8g - 14r) : 2 = 8g - 7r$
e) $6y - 3yz = 3y \cdot (2 - yz)$ **f)** $10x \cdot (xz + 2yz) = 10xz + 20xz$

Anna hat einen Vertrag für ihr Handy abgeschlossen. Sie muss pro Monat 5 € Grundgebühr bezahlen, dafür aber nur 0,05 € pro Minute.

- Berechne Annas Telefonkosten bei 35 (76, 104, 157) Telefonminuten im Monat.
- Erstelle einen Term, mit dem Anna ihre monatlichen Telefonkosten berechnen kann.
- Wie viele Minuten kann sie im Monat für 20 € (15,50 €; 9,90 €) telefonieren?

Merkwissen

Eine **Gleichung** besteht aus zwei Termen, die durch ein Gleichheitszeichen miteinander verbunden sind.

Beispiel: $2 \cdot x + 6 = 16$; $D = \mathbb{N}$

Lösung durch Einsetzen von Zahlen aus der Definitionsmenge D

nacheinander:
$2 \cdot 3 + 6 = 12$ falsch
$2 \cdot 4 + 6 = 14$ falsch
$2 \cdot 5 + 6 = 16$ richtig

einschachteln:
$2 \cdot 6 + 6 = 18$ zu groß
$2 \cdot 4 + 6 = 14$ zu klein
$2 \cdot 5 + 6 = 16$ richtig

Lösung: $x = 5$

In der Definitionsmenge D sind alle Zahlen enthalten, die man in der Gleichung anstelle der Variable einsetzen darf.

Wenn nichts anderes angegeben ist, gilt $D = \mathbb{Q}$.

Alle **Zahlen aus der Definitionsmenge** D, die eine Gleichung lösen, fasst man in der **Lösungsmenge** L zusammen. Es gibt drei Möglichkeiten:

- Es gibt keine Lösung in D, die Lösungsmenge ist leer: $L = \{\ \}$.
- Es gibt Lösungen in D, z. B. $x = 2$: $L = \{2\}$.
- Alle Zahlen aus D lösen die Gleichung: $L = \mathbb{Q}$, wenn $D = \mathbb{Q}$.

Beispiele

*Erinnere dich: Du kennst bereits das **Lösen durch die Umkehraufgabe** und das **Lösen am Zahlenstrahl**:*

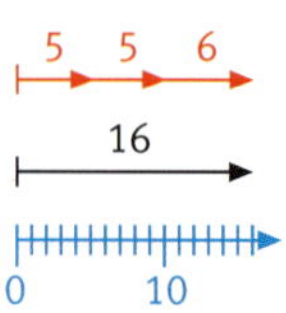

I Maria denkt sich eine positive rationale Zahl. Sie multipliziert diese Zahl mit $\frac{3}{8}$ und addiert anschließend $\frac{4}{5}$. Als Ergebnis erhält sie $\frac{13}{10}$. Wie lautet die Zahl?

Lösungsmöglichkeit: x ist die Variable. Gleichung aufstellen: $x \cdot \frac{3}{8} + \frac{4}{5} = \frac{13}{10}$

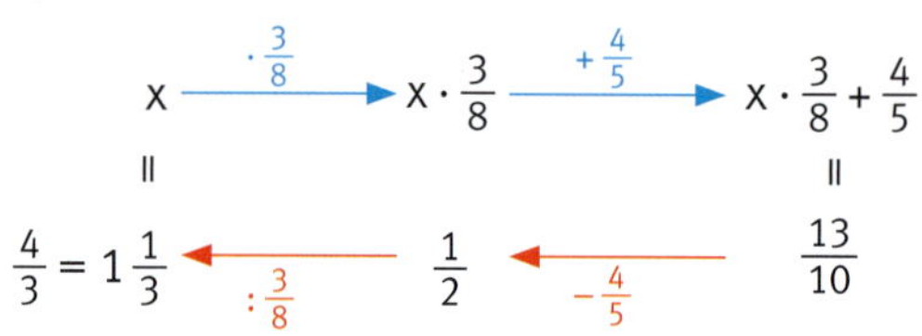

1 D festlegen	$D = \mathbb{Q}^+$
2 Gleichung lösen	$x = \frac{4}{3} = 1\frac{1}{3}$
3 Lösungen prüfen	$1\frac{1}{3} \in D$
4 L bestimmen	$L = \{1\frac{1}{3}\}$

II Gib D und L für die Gleichung an. Welche …
a) positive rationale Zahl löst $4x - 2 = 0$?
b) natürliche Zahl löst $5 + 3y = 10$? **c)** natürliche Zahl löst $2 + 5z - 2 = 5z$?

Lösung:

Schrittfolge	a)	b)	c)
1 D festlegen	$D = \mathbb{Q}^+$	$D = \mathbb{N}$	$D = \mathbb{N}$
2 Gleichung lösen	$4x - 2 = 0$ $x = 0{,}5$	$5 + 3y = 10$ $y = \frac{5}{3}$	$2 + 5z - 2 = 5z$ $5z = 5z$
3 Lösungen prüfen	$0{,}5 \in D$	$\frac{5}{3} \notin D$	Jede natürliche Zahl ist Lösung.
4 L bestimmen	$L = \{0{,}5\}$	$L = \{\ \}$	$L = \mathbb{N}$

VERSTÄNDNIS

- Marina behauptet: „$2 \cdot x = x^2$“ Stimmt das? Begründe.
- Wie lässt sich die Lösung einer Gleichung schrittweise durch systematisches Probieren finden? Beschreibe.

AUFGABEN

1 Bestimme die Lösungen auf verschiedene Arten und gib die Lösungsmenge an.

a) $3x + 15 = 24$; $D = \mathbb{N}$
b) $3 + 5 - 4a - 2$; $D = \mathbb{N}$
c) $\frac{3}{2}y = 21$; $D = \mathbb{N}$
d) $4s - 42 = 8$; $D = \mathbb{Q}$
e) $17x - 3 = 73\frac{1}{2}$; $D = \mathbb{Q}_0^+$
f) $8x + 5 = 2 + 8x + 3$; $D = \mathbb{Q}$
g) $2{,}5q + 7 = 7$; $D = \mathbb{N}$
h) $12{,}5 + 4t = 18{,}9$; $D = \mathbb{Q}$

Lösungen zu 1:
$L = D$; $L = \{\ \}$; $L = \{3\}$; $L = \{0\}$; $L = \{12\frac{1}{2}\}$; $L = \{1\frac{3}{5}\}$; $L = \{14\}$; $L = \{4\frac{1}{2}\}$

2 Bestimme die Lösungsmenge für $D = \mathbb{N}$.

a) $3x + 8 = 12$
b) $11c + 4 = 4 + 11c$
c) $14 - 2 = 2a + 6$
d) $34 = 48 - s$
e) $3y = 11$
f) $15a + 3 = 3$
g) $4x + 12 = 12$
h) $6 \cdot x + 4 = 25$
i) $13 - 7 = 3b$

3 Stelle eine Gleichung auf. Wie lautet die gesuchte Zahl?

a) Martina denkt sich eine Zahl. Sie multipliziert sie mit 7 und addiert dann 2,5. Das Ergebnis ist 6.
b) Matthias denkt sich eine Zahl. Er multipliziert sie mit $\frac{4}{5}$ und subtrahiert anschließend $\frac{3}{15}$. Als Ergebnis erhält er $1\frac{1}{5}$.

4 Herr Huber wiegt 24 kg mehr als Frau Huber. Zusammen wiegen sie weniger als 160 kg. Was kann man über das Körpergewicht von Frau Huber aussagen?

5 Herbert ist halb so alt wie Iris. Josef hingegen ist dreimal so alt wie Iris. Zusammen sind sie 54 Jahre alt. Bestimme das Alter der Personen.

Lösungen zu 5:
$L = \{0\}$; $L = \{0\}$; $L = \{0{,}9575\}$; $L = \{1{,}1\}$; $L = \{2{,}0025\}$; $L = \{4\frac{7}{40}\}$; $L = \{5\}$; $L = \{5{,}8\}$; $L = \{10\}$; $L = \{10{,}9\}$; $L = \{22\}$; $L = \{306\}$

6 Bestimme die Lösungsmenge der Gleichung in $D = \mathbb{Q}$.

a) $x - 7 = 15$
b) $3{,}3 + x = 14{,}2$
c) $3 + x - 1 = 7{,}8$
d) $x - \frac{4}{5} = 3\frac{3}{8}$
e) $31 + y = 31$
f) $x - 3^2 = 13^0$
g) $0{,}\overline{3} + x = \frac{1}{3}$
h) $z - 3^4 = 225$
i) $x - 0{,}95 = \frac{3}{20}$
j) $x - 0{,}85 = 4{,}3 \cdot \frac{1}{40}$
k) $z - \frac{3}{4} : \frac{4}{3} = 1{,}44$
l) $(7 - x)^3 = 8$

7

(1) Die Klasse 6a macht einen Ausflug in die Kubacher Kristallhöhle. Der Ausflug kostet mit Eintritt und Busfahrt insgesamt 200 € für die Klasse. In der Klasse werden 6,25 € von jedem Schüler eingesammelt. Wie viele Schüler sind in der Klasse?	(2) Die 26 Schüler der Klasse 6b machen ebenfalls einen Ausflug. Der Lehrer spendiert jedem Schüler in einer Eisdiele eine Kugel Eis. Außerdem trinken seine Kollegin und er je eine Tasse Kaffee für 2,70 €. Insgesamt müssen 28,80 € bezahlt werden. Wie viel kostet eine Kugel Eis?

Bearbeite die Aufgabe für beide Situationen.

a) Stelle eine Gleichung zum Sachverhalt auf.
b) Gib eine sinnvolle Definitionsmenge für die Gleichung aus a), an.
c) Bestimme die Lösungsmenge der Gleichung.

Wie viele Stifte hat dein Banknachbar im Mäppchen? Finde es heraus. Zunächst zählt jeder die Anzahl der Stifte im eigenen Mäppchen. Führt nun folgende Rechnung aus:

1. Multipliziere die Anzahl der Stifte mit 3.
2. Addiere zu dem Ergebnis aus 1 die Zahl 2.
3. Multipliziere das Zwischenergebnis von 2 mit 4.
4. Subtrahiere vom Ergebnis aus 3 die Zahl 3.

- Nenne deinem Nachbarn dein Ergebnis und umgekehrt. Findet ihr heraus, wie viele Stifte jeder im Mäppchen hat? Erkläre, wie du dein Ergebnis gefunden hast.
- Findet eine Gleichung, die die Rechnung von oben beschreibt.

Merkwissen

Oft ist es möglich, eine **Gleichung schrittweise** so zu **vereinfachen**, dass die Variable auf einer Seite der Gleichung alleine steht. Dabei darf sich die **Lösungsmenge** der Gleichung **nicht ändern**.
Die einzelnen Schritte, die man dabei durchführt, nennt man **Äquivalenzumformungen**, denn die bei den Umformungen entstandenen Gleichungen sind äquivalent zueinander, d. h. sie haben (bei gleicher Definitionsmenge) dieselbe Lösungsmenge.

Äquivalenzumformung	Beispiel ($D = \mathbb{Q}$)
1 Man **addiert** auf beiden Seiten der Gleichung die **gleiche Zahl** oder den **gleichen Term**.	$x - 4 = 1 \quad \vert +4$; $L = \{5\}$ $x = 5$; $L = \{5\}$
2 Man **subtrahiert** auf beiden Seiten der Gleichung die **gleiche Zahl** oder den **gleichen Term**.	$x + 6 = 14 \quad \vert -6$; $L = \{8\}$ $x = 8$; $L = \{8\}$
3 Man **multipliziert** auf beiden Seiten der Gleichung die **gleiche Zahl** (die nicht null sein darf).	$\frac{1}{5}x = 2 \quad \vert \cdot 5$; $L = \{10\}$ $x = 10$; $L = \{10\}$
4 Man **dividiert** auf beiden Seiten der Gleichung durch die **gleiche Zahl** (die nicht null sein darf).	$4x = 22 \quad \vert :4$; $L = \{5{,}5\}$ $x = 5{,}5$; $L = \{5{,}5\}$

Beispiel

Überlege dir zunächst die Definitionsmenge. Vergiss zum Schluss die Lösungsmenge nicht.

I Löse die Gleichungen mithilfe von Äquivalenzumformungen für $D = \mathbb{Q}$.

a) $3 + x = 8$ **b)** $x - 4 = 15$ **c)** $2 \cdot x = 8$ **d)** $\frac{1}{4}x = 5$

Lösung:

a) $3 + x = 8 \quad \vert -3$
$x = 5$
$L = \{5\}$

b) $x - 4 = 15 \quad \vert +4$
$x = 19$
$L = \{19\}$

c) $2 \cdot x = 8 \quad \vert :2$
$x = 4$
$L = \{4\}$

d) $\frac{1}{4}x = 5 \quad \vert \cdot 4$
$x = 20$
$L = \{20\}$

II Gleichungen einmal anders: In jedem Becher sind jeweils gleich viele Würfel. Ebenso ist die Gesamtanzahl der Würfel auf jeder Seite gleich. Wie viele Würfel sind in einem Becher?

Lösungsmöglichkeit:
Es sei jeweils x die Anzahl der Würfel in einem Becher, $D = \mathbb{N}$.

$2x + 3 = 7 \quad \vert -3$
$2x = 4 \quad \vert :2$
$x = 2$
$L = \{2\}$

In einem Becher sind 2 Würfel.

Verständnis

- Wieso müssen Äquivalenzumformungen auf beiden Seiten der Gleichung durchgeführt werden? Vergleiche die Umformung anschaulich an einer Waage.
- Division und Multiplikation mit null sind keine Äquivalenzumformungen. Warum nicht? Suche einfache Beispiele und begründe.

Aufgaben

1 Alle Waagen sind im Gleichgewicht. Beschreibe jedes Bild durch eine Gleichung und beschreibe die Äquivalenzumformungen von ① nach ② bzw. ③.

a)
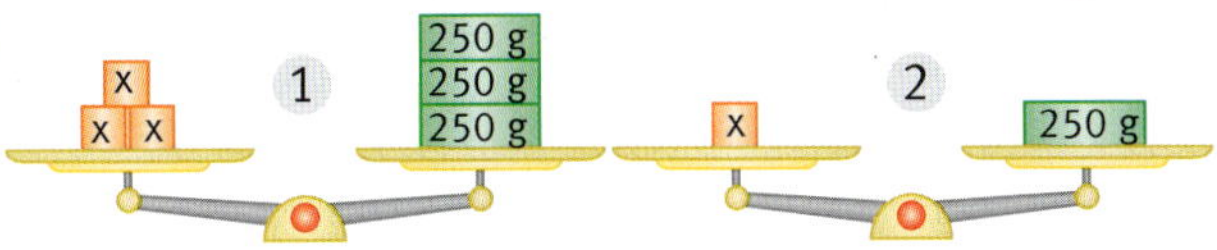

b)
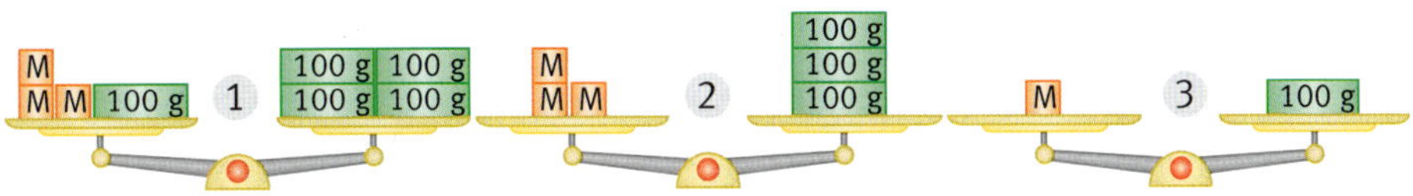

c)
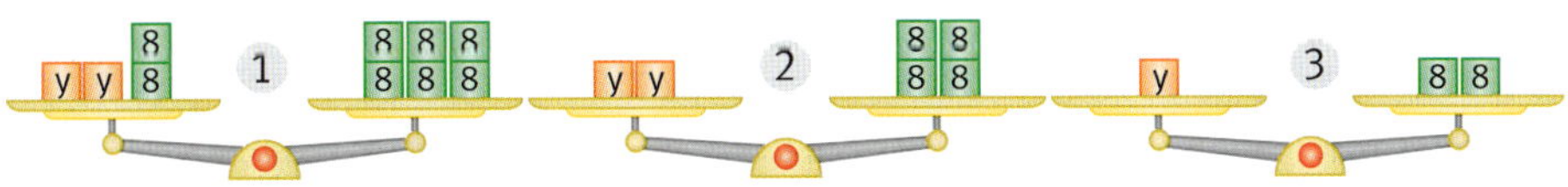

2 Stelle wie in Beispiel II eine Gleichung auf und löse sie. Bestimme die Grundmenge.

a)

b)

c)

3 Löse durch Umformungen für ① $D = \mathbb{Q}$ und ② $D = \mathbb{N}$.

a) $x \cdot 20 = 4$ **b)** $y \cdot 0{,}6 = 18$ **c)** $5x = 7{,}5$ **d)** $17{,}5 = 2{,}5w$
e) $x : 3 = 2{,}7$ **f)** $0{,}\overline{1} = x : \frac{2}{3}$ **g)** $x : 0{,}9 = 0{,}03$ **h)** $0{,}25 \cdot \frac{6}{8} = \frac{3}{4}y$
i) $x \cdot 2 = 2 : 2\frac{2}{5}$ **j)** $8z = 2{,}8 \cdot 0{,}2$ **k)** $\frac{2}{3}x = \frac{56}{21}$ **l)** $3x = 3 \cdot 3^0$

4 Löse durch Umformungen in $D = \mathbb{Q}$.

a) $4x + 3 = 27$ **b)** $3x - 5 = 34$ **c)** $5x - 2 = 94 - 50$ **d)** $44 = 6 + 4x$
e) $120 = 4x + 102$ **f)** $7y + 13 = 13$ **g)** $2y - 13 = 13$ **h)** $2{,}5 + 0{,}7 = 0{,}02x$
i) $x \cdot 0{,}6 - 1 = 17$ **j)** $4x + \frac{2}{5} = 6$ **k)** $\frac{7}{8}u = 11{,}75 - 1\frac{1}{4}$ **l)** $23{,}4 + 5x = 31{,}1$

5 Bestimme die Lösungsmenge auf verschiedene Arten, $D = \mathbb{Q}$.

a) $x \cdot (9 - 4) = 16$ **b)** $2^4x + 5^2 = 41$ **b)** $y : \left(\frac{2}{3} + \frac{1}{6}\right) = 5$ **d)** $0 = (x - 5) \cdot 3$
c) $(0{,}008 - 0{,}2^3) + 7 = 14x$ **d)** $\left(0{,}\overline{4} + \frac{2}{9}\right) : 3 = 0{,}1x$

Die Schilder zeigen an, welches Gesamtgewicht ein Lkw, der die Straße benutzen will, nicht überschreiten darf.

- Bestimme für jeden Lkw den Massebereich, in dem die Zuladung für die jeweilige Straße liegt.
- Welche Ungleichung passt zu welchem Lkw? Begründe.

(1) $13{,}5 \geqq 5{,}14 + x$ (2) $7{,}2 + x \leqq 14{,}1$

Leergewicht: 7200 kg
Gesamtgewicht: 14 100 kg

Leergewicht: 5140 kg
Gesamtgewicht: 13 500 kg

Ungleichungen liest man von links nach rechts. Bedeutungen:
< „(echt) kleiner als“
> „(echt) größer als“
≦ „kleiner oder gleich“
≧ „größer oder gleich“

L = {x ∈ ℕ | x < 21} bedeutet, dass die Lösungsmenge aus allen Zahlen der Grundmenge besteht, die die Bedingung x < 21 erfüllen.

*Bei der Intervallschreibweise gibt man nur **Grenzen des Lösungsbereichs** an.*

Merkwissen

Werden zwei Terme nicht mit einem Gleichheitszeichen, sondern mit einem der Ungleichheitszeichen <, >, ≦ oder ≧ verbunden, so spricht man von einer **Ungleichung**. Ungleichungen lassen sich genauso wie Gleichungen lösen (z. B. durch Probieren oder durch die Umkehraufgabe).

Die Lösung einer Ungleichung kann auf verschiedene Arten angegeben werden:
Ist D = ℕ, so kann die Lösungsmenge in **aufzählender Form** angegeben werden.

Beispiel: $x + 5 < 26$, also L = {0; 1; 2; …; 19; 20} oder L = {x ∈ ℕ | x < 21}

Ist D = ℚ, so kann die Lösungsmenge aus **unendlich vielen Elementen** bestehen. Deshalb stellt man die Lösung oft durch ein **Intervall** oder auf einer **Zahlenhalbgerade** dar. Folgende Lösungsmöglichkeiten gibt es:

Intervallschreibweise	Zahlenhalbgerade
abgeschlossenes Intervall	
[2; 10] meint: alle Zahlen zwischen 2 und 10, einschließlich 2 und 10	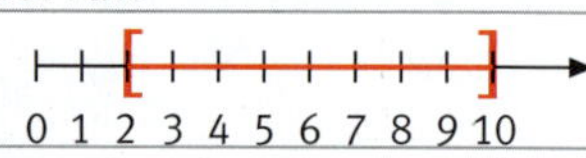
offenes Intervall	
]2; 10[meint: alle Zahlen zwischen 2 und 10, aber ohne 2 und 10	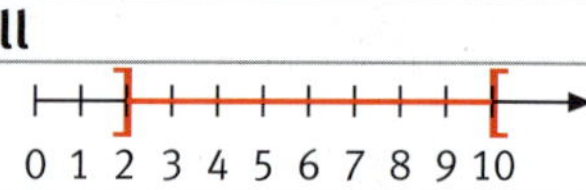
halboffenes Intervall	
[2; 10[meint: alle Zahlen zwischen 2 und 10; aber mit 2 und ohne 10	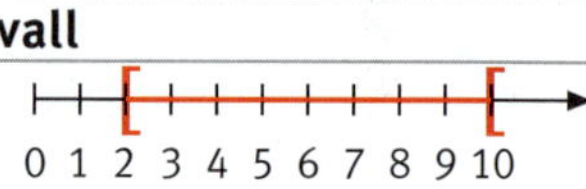
]2; 10] meint: alle Zahlen zwischen 2 und 10; aber ohne 2 und mit 10	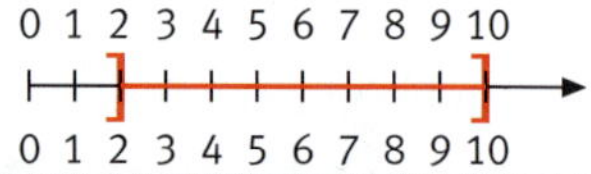

Beispiel

I Löse die Ungleichungen für (1) D = ℕ und (2) D = ℚ.

a) $x + 3 < 8$ **b)** $x + 3 \leqq 8$ **c)** $2 \cdot x > 8$

Lösung:

−∞ bedeutet: alle negativen Zahlen bis „minus unendlich“

a) (1) L = {0; 1; 2; 3; 4}
Bei 5 erhält man Gleichheit.
(2) L = [0; 5[

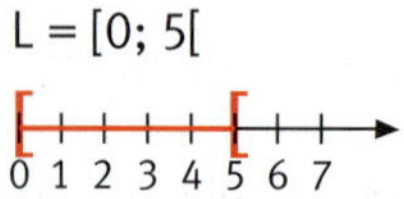

b) (1) L = {0; 1; 2; 3; 4; 5}
Bei 5 erhält man Gleichheit.
(2) L =]∞; 5]

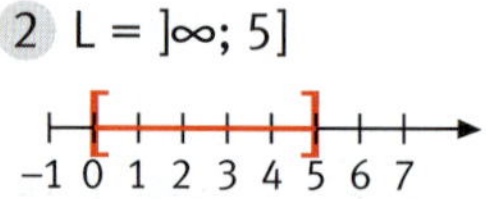

c) (1) L = {5; 6; 7; …}
Bei 4 erhält man Gleichheit.
(2) L = {x ∈ ℚ | x > 4}

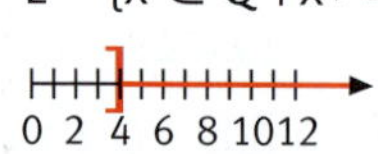

Verständnis

- Erkläre mit eigenen Worten den Unterschied: [4; 7], [4; 7[,]4; 7],]4; 7[.
- Bei $5 + x < 7$ ist für $D = \mathbb{N}$ die Lösungsmenge $L = \{0; 1\}$, für $D = \mathbb{Q}$ erhält man $L =]-\infty; 2[$. Warum ist die obere Grenze hier anders? Erkläre.

Aufgaben

1 Stelle die Intervalle an der Zahlengeraden dar.

Wähle einen geeigneten Ausschnitt und eine geeignete Einteilung der Zahlenhalbgerade.

a) [1; 3]	**b)**]0,5; 4]	**c)**]0,2; 1,8[	**d)** [–5,3; –3,2[
[0; 12[	[–2,5; 5]	[1,6; 3,2[	]2,7; 3,1[
]5; 9[	[6; 10,5[	[–2,4; 6,8]	[–40; 60[

2 Gib die gekennzeichneten Intervalle in der Intervallschreibweise an.

a) 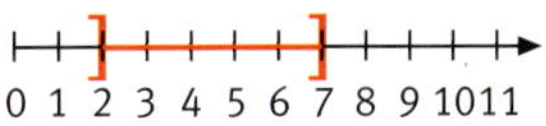

b) 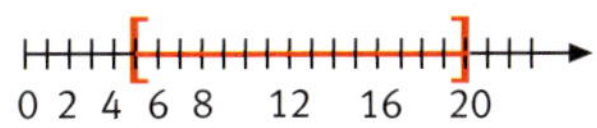

c) 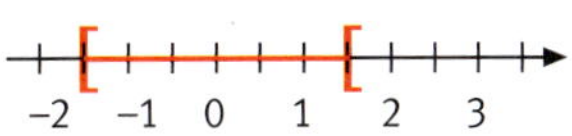

d) 

e) 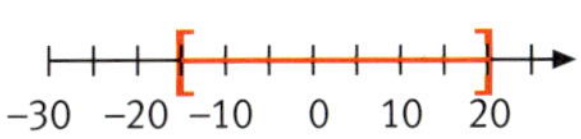

f) 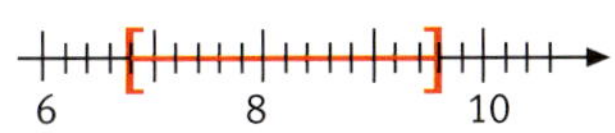

3 Bestimme die Lösungsmenge in (1) $D = \mathbb{N}$ und (2) $D = \mathbb{Q}$.

a) $x + 7 < 20$	**b)** $z - 15 \geqq 2$	**c)** $3{,}8x \leqq 19$	**d)** $6x + 4 > 16$
e) $3x > 0$	**f)** $x^2 \leqq 144$	**g)** $x + 2\frac{1}{3} \leqq 57 - 36{,}5$	

4 Überprüfe, ob die Ungleichungen die gleichen Lösungsmengen haben.

a) $x - 1 < 7$	$x + 2 < 10$	$2x - 1 < 13$	$D = \{1; 3; 5; 6\}$
b) $x^2 > 36$	$x \cdot x - 4^2 > 20$	$6^2 < x \cdot 1 \cdot x$	$D = \{5; 6; 7; ...\}$
c) $x + 7{,}5 \leqq 12{,}5$	$2\frac{1}{5}x + 16{,}5 \leqq 27{,}5$	$22{,}5 \geqq 4{,}5x$	$D = \mathbb{Q}$

Natur

Frische Fische fischen

Fische dürfen im Allgemeinen nur dann geangelt werden, wenn sie eine bestimmte Mindestlänge, das sogenannte Schonmaß, erreicht haben. Für die Fischerei gelten die nebenstehenden Schonmaße. Aus Erfahrung kennt man auch die maximale Länge einer Fischart.

- Gib die Größen der Fische, die gefangen werden dürfen, in Intervallschreibweise und auf einer Zahlenhalbgerade an.
- Beim Angeln gibt es sogenannte „Schonzeiten“? Was ist das? Recherchiere die Schonzeiten der Fischarten.

Schuppenkarpfen
Schonmaß: 35 cm
Maximale Länge: 100 cm

Regenbogenforelle
Schonmaß: 26 cm
Maximale Länge: 85 cm

Hecht
Schonmaß: 50 cm
Maximale Länge: 135 cm

Zu 6.1

1

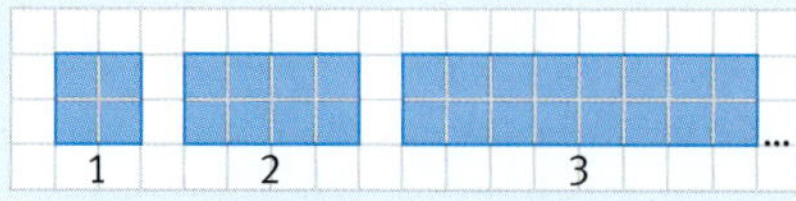

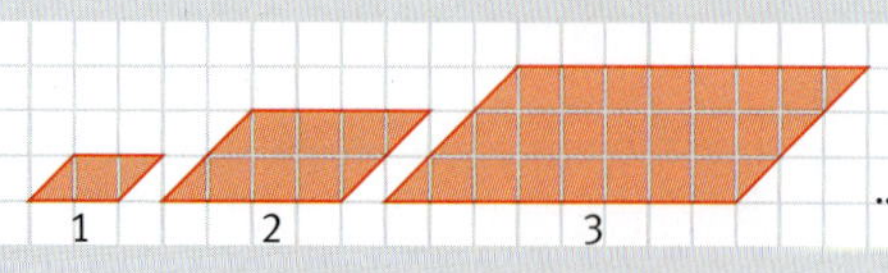

a) Setze die Figuren um zwei weitere Schritte fort.
b) Bestimme den Flächeninhalt der Figuren.
c) Bestimme einen Term, mit dem man den Flächeninhalt der n-ten Figur bestimmen kann.

Zu 6.2

2 Vereinfache so weit wie möglich.

a) $4a + 12 - 6a + 3$
b) $-5a - 3b + 7b + 8 - 3a$
c) $12xy - 8x + 7y - 2x - 2{,}5xy$
d) $7x \cdot 5 \cdot 8x$
e) $18r : 6 \cdot 1{,}5r$
f) $2x - 3y - 4{,}5x + \frac{1}{4}y$

a) $-7{,}5z + 3{,}8x - 4{,}2z - 0{,}9 + 2{,}8z$
b) $2{,}7c - 1{,}5ac + 2{,}6a + 3{,}5c$
c) $1{,}8y + 7{,}2x - 13{,}2y - 5{,}2x + 11{,}4y$
d) $p \cdot r \cdot 12q \cdot 4w : 6 \cdot w$
e) $24x^2 + \frac{2}{5}x^2 \cdot 5x^2$
f) $5a^3b + 1{,}1b^2 - 6a^3b + (1{,}2b)^2$

3 Finde die Fehler und korrigiere.

a) $3x + 3y = 3xy$
b) $2{,}5x - 2{,}5 = x$
c) $s + t + s + t = 2s + t$

a) $4{,}5x - 2{,}5x + 2 = 2x$
b) $2{,}8x - 4{,}5y + x = 2{,}8 - 3{,}5y$
c) $3\frac{2}{3}x - \frac{2}{3}y = 3 \cdot (x - y)$

Zu 6.3

4 Ergänze so, dass die Rechnung stimmt.

a) $7x \cdot \square = 21x$
b) $4q \cdot \square = 2q$
c) $\square \cdot 16 = -64b$
d) $120pq : \square = 3pq$

a) $4t \cdot \square \cdot 2s = 8rst$
b) $3y : \square \cdot 6x = 2xy$
c) $16x \cdot (-2z) \cdot \square = 4xyz$
d) $x \cdot y \cdot z : \square = xyz$

Zu 6.4

5 Löse die Klammern auf und vereinfache so weit wie möglich.

a) $12 \cdot (12x + 5y)$
b) $(-5c - 2d) \cdot 10$
c) $13 - (x - z)$
d) $(51c - 9) : 3$
e) $3a + (-4b + 5a)$
f) $-\frac{2}{5} - (-f - 0{,}8)$

a) $8x + (3y + (-2x))$
b) $(10{,}2x + 3{,}4) : 17$
c) $(4q + 9r) \cdot 7 - 5q$
d) $13x \cdot (3y - 5x + r)$
e) $x \cdot (-y - z) + (2xy - 3xz)$
f) $\frac{3}{11} \cdot (-4rz + 4zr) + \left(2x - \frac{3}{8}y\right)$

Zu 6.5

6 Bestimme die Lösungsmenge der Gleichung durch systematisches Probieren. $D = \mathbb{Q}$.

a) $-3 + x = 18$
b) $-8 - x = -28$
c) $0 + x = 8{,}7$
d) $-1{,}9 + x = -3{,}68$

a) $x - (-4) = 124$
b) $x - 2\frac{1}{3} = 7 - 9$
c) $4\frac{2}{3} + 3\frac{1}{6} + x = 7{,}5$
d) $x + 33{,}5 - (9 - 28) = -2$

7 Stelle eine Gleichung auf und löse sie.

a) Addiert man zu 375 eine Zahl, so erhält man 200.

b) Addiert man zu –4 eine natürliche Zahl und subtrahiert anschließend 11,5, so erhält man $-\frac{1}{2}$.

a) Addiert man zu 19 die Summe aus einer ganzen Zahl und –5, so erhält man – 49.

b) Verdoppelt man die Differenz aus 43 und 58, dann erhält man das Dreifache einer negativen Zahl.

8 Löse die Gleichung durch Umformung in der angegebenen Definitionsmenge. **Zu 6.6**

a) $21x - 12 - 18 = -6$; $D = \mathbb{N}$

b) $(4{,}2 + 3{,}6) \cdot 5 = 2x$; $D = \mathbb{Q}$

c) $\frac{1}{2}x + 2x - 3 \cdot 7 = 23 - 8$; $D = \mathbb{N}$

d) $-\frac{3}{4}x + 6 = 1\frac{1}{4}$; $D = \mathbb{Q}$

a) $3x + 7 \cdot (x - 5) = 12 - 3 \cdot 45$; $D = \mathbb{Z}$

b) $0{,}4 \cdot (3x - 1{,}6) = 51{,}8 - 1{,}1 \cdot 44{,}4$; $D = \mathbb{Q}$

c) $4x - 7 - 6x^2 + 2x \cdot (3x - 7) = 18$; $D = \mathbb{N}$

d) $4\frac{5}{8}x + 4 \cdot \left(\frac{1}{12} - x\right) = 8$; $D = \mathbb{Q}$

9 Lukas spielt in der Jugendfußballmannschaft. Er hat viermal so viele Tore geschlossen wie Mike. Özdem hat 3 Tore mehr erzielt als Mike. Insgesamt konnten alle drei 33 Tore erzielen.

Vier Jungen vergleichen ihre Ersparnisse und stellen etwas Besonderes fest: Jeder hat um 3 € mehr als sein Vorgänger. Zusammen haben sie 90 €. Wie viel hat jeder?

10 Bestimme die Lösungsmenge der Ungleichung in $D = \mathbb{Q}$. **Zu 6.7**

a) $5x - 3 > 2$

b) $-3{,}2 \geqq 0{,}8 + 1{,}2x$

c) $5 \cdot (2x - 4) > 0$

d) $3x - 7 \leqq 2\frac{2}{3}$

a) $8 + 3 \cdot (2x - 3) \leqq 12$

b) $\frac{3}{4}x + 4\frac{1}{2} \leqq 2\frac{1}{3} \cdot 3$

c) $6 \cdot (2{,}5x - 1) - 3 > -4$

d) $7\frac{2}{5}x + 6 \cdot (2{,}5 - x) \geqq -0{,}4$

11 Ein Bahnsteig ist 350 m lang. Die Länge einer Lok beträgt 18,35 m, die Länge eines Waggons 24,45 m. Wie viele Waggons kann ein Zug höchstens haben, damit er einschließlich Lok den gesamten Bahnsteig ausfüllt?

Laura und Sonja machen eine Radtour. Am zweiten Tag schaffen sie 18 km mehr als am ersten Tag und am dritten Tag schaffen sie nochmals 11 km mehr als am zweiten Tag. Insgesamt sind sie 212 km gefahren.

1 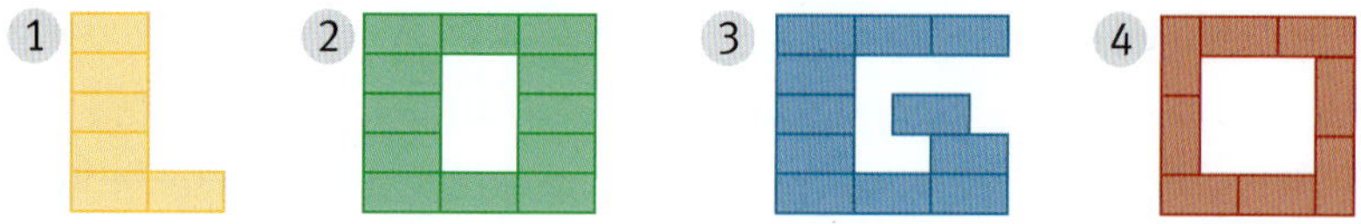

a) Stelle einen Term für den Umfang der Buchstabenfiguren auf, wenn die Länge eines Rechtecks mit a und die Breite mit b bezeichnet wird.

b) Berechne mithilfe der Terme aus a) den Umfang der Figuren für a = 7,5 cm und b = 4,3 cm (a = 0,9 dm und b = 2,3 cm).

2 Für Streichholzfiguren stehen lange Hölzer (l) und kurze (k) zur Verfügung.

a) Stelle einen Term auf für die Gesamtlänge der verwendeten Streichhölzer.

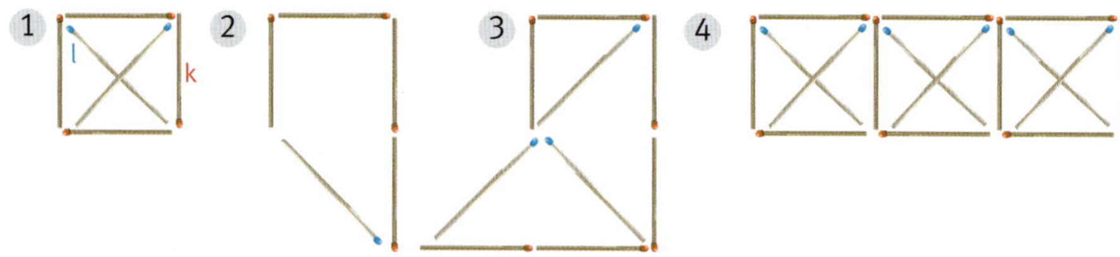

b) Zeichne mögliche Streichholzfiguren zu den angegebenen Termen.

(1) 5k + 2l (2) 4l + 7k (3) 3k + 6l (4) 6k + 0l (5) $5k + \frac{3}{2}l$

Lösungen zu 3:
−851,2; −448; −46,55; −30,1; −24,5; −16,76; −15,7; −7,4; −1,85; −0,5; 1,6875; 2,8125; 3,28; 3,5; 5,625; 7,1; 8,54; 16; 20,3; 20,4; 24; 33; 37,24; 560

3 Berechne die folgenden Terme, indem du die Variable durch 5 (−4; −7,6) ersetzt.

a) $a + 7 \cdot 4$ **b)** $112 \cdot b$ **c)** $186{,}2 : c$ **d)** $(13 + d) : 3{,}2$
e) $4 \cdot e + \frac{3}{10}$ **f)** $5f + 3 - 2{,}4 \cdot f$ **g)** $(11{,}4 + g) : g$ **h)** $5{,}5 - \frac{2}{5}h$

4 Welche Terme führen stets zum selben Ergebnis?

x − 6 | 1 + 2 · a + 2 | 6 + t | 6g + 24 | −6 + 24x + 2 | 2y + 3 − y | 24 · x − 6 | x + 3 + x

5 Vereinfache die Terme so weit wie möglich.

a) 51b + 2 + 44b **b)** 3y − 8y **c)** 97t − 12t + 4t
d) 8x + 3 − 2x − 5 **e)** −y + 13x − 12 + 7y **f)** 1 + y − 9 + 2x
g) 7,2x + 6y + 2,3x **h)** 54y − 156 − 25y − 2 **i)** 8 · 17q
j) 169b : 13 **k)** 7x · 5 · 8x **l)** 18r : 6 · 1,5r
m) p · r · 12q · 4w : 6 · w **n)** 18xy · 2x · y · x : 3 **o)** $24x^2 \cdot \frac{2}{5}x^2 \cdot 5x^2$
p) 12r − 5m + 7x − 4 + 7m − 14r − 6 **q)** $\frac{1}{3}m + 4n - 7o + 2p + \frac{4}{3}m + 6o + 5n$

6 Löse die Klammern auf und vereinfache so weit wie möglich.

a) (a + b) − 128 **b)** (3f − 12g) · (−1) **c)** x · (76y + 1212z) **d)** −14 − (y + 8)
e) 0,25 · (4 − 36t) **f)** (128 + 2x) : 16 **g)** 3x + (2y + (−3x)) **h)** $\frac{4}{17} \cdot (153x + 85)$

7 Lege aus den Karten einen Term, der für x = 4 (−10; $\frac{1}{2}$; 0) einen möglichst großen Wert ergibt.

3 | + | (| · | x | x | 4 | 2 |) | – | ·

8 Vervollständige die Lücke.

a) $4l \cdot \square \cdot 3n = 12lmno$
b) $4ab + 3a\square - 2ac + \square = 7ab + 8ac$
c) $x \cdot 189y \cdot z \cdot \square = 17x^2yz^3$
d) $15t \cdot 5r : 3 \cdot (-2s) : \square = -5rst$
e) $s \cdot 0{,}7st \cdot \square = 2{,}1s^2t^2u$
f) $7k \cdot \frac{1}{2}lt \cdot (-4k) : \square = -70lt$

9 Stelle einen Term auf und vereinfache.

a) Multipliziere die Differenz aus 72 und 21c mit 3x.
b) Addiere zur Differenz aus 12x und 8y die Zahl 5.
c) Subtrahiere die Summe aus 8r und 2s von 7t.
d) Dividiere die Summe aus 176e und 64c durch 8.

10 Bestimme die Lösungsmenge in der angegebenen Definitionsmenge.

a) $17 - 6 = 2x + 8$; $D = \mathbb{Q}$
b) $7s + 3 = 0$; $D = \mathbb{Q}$
c) $6y = y - 50$; $D = \mathbb{Z}$
d) $31 + 2x = 9$; $D = \mathbb{Z}$
e) $25 + 4t = -12 + 4t$; $D = \mathbb{Q}$
f) $5p + 6 = 6$; $D = \mathbb{L}$
g) $36 + 8x = -17$; $D = \mathbb{Q}$
h) $23y + 9 = y - 7 + 6y$; $D = \mathbb{Q}$

Lösungen zu 10:
In der Reihenfolge der Aufgaben ergeben die Lösungen ein englisches Wort. Was bedeutet es auf deutsch?
c: $L = \{-11\}$; a: $L = \{-10\}$; t: $L = \{-6\frac{5}{8}\}$; s: $L = \{-1\}$; r: $L = \{-\frac{3}{7}\}$; e: $L = \{0\}$; b: $L = \{1{,}5\}$; k: $L = \{\ \}$

11 Stelle eine Gleichung auf und löse ($D = \mathbb{Q}$).

a)
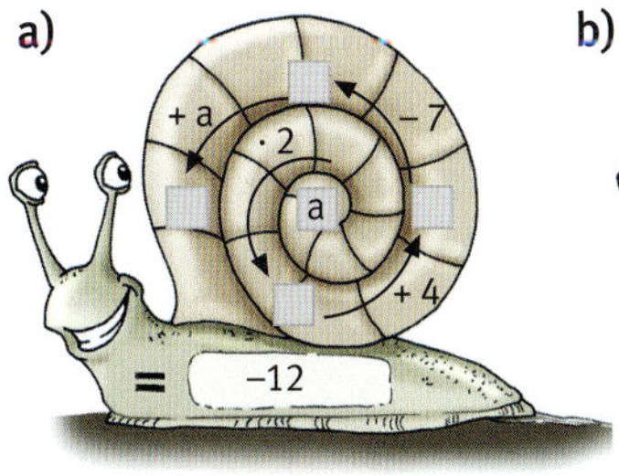

b)
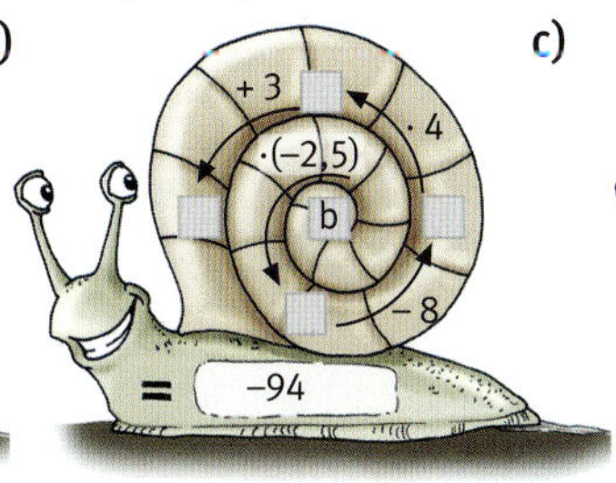

c)
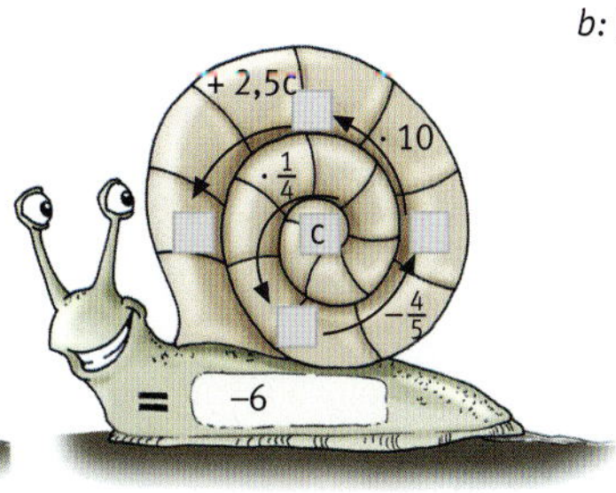

12 In die Hausaufgabe haben sich Fehler eingeschlichen. Finde und verbessere sie.

a)
$5x + 15 = 85$ (: 5)
$x + 15 = 17$ (– 15)
$x = 2$

b)
$36 + 2x = 48$ (– 36)
$2x = 12$ (: 2)
$x = 24$

c)
$15\frac{3}{4} + \frac{1}{4}x = 38\frac{3}{4}$ (– 16)
$x = 22\frac{3}{4}$

13 Bei einem Schultheater entstehen Unkosten in Höhe von 340 €. Diese sollen durch Eintrittspreise in Höhe von 1,50 € gedeckt werden. Zusätzlich spendet der Förderverein der Schule 125 €.

a) Wie viele Besucher müssen mindestens kommen, damit kein Verlust entsteht? Stelle eine Ungleichung auf und löse sie. Gib eine sinnvolle Grundmenge an.
b) Stelle einen Term auf, mit dem man für jede Besucherzahl die gesamten Einnahmen bestimmen kann.

14 Die Mittelfeldspieler in der Fußball-Nationalmannschaft schossen in den letzen 10 Jahren etwa dreimal so viele Tore wie die Verteidiger. Beide zusammen schossen 20 Tore weniger als die Stürmer. Insgesamt wurden in diesem Zeitraum etwa 360 Tore geschossen. Wie viele Tore schossen die Stürmer?

15 In einem Dreieck ist der Winkel α doppelt so groß wie der Winkel β und 50° kleiner als γ. Wie groß sind die Winkel?

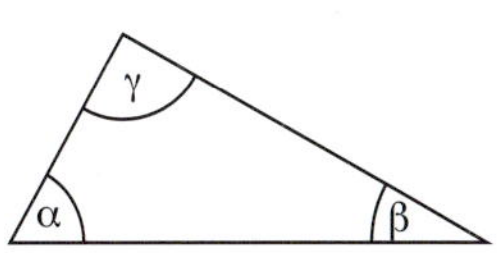

Papierflieger

Sicherlich hast du schon mal einen Papierflieger gebaut. Hier findest du eine Anleitung für einen schnellen Jäger. Als Ausgangsmaterial benötigst du ein Blatt Papier der Größe DIN-A4.

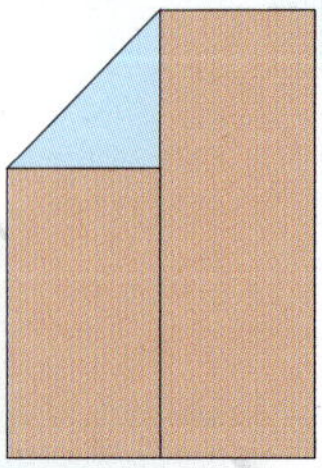

1 Halbiere das Blatt längs und knicke dann auf einer Seite beide Ecken zur Mittellinie.

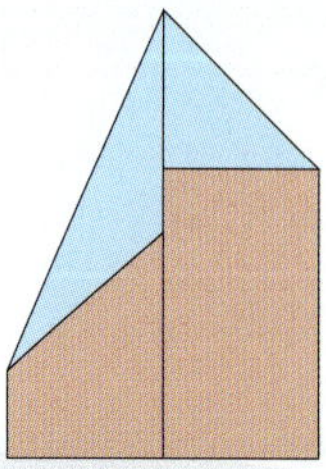

2 Knicke die entstandene Kante auf beiden Seiten nochmals jeweils zur Mittellinie.

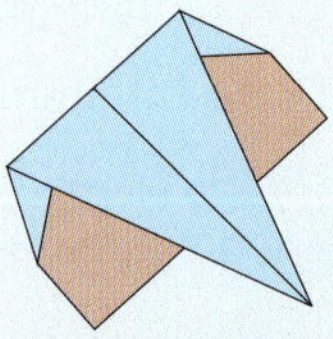

3 Knicke die Spitze parallel zur Grundkante und etwas über diese hinaus.

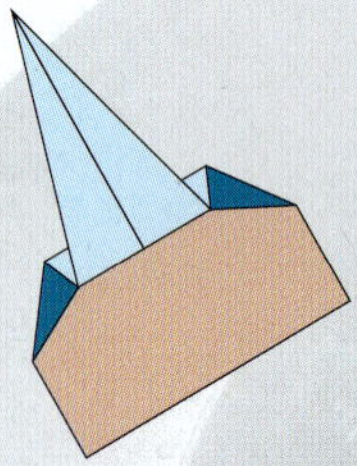

4 Falte die Spitze dann wieder zum Teil zurück, sodass eine Art Ziehharmonika entsteht.

5 Falte die Seiten der Spitze zur Mittellinie. Dabei entsteht im unteren Ende ein Dreieck, das ebenfalls mitgefaltet wird.

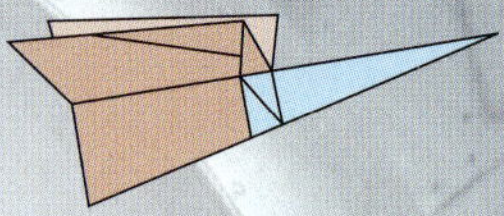

6 Falte den Flieger entlang der Mittellinie. Knicke anschließend die Flügel nach unten. Fertig.

a) Wie weit fliegt dein Flieger? Führe ein Experiment durch und bestimme die Flugweite. Bestimme mithilfe des Experiments Kenndaten (siehe Kapitel 4) deines Fliegers.

b) Die Länge deines Fliegers hängt von der Ziehharmonikafaltung in Schritt 4 ab. Gib einen Term an, der die Länge des Fliegers in Abhängigkeit von dieser Faltung beschreibt.

c) Welchen Einfluss hat die Ziehharmonikafaltung auf die Flugeigenschaften? Wiederhole das Experiment aus a) mit mindestens einem weiteren Flieger.

d) Entfalte einen Flieger und betrachte das Faltmuster.

1 Beschreibe die auftretenden Figuren im Faltmuster.

2 Der Flächeninhalt einiger dieser Figuren hängt von der Faltung ab. Beschreibe einige solche Zusammenhänge.

Massentransporter

Der Airbus A380 ist derzeit das größte Passagierflugzeug der Welt. Es ist 24 m hoch, 73 m lang und 560 t schwer. Der Airbus verfügt auf zwei Etagen über Platz für ca. 520 Passagiere, 100 in der luxuriösen ersten Klasse, 420 in der Business- und Economy-Class.

a) Finde heraus, wie oft du euer Schulgebäude übereinanderstellen könntest, damit man etwa die Höhe des Airbus erreicht.

b) Ein Pkw in der Kompaktklasse ist etwa 4,20 m (normaler Schulbus: 12 m) lang. Wie viele müsste man jeweils hintereinanderstellen, damit sie länger sind als der Airbus?

c) Kombiniere die Länge von Pkw und Bussen aus b) miteinander. Im Folgenden sollen die Fahrzeuge so aneinandergestellt werden, dass die Gesamtlänge möglichst nahe bei 73 m liegt.

① Stelle eine Gleichung auf, die den Sachverhalt beschreibt. Lege die Grundmenge fest.

② Finde verschiedene Kombinationen, die die Gleichung aus ① näherungsweise lösen. Verwende dazu ein Tabellenprogramm.

	A	B	C
1	Anzahl Pkw	3	
2	Länger aller Pkw	12,6	m
3	Anzahl Busse	4	
4	Länger alle Busse	=B3*12	m
5	**Gesamtlänge**	60,6	m

③ Welche Kombination aus ② erfüllt die Bedingungen am besten? Beurteile.

Warum fliegt ein Flugzeug?

Damit ein Flugzeug fliegen kann, ist besonders die Form der Tragfläche wichtig. Der Querschnitt einer Tragfläche zeigt, dass die Oberseite des Flügels stärker gebogen ist als seine (fast) gerade Unterseite. An der Oberseite bewegt sich die Luft aufgrund des längeren Weges deshalb schneller entlang als an der Unterseite. Dadurch entsteht ein Sog (der sogenannte Auftrieb), der das Flugzeug nach oben zieht.
Bei einer Tragfläche strömt die Luft entlang der oberen Kante etwa 1,02-mal so schnell wie entlang der unteren. Die Strömungsgeschwindigkeit an der Unterseite der Tragfläche entspricht dabei der hier betrachteten Geschwindigkeit des Flugzeugs.

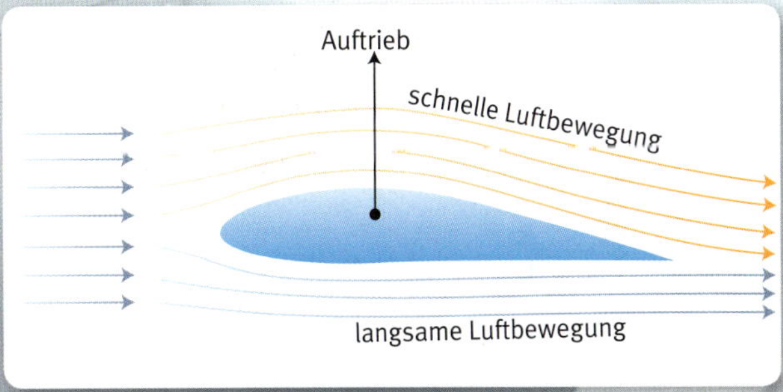

a) Wie schnell strömt die Luft an einem Punkt auf der Oberseite der Tragfläche vorbei, wenn das Flugzeug 750 $\frac{km}{h}$ (800 $\frac{km}{h}$, 850 $\frac{km}{h}$) fliegt?

b) Stelle einen Term auf, mit dem man die Geschwindigkeit auf der Oberseite der Tragfläche bestimmen kann, wenn man die Reisegeschwindigkeit kennt.

c) Stelle den Sachverhalt als Graphen dar. Welche Zusammenhänge erkennst du?

Überprüfe deine Fähigkeiten und Kenntnisse. Bearbeite dazu die folgenden Aufgaben und bewerte anschließend deine Lösungen mit einem Smiley.

☺	😐	☹
Das kann ich!	Das kann ich fast!	Das kann ich noch nicht!

Hinweise zum Nacharbeiten findest du auf der folgenden Seite. Die Lösungen stehen im Anhang.

Aufgaben zur Einzelarbeit

1 Berechne die folgenden Terme für $x = 11$ $(x = -4{,}5)$.

a) $31 \cdot x$ **b)** $5 + x \cdot 7$ **c)** $19{,}8 : x$

2 Stelle einen Term auf, mit dem man den Umfang bestimmen kann, und vereinfache so weit wie möglich.

a) Bei einem Parallelogramm ist eine Seite dreimal so lang wie die andere.

b) Bei einem Drachenviereck ist die längere Seite 6,5 cm länger als die andere Seite.

c) Bei einem gleichschenkligen Dreieck ist die Basis ein Fünftel mal so groß wie beide Schenkel zusammen.

3

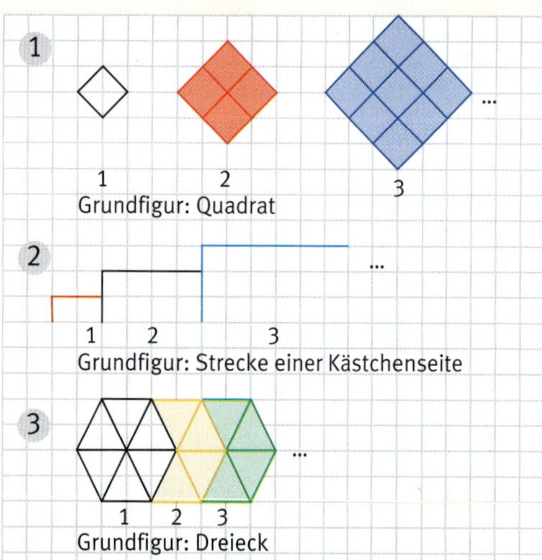

Die dargestellte Folge aus Figuren wird fortgesetzt.

a) Übertrage die Folge in dein Heft und setze sie um drei weitere Schritte fort.

b) Gib einen Term an, mit dem man die Anzahl der Grundfiguren für einen beliebigen Schritt beschreiben kann.

4 Welcher Term passt zu welcher Beschreibung?

$(8 + q) : 7$ $15 \cdot (x - 9)$ $(3 + x) - 13$ $3 \cdot b + 2$ $3 - b \cdot 2$ $18y$ $3 \cdot x - 13$ $15 \cdot (x : 9)$ $18 + y$ $(8 \cdot q) - 7$ $3 \cdot x + 2$

a) Die Summe aus dem 3-Fachen einer Zahl und 2

b) Das Produkt aus 15 und der Differenz aus einer Zahl und 9

c) Das Produkt aus 18 und einer Zahl

d) Der Quotient aus der Summe aus 8 und einer Zahl und 7

e) Die Differenz aus dem Produkt einer Zahl mit 3 und 13

5 Ordne und vereinfache so weit wie möglich.

a) $5x + r - j + 3e - 8x + 7r - 12j$

b) $\frac{2}{3}tq + 7t + 3q - 2\frac{1}{3}t + t - 2q$

c) $-3x + 2x - 7y + 5y + y + x - 2y$

6 Fülle die Lücken aus. Eine Sternzacke ist das Produkt der beiden angrenzenden Bereiche.

a)

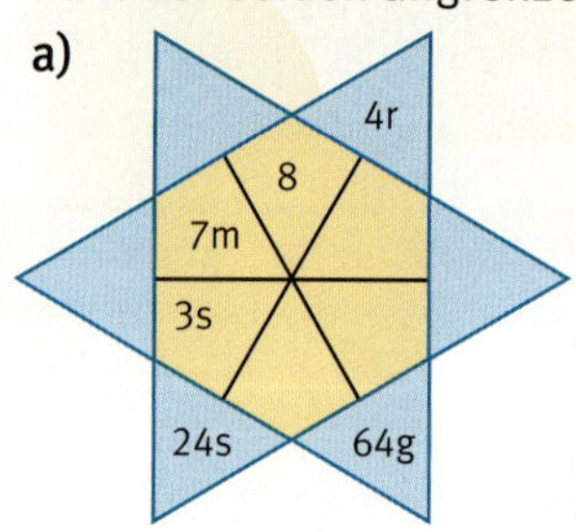

b)

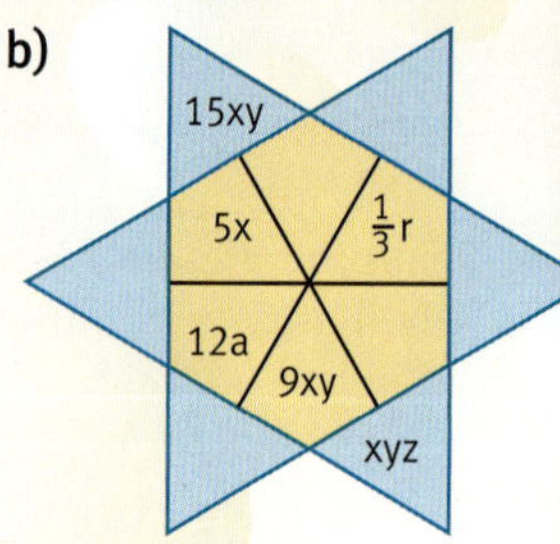

7 Vereinfache so weit wie möglich.

a) $5m \cdot 213t : 15$ **b)** $x \cdot 4y \cdot 3a : 6$

c) $30r : 12 \cdot 4s$ **d)** $21 \cdot 4x : 28$

e) $z \cdot 2y \cdot 3x : 18$ **f)** $8c : \frac{1}{2} \cdot 9ab$

8 Löse die Klammern auf und vereinfache.

a) $0{,}4 \cdot (5 - 25r)$ **b)** $(56 + 3{,}5s) : 7$

c) $6x + (2y + (-7x))$ **d)** $\frac{1}{4} \cdot (26 + 92p)$

e) $q \cdot (34r + 108s)$ **f)** $(a - b) - 15$

9 Stelle eine passende Gleichung auf und löse.

a) Die Differenz aus einer Zahl und 7 ergibt 45.

b) Das Produkt einer Zahl mit 6 ergibt 84.

c) Der Quotient aus dem Doppelten einer Zahl und 3 ergibt 8.

10 Für welche Definitionsmengen ist die Gleichung lösbar, für welche nicht?

a) $3a + 7 = -14$ b) $x - 8 = 4 - x$

c) $8y - 3 = 8 - 2y$ d) $-b + 15{,}5 = 12 - b + 3\frac{1}{2}$

e) $5e - 7 = -17 + 5e$ f) $2f + 4 = 6f + 9$

11 Bestimme die Lösungsmenge ($D = \mathbb{Z}$).

a) $6x + 5 = x - 7 + 3x$ b) $y + 5 = -3{,}8$

c) $\frac{1}{2}z + 19{,}5 = -3$ d) $-4a + 18 = 5a - 7 - a$

e) $1 + 2a + 5 = 2a + 6$ f) $3c + 37{,}5 = -3c + 37{,}5$

12 Löse für $D = \mathbb{Q}$.

a) $-1 + \frac{1}{4}x = -x$ b) $+\frac{1}{2}x - 5 = -\frac{1}{2}x + 5$

c) $\frac{y}{2} = y + 15$ d) $0{,}4y - 7 = -\frac{1}{5}y - 3$

e) $\frac{2}{3} \cdot (6x - 4{,}5) = 10$ f) $2 \cdot (r - 6) = 5 - (r + 1)$

g) $2 \cdot \left(3s + \frac{1}{4}\right) = s + 8 \cdot (s - 3)$

h) $2 \cdot (4t - 4) - (2 - t) = -1$

13 Bestimme die Lösungsmenge in $D = \mathbb{N}$.

a) $6x + 4 \leqq 22$ b) $12x - 9 \geqq 39$

c) $1{,}5x + 5{,}6 > 6$ d) $5x - 2 \geqq 0$

e) $\frac{3}{4}x + 2 < 34{,}2$ f) $5{,}2 + 3x > 25$

14 Für einen Dachgiebel in Form eines gleichschenkligen Dreiecks benötigt Bauer Reusch Dachsparren. Er denkt über verschiedene Scheunenbreiten nach. In der Konstruktion sollen aber die Dachsparren jeweils dreimal so lang sein wie ein Viertel der Scheunenbreite. Bauer Reusch möchte die Scheune entweder 14 m, 15 m oder 16 m breit bauen. Bestimme jeweils die Länge der Dachsparren.

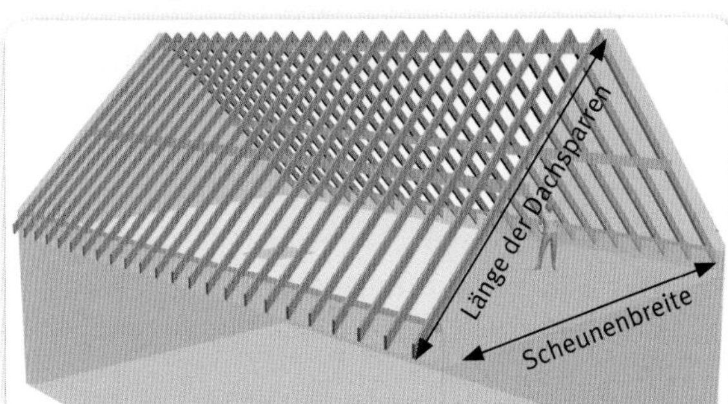

15 Ein Flugzeug ist im Landeanflug auf New York. Es sinkt 2 m pro Sekunde. Als es in 600 m Höhe ist, startet ein Flugzeug vom Boden. Es steigt 4 m pro Sekunde. Nach welcher Zeit sind beide auf gleicher Höhe?

Aufgaben für Lernpartner

Arbeitsschritte

1 Bearbeite die folgenden Aufgaben alleine.

2 Suche dir einen Partner und erkläre ihm deine Lösungen. Höre aufmerksam und gewissenhaft zu, wenn dein Partner dir seine Lösungen erklärt.

3 Korrigiere gegebenenfalls deine Antworten und benutze dazu eine andere Farbe.

Sind folgende Behauptungen **richtig** oder **falsch**? Begründe schriftlich.

16 Eine Variable in einem Term kann man durch eine beliebige Zahl ersetzen.

17 3x multipliziert mit x ergibt 4x.

18 Das Kommutativgesetz besagt, dass man innerhalb eines Terms in beliebiger Reihenfolge rechnen darf.

19 Die Multiplikation beider Seiten einer Gleichung mit null ist eine Äquivalenzumformung.

20 Es gibt Gleichungen, die für bestimmte Definitionsmengen lösbar sind, für andere jedoch nicht.

21 Bei Gleichungen mit Klammern löst man zunächst die Klammern auf jeder Seite auf.

22 Der einzige Weg zum Lösen einer Sachaufgabe ist das Aufstellen eines Terms oder einer Gleichung.

23 Ungleichungen haben immer eine Lösungsmenge, Gleichungen jedoch nicht.

24 Durch das Vereinfachen von Termen entstehen stets zueinander äquivalente Terme.

Aufgabe	Ich kann ...	Hilfe
1, 16	Terme berechnen.	S. 162
2, 3, 4, 9	Terme mit Variablen aufstellen.	S. 162
5, 9, 18, 24	Terme vereinfachen.	S. 166
6, 7, 17	einfache Terme mit Zahlen und Variablen multiplizieren und dividieren.	S. 168
8	Terme mit Klammern auflösen.	S. 170
10, 20	Definitionsmengen bestimmen.	S. 172
11, 12, 14, 15, 19, 21, 22	die Lösungsmenge von Gleichungen auf verschiedene Arten bestimmen.	S. 172 S. 174
13, 23	Ungleichungen lösen.	S. 176

S. 162	Terme mit Variablen (Platzhaltern): $2 \cdot a + 7$ $b + 17 - 3 \cdot b$ $(c + 44) : 4$	Eine **Variable** ist ein Platzhalter für eine Zahl. Ein **Term** verbindet mithilfe von Rechenzeichen Zahlen und/oder Variablen miteinander. Terme ohne Variable nennt man Zahlterme.
S. 166	Beispiel zu 1: $a + a + a + a + a = 5 \cdot a$ Beispiel zu 2: $a + b + a + a + b = a + a + a + b + b = 3 \cdot a + 2 \cdot b$ Beispiel zu 3: $6 \cdot a - 4 \cdot a = (6 - 4) \cdot a = 2 \cdot a$ $-5 \cdot b - 8 \cdot b = (-5 - 8) \cdot b = -13 \cdot b$	Beim Vereinfachen von Termen gelten die **bekannten Rechenregeln**: 1 Eine Summe aus lauter gleichen Summanden lässt sich als **Produkt** schreiben. 2 Mithilfe des Kommutativgesetzes lassen sich **Summanden ordnen**. 3 Aufgrund des Distributivgesetzes lassen sich **gleichartige Variablen zusammenfassen**. Durch das Vereinfachen entstehen zueinander **äquivalente Terme**.
S. 168	$16a \cdot 4 = 64a$ $6x \cdot 11x = 66x^2$ $9x : 15 = \frac{9}{15}x = \frac{3}{5}x$ $28f : 7 = 4f$	Ein Produkt aus Zahlen und Variablen wird vereinfacht, indem man das Produkt ordnet und dann **Zahlen mit Zahlen** und **Variablen mit Variablen** multipliziert. **Dividiert** man einen Term **durch eine Zahl**, beachtet man lediglich die Zahlen.
S. 170	$4 + (y - 2) = 4 + y - 2 = 2 + y$ $4 - (y + 2) = 4 - y - 2 = 2 - y$ $(x - 1) \cdot 3 = x \cdot 3 - 1 \cdot 3 = 3x - 3$ $(x - 3) : 2 = x : 2 - 3 : 2 = \frac{1}{2}x - \frac{3}{2} = \frac{1}{2}x - 1\frac{1}{2}$	Bei der **Addition** einer Summe (Differenz) **ändern** sich die **Vorzeichen nicht** beim Entfernen der Klammer, während sie sich bei der **Subtraktion umkehren**. Bei **Multiplikation** mit einer Zahl (**Division** durch eine Zahl) gilt das **Distributivgesetz**.
S. 172	$\mathbb{N} = \{0; 1; 2; 3; 4; ...\}$ $\mathbb{Z} = \{...; -2; -1; 0; 1; 2; ...\}$ $\mathbb{Q}$ = Menge der rationalen Zahlen $\mathbb{Q}_0^+$ = Menge der positiven rationalen Zahlen mit Null. Möglichkeiten für die Lösungsmenge: • Es gibt keine Lösung in D: L = { }. • Es gibt Lösungen in D, z. B. L = {–3; 2}. • Alle Zahlen aus D sind Lösung: L = D.	Beim Lösen von Gleichungen ist es möglich, dass nur bestimmte Zahlen zulässig sind. Als **Definitionsmenge** D fasst man diejenigen Zahlen zusammen, aus der alle **Ergebnisse** einer Gleichung **stammen dürfen**. Alle **Zahlen aus der Definitionsmenge**, die eine Gleichung lösen, bezeichnet man als **Lösungsmenge** L.
S. 174	Beispiel: $D = \mathbb{Q}$ $5x + 10 = 2x - 2$ | -10 $5x = 2x - 12$ | $-2x$ $3x = -12$ | $:3$ $x = -4$ $L = \{-4\}$	Gleichungen kann man auch durch **Äquivalenzumformungen** lösen: • Man **addiert** (**subtrahiert**) auf beiden Seiten der Gleichung die **gleiche Zahl** oder den **gleichen Term**. • Man **multipliziert** (**dividiert**) auf beiden Seiten die **gleiche Zahl** (die nicht null sein darf).
S. 176	Beispiel: $3x \leq 12$ $L =]-\infty; 4[$.	Werden zwei Terme mit $<$, $>$, $\leq$ oder $\geq$ verbunden, spricht man von einer **Ungleichung**. Eine Ungleichung kann man ebenso auf verschiedene Arten lösen, wie eine Gleichung.

Zuordnungen

1 In Großbritannien gilt das britische Pfund (£) als Währung.
Übertrage die Umrechnungstabelle ins Heft und ergänze die fehlenden Werte. Runde geeignet.

a)

€	£
0,10	
0,50	
1,00	
5,00	
10,00	
20,00	
50,00	
100,00	85,42
250,00	
500,00	

b)

£	€
0,10	
0,50	
1,00	
5,00	
10,00	
20,00	
50,00	58,54
100,00	
250,00	
500,00	

2

a) Nenne die zugeordneten Größen und erläutere den Sachverhalt.
b) Gib für beide Fahrer ihre Startzeit und die Durchschnittsgeschwindigkeit an.
c) Erstelle eine Wertetabelle, die zu jeder vollen Stunde den zurückgelegten Weg zeigt.
d) Wie lange waren die Fahrer bis zum Einholen unterwegs?

3 Untersuche, ob die Zuordnungen proportional oder antiproportional sind, oder ob keine dieser Zuordnungen vorliegt.

a)

x	y
4	23
7,5	$43\frac{1}{8}$
10	57,5

b)

x	y
–8	3,4
–3	2,1
–1,5	9,5

c)

x	y
0,7	–2,1
1,5	–0,98
–0,3	4,9

Rationale Zahlen

4 Wie lauten die markierten Zahlen?

a)

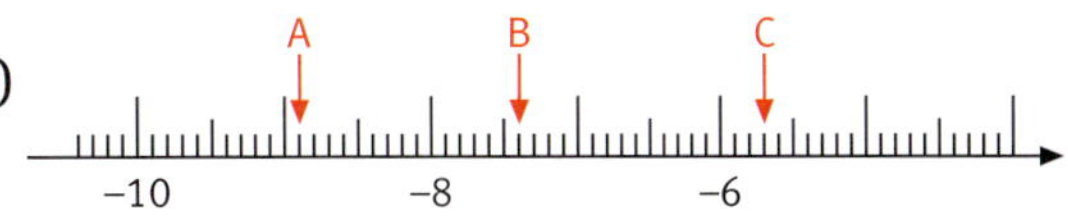

b)

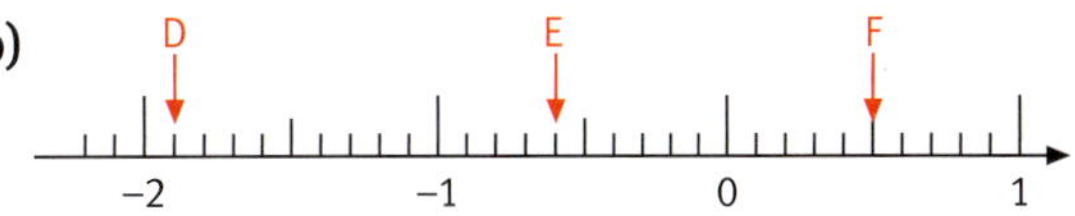

5 Ordne die Zahlen aufsteigend der Größe nach.
a) –6; 7; 4; –9; 0; 4,5; –6,5; –4
b) –0,8; $-\frac{3}{4}$; $\frac{2}{3}$; –1; $\frac{1}{4}$; 0,3; –0,3

6 Ergänze die fehlenden Werte.

Alter Kontostand	Gutschrift (+) Lastschrift (–)	Neuer Kontostand
+375,45 €	+ 56,90 €	
+78,20 €	– 87,85 €	
–67,34 €		+45,22 €
+76,12 €		–12,93 €
	+ 25,66 €	–213, 45 €
	– 45,67 €	–14,65 €

7 Übertrage die Tabellen in dein Heft und berechne.

a)

+	–6	+2,5	–8,7	+0,48
+12				
–5,5				
–3,4				

b)

·	–6	+2,5	–8,7	+0,48
+12				
–5,5				
–3,4				

8 <, > oder =?
a) 28 – (17 + 6) ☐ 28 – 17 – 6
b) 4,2 – (1,8 + 2,9) ☐ 4,2 – 1,8 + 2,9
c) 1,9 – (0,8 + 1,2) ☐ 1,9 + 0,8 + 1,2
d) $2\frac{1}{2} + \left(\frac{3}{4} - 2\right)$ ☐ $2\frac{1}{2} + \frac{3}{4} + 2$
e) –3 – (–1,4 – 0,9) ☐ –3 + 1,4 – 0,9
f) –3,5 – (1,2 + 8,7) ☐ –3,5 – 8,7 – 1,2
g) –3 · (2,5 + 4) ☐ –7,5 + 12

Daten

9 Beim Werfen einer Reißzwecke gibt es zwei mögliche Positionen:

Kopf (K)	Spitze (S)

Bei einem Experiment ergaben sich folgende Ergebnisse:
S, S, K, S, S, S, K, K, S, S, K, S, S, S, S, K, S, S, K, S,
S, S, S, S, S, S, S, K, K, S, K, S, S, K, K, S, S, K, K, S,
S, S, S, S, K, S, S, S, S, K, S, S, S, S, K, S, S, S, S, S,
K, S, K, S, K, S, S, S, S, S, S, S, K, S, S, K, S, S, S, S

a) Bestimme für K und S die absoluten Häufigkeiten sowie den jeweiligen Anteil an den Würfen.

b) Stelle den Sachverhalt in einem Diagramm dar.

c) Mache einen Vorschlag für ein Gewinnspiel mit der Reißzwecke, das „gerecht" abläuft. Begründe deinen Vorschlag.

10 Die beiden Spielquader wurden mehrfach geworfen. Das Diagramm stellt die Ergebnisse dar.

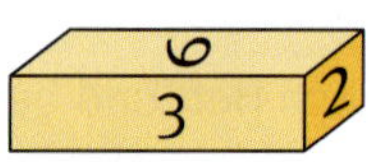

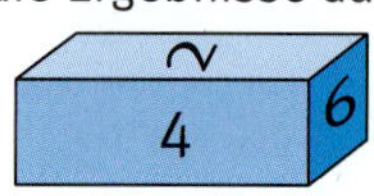

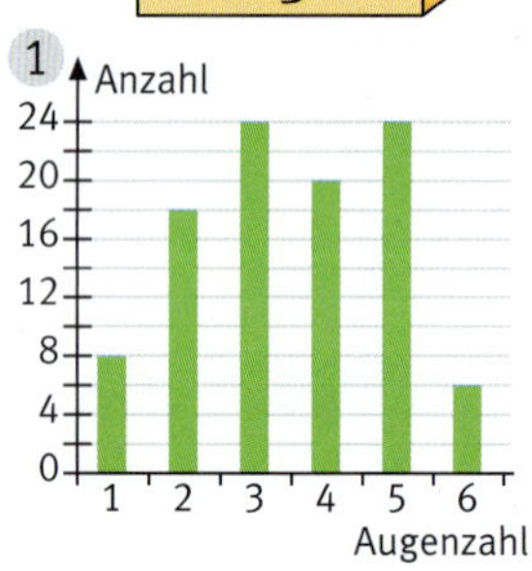

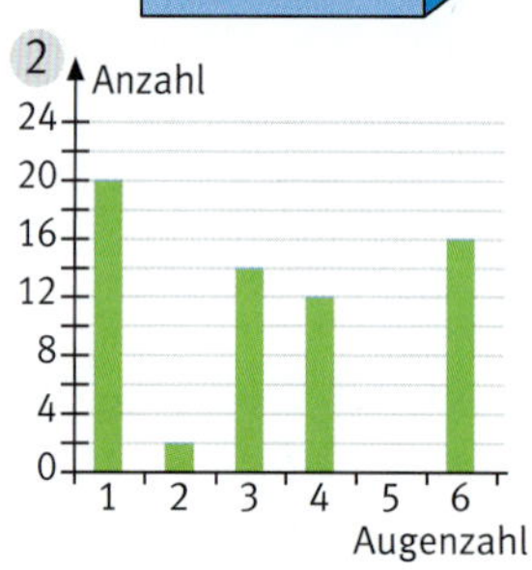

a) Bestimme bei jedem Diagramm die relativen Häufigkeiten der Seiten des Spielquaders.

b) Welches Diagramm gehört wohl zu welchem Quader? Begründe deine Antwort.

11 Sophie hat sich zwei Wochen lang notiert, wie lange sie für die Hausaufgaben benötigt. Wie lange braucht sie im Durchschnitt dafür?

48 min	*56 min*	*1 h 12 min*	*39 min*
1 h 25 min	*52 min*	*1 h 42 min*	
36 min	*54 min*	*1 h 6 min*	

Prozentrechnung

12 Berechne die fehlenden Angaben.

	Grundwert	Prozentsatz	Prozentwert
a)	2380 €	16 %	▢
b)	▢	25 %	3,5 m²
c)	205 kg	▢	71,75 kg
d)	4500 l	56 %	▢
e)	▢	3 %	111,09 €
f)	250 m	▢	50 dm

13 a) Bei einer Grillfeier wurden für 290 € Steaks und für 196 € Würstchen verkauft. Wie groß war der Gewinn, wenn beim Einkauf der Grillsachen 360 € ausgegeben wurden? Gib auch in Prozent der Ausgaben an.

b) Ein Möbelhaus hat einen Schrank für 1820 € eingekauft. Es möchte ihn 32 % teurer weiterverkaufen. Wie hoch ist der Verkaufspreis?

c) Nach einem Unfall ist der Wert eines Neuwagens um 40 % gesunken. Wie viel ist das Auto jetzt noch wert, wenn es 14 500 € gekostet hat?

14 Eine Umfrage an einer Schule hat ergeben, dass 225 Schüler mit dem Bus zur Schule fahren.

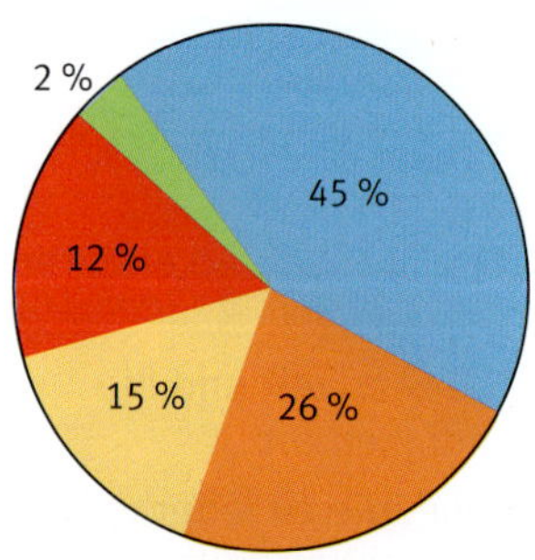

a) Wie viele Schüler wurden insgesamt befragt?

b) Bestimme die Anzahl der Schüler für die anderen Verkehrsmittel.

15 Berechne die fehlenden Werte.

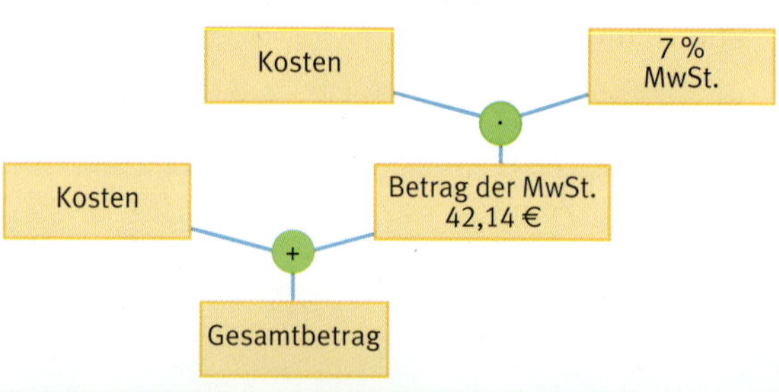

7 Umfang und Flächeninhalt von Figuren

Einstieg

- Welche Formen sind auf dem Bild zu sehen?
- Wie viel Segeltuch braucht man, um solche Segel herzustellen?
- Kannst du dir vorstellen, wie groß die Segel sind?
- Wie könnte man vorgehen, um die Größe der Segelfläche zu bestimmen?

Ausblick

Am Ende dieses Kapitels hast du gelernt, ...

- wie man den Flächeninhalt von Dreiecken und Vierecken bestimmt.
- wie man mithilfe des Geodreiecks besondere Linien im Dreieck zeichnet.
- wie man den Flächeninhalt von Vielecken bestimmt.

Das Haus der Vierecke ist die bekannteste Ordnung von Vierecken.

Ordnet man die Vierecksarten nach ihren (Symmetrie-)Eigenschaften, dann entsteht das sogenannte **Haus der Vierecke**.
Vierecke mit vergleichbaren Symmetrien bzw. Eigenschaften befinden sich auf dem gleichen Stockwerk.

- Übertrage das Haus der Vierecke ins Heft.
- Welche Symmetrien findest du im 3. Stock? Zeichne Symmetrieachsen bzw. das Symmetriezentrum ein. Vergleiche die Symmetrien. Was stellst du fest?
- Im 2. Stock „wohnen“ drei Vierecke. Welche Symmetrien liegen vor?

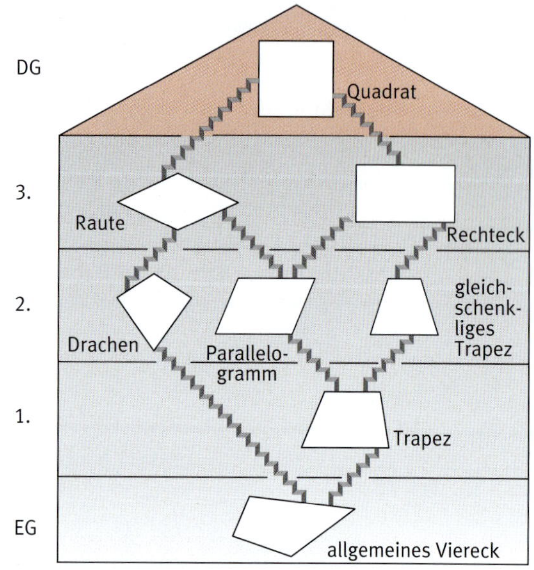

- Das Viereck im 1. Stock ist nicht symmetrisch, trotzdem unterscheidet es sich vom allgemeinen Viereck im Erdgeschoss. Beschreibe.

Merkwissen

Vierecke lassen sich auf verschiedene Arten **ordnen**. Dabei sollen Zusammenhänge zwischen den Eigenschaften der Vierecke verdeutlicht werden. Die Symmetrieeigenschaften sind dabei ein wichtiges Ordnungskriterium.
Neben dem **Haus der Vierecke**, das du im Einstieg findest, verwendet man häufig **Mengendarstellungen**, um solche Zusammenhänge zu verdeutlichen.

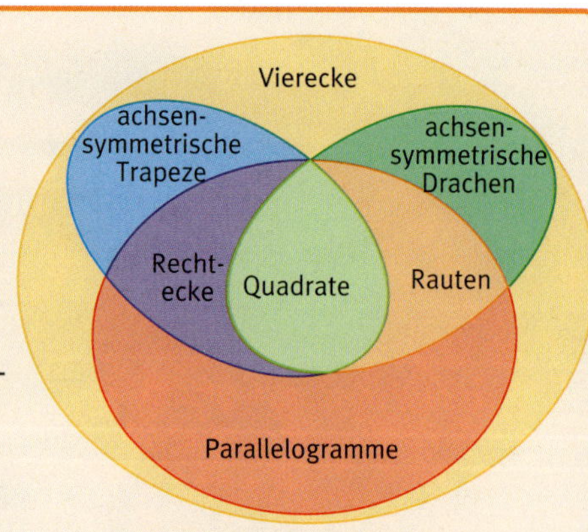

Beispiele

I Warum befindet sich im Haus der Vierecke das Quadrat im Dachgeschoss?

Lösung:
Im Dachgeschoss befindet sich das Viereck mit den meisten Symmetrieeigenschaften: das Quadrat. Es besitzt vier Symmetrieachsen. Zudem ist das Quadrat punktsymmetrisch.

Verständnis

- Erkläre anhand des Hauses der Vierecke und mit dem Mengenbild im Merkkasten: Ein Rechteck ist achsen- und punktsymmetrisch.
- Erläutere die Aussage: Durch das Ordnen von Vierecken lassen sich Sonderformen einfach erkennen.

1 Im Haus der Vierecke sind die Vierecke durch Treppen verbunden. Man kann nur auf diesen Treppen von einem Viereck zum nächsten gelangen. Wenn man eine Treppe nach unten geht, verliert das Viereck eine Eigenschaft; geht man nach oben, so kommt eine Eigenschaft hinzu.

a) Katrin behauptet, dass jede Raute auch ein Trapez ist. Sie begründet es dadurch, dass man von der Raute direkt über zwei Treppen abwärts zum Trapez gelangt. Was sagst du zu dieser Begründung?

b) Warum ist ein Rechteck kein Drachen? Begründe.

c) Wie ändern sich die Eigenschaften der Seiten und Winkel der Vierecke ...

1 auf dem Weg vom allgemeinen Viereck zum Rechteck?

2 auf dem Weg vom allgemeinen Viereck zum Drachenviereck?

3 auf dem Weg vom Trapez zum Quadrat?

d) Beschreibe weitere Wege. Man kann auch von oben nach unten gehen.

2 Übertrage die Vierecke ins Heft und benenne sie, in dem du die Eigenschaften überprüfst. Zeichne die fehlenden Diagonalen und Symmetrieachsen ein. In welchen Fällen stimmen Diagonalen und Symmetrieachsen überein?

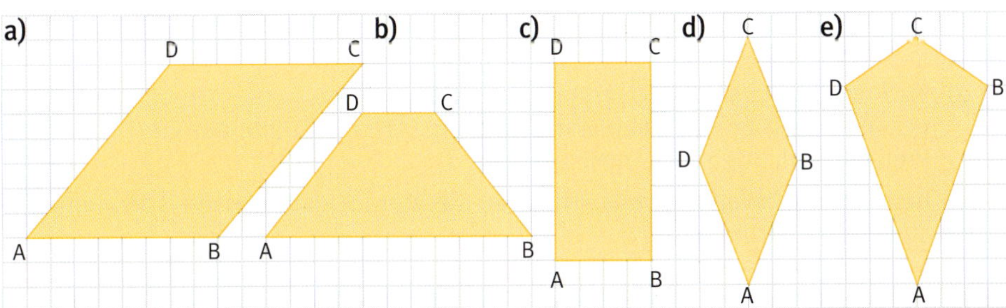

3 Finde in dem Muster möglichst viele Vierecke und benenne sie.
Beispiele:
Die braune Figur ist ein ...
Die braune Figur und die weiße Figur bilden zusammen ein ...

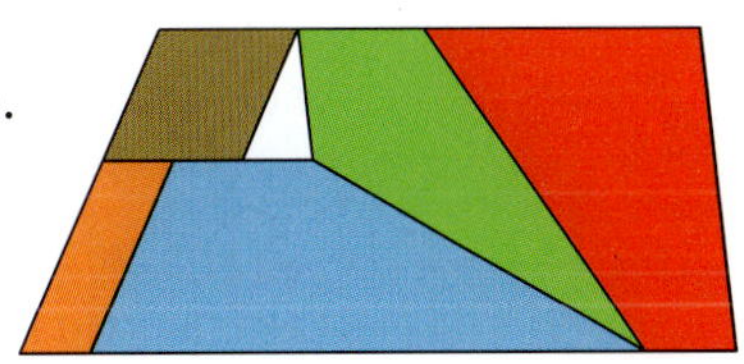

Findest du mehrere Möglichkeiten?

4 Für welches Viereck trifft die Aussage zu? Das Viereck hat ...

a) genau zwei parallele Seiten.
b) vier gleich lange Seiten.
c) genau ein Paar gleich langer Seiten.
d) zwei Paar gleich langer Seiten.
e) vier rechte Winkel.
f) genau zwei gleich große Winkel.

5 Welche Vierecksformen kommen häufig in der Umwelt vor? Notiere Beispiele und den Ort, wo du deine Vierecke gesehen hast.

6 Zeichne ein Rechteck mit den Seitenlängen a = 7 cm und b = 5 cm in dein Heft.

a) Markiere den Mittelpunkt jeder Seite und verbinde diese Seitenmittelpunkte der Reihe nach zu einem Viereck. Welches Viereck ist entstanden? Notiere und begründe die Eigenschaften.

b) Markiere auf dem neuen Viereck wiederum die Seitenmittelpunkte und verbinde sie erneut zu einem Viereck. Welche Eigenschaften besitzt dieses Viereck?

c) Zeichne nun ein beliebiges Viereck und führe die Schritte aus a) und b) durch. Was stellst du fest?

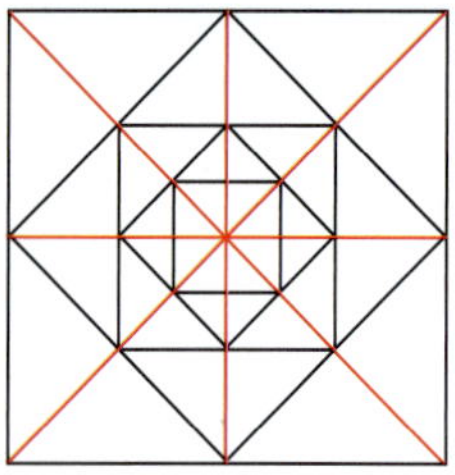

7 Zeichne das Viereck ABCD in ein Koordinatensystem (Einheit 1 cm) und benenne es. Zeichne, falls vorhanden, die Symmetrieachsen ein.

a) A (1 | 1); B (3 | 0); C (5 | 1); D (3 | 5) **b)** A (–1 | 0); B (0 | 2); C (–2 | 4); D (–4 | 3)
c) A (2 | 3); B (6 | 3); C (7 | 6); D (1 | 6) **d)** A (–2 | 5); B (2 | 7); C (3 | 10); D (–1 | 8)

8 Gestalte geometrische Muster. Verwende dabei Vierecke. In der Randspalte siehst du ein Beispiel.

*In der Umgangssprache werden als **Diagonalen** meistens schräge Linien bezeichnet (z. B. die Bildschirmdiagonale). Mathematisch gesehen sind Diagonalen aber immer Strecken in Vielecken, die zwei nicht nebeneinanderliegende Ecken miteinander verbinden. Diagonalen können also auch parallel zu einer Vielecksseite oder deiner Heftseite verlaufen.*

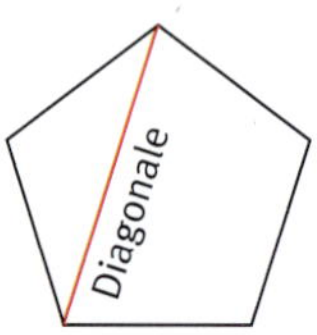

9 Zeichne die Punkte A, B und C in ein Koordinatensystem (Einheit 1 cm) und ergänze jeweils zu einem Parallelogramm, zu einem Trapez und zu einem Drachen. Gib die Koordinaten des fehlenden Eckpunktes an. Findest du mehrere Möglichkeiten?

a) A (8 | 1); B (10 | 1); C (12 | 5) **b)** A (1 | 1,5); B (3 | –1); C (7 | 1,5)

10

	Die Diagonalen ...		
	sind gleich lang.	halbieren sich.	sind rechtwinklig zueinander.
Quadrat			
Rechteck			
...			

a) Wie verhalten sich die Diagonalen zueinander in den unterschiedlichen Vierecken? Übertrage die Tabelle ins Heft, ergänze die Spalte der Vierecke und kreuze die richtigen Eigenschaften an.

b) Erstelle eine zweite Tabelle, in der du die Vierecke auf Achsen- bzw. Punktsymmetrie untersuchst.

Nutze jeweils den Zugmodus des Geometrieprogramms, um verschiedene Vierecke zu untersuchen.

11 a) Konstruiere mit einem Geometrieprogramm den Umkreis k eines beliebigen Dreiecks ABC. Ergänze einen Punkt D auf k. Welche symmetrischen Vierecke ABCD erhältst du, die einen Umkreis besitzen? Unterscheide dabei folgende Formen des Dreiecks ABC:

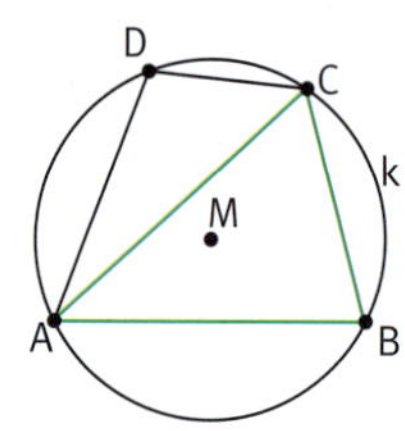

(1) spitzwinklig (2) rechtwinklig (3) stumpfwinklig

b) Zeichne mit einem Geometrieprogramm ein beliebiges stumpfwinkliges Dreieck ABC. Ergänze das Dreieck zu einem Drachenviereck ABCD und konstruiere den Inkreis dieses Vierecks.

c) Begründe aufgrund der Teilaufgaben a) und b) die folgenden Sätze:

> Jedes gleichschenklige Trapez besitzt einen **Umkreis**, dessen Mittelpunkt der Schnittpunkt aller Mittelsenkrechten des Trapezes ist.
>
> Jedes Drachenviereck besitzt einen **Inkreis**, dessen Mittelpunkt der Schnittpunkt aller Winkelhalbierenden des Vierecks ist.

d) Zeichne ein Haus der Vierecke, in dem neben der Symmetrie auch erkennbar ist, ob die Vierecke einen Umkreis bzw. Inkreis besitzen.

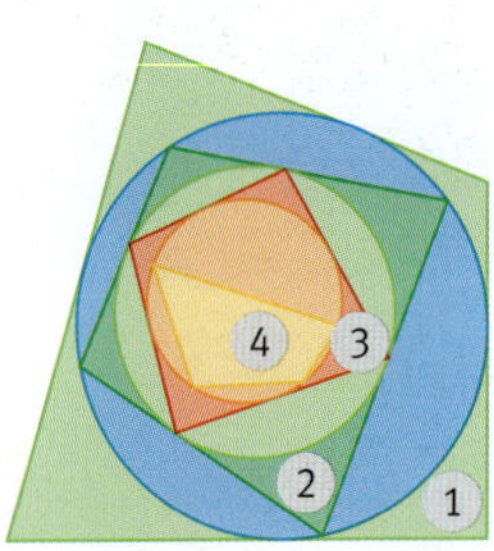

12 Die Abbildung nebenan zeigt, dass es auch viele nicht symmetrische Vierecke mit In- und Umkreis gibt.

a) Suche Vierecke mit Inkreis (Umkreis) heraus.

b) Zeichne selbst Vierecke mit Inkreis (Umkreis). Beschreibe dein Vorgehen.

13 Haben Jana, Bülent und Lea Recht? Begründe deine Antwort.

14 Zeichne mit einem dynamischen Geometriesystem einen Kreis und setze vier Punkte A, B, C, und D auf die Kreislinie. Verbinde die Punkte zum Viereck ABCD. Durch Verschieben der Eckpunkte sollen verschiedene Vierecksformen werden.

a) Welche Vierecksformen lassen sich leicht erzeugen?

b) Ein „echte" Raute oder ein „echtes" Parallelogramm lassen sich auf diese Weise nicht überzeugen. Versuche, dieses zu begründen. Denke dabei an die Diagonalen.

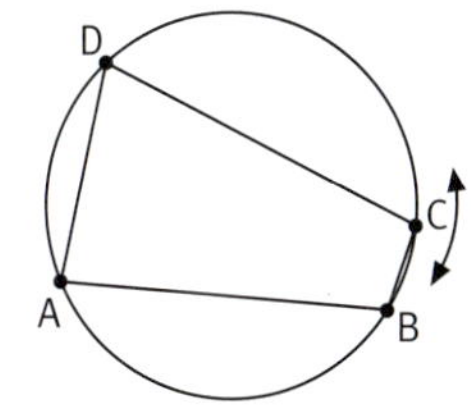

Wissen

Penroseparkette

Der Mathematiker und Physiker Roger Penrose (geb. 1931 in Colchester/England) hat sich unter anderem mit Mustern befasst. Er entdeckte dabei 1974, dass man mit zwei speziellen Rauten besondere unregelmäßige Muster legen kann. Solche Muster heißen Penroseparkette. Die beiden Rauten haben die gleiche Seitenlänge, aber sie besitzen unterschiedliche Innenwinkel: Die „dicke" Raute hat die Eckwinkel 108° und 72°, die „dünne" 144° und 36°.

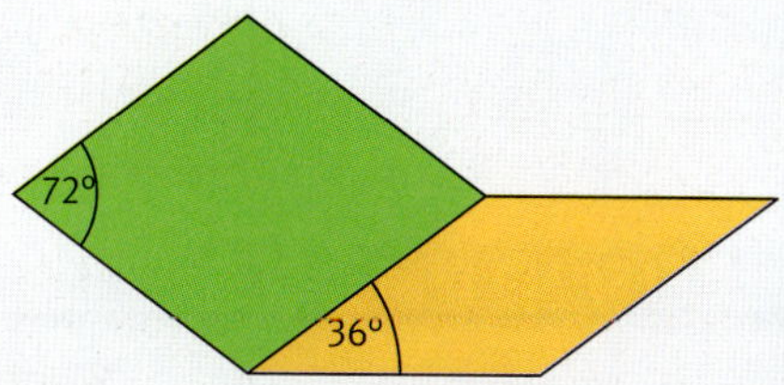

Man kann mit diesen Rauten besonders schöne und interessante Muster erzeugen. Dazu könnt ihr folgendermaßen vorgehen:

- Jeder Schüler aus eurer Klasse sollte mehrere „dicke" und „dünne" Rauten aus Karton herstellen. Überlegt euch dazu ein geschicktes Verfahren. Verwendet beispielsweise eine Schablone.
- Zeichnet die Rauten jeweils mit 4 cm Kantenlänge.
- Die dicke Raute sollte eine andere Farbe haben als die dünne.
- Ihr könnt die Rautenmuster zunächst auf dem Boden legen und später als Wandschmuck auf große Kartons kleben. Folgende Muster könnten dabei entstehen:

Für den Bau einer Straße soll Bauer Friedrich eine Ackerfläche abgeben. Der Staat bietet ihm als Ersatz für sein altes Ackerland (A) eine freie neue Fläche (N) an.

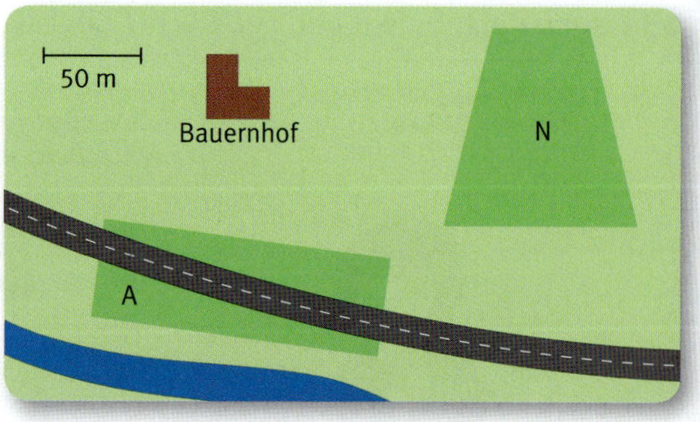

- Sollte Bauer Friedrich auf diesen Tausch eingehen? Welche Überlegungen können bei seiner Entscheidung eine Rolle spielen?
- Vergleiche die Größe der beiden Grundstücke miteinander. Wie kannst du hier vorgehen?
- Welche Eigenschaften kannst du den Vierecken zuordnen?

Figuren, die in ihrer Form und in ihrer Größe übereinstimmen, nennt man deckungsgleich oder kongruent.

Merkwissen

Figuren und Flächen, die sich in **Teilfiguren** zerlegen lassen, die kongruent zueinander sind, nennt man **zerlegungsgleich**. Zerlegungsgleiche Flächen besitzen den **gleichen Flächeninhalt**, sie sind **flächengleich**.

Beispiele

I Welche Figur ist flächengleich zur roten? Überprüfe durch Zerlegen.

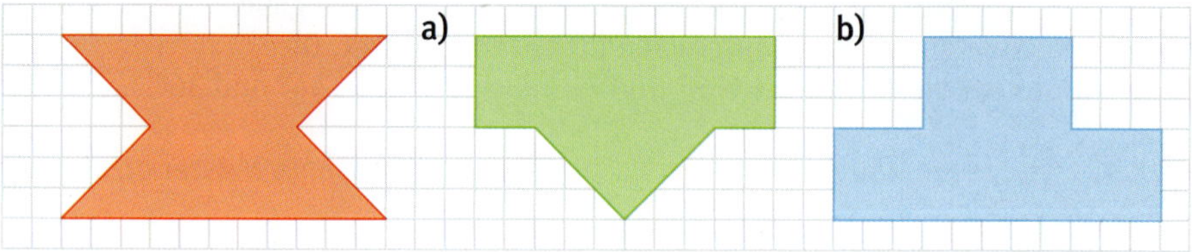

Lösung:
Die Figur b) besitzt den gleichen Flächeninhalt. Durch Zerlegen in kongruente Teilflächen erkennt man, dass die beiden Figuren zerlegungsgleich sind.

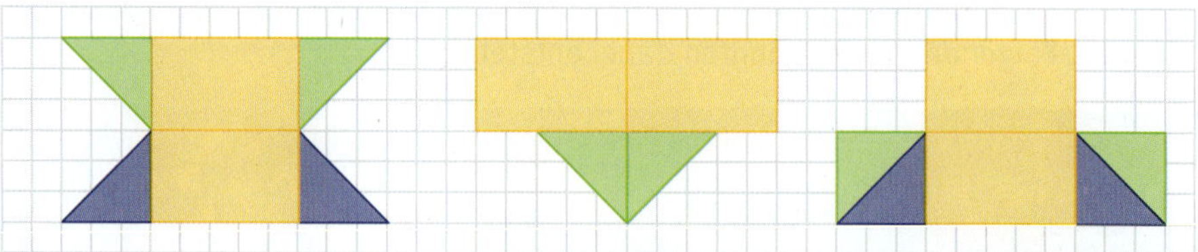

Verständnis

- Hakan ist der Meinung, dass zwei Figuren mit gleichem Flächeninhalt auch denselben Umfang besitzen. Stimmt das? Erläutere deine Aussage.
- Moritz behauptet: „Zwei Figuren haben den gleichen Flächeninhalt, wenn sie zerlegungsgleich sind." Hat er Recht? Begründe.

1 Zeichne die Figuren a) bis d) ab und schneide sie aus. Zerschneide sie dann mit möglichst wenigen Schnitten so, dass sie sich zu dem blauen Rechteck zusammensetzen lassen. Vergleiche deine Ergebnisse mit denen deines Nachbarn.

Du kannst auch die doppelte Größe verwenden.

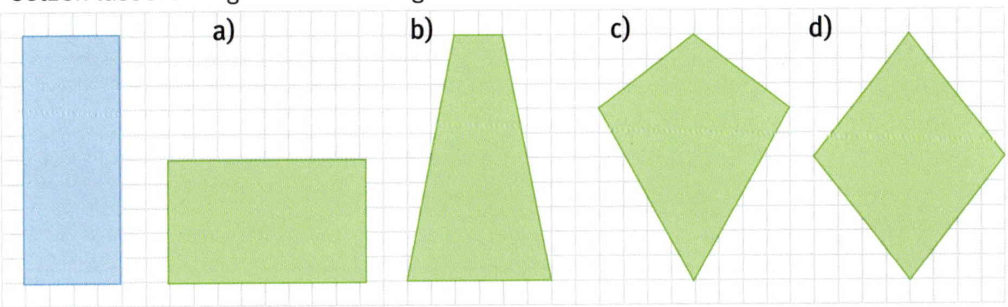

2 Übertrage die Vielecke ins Heft und zeige, dass sie flächengleich sind. Du kannst dabei die Flächen in kongruente Teilstücke zerlegen und diese gleich färben.

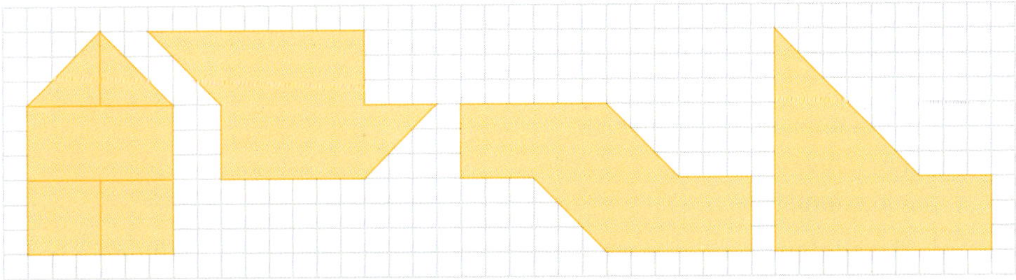

Kannst du auch diese Figuren nachlegen?

3 Zeichne ein Quadrat mit 12 cm Seitenlänge und die zusätzlichen Linien auf Karopapier. Alle Linien sind dabei parallel zu den Diagonalen oder den Seitenkanten. Klebe das Papier auf einen Karton und zerschneide diesen. Du erhältst das chinesische Legespiel Tangram („Siebenschlau“).

a) Lege die abgebildeten Figuren nach und benutze dabei alle sieben Teile des Tangram.

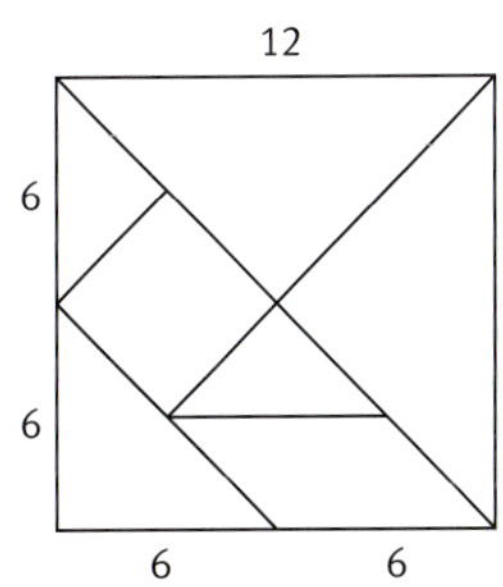

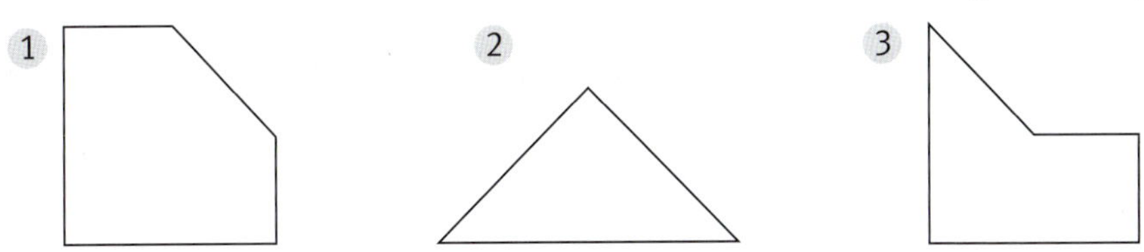

b) Welche der gelegten Figuren bedeckt die größte Fläche? Begründe.

c) Lege den Anfangsbuchstaben deines Namens. Kannst du weitere Buchstaben deines Namens nachlegen? Zeichne deine Lösungen auf Karopapier.

Das „Y“ als Tangrampuzzle

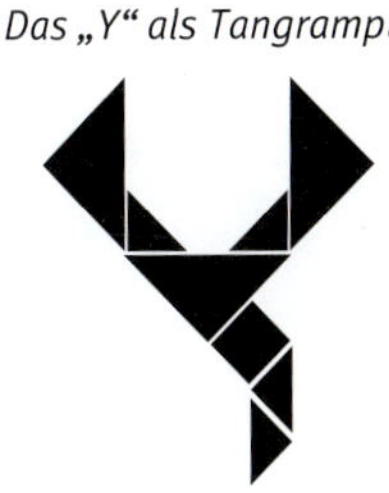

4 Ein Containerschiff hat eine rechteckige Grundform und ist 42 m breit und am Ladeboden 250 m lang. Die gesamte Länge beträgt 345 m. Schätze:

a) Würden 300 40-Fuß-Container (Breite: ca. 2,50 m Länge: ca. 12 m) auf dem Ladeboden Platz haben? Sicherheitsabstände bleiben unberücksichtigt.

b) Wie viele Container kann das Schiff maximal laden, wenn man zehn Container übereinanderstapeln darf?

- Zeichne das Parallelogramm auf Karopapier und schneide es aus. Zerlege es anschließend in Teilfiguren und setze diese zu einem Rechteck zusammen. Es gibt verschiedene Möglichkeiten. Zeige sie auf und erläutere.

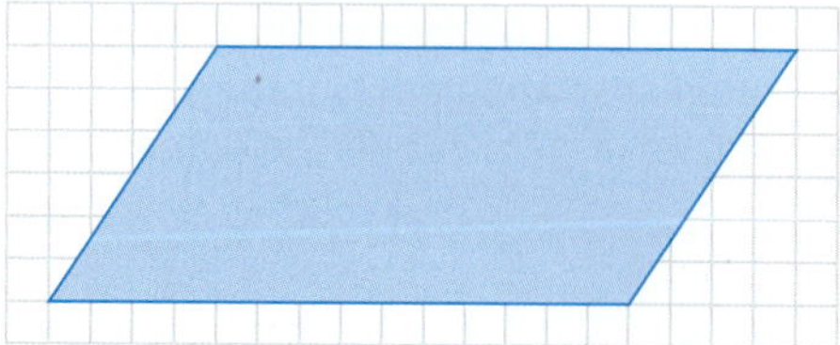

- Kannst du ein Rechteck so zerschneiden und neu zusammenlegen, dass du ein Parallelogramm erhältst?

Merkwissen

Ein **Parallelogramm** ist ein Viereck, bei dem **gegenüberliegende Seiten parallel** sind. Weiterhin gilt:

- Gegenüberliegende Seiten sind gleich lang.
- Gegenüberliegende Winkel sind gleich groß.
- Je zwei benachbarte Winkel ergeben 180°.
- Die Diagonalen halbieren sich.
- Ein Parallelogramm ist punktsymmetrisch.

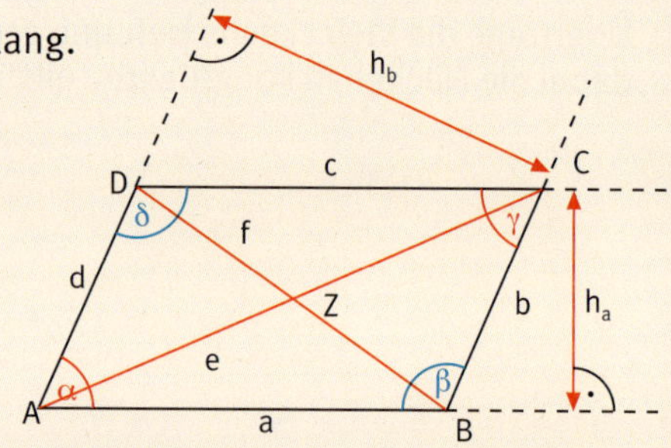

Jedes **Parallelogramm** kann man in ein flächengleiches Rechteck mit derselben Grundseite und Höhe umwandeln. Für seinen **Flächeninhalt** gilt:

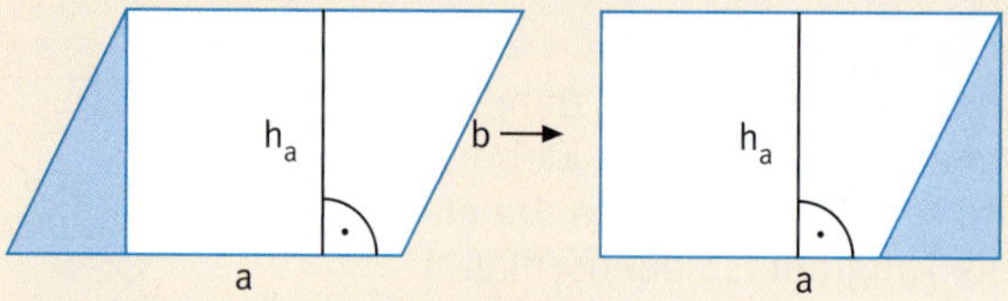

A_P = Grundseite · zugehörige Höhe
$A_P = g \cdot h$ $\quad (A_P = a \cdot h_a$ oder $A_P = b \cdot h_b)$

Für den **Umfang** eines Parallelogramms mit den Seitenlängen a und b gilt:
$U_P = 2 \cdot a + 2 \cdot b = 2 \cdot (a + b)$

Achtung:
Manchmal kann die Höhe eines Parallelogramms auch außerhalb der Figur liegen.

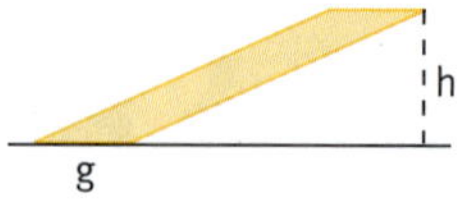

Beispiele

I Gegeben ist das Parallelogramm ABCD mit A (3 | 1), B (9 | 1), C (6 | 5) und D (0 | 5).

a) Berechne seinen Flächeninhalt auf zwei verschiedene Arten.

b) Bestimme den Umfang, miss dazu die notwendigen Längen.

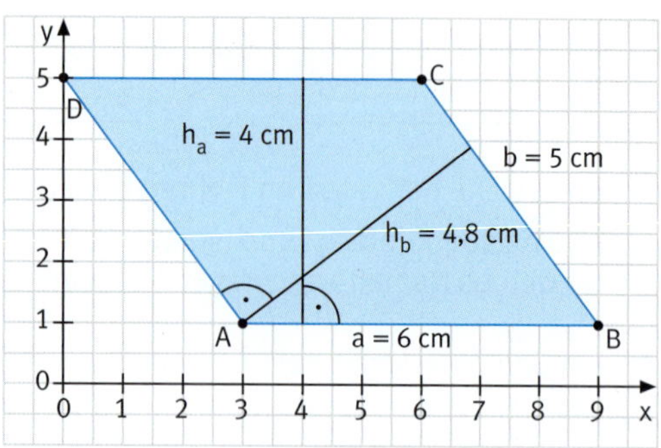

Lösung:

a) ① $a = 6\text{ cm}$; $h_a = 4\text{ cm}$
$A_P = a \cdot h_a = 6\text{ cm} \cdot 4\text{ cm} = 24\text{ cm}^2$
② $b = 5\text{ cm}$; $h_b = 4{,}8\text{ cm}$
$A_P = b \cdot h_b = 5\text{ cm} \cdot 4{,}8\text{ cm} = 24\text{ cm}^2$

b) $U_P = 2 \cdot a + 2 \cdot b = 2 \cdot 6\text{ cm} + 2 \cdot 5\text{ cm} = 22\text{ cm}$

Verständnis

- Beim Parallelogramm sind alle Seiten und Winkel gleich groß. Stimmt diese Behauptung? Für welche speziellen Parallelogramme gilt dies nur?
- Jakob ist der Meinung, dass der Flächeninhalt eines Parallelogramms das Produkt aus den beiden Seitenlängen ist. Stimmt das?

Aufgaben

1 Bestimme jeweils den Flächeninhalt und den Umfang des Parallelogramms.

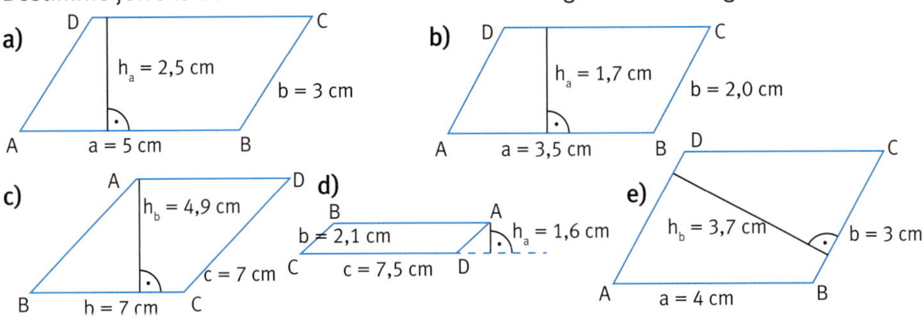

2 Zeichne das Parallelogramm in ein Koordinatensystem und berechne seinen Flächeninhalt. Miss dazu eine geeignete Grundseite und die zugehörige Höhe.

a) A (3|7); B (4|2); C (9|4); D (8|9) **b)** E (3|6); F (9|1); G (12|6); H (6|11)
c) I (2|11); J (13|7); K (13|10); L (2|14) **d)** M (2|1); N (6|0); O (5|1); P (1|2)
e) Q (2,5|7); R (4|9); S (–2|11); T (–3,5|9) **f)** U (–2|1); V (2|4); W (0|5,5); X (–4|2,5)

3 Übertrage die Tabelle für Parallelogramme ins Heft und vervollständige sie.

	a)	b)	c)	d)	e)	f)
Grundseite g	5,5 cm	8,7 cm	2,4 cm	1,8 m	▢	13 mm
Höhe h	3,3 cm	3,9 cm	34 mm	85 cm	17 cm	▢
Flächeninhalt A	▢	▢	▢	▢	221 cm²	169 mm²

4 Ein Parallelogramm ist 5 cm hoch, die zugehörige Grundseite ist 8 cm lang. Zeichne verschiedene Parallelogramme, die diese Bedingung erfüllen. Gib auch jeweils den Flächeninhalt an. Was stellst du fest?

5 Zeichne verschiedene Parallelogramme in dein Heft. Berechne den Flächeninhalt und den Umfang. Miss die dazu benötigten Seitenlängen und die dazugehörige Höhe. Wichtig: Zeichne die Höhe immer in das Parallelogramm ein.

6 Im Hamburger Fischereihafen steht das Dockland. Dieses Gebäude sieht aus wie eine große Yacht, die Fassade erinnert aber stark an ein Parallelogramm. Wie viele Quadratmeter Glas sind wohl für die Fassade verwendet worden? Lege deiner Schätzung zugrunde, dass jedes der fünf Stockwerke ca. 5 m hoch ist.

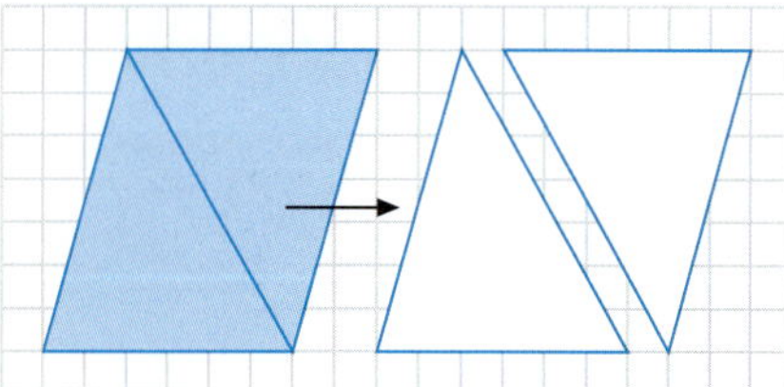

- Zeichne ein Parallelogramm auf Karopapier und bestimme seinen Flächeninhalt.
- Zerschneide nun das Parallelogramm entlang einer Diagonalen: Du erhältst zwei kongruente Dreiecke. Wie groß ist die Fläche eines Dreiecks?
- Versuche, eine Formel für die Dreiecksfläche anzugeben.

Merkwissen

Um den **Flächeninhalt** eines Dreiecks zu bestimmen, kann man ein **Dreieck** zu einem Rechteck oder Parallelogramm mit doppeltem Flächeninhalt ergänzen:

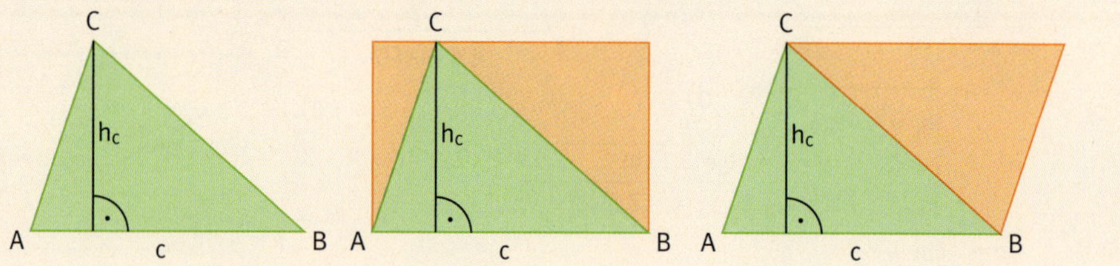

Für den Flächeninhalt eines Dreiecks gilt: $A_D = \frac{1}{2} \cdot$ Grundseite $\cdot$ zugehörige Höhe

$A_D = \frac{1}{2} \cdot g \cdot h$ $\quad \left(A_D = \frac{1}{2} \cdot c \cdot h_c \text{ oder } A_D = \frac{1}{2} \cdot b \cdot h_b \text{ oder } A_D = \frac{1}{2} \cdot a \cdot h_a\right)$

Für den **Umfang** eines Dreiecks ABC gilt im Allgemeinen: $U_D = a + b + c$

Beispiele

I Berechne den Flächeninhalt eines Dreiecks mit folgenden Angaben.

a) $g = 9$ cm; $h = 6$ cm **b)** $g = 7{,}6$ cm; $h = 3{,}4$ cm

Lösung:

a) $A_D = \frac{1}{2} \cdot g \cdot h = \frac{1}{2} \cdot 9\text{ cm} \cdot 6\text{ cm} = \frac{1}{2} \cdot 54\text{ cm}^2$ $\quad A_D = 27\text{ cm}^2$

b) $A_D = \frac{1}{2} \cdot g \cdot h = \frac{1}{2} \cdot 7{,}6\text{ cm} \cdot 3{,}4\text{ cm} = \frac{1}{2} \cdot 25{,}84\text{ cm}^2$ $\quad A_D = 12{,}92\text{ cm}^2$

II Konstruiere ein Dreieck ABC mit den Seiten $a = 6$ cm, $b = 8$ cm und $c = 7$ cm. Bestimme durch Messen zu jeder der drei Seiten des Dreiecks die zugehörige Höhe und berechne dann mit allen Grundseiten den Flächeninhalt sowie den Umfang.

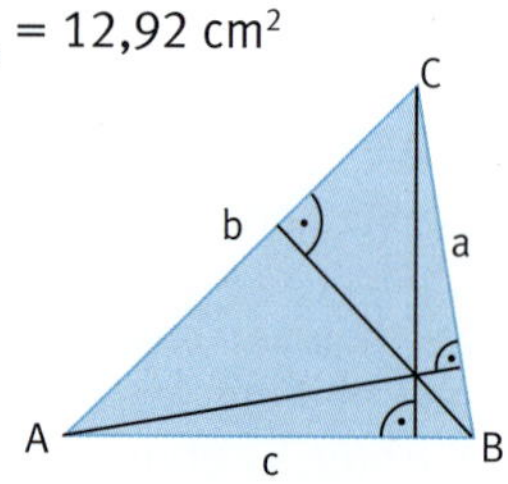

Lösung:

Die zur Seite a gehörende Höhe bezeichnet man mit h_a.

Messergebnisse:	$a = 6$ cm	$b = 8$ cm	$c = 7$ cm
	$h_a = 6{,}8$ cm	$h_b = 5{,}1$ cm	$h_c = 5{,}8$ cm

Da Messwerte nur Näherungswerte sind, schwanken die für den Flächeninhalt berechneten Werte.

① Grundseite a: $A_D = \frac{1}{2} \cdot 6\text{ cm} \cdot 6{,}8\text{ cm} = 20{,}4\text{ cm}^2$

② Grundseite b: $A_D = \frac{1}{2} \cdot 8\text{ cm} \cdot 5{,}1\text{ cm} = 20{,}4\text{ cm}^2$

③ Grundseite c: $A_D = \frac{1}{2} \cdot 7\text{ cm} \cdot 5{,}8\text{ cm} = 20{,}3\text{ cm}^2$

$U_D = a + b + c = 6\text{ cm} + 8\text{ cm} + 7\text{ cm} = 21\text{ cm}$

Verständnis

- Sina behauptet: „Parallelogramme, die die gleiche Grundseite und Höhe haben wie Dreiecke, haben einen viermal so großen Flächeninhalt." Überprüfe.
- Teilt man ein Parallelogramm in zwei gleiche Dreiecke, so ist der Umfang eines Dreiecks halb so groß wir der des Parallelogramms. Stimmt das? Argumentiere.

Aufgaben

1 Berechne den Flächeninhalt der abgebildeten Dreiecke ABC.

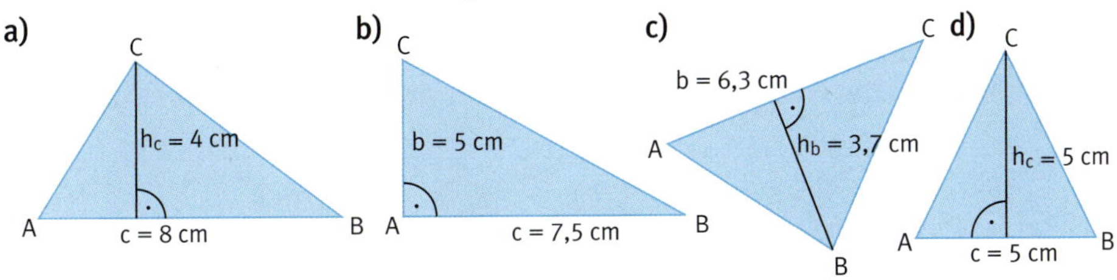

2 Bei welchen Dreiecken lässt sich der Flächeninhalt direkt berechnen? Begründe.

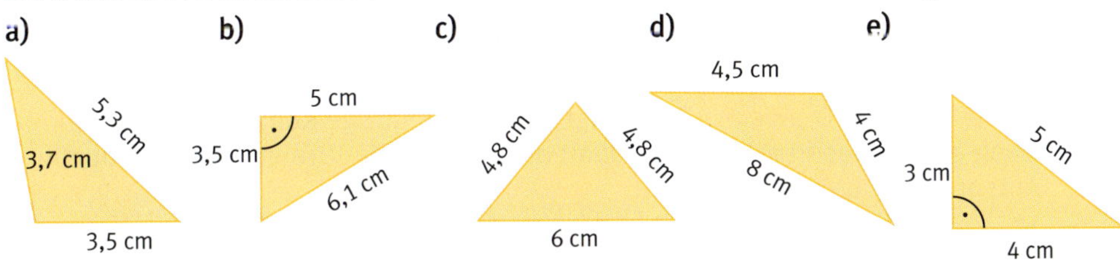

3 Zeichne die Dreiecke in ein Koordinatensystem. Wähle geschickt eine Grundseite und die passende Höhe, miss deren Länge und färbe sie ein. Berechne Flächeninhalt und Umfang der Dreiecke.

a) A (–1 | 1); B (1 | 6); C (–4 | 6) **b)** A (0 | 5); B (5 | 1); C (5 | 7)
c) A (4 | 2); B (11 | 1); C (9 | 7) **d)** A (–2 | 2); B (3 | 1); C (3 | 6)
e) A (–3 | –1); B (2 | 1); C (–3 | –1,5) **f)** A (–3 | 2); B (8 | –0,5); C (–3 | 9)

4 Berechne die fehlende Größe.

	a)	b)	c)	d)	e)	f)
Grundseite g	5,5 cm	6 m	▢	23 m	1,4 m	▢
Höhe h	4 cm	▢	18 dm	▢	▢	42 dm
Flächeninhalt A	▢	24 m^2	135 dm^2	138 m^2	1,96 m^2	17,64 m^2

5 Ein Waldstück, das von drei Wegen eingegrenzt wird, soll aufgeforstet werden.

a) Wie groß ist die Waldfläche?
b) Wie viel kostet dies die Forstverwaltung, wenn mit 8000 € für die Aufforstung von 1 ha gerechnet werden muss?

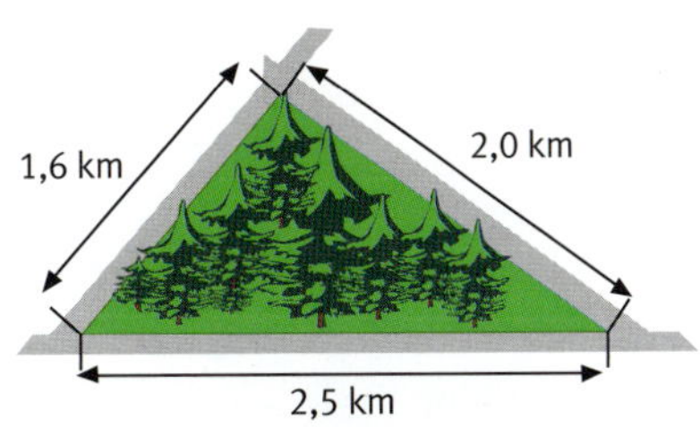

Fertige eine maßstabsgetreue Zeichnung an und miss die Längen.
Den Zusammenhang von Flächeneinheiten findest du im Grundwissen.

6 Peter und Kathrin sollen den Flächeninhalt dieses Vierecks bestimmen.

a) Welche Vorgehensweise würdest du ihnen raten?
b) Berechne selbst die Fläche des Vierecks.

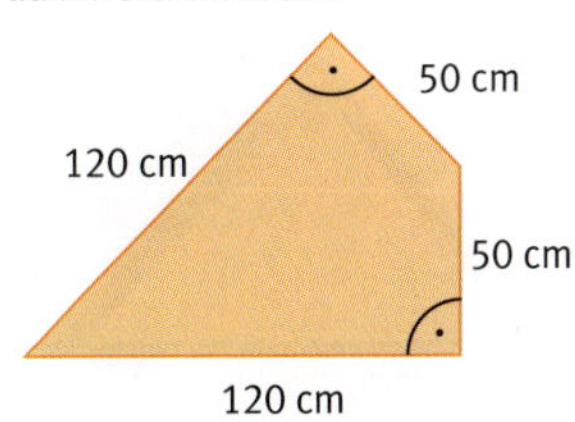

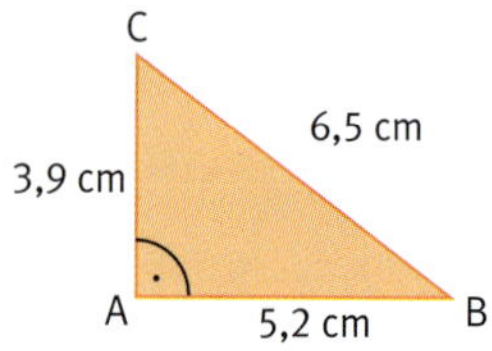

7 Was haben Steffi, Yasemin und Leon beim Berechnen des Flächeninhalts des Dreiecks falsch gemacht? Gib die richtige Lösung an und beschreibe die Fehler.

Steffi
$A = 6{,}5\ cm \cdot \frac{5{,}2\ cm}{2}$
$= \frac{33{,}8\ cm^2}{2} = 16{,}9\ cm^2$

Yasemin
$A = \frac{5{,}2\ cm \cdot 3{,}9\ cm}{2}$
$= \frac{20{,}28\ cm^2}{2} = 40{,}56\ cm^2$

Leon
$A = 5{,}2\ cm \cdot 3{,}9\ cm$
$A = 20{,}28\ cm^2$

8 Kathrin sagt: „Der Flächeninhalt dieser vier Dreiecke ist gleich." Was meinst du?

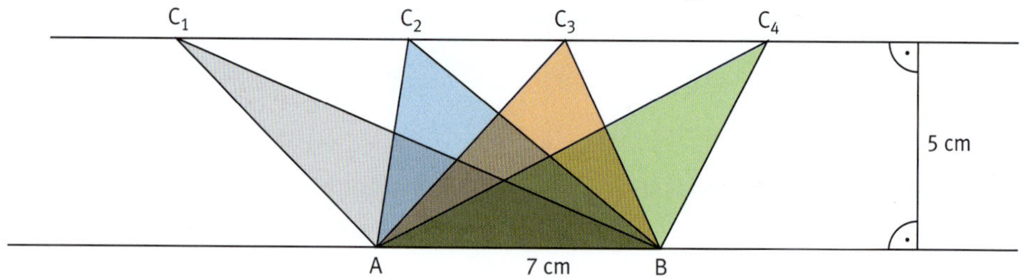

9 Konstruiere die Dreiecke ABC, fertige die dazugehörige Konstruktionsbeschreibung an und bestimme Flächeninhalt und Umfang der Dreiecke, indem du die entsprechenden Längen misst.

a) a = 3 cm; b = 3,5 cm; c = 4 cm (SSS) **b)** $\alpha = 45°$; b = 3 cm; c = 4 cm (SWS)
c) c = 4 cm; $\alpha = 60°$; $\beta = 70°$ (WSW) **d)** b = 4,5 cm; c = 4 cm; $\alpha = 60°$ (SWS)
e) a = 12 cm; c = 13 cm; b = 5 cm (SSS) **f)** a = 4 cm; c = 4 cm; $\beta = 60°$ (SWS)

Ergänze das Dreieck zu einem Rechteck, berechne seinen Flächeninhalt und subtrahiere den Flächeninhalt der ergänzten Dreiecke.

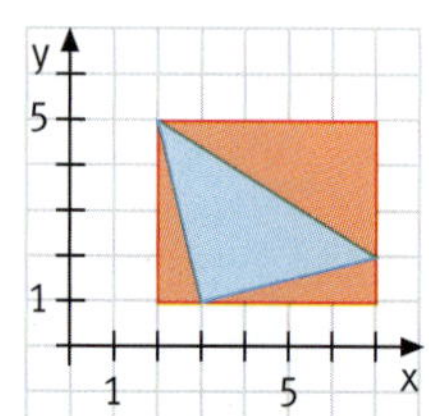

10 Zeichne die Dreiecke ABC in ein Koordinatensystem (Einheit 1 cm) und bestimme deren Flächeninhalt, ...

a) ohne Längen zu messen.
1 A (–1 | 4); B (4 | 8); C (–1 | 10) 2 A (–3 | –2); B (4 | –2); C (–0,5 | 5)

b) durch Ergänzung zu einem Rechteck.
1 A (3 | 1); B (7 | 2); C (2 | 5) 2 A (–3 | –2); B (4 | –1); C (–1 | 6)

11 Konstruiere Dreiecke mit folgenden Eigenschaften.

a) Der Flächeninhalt beträgt 56 cm², eine Seite ist 9 cm lang.
b) Der Flächeninhalt des Dreiecks beträgt 96 cm², die Höhe h_c ist 12 cm lang.

12 Gegeben ist ein gleichschenkliges Dreieck ABC mit $\overline{AB} = \overline{BC}$. Konstruiere das Dreieck, erstelle vorher eine Planfigur und berechne dann Flächeninhalt und Umfang.

a) c = 5,8 cm; $\alpha = 59°$ **b)** b = 6,5 cm; $\gamma = 44°$ **c)** a = 7,3 cm; $\beta = 75°$

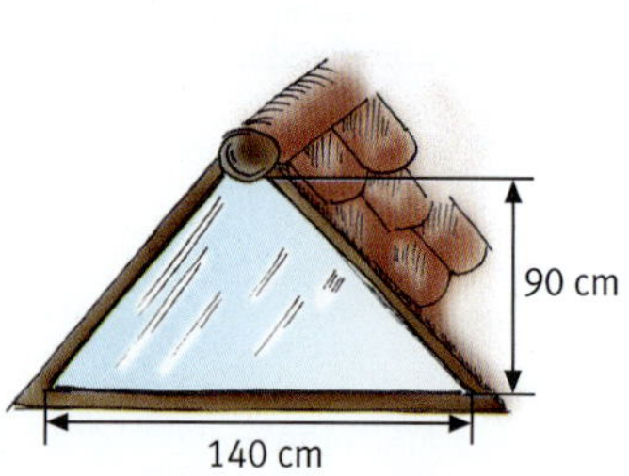

13 Ein Dachgiebelfenster muss ersetzt werden.

a) Welche Fläche hat die Glasscheibe?
b) Für eine dreieckige Glasform verlangt der Glaser einen Flächenaufschlag von 105 %. Ist dies gerechtfertigt? Begründe.
c) 1 m² Dreifachisolierglas kostet 120 € zuzüglich 19 % MwSt. Wie viel kostet die Scheibe, wenn noch 56 € (inkl. MwSt.) für den Einbau dazu kommen?

14 Berechne den Flächeninhalt der blauen Flächen. Beschreibe dein Vorgehen.

Die Angaben sind jeweils die Längen der äußeren Rechtecke bzw. Quadratseiten.

a)
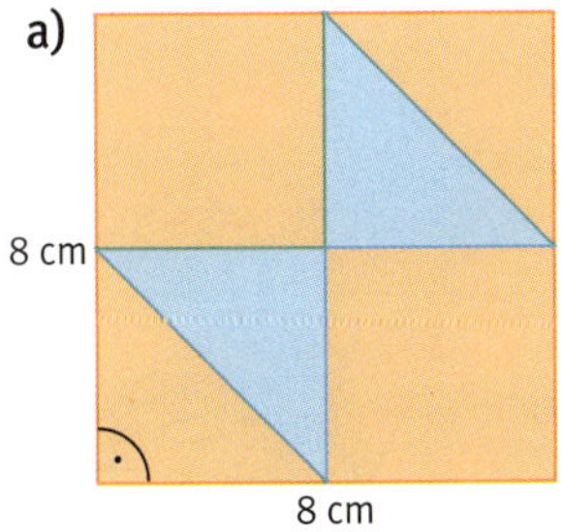

b)
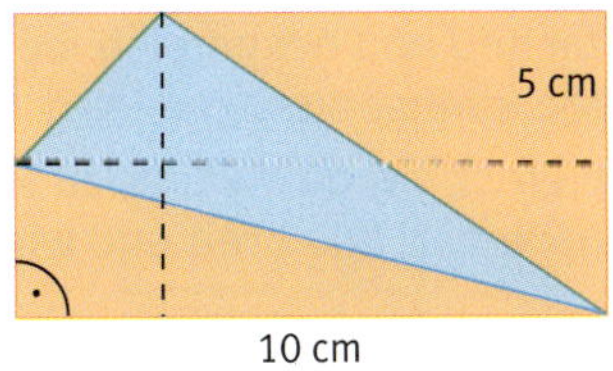

c)
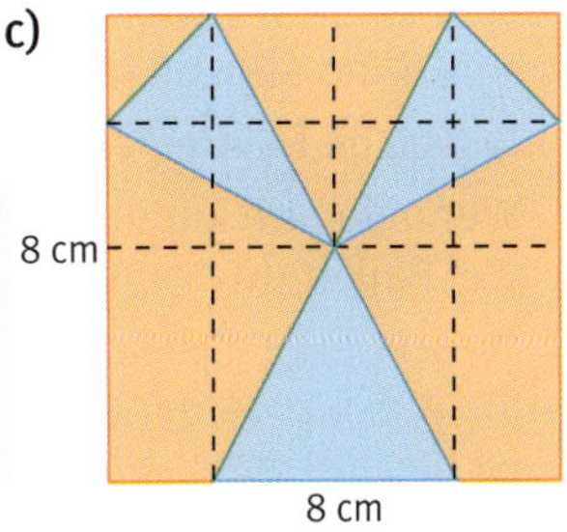

15 Schüler haben einen Modellheißluftballon gebaut. Der Ballon wird durch den Einfüllstutzen mit warmer Luft aus einem Haartrockner gefüllt und steigt dann einige Meter nach oben. Die Ballonhülle besteht aus zwanzig gleichseitigen Dreiecken aus sogenannter Blumenseide, die 20 g pro Quadratmeter wiegt. Die einzelnen Dreiecke wurden mit Papierklebstoff zusammengefügt.

Einen Körper, der durch 20 Dreiecke begrenzt wird, nennt man Ikosaeder.

a) Welchen Flächeninhalt hat ein Dreieckselement, wenn eine Dreiecksseite 1,10 m lang ist? Zeichne ein maßstäbliches Dreieck.

b) Welche Masse hat die Ballonhülle, wenn sich aufgrund der Klebelaschen und des Klebstoffs die Masse pro Quadratmeter um 10 % erhöht?

c) Die Blumenseide gibt es in rechteckigen Bögen von 50 cm × 70 cm.

1 Wie viele Bögen benötigt man mindestens für den Bau des Ballons?

2 Wie würdest du die einzelnen Bögen zusammenfügen, damit du geschickt gleichseitige Dreiecke von 1,10 m Seitenlänge herausschneiden kannst?

16 Zum Pariser Kunstmuseum Louvre gelangt man über die berühmte Glaspyramide. Sie besteht aus vier gleichschenkligen, kongruenten Dreiecken. Die Grundkante der Pyramide beträgt 35 m, die Höhe der Seitenfläche 27,8 m.

a) Wie groß ist die gesamte Glasfläche?

b) Auf dem Bild sieht man recht gut die Rauten, aus denen die Seitenflächen zusammengesetzt sind. Schätze die Zahl der Rauten. Wie groß ist die Fläche einer Glasraute?

c) Die Glasflächen bestehen aus Sicherheitsglas, das pro Quadratmeter ungefähr 92 kg wiegt. Wie schwer ist eine Glasraute (das Glas der gesamten Pyramide)?

17 a) Konstruiere mit einem dynamischen Geometrieprogramm ein gleichschenkliges Dreieck ABC sowie die Höhe auf die Basis $\overline{AB}$. Verwende die Messfunktion des Programms und stelle hiermit Grundseite und Höhe auf die in der Randspalte angegebenen Werte ein. Berechne ebenso mit dem Programm den Flächeninhalt und den Umfang des Dreiecks.

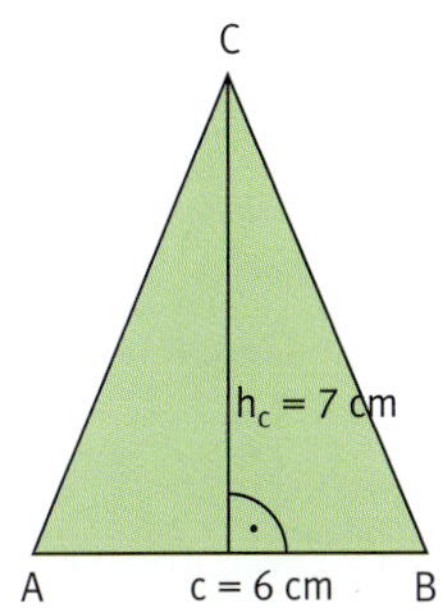

b) Untersuche, wie sich Flächeninhalt und Umfang des Dreiecks ändern, wenn bei gleicher Grundseite c die zugehörige Höhe h_c verdoppelt (halbiert) wird.

c) Wie verändert sich der Flächeninhalt des Dreiecks bei gleich bleibender Höhe, wenn die Länge der Grundseite verdoppelt (verdreifacht, halbiert) wird?

d) Wie verändert sich der Flächeninhalt des Dreiecks, wenn sowohl die Grundseite als auch die zugehörige Höhe verdoppelt (verdreifacht, halbiert) werden?

e) Gelten deine Ergebnisse auch für ein beliebiges Dreieck? Begründe.

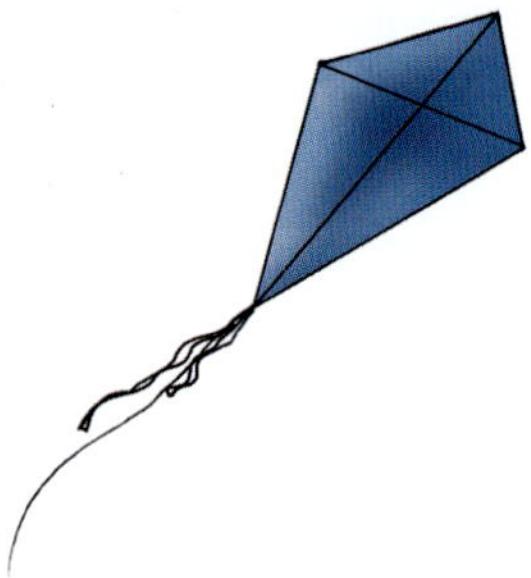

Mathematiker wählen ihre Begriffe oft nahe an der Natur, sodass man sie sich gut merken kann. Deswegen sieht das Drachenviereck auch so aus wie ein Drachen, den man im Wind steigen lassen kann.

- In welche Figuren zerlegen die Holzstäbe den Drachen?
- Wenn du den kaputten Drachen neu bespannen möchtest, musst du wissen, wie viel Papier du brauchst. Wie kannst du vorgehen?
- Zerschneide ein Drachenviereck so, dass du es zu einem Rechteck zusammenlegen kannst. Wie breit und wie lang ist das Rechteck?

Merkwissen

Ein **Drachenviereck** ist ein Viereck mit zwei Paar gleich langer, benachbarter Seiten. Weiterhin gilt:

- Die Diagonalen stehen senkrecht zueinander.
- Eine Diagonale des Drachenvierecks ist eine Symmetrieachse.
- Die Winkel zwischen den unterschiedlich langen Seiten sind gleich groß.

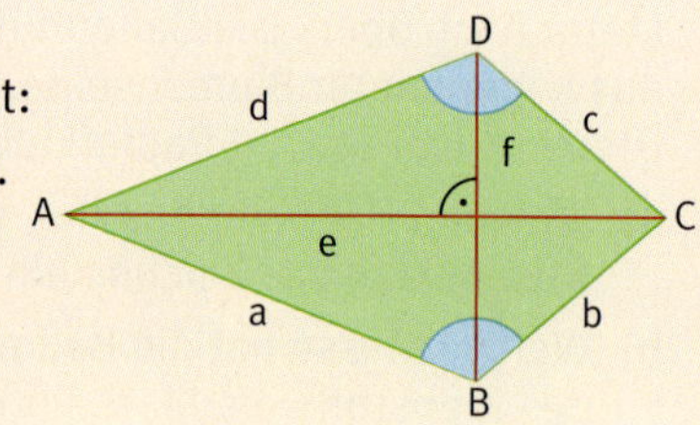

Statt Drachenviereck sagt man auch kurz Drachen.

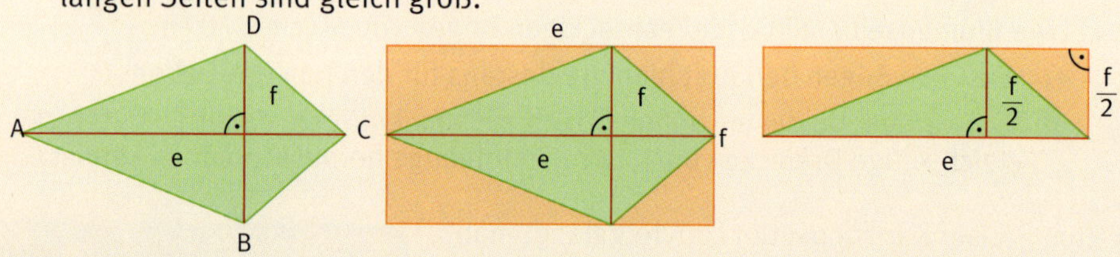

Jedes Drachenviereck kann man in ein flächengleiches Rechteck umwandeln. Für seinen **Flächeninhalt** gilt:

$A_{DV} = \frac{e \cdot f}{2}$

Der **Umfang** des Drachenvierecks beträgt mit den obigen Bezeichnungen:

$U_{DV} = a + b + c + d = 2 \cdot (a + b)$

Beachte:
Die Raute ist ein spezielles Drachenviereck mit a = b.

Beispiele

I Übertrage den Drachen ins Heft, miss die entsprechenden Längen und berechne seinen Flächeninhalt.

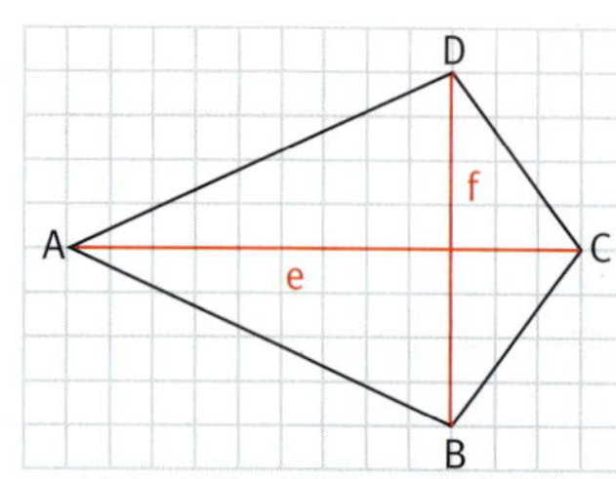

Lösung:
Ermittelte Diagonallängen: e = 6 cm; f = 4 cm

$A_{DV} = \frac{e \cdot f}{2} = \frac{6\text{ cm} \cdot 4\text{ cm}}{2} = \frac{24\text{ cm}^2}{2} = 12\text{ cm}^2$

Das Rechteck, in das der Drachen passt, umfasst die doppelte Fläche:
$A_R = 2 \cdot A_{DV}$

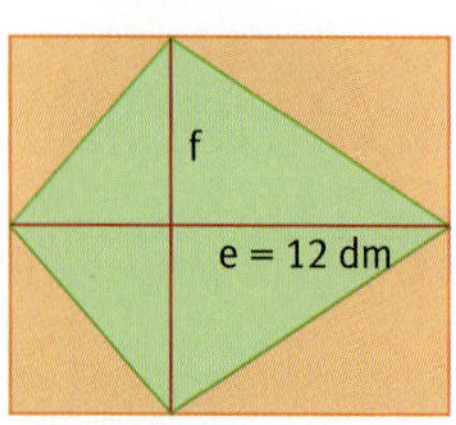

II Ein Drachen hat einen Flächeninhalt von 48 dm². Eine Diagonale ist 12 dm lang. Wie lang ist die andere?

Lösung:
Wir nehmen an, dass e = 12 dm ist. Dann gilt:

$2 \cdot 48\text{ dm}^2 = 12\text{ dm} \cdot f \qquad 96\text{ dm}^2 = 12\text{ dm} \cdot f \qquad f = 8\text{ dm}$

Verständnis

- Melike behauptet: Eine Diagonale des Drachenvierecks wird durch die andere halbiert. Stimmt ihre Behauptung? Erkläre.
- Moritz meint: „Mit kongruenten Drachenvierecken kann man eine Ebene parkettieren." Was meinst du?

Aufgaben

1 Bestimme jeweils den Flächeninhalt und den Umfang des Drachens.

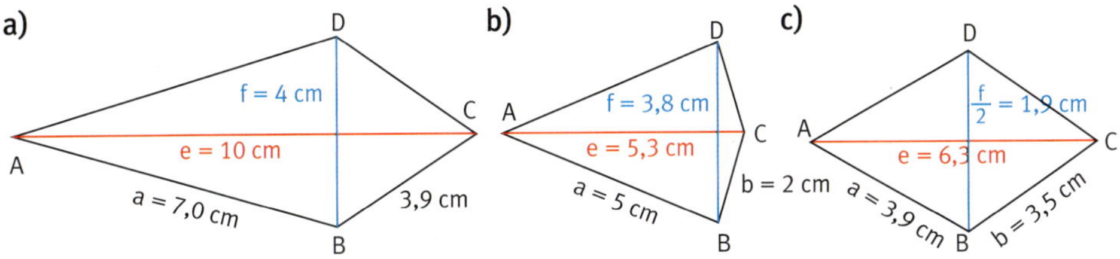

2 Berechne die Flächeninhalte der Drachenvierecke. Zeichne mindestens eines davon.

a) e = 6 cm; f = 4 cm **b)** e = $\frac{1}{10}$ m; f = 5 cm **c)** e = 0,4 dm; f = 80 mm

3 Die Vierecke ABCD sollen Drachen sein. Zeichne die drei Punkte in ein Koordinatensystem, gib die Koordinaten des fehlenden Punktes an und berechne dann den Flächeninhalt des Drachenvierecks. Miss fehlende Längen.

a) A (4 | 1); B (6 | 5); C (4 | 7) **b)** A (−1 | 2); B (3 | 0); C (4 | 2)
c) A (6 | 1); B (11 | 3); C (10 | 5) **d)** A (−3 | 3); B (−1 | −1); C (9 | −1)

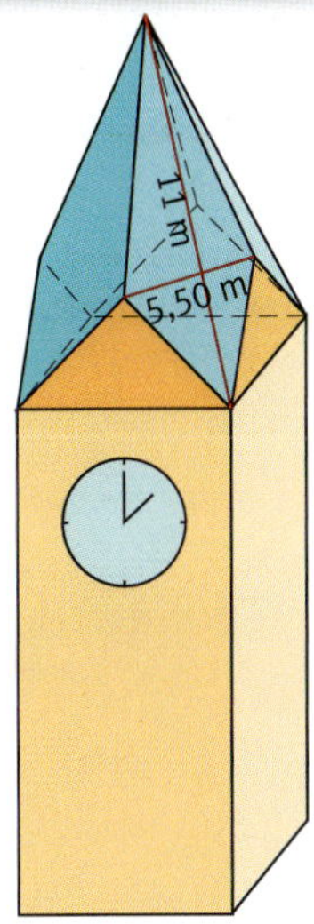

4 Drachenvierecke können auch aussehen wie Pfeile. Zeichne ab, ergänze die Diagonalen und bestimme den Flächeninhalt.

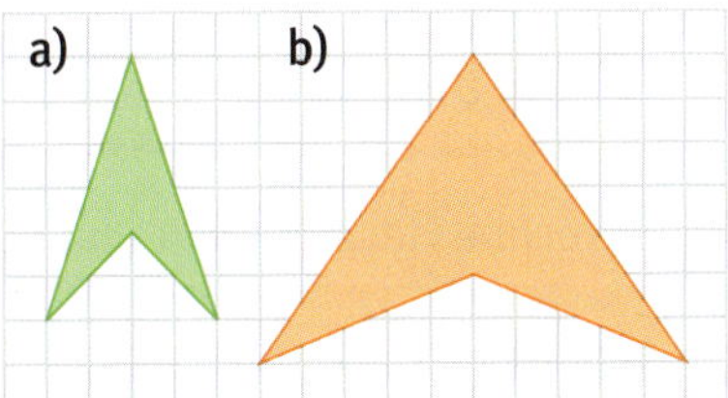

5 Ein Kirchturmdach muss gedeckt werden. Diese Arbeit ist nur etwas für Dachdeckerspezialisten.

a) Berechne die Dachfläche des Turms.

b) 1 m² Dachfläche kostet 150 € ohne MwSt. Wie viel kostet das Eindecken?

6 Ein Drachen hat einen Flächeninhalt von 72 cm². Finde alle möglichen ganzzahligen Diagonalenlängen e und f.

7 Erkan hat durch Falten eine andere Methode entwickelt, um den Flächeninhalt eines Drachenvierecks zu bestimmen. Dazu hat er die Ecken des Drachenvierecks auf den Schnittpunkt der Diagonalen gefaltet und ein Rechteck erhalten.

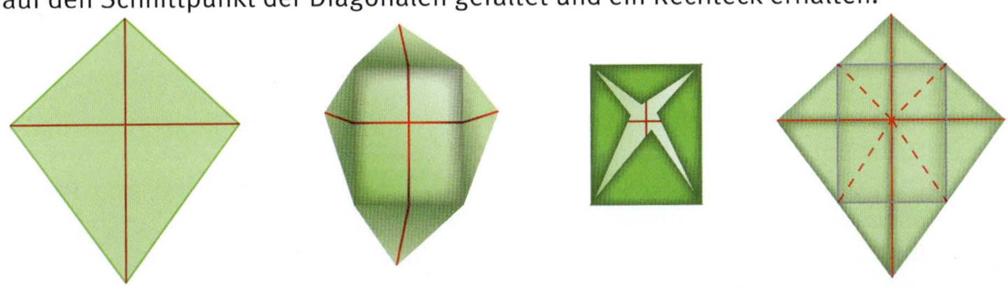

a) Schneide ein Drachenviereck aus und falte es wie Erkan zu einem Rechteck.

b) Kannst du erklären, wo sich hier die Flächenformel $A_{DV} = \frac{e \cdot f}{2}$ versteckt?

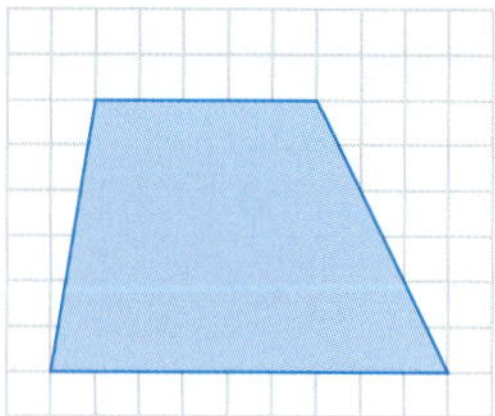

- Zeichnet in Partnerarbeit zwei kongruente Trapeze auf Karopapier. Die Maße des Trapezes könnt ihr selbst festlegen.
- Bestimmt den Flächeninhalt des Trapezes. Von welchen Figuren könnt ihr den Flächeninhalt schon bestimmen? Erinnert euch an die bisherigen Zerlegungs- und Ergänzungsstrategien.
- Könnt ihr eine Formel für den Flächeninhalt des Trapezes angeben?

Merkwissen

Ein **Trapez** ist ein Viereck mit zwei parallelen Seiten.

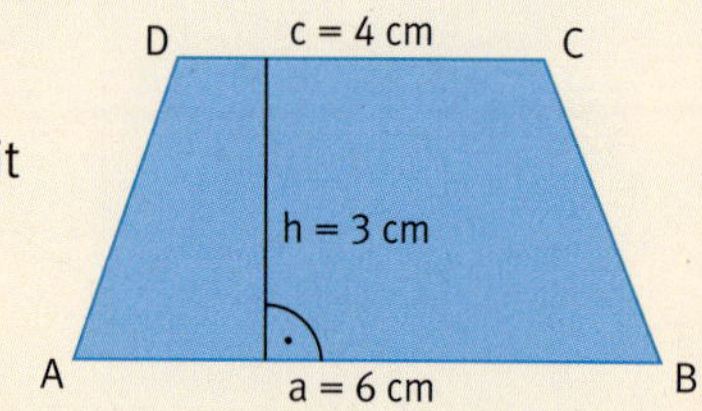

Um den Flächeninhalt eines Trapezes zu bestimmen, ergänzt man es zu einem Parallelogramm mit doppeltem Flächeninhalt, indem man ein zweites kongruentes Trapez anlegt:

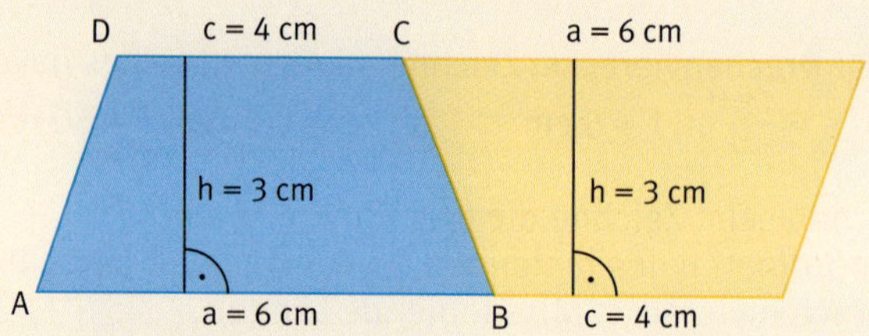

Für den **Flächeninhalt** eines Trapezes gilt:

$A_{Tr} = \frac{a + c}{2} \cdot h = \frac{1}{2} \cdot (a + c) \cdot h$

Mit a und c werden im Allgemeinen die parallelen Seiten des Trapezes bezeichnet.

Für den **Umfang** eines Trapezes gilt im Allgemeinen: $U_{Tr} = a + b + c + d$

Beispiele

I Berechne Flächeninhalt und Umfang des Trapezes.

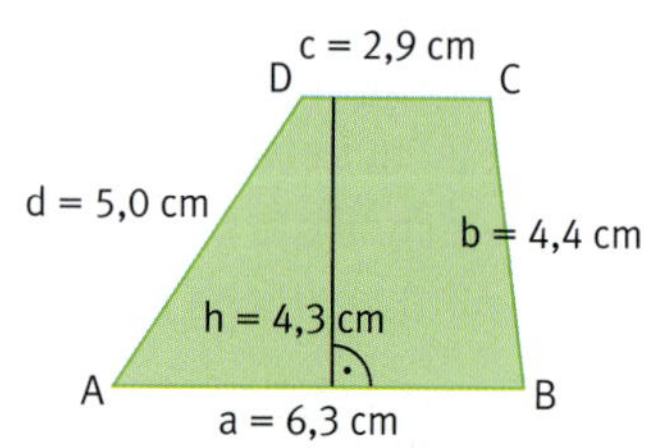

Lösung:

$A_{Tr} = \frac{a + c}{2} \cdot h$

$A_{Tr} = \frac{6{,}3\text{ cm} + 2{,}9\text{ cm}}{2} \cdot 4{,}3\text{ cm} = \frac{9{,}2\text{ cm}}{2} \cdot 4{,}3\text{ cm}$

$A_{Tr} = 4{,}6\text{ cm} \cdot 4{,}3\text{ cm} = 19{,}78\text{ cm}^2$

$U_{Tr} = 6{,}3\text{ cm} + 4{,}4\text{ cm} + 2{,}9\text{ cm} + 5{,}0\text{ cm} = 18{,}6\text{ cm}$

Verständnis

- Timo behauptet: „Wenn man ein Trapez zu einem Parallelogramm verdoppelt, dann verdoppelt sich sein Umfang.“ Was meinst du dazu?
- Lara meint: „Wenn ich ein Trapez in der Mitte parallel zur Grundseite durchschneide und wieder geschickt zusammenlege, erhalte ich ein Parallelogramm mit halber Trapezhöhe und einer Grundseite, die genauso lang ist wie die beiden parallelen Seiten des Trapezes zusammen!“
  Was sagst du dazu? Kannst du das bestätigen? Probiere es aus.

1 Übertrage die Trapeze ins Heft. Markiere diejenige Seite blau, die du als Grundseite a wählst, die Seite c rot und zeichne die Höhe h grün ein.

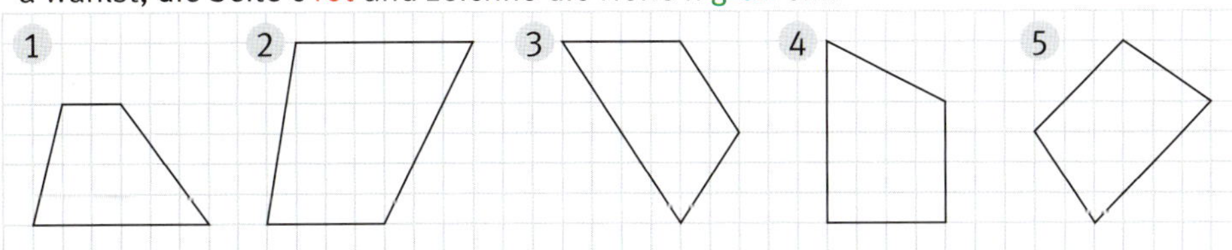

a) Miss die nötigen Längen und bestimme dann Flächeninhalt und Umfang.

b) Kannst du den Flächeninhalt auch anders bestimmen? Mache Vorschläge.

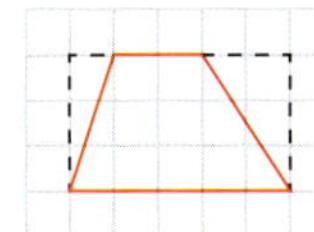

Ergänze zu einem Rechteck.

2 Zeichne die Trapeze in ein Koordinatensystem (Einheit 1 cm) und bestimme sowohl Flächeninhalt als auch Umfang.

a) A (−4 | −1); B (2 | −1); C (4 | 3); D (0 | 3)
b) A (2 | −2); B (10 | 0); C (4 | 2); D (0 | 1)
c) A (−3 | −1,5); B (1 | −3); C (1 | 4,5); D (−3 | 2)
d) A (3 | 0); B (7 | −2); C (5 | 6); D (2 | 4)

3 Berechne die fehlende Größe des Trapezes.

	a)	b)	c)	d)	e)	f)
Seitenlänge a	6 cm	4,5 cm	12 dm	19 m	□	42 dm
Seitenlänge c	4 cm	5,4 cm	18 dm	□	0,9 m	4 dm
Höhe h	2 cm	5 cm	□	3 m	0,9 m	□
Flächeninhalt A	□	□	135 dm²	138 m²	3,24 m²	20,7 dm²

4 Das Dach eines Hauses wird neu gedeckt.

a) Bestimme die gesamte Dachfläche.

b) Wie viel kostet das Neudecken des Daches, wenn die Firma für den Quadratmeter 75 € zuzüglich 19 % MwSt. berechnet?

c) Pro Quadratmeter werden 35 Dachziegel benötigt. Ein Ziegel wiegt 1,8 kg. Kann ein Lkw mit 15 t Zuladung alle Dachziegel transportieren?

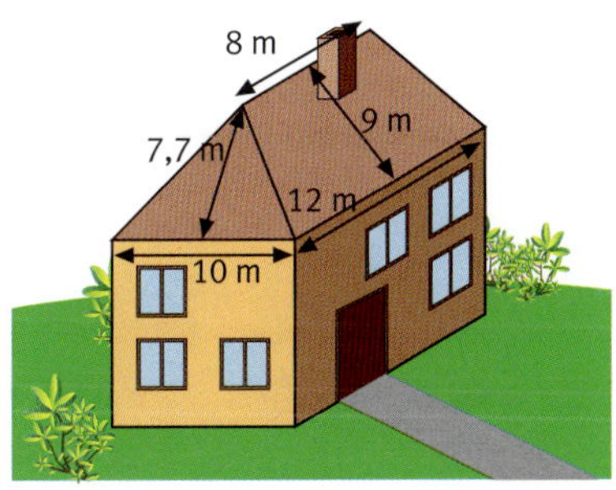

5 Preiswerte Maurerkellen werden aus Edelstahlblech hergestellt. Die trapezförmige Grundform wird aus einen großen Blech ausgestanzt.

a) Wie viele cm² Blech benötigt man für eine Kelle?

b) Wie wird man die Trapeze auf dem Blech am besten anordnen, damit beim Ausstanzen möglichst wenig Abfall entsteht?

c) Wie viele Kellenformen lassen sich aus einem rechteckigen Blech mit den Maßen 1,10 m × 2,0 m höchstens ausstanzen?

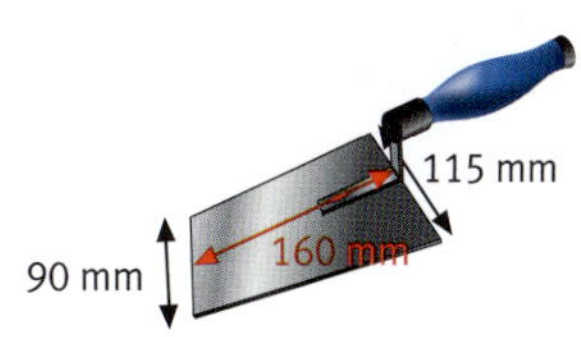

6 Zeichne drei kongruente Trapeze auf einen Karton. Verwandle jeweils eines davon durch Zerschneiden und Zusammenlegen in ein …

a) Parallelogramm.

b) Rechteck.

c) Dreieck (verwandle zuerst in ein Parallelogramm oder Rechteck).

Familie Glatz möchte dieses Wochenendgrundstück erwerben. Der Preis für 1 m^2 liegt bei 20 €.

- Wie könntest du die Fläche des Grundstücks ermitteln?
- Wie würdest du diese Figur geschickt zerlegen?
- Welchen Wert hat das Grundstück?
- Kann man jedes Vieleck in Vier- oder Dreiecke zerlegen, deren Flächeninhaltsformel man kennt?

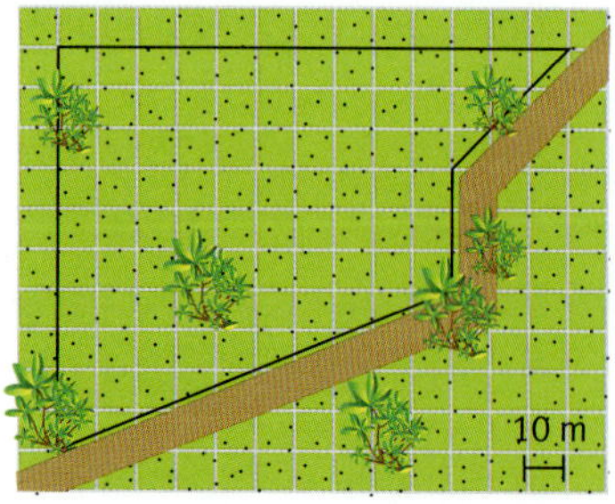

Merkwissen

Jedes **Vieleck** lässt sich durch Diagonalen in Dreiecke oder spezielle Vierecke (z. B. Quadrat, Rechteck, Parallelogramm, Trapez oder Drachenviereck) zerlegen.
Die Summe der **Flächeninhalte** der neuen Figuren entspricht dem Flächeninhalt des Vielecks. In unserem Beispiel:

$A_{Vieleck} = A_{Dreieck_1} + A_{Dreieck_2} + A_{Trapez}$

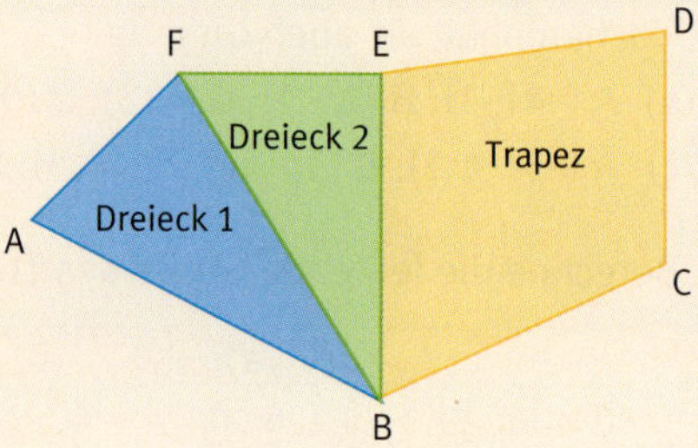

Der **Umfang** eines Vielecks ergibt sich aus der Summe aller Seitenlängen.

Beispiele

I Übertrage das Viereck ins Heft und zerlege es entlang der Diagonale $\overline{BD}$ in zwei Teildreiecke. Berechne den Flächeninhalt des Vierecks.

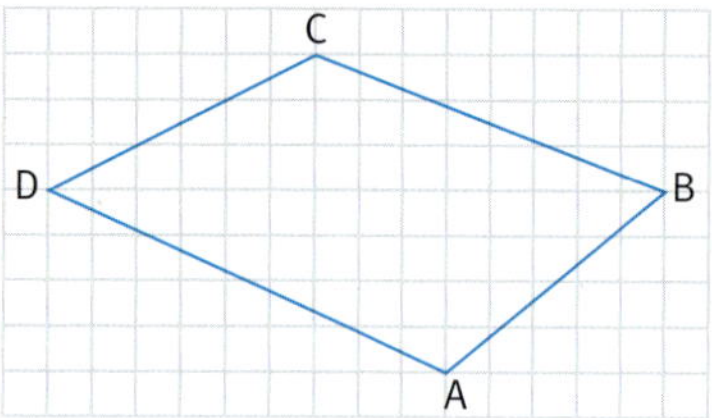

Lösung:

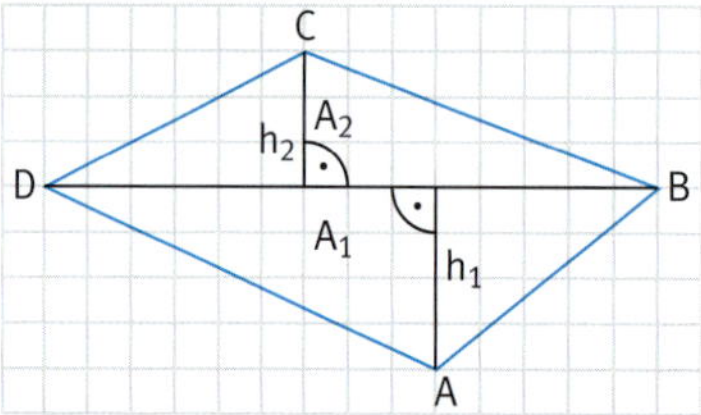

$A_1 = \frac{1}{2} \cdot 7\text{ cm} \cdot 2\text{ cm} = \frac{1}{2} \cdot 14\text{ cm}^2 = 7\text{ cm}^2$

$A_2 = \frac{1}{2} \cdot 7\text{ cm} \cdot 1{,}5\text{ cm} = \frac{1}{2} \cdot 10{,}5\text{ cm}^2 = 5{,}25\text{ cm}^2$

$A_{Viereck} = A_1 + A_2 = 7\text{ cm}^2 + 5{,}25\text{ cm}^2 = 12{,}25\text{ cm}^2$

II Wie groß ist der Flächeninhalt des Achtecks in der Randspalte?

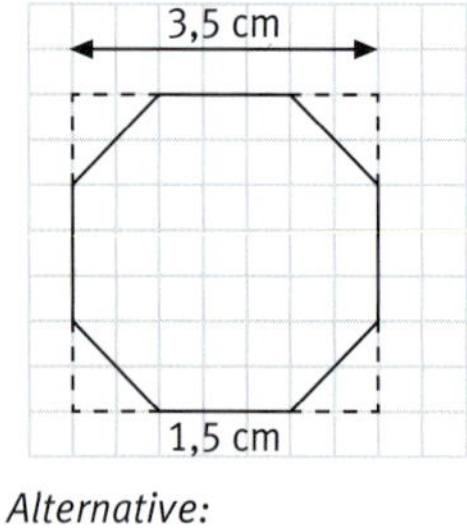

Alternative:
Zum Quadrat ergänzen und ergänzte Dreiecksflächen subtrahieren.

Lösungsmöglichkeit:
Man teilt das Achteck in zwei kongruente Trapeze und ein Rechteck: Die Grundseite a des Trapezes beträgt 3,5 cm, die obere Seite c = 1,5 cm seine Höhe h = 1 cm. Das Rechteck ist ebenfalls 3,5 cm lang bei einer Breite von 1,5 cm.

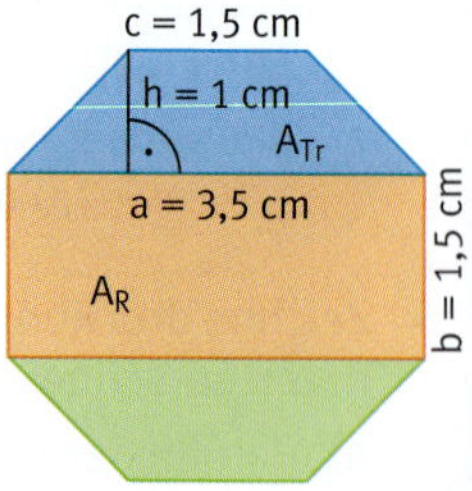

$A_{Achteck} = 2 \cdot A_{Tr} + A_R$

$A_{Tr} = \frac{1}{2} \cdot (a + c) \cdot h = \frac{1}{2} \cdot (3{,}5\text{ cm} + 1{,}5\text{ cm}) \cdot 1\text{ cm}$

$= \frac{1}{2} \cdot 5\text{ cm} \cdot 1\text{ cm} = 2{,}5\text{ cm}^2$

$A_R = a \cdot b = 3{,}5\text{ cm} \cdot 1{,}5\text{ cm} = 5{,}25\text{ cm}^2$

$A_{Achteck} = 2 \cdot 2{,}5\text{ cm}^2 + 5{,}25\text{ cm}^2 = 5\text{ cm}^2 + 5{,}25\text{ cm}^2 = 10{,}25\text{ cm}^2$

Verständnis

- Felix ist der Meinung, dass man jedes Vieleck in Dreiecke zerlegen kann, um damit den Flächeninhalt zu bestimmen. Hat er Recht?
- Pascal erklärt, dass der Umfang eines Vielecks genauso groß ist wie der gesamte Umfang aller Teilfiguren, in die man es zerlegt hat. Stimmt seine Erklärung?

Aufgaben

1

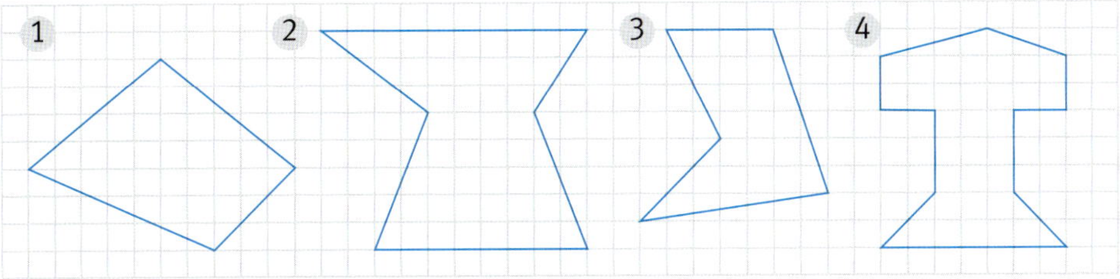

a) Übertrage die Vielecke ins Heft und zerlege sie in Dreiecke. Miss die nötigen Längen aus und berechne die Gesamtfläche aus den Flächeninhalten der Teildreiecke.

b) Findest du auch andere Zerlegungen? Vergleiche die Ergebnisse.

2 Berechne den Flächeninhalt der roten Fläche. Übertrage dazu die Figur ins Heft.

Findest du mehrere Möglichkeiten?

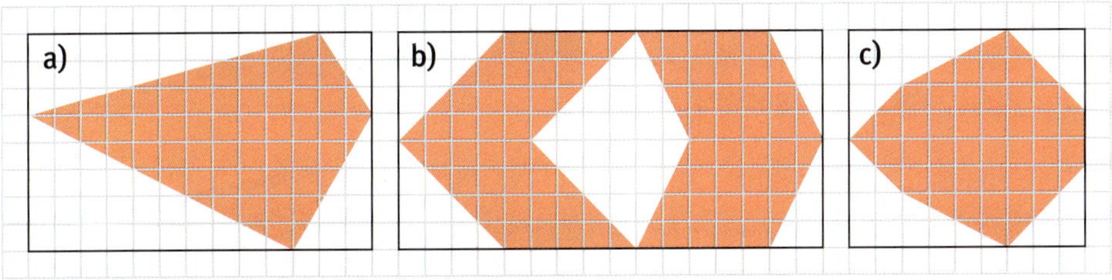

3 Zeichne das Viereck in ein Koordinatensystem. Nutze als Einheit 1 cm. Berechne seinen Flächeninhalt.

a) A (4 | 1); B (10 | 0); C (11 | 5); D (5 | 4) **b)** E (1 | 1); F (9 | 2); G (7 | 6); H (3 | 5)

c) I (–3 | –1,5); J (1,5 | –1); K (1,5 | 2); L (–3 | 2,5)

4 Zeichne das Fünfeck LINUS mit L (–2 | 1), I (4 | 2), N (6 | 8), U (1 | 10) und S (–2 | 7) in ein Koordinatensystem (Einheit 1 cm). Berechne den Flächeninhalt des Fünfecks …

a) durch Zerlegen in Teilflächen. **b)** durch Ergänzen von Teilflächen.

5 Der Boden von Tankstellen ist oft mit großen regelmäßigen Sechsecken, sogenannten Schwerlastplatten, ausgelegt. Diese Platten verschieben sich selbst dann nicht, wenn schwere Tanklastzüge darüber fahren.

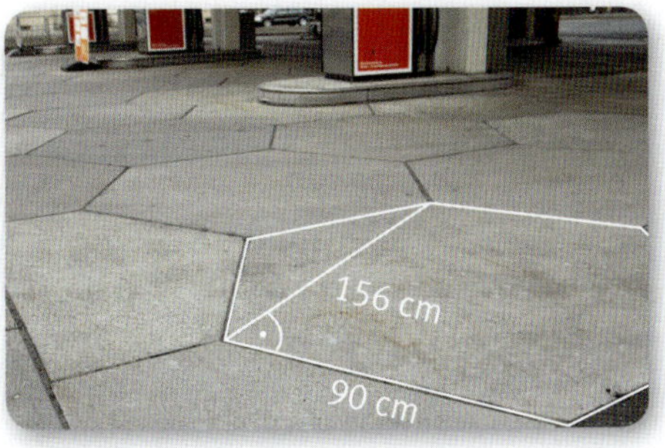

a) Berechne den Flächeninhalt einer Platte. Skizziere zuvor ein regelmäßiges Sechseck und trage die Maße aus dem Foto dort ein.

b) Wie viele Platten benötigt man ungefähr, um den rechteckigen Hof einer Tankstelle mit den Maßen 23,5 m × 18 m zu pflastern? Schätze geeignet ab.

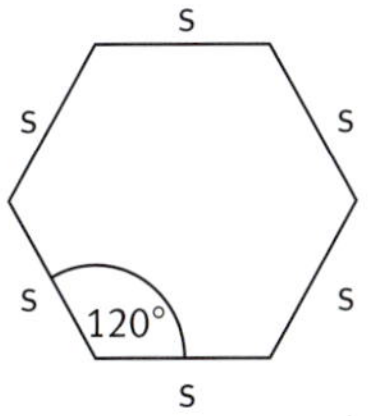

Regelmäßiges Sechseck

Miss die nötigen Längen ab.

6 Berechne den Flächeninhalt der Figur auf verschiedene Arten.

a) 
b) 
c) 

7 Dieser Acker liegt westlich von Neuenstein. Das Bild wurde von einem Satelliten aufgenommen.

a) Bestimme mithilfe des Maßstabs die Größe des Ackers näherungsweise und gib sie in ha an.

b) Wie viele Tonnen Weizen kann man jährlich auf diesem Feld ernten, wenn man mit einem Ertrag von 600 kg pro Hektar rechnet?

c) Wie viele Brötchen kann man mit der Ernte des Feldes backen, wenn 100 kg Weizen 2000 Brötchen ergeben?

8 Die abgebildete Flurkarte hat den Maßstab 1 : 2500.

a) Berechne die Größe der Grundstücke 106, 107/1, 260, 261 und 262/2. Entnimm die Maße aus der Zeichnung. Erkläre, wie du vorgegangen bist.

b) Beschreibe ein Verfahren, wie man den Flächeninhalt des Grundstücks 262/1 bestimmen kann.

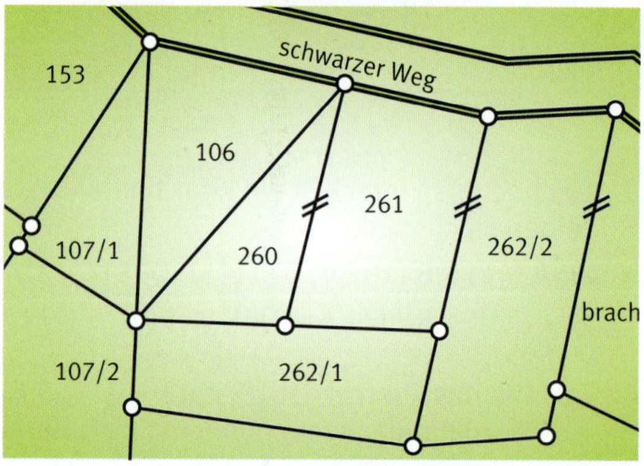

9 Manche Bundesligatore sind mit Netzen ausgestattet, die aus Sechsecken bestehen. Das aufgehängte Netz hat die Form einer offenen quaderförmigen Schachtel. Die Netze sind 7,50 m breit und 2,50 m hoch. Die Netztiefe beträgt 2,00 m. Die Maschenweite (Länge einer Diagonalen d) eines Sechsecks beträgt 120 mm. Schätze ab, wie viele Meter Nylonschnur zur Herstellung eines Netzes verwendet werden. Beachte Folgendes:

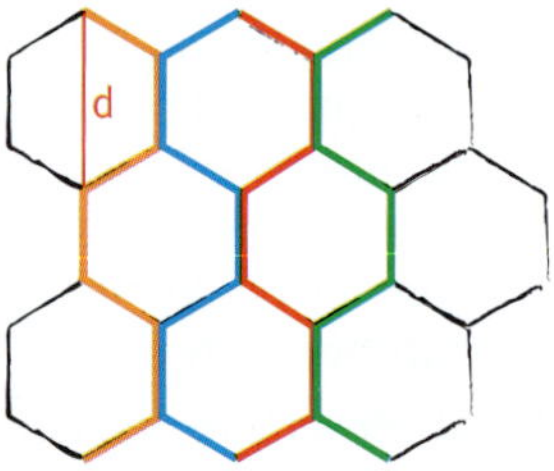

- Überlege, aus wie vielen Sechsecken das Tornetz ungefähr besteht. Bestimme dazu zunächst die Fläche eines einzelnen Sechsecks.
- Bestimme dann den Umfang eines Sechsecks. Nun ist es leichter, oder?

10 Die grüne Fläche stellt ein Grundstück dar. Um dessen Fläche zu vermessen, wurde zwischen den Eckpunkten A und D eine Diagonale als Standlinie gezogen. Zusätzlich wurden von den restlichen Eckpunkten Lote auf diese Standlinie gefällt.

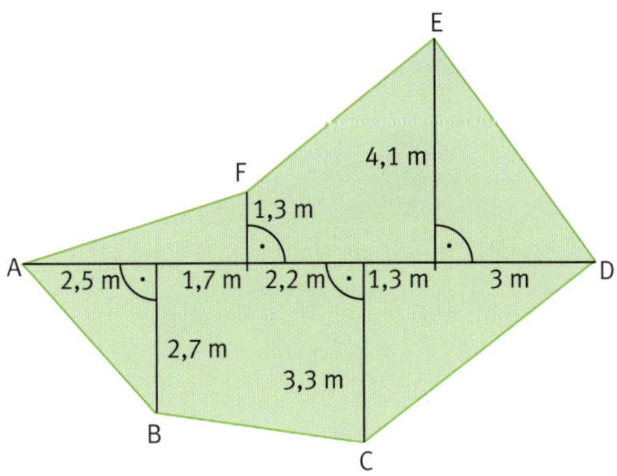

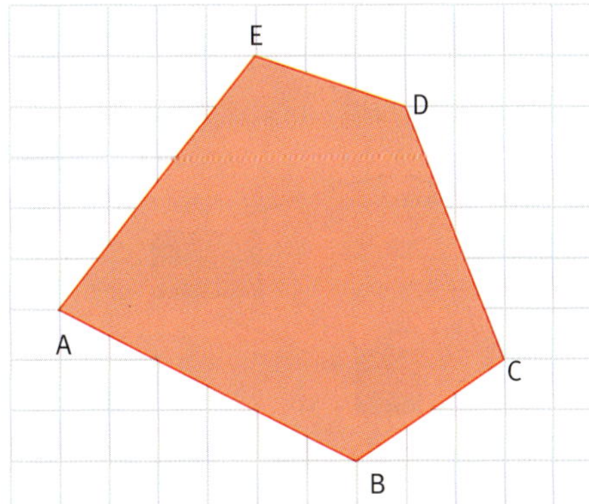

a) Erkläre, warum man mit dieser Flächenzerlegung die Grundstücksfläche bestimmen kann. Berechne anschließend den Flächeninhalt der grünen Fläche.

b) Führe das Verfahren an der roten Fläche durch (Maßstab 1 : 1000). Übertrage die Figur zunächst in dein Heft. Vergleiche deine Lösung mit der deines Nachbarn. Wie erklärst du dir mögliche Abweichungen?

Du kannst deine Standlinie frei wählen, am besten ist aber eine lange Diagonale

Wissen

Der Satz von Pick

Der österreichische Mathematiker Georg Alexander Pick (1859 – 1942) hat eine Formel gefunden, um den Flächeninhalt von Vielecken zu bestimmen, deren Eckpunkte auf den Gitterpunkten des Koordinatensystems liegen:

$A_{Vieleck} = I + \frac{R}{2} - 1$

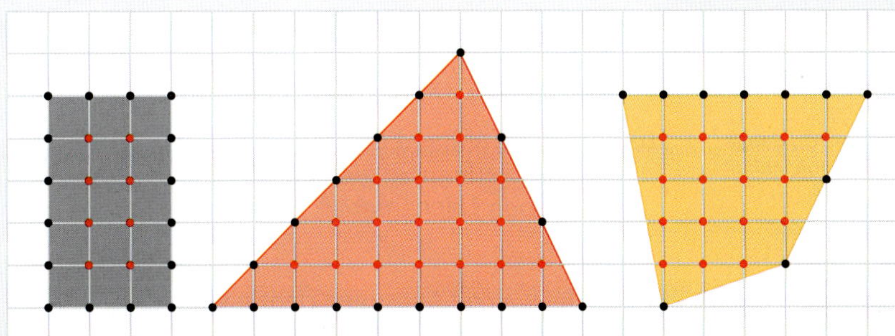

I steht dabei für die Anzahl der Punkte im Innern des Vielecks und R für die Anzahl der Gitterpunkte auf dem Rand. Der Flächeninhalt wird dann in Kästchenflächen ausgegeben.
Wir überprüfen die Formel zunächst für das abgebildete Rechteck. Wir erhalten 8 innere Punkte (I = 8) und 16 Randpunkte (R = 16). Damit ergibt sich nach der Formel $A_{Rechteck} = 8 + \frac{16}{2} - 1 = 15$. Mit der klassischen Flächenformel für das Rechteck (Länge × Breite) ergibt sich dasselbe Ergebnis: $3 \times 5 = 15$.

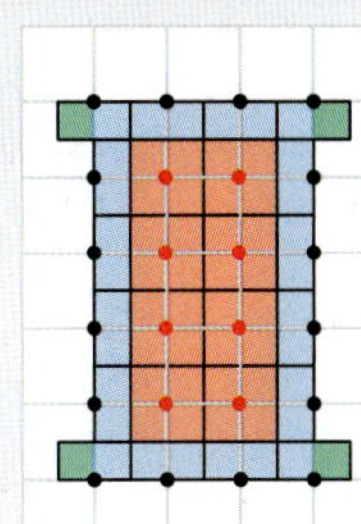

Wie kam Pick zu dieser Formel? Auch dies lässt sich gut am Rechteck erklären:
Um die inneren roten Punkte lassen sich ganze Kästchen legen. Deswegen werden die inneren Punkte ganz gezählt. Um die schwarzen Punkte auf dem Rand und an den Ecken lassen sich halbe Kästchen legen, deswegen werden die Randpunkte nur halb gezählt. An den Ecken hat man auf diese Weise aber vier Viertel-Kästchen zuviel gezählt, man muss also ein ganzes Kästchen abziehen.

Somit gilt: $A_{Rechteck} = I + \frac{R}{2} - 1$

- Überprüfe die Formel auch für das rote Dreieck. Erhältst du dasselbe Ergebnis wie bei der klassischen Formel für Dreiecke?
- Bestimme den Flächeninhalt des gelben Vierecks. Welche Bestimmungsmethode ist geschickter: Die Formel von Pick oder die Zerlegung bzw. Ergänzung des Vierecks?

Zu 7.1

1 Bezeichne die Vierecke und erkläre die Beziehungen zwischen den Vierecken.

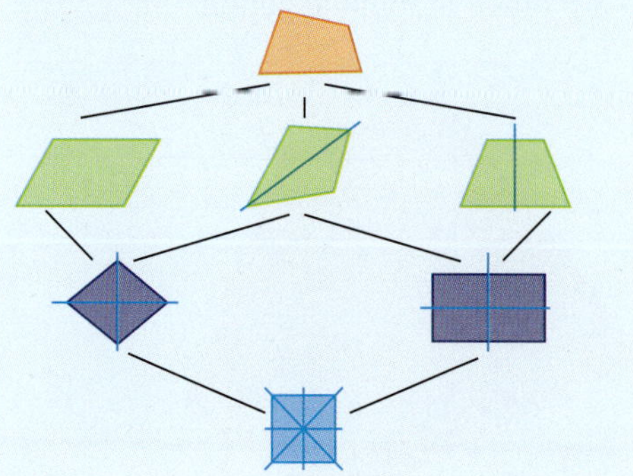

Beschreibe anhand der Eigenschaften die Darstellung über die Zusammenhänge zwischen den Vierecken.

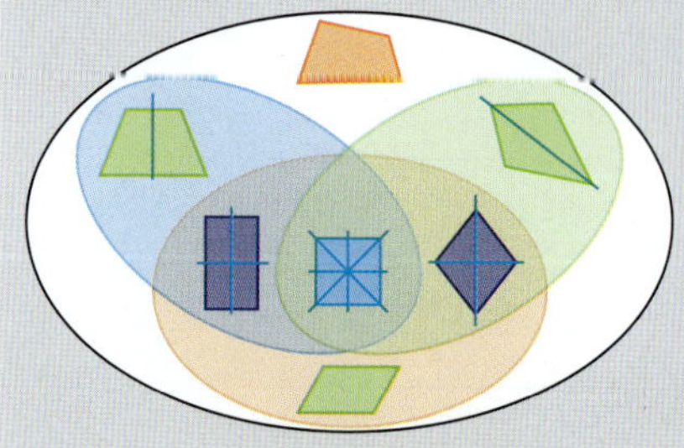

Zu 7.2

2 Alle Figuren haben den gleichen Flächeninhalt.

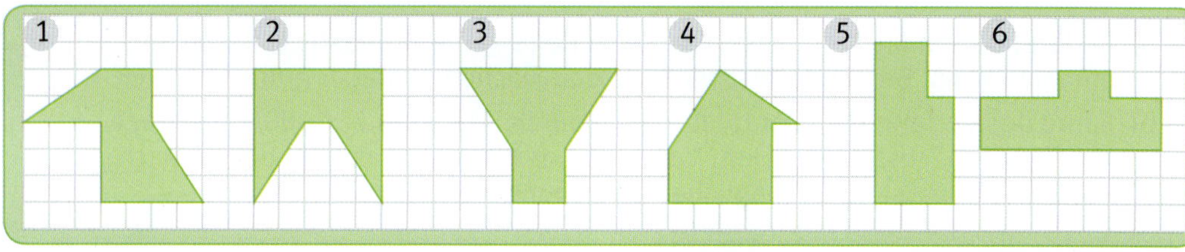

a) Übertrage die Figuren in dein Heft und zerlege die Figuren jeweils in gleich große Teilflächen.

b) Begründe anhand der Zerlegung aus a), dass zerlegungsgleiche Figuren denselben Flächeninhalt haben.

Wie kannst du damit die Flächengleichheit begründen?

a) Übertrage die Figuren in dein Heft und ergänze sie jeweils zu gleich großen Rechtecken.

b) Zeichne ein Quadrat, das denselben Flächeninhalt wie die Figuren haben.

3 Begründe, welche Aussagen richtig sind.

a) Wenn zwei Figuren kongruent sind, dann haben sie denselben Flächeninhalt.

b) Wenn zwei Figuren denselben Flächeninhalt haben, dann sind sie kongruent.

c) Wenn zwei Figuren zerlegungsgleich sind, dann haben sie denselben Flächeninhalt.

a) Welche Teile sind flächengleich, weil sie ...
   1 kongruent sind?
   2 zerlegungsgleich sind?

b) Bestimme die Größe der einzelnen Teilflächen.

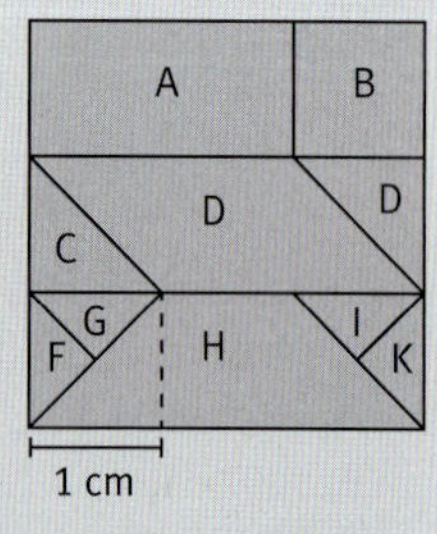

Zu 7.3

4 Ermittle den Flächeninhalt der Figuren.

a)

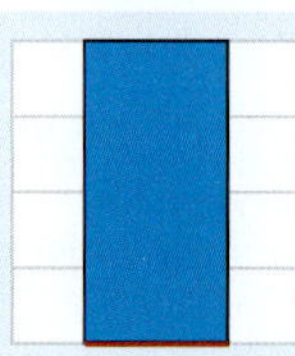

b)

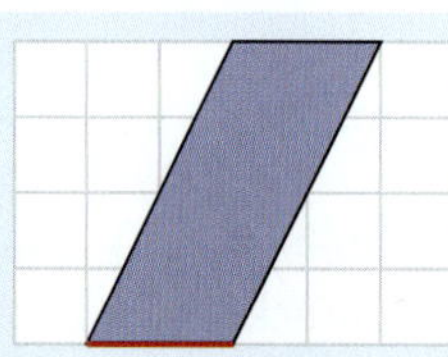

a)

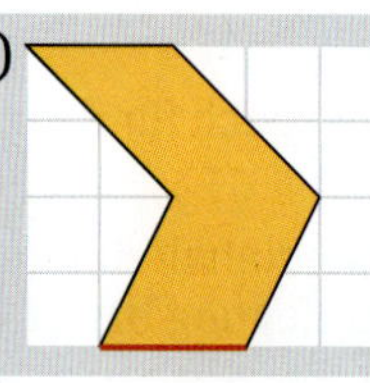

b)

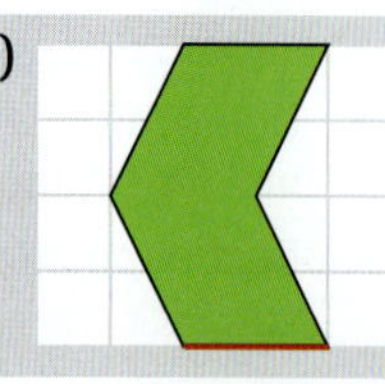

5 Hier wurde jeweils eine andere Seite als Grundseite des Parallelogramms genommen.

a) Berechne jeweils den Flächeninhalt.

b) Was stellst du fest? Erkläre.

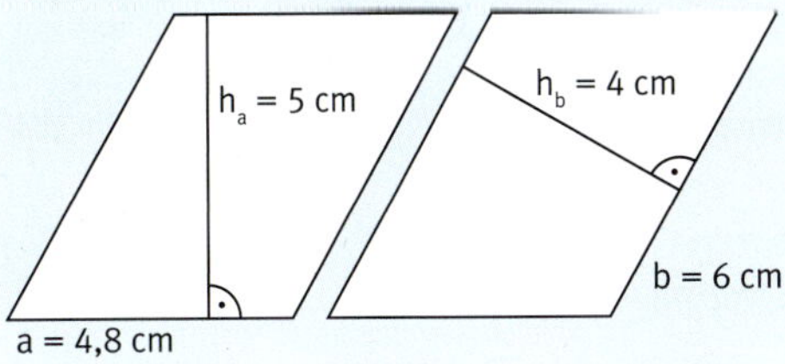

Durch zwei Grundstücke wird eine Straße gebaut.

a) Wie viel m^2 Grund wird abgegeben?

b) Berechne jeweils, wie groß die Grundstücke jetzt sind.

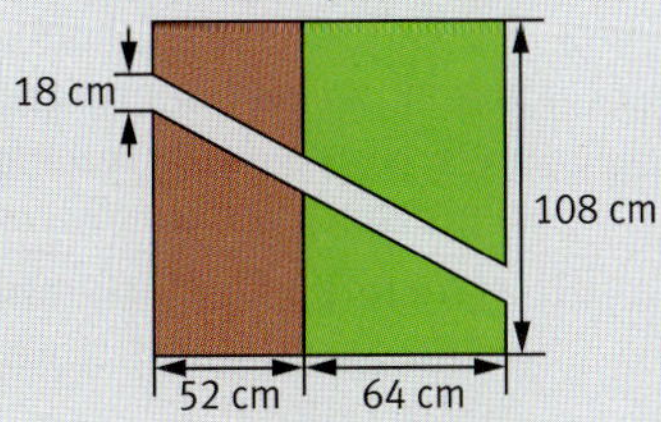

6 a) Zeichne ein rechtwinkliges Dreieck ABC: a = 4 cm, b = 3 cm, $\gamma = 90°$.

b) Bestimme den Flächeninhalt des Dreiecks.

Zeichne ein gleichschenkliges Dreieck mit Grundseite c = 6 cm und einem Flächeninhalt von 18 cm^2. Beschreibe dein Vorgehen.

Zu 7.4

7 Gegeben sind die Längen der Diagonalen eines Drachens. Berechne seinen Flächeninhalt auf verschiedene Arten.

a) 4 cm und 2 cm

b) 7 cm und 4 cm

c) 11 cm und 16 cm

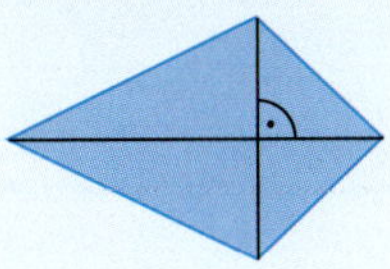

Gegeben sind die Längen der Diagonalen einer Raute. Berechne ihren Flächeninhalt auf verschiedene Arten.

a) 3 cm und 4 cm

b) 5 cm und 7 cm

c) 8 cm und 11 cm

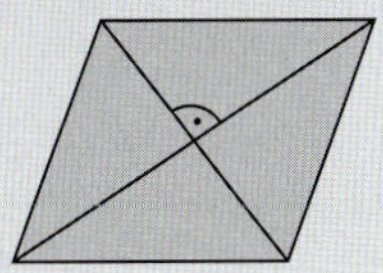

Zu 7.5

8 Die Abbildung zeigt ein Trapez mit verschiedenen Zerlegungen.

Zu 7.6

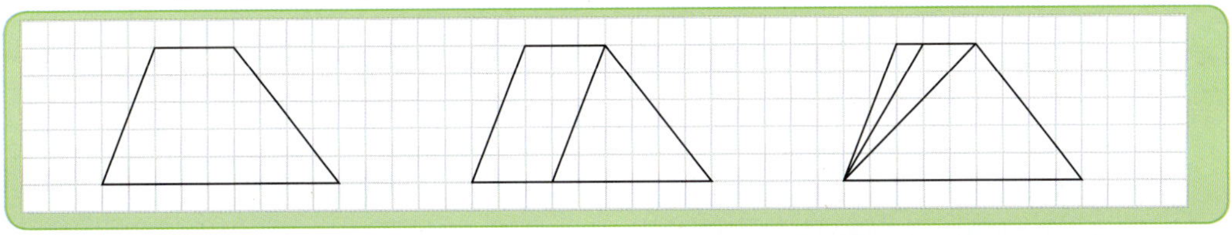

Berechne den Flächeninhalt des Trapezes ...

a) mithilfe der Formel.

b) durch Zerlegung in Teilflächen.

a) Berechne den Flächeninhalt des Trapezes auf verschiedene Arten.

b) Leite durch die Zerlegung in Teilflächen die Flächenformel für das Trapez her.

9 Die Schablonen sind im Maßstab 1 : 10 gezeichnet. Berechne den Flächeninhalt der farbigen Fläche. Entnimm notwendige Maße der Zeichnung.

Zu 7.7

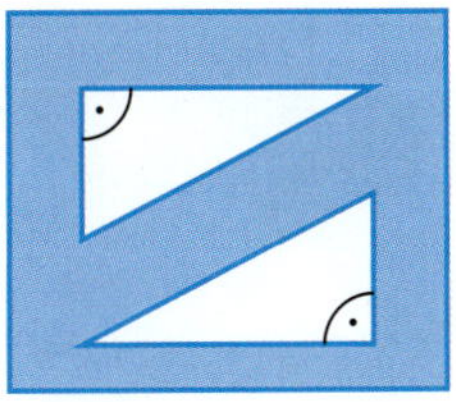

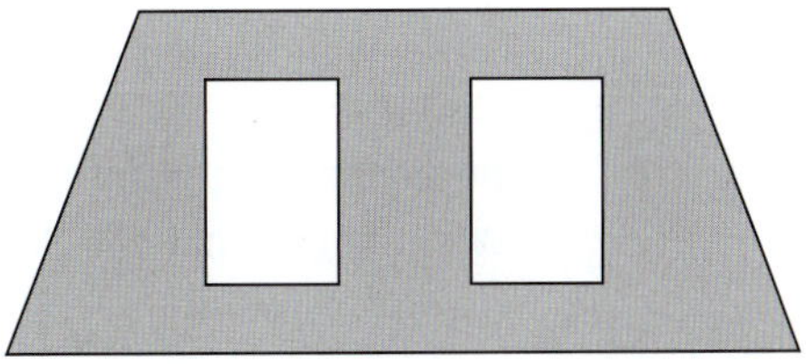

1 Betrachte das Glasfenstermuster.

a) Welche Vielecke erkennst du?

b) Zeichne das Glasfenstermuster nach. Wähle als Quadratseitenlänge 8 cm. Entnimm die anderen Maße der Abbildung.

c) Du kannst das Bild auch mit einem dynamischen Geometriesystem nachzeichnen. Nutze dabei auch die Symmetrieeigenschaften des Fenstermusters.

d) Berechne den Flächenanteil an grauem Glas, wenn die Quadratkantenlänge im Original 80 cm beträgt.

Das Nachzeichnen geht leichter, wenn du Schablonen herstellst.

2 a) Du siehst hier verschiedene Fußböden. Aus welchen Vieleckstypen sind diese Fußbodenmuster zusammengesetzt? Versuche, diese Muster nachzuzeichnen.

1

2

3

b) Entwerfe eigene Fußbodenmuster.

3 Berechne den Flächeninhalt und den Umfang der Figur.

a)

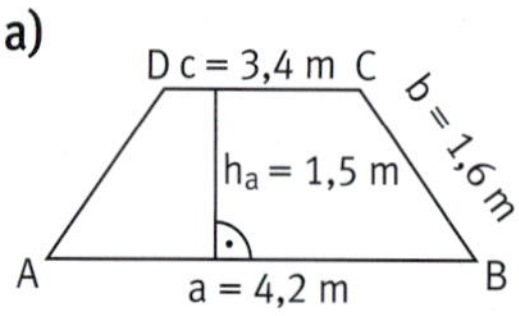

b)

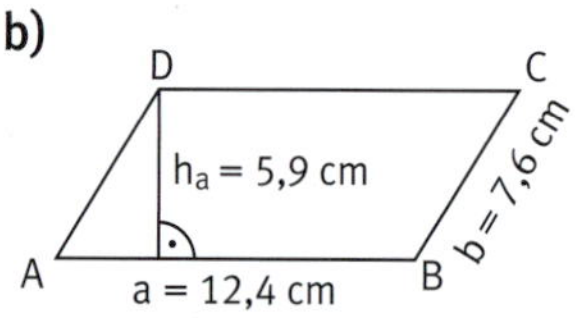

c)

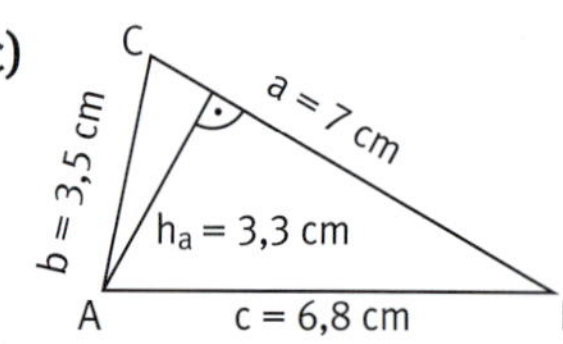

4 Der Borkener See ist aus dem Tagebauloch „Grube Altenburg IV“ hervorgegangen. Die Fläche des Borkener Sees wird mit 1 390 000 m^2 angegeben. Gib die Seitenlängen eines Rechtecks an, das die gleiche Fläche hat wie der Borkener See. Findest du mehrere Möglichkeiten?

5 Ein Bauernhaus soll renoviert werden.

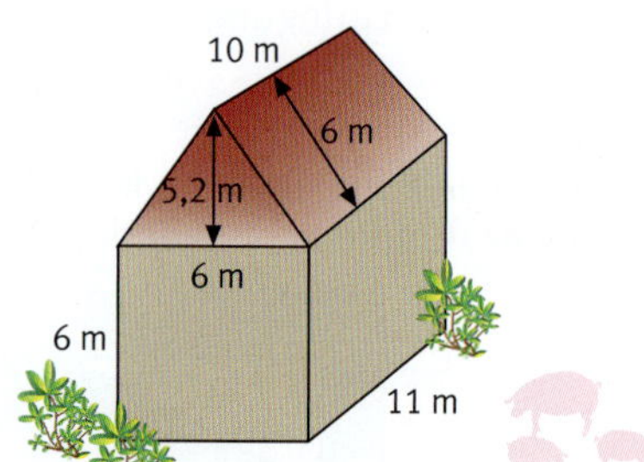

a) Berechne die Fläche der Außenwand (ohne Dach). Fenster und Türen müssen nicht berücksichtigt werden.

b) Wie viel Liter Farbe benötigt man für die Außenwand, wenn ein 15-l-Eimer für 25 m^2 reicht?

c) Berechne die gesamte Dachfläche.

d) Wie teuer kommt das Neudecken des Daches, wenn 1 m^2 55 € kostet?

Du kannst das Vorgehen auch mit einem anderen Bundesland oder Deutschland probieren.

6 Um den Flächeninhalt beispielsweise von Hessen zu bestimmen, kann man die Fläche geschickt in Vielecke unterteilen, deren Flächeninhalt man leicht berechnen kann, z. B. rechtwinklige Dreiecke und Trapeze.

a) Miss die Längen der Strecken und bestimme die wahren Längen.

b) Berechne nun die Flächeninhalte der einzelnen Vielecke und ermittle so die Fläche Hessens.

c) Recherchiere im Internet nach der Fläche Hessens und vergleiche.

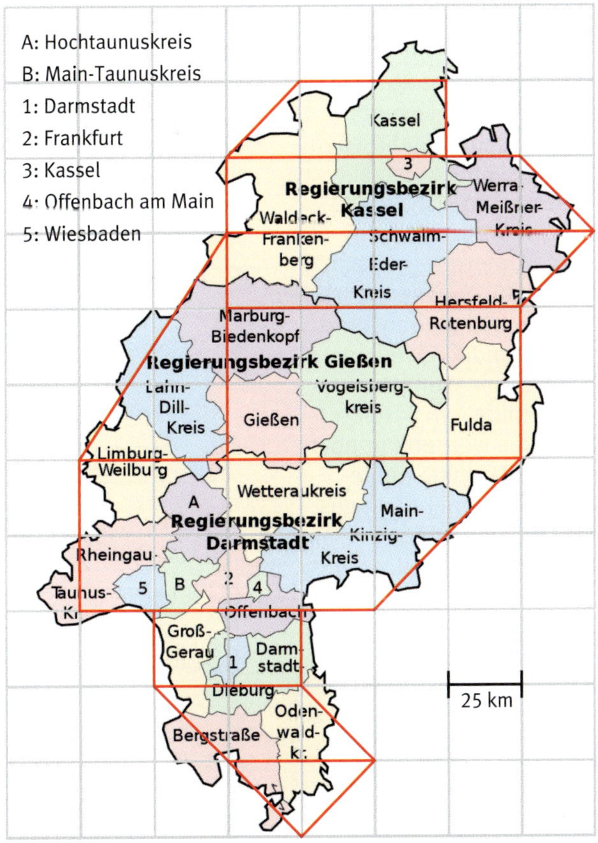

7 Man glaubt es kaum, aber dieser Fußball besteht aus 24 Drachenvierecken. Die Diagnoalen eines Drachenvierecks sind 11,6 cm bzw. 10,9 cm lang. Berechne die Fläche eines Drachenvierecks und die Oberfläche des gesamten Fußballs.

8 Der Tower der deutschen Flugsicherung auf dem Dresdner Flughafen hat einen achteckigen Grundriss. Er ist 25 m hoch.

a) Schätze die Länge des Geländers rund um die Plattform ab.

b) Die Fenster der Kanzel sind trapezförmig. Bestimme die gesamte Glasfläche. Schätze die entsprechenden Längen aus dem Bild ab.

9 In Skateparks findet man sogenannte „Pyramiden“, auf denen die Skater ihre Tricks durchführen. Allerdings fehlt diesen Pyramiden die Spitze. Wie viel Stahlblech wird für diese „Pyramide“ benötigt, wenn sie keine Bodenplatte hat?

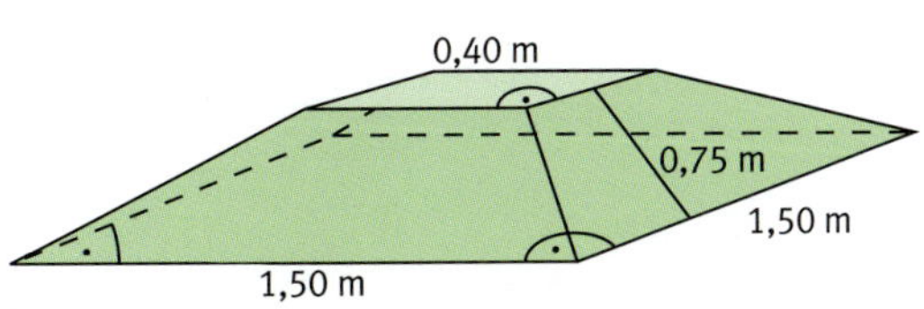

Vermessung von alters her

Die Form und Größe von Grundstücken war für die Menschen schon immer sehr wichtig. Der Legende nach wurde im alten Ägypten aufgrund der jährlichen Nilüberschwemmungen die Vermessungskunst bzw. Geometrie erfunden. Die Geometrie hat sich, wie es der Name schon andeutet, aus der Erdvermessung entwickelt (altgriech.: geo: „Erde", metria: „messen"). Auch in der heutigen Zeit wird ständig neu vermessen, wenn man beispielsweise einen Tunnel graben, eine Brücke bauen oder auch nur ein Grundstück teilen möchte. Allerdings haben es die Vermessungstechniker heute einfacher als früher. Mithilfe von Satellitentechnik und GPS-gestützten Geräten werden nur noch die Koordinaten der Grundstückseckpunkte aufgenommen. Ein Computerprogramm zeichnet dann aus diesen Werten das Grundstück und berechnet dessen Flächeninhalt. Die Geräte sind also richtig gut, aber ziemlich teuer.

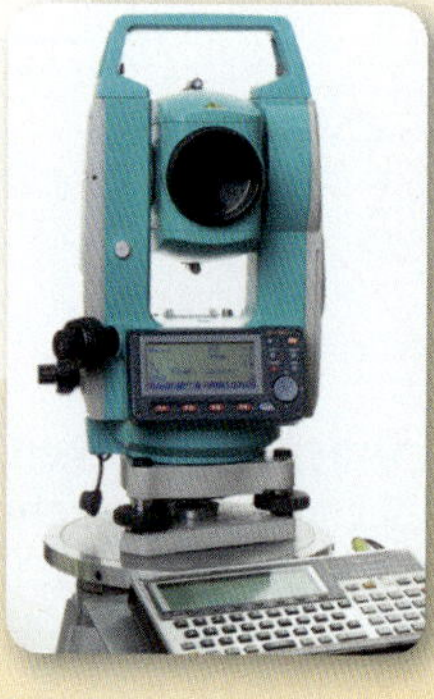

a) Was bedeutet eigentlich GPS?

b) Wie arbeiten Vermessungstechniker heute? Informiere dich im Internet oder frage in deiner Umgebung nach.

c) Suche in deiner Umgebung Vermessungspunkte wie in der Abbildung.

Einfache Messgeräte selbst gemacht

Wir können aber auch ohne teuere Geräte Vermessungen durchführen. Ein wichtiges Hilfsmittel zur Vermessung ist das Winkelkreuz. Damit lassen sich rechte Winkel in der Umgebung ermitteln und der passende Scheitelpunkt bestimmen. Für ein Winkelkreuz brauchst du folgendes Baumaterial:

- 2 Holzlatten von 50 cm Länge
- 1 Stab, etwa 1,30 m hoch
- 1 Holzschraube, 4 Ringschrauben

Bauplan für die Querlatten des Winkelkreuzes:

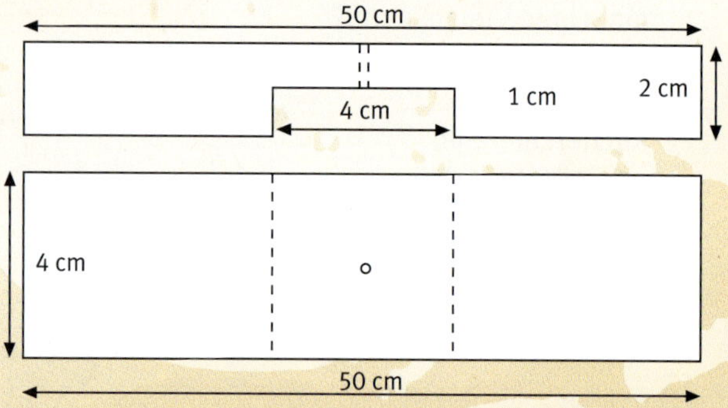

Das Winkelkreuz besteht aus zwei zueinander senkrechten Holzlatten, die auf einem Stab montiert sind. An den Holzlatten sind Ringschrauben als Visiereinrichtungen so angebracht, dass die Blickrichtungen senkrecht zueinander sind. Peilen nun zwei Schüler jeweils eine Fluchtstange an, so bildet das Winkelkreuz den Scheitel eines rechten Winkels.
Überprüft die Genauigkeit eures Winkelkreuzes an einer Stelle, von der ihr ganz genau wisst, dass hier ein rechter Winkel vorliegt.

Wir vermessen ein Grundstück

Zum Vermessen braucht ihr Folgendes:

- Fluchtstangen (gut sichtbare Holzpfosten)
- 50-m-Maßband (z. B. aus dem Sportunterricht)
- rot-weißes Absperrband aus dem Baumarkt
- Winkelkreuz (siehe Bauanleitung)
- Schreibmaterial

Sucht euch ein passendes Grundstück in der Nähe eurer Schule, das ihr vermessen wollt (z. B. in einem Park). Alternativ könnt ihr auch auf einem Rasen eine beliebige Fläche mit den Fluchtstangen abstecken. Dann geht ihr folgendermaßen vor:

1 Markiert mit den Fluchtstangen die Eckpunkte des Grundstücks. Legt eine Diagonale fest und markiert diese durch ein Absperrband.

2 Findet mit dem Winkelkreuz die Lotfußpunkte der Eckpunkte auf der Diagonalen. In der Abbildung sind die Lote mit Absperrband markiert.

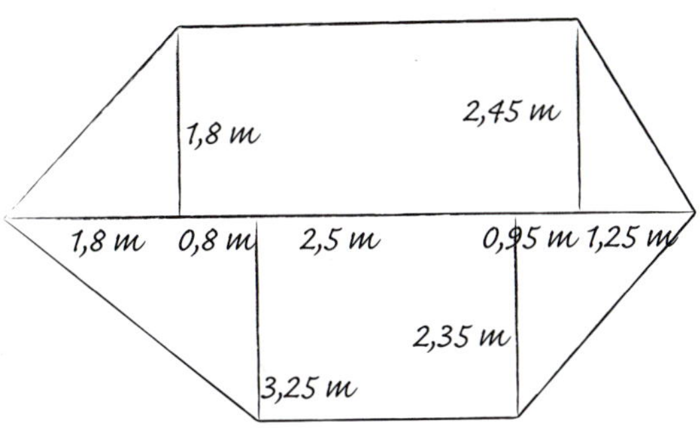

3 Die Fläche wird durch dieses Verfahren in rechtwinklige Dreiecke und Trapeze unterteilt. Skizziert das Grundstück mit der Diagonalen und den Loten auf ein Blatt. Bestimmt nun die Länge der einzelnen Lote und die Abstände zwischen den Lotfußpunkten. Tragt die Messwerte in die Skizze ein.

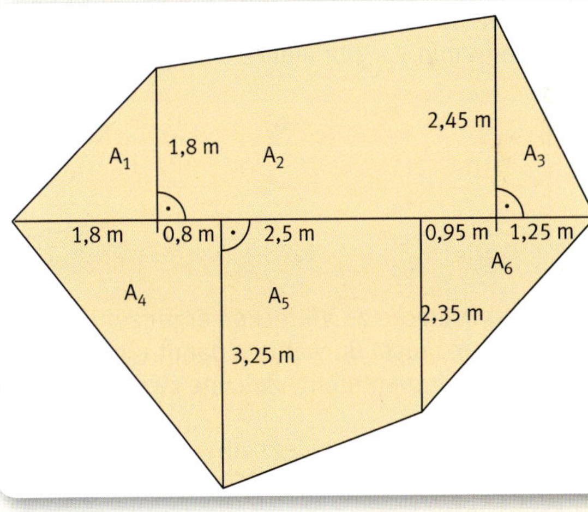

4 Fertigt nun eine maßstäbliche Zeichnung an. Das kann man auch mit einem dynamischen Geometriesystem machen. Berechnet nun die gesamte Grundstücksfläche aus den verschiedenen Trapez- und Dreiecksflächen (vgl. Kap. 7.7).

In unserem Beispiel hier:

$A_G = A_1 + A_2 + A_3 + A_4 + A_5 + A_6$
$= 1{,}62\ m^2 + 9{,}03\ m^2 + 1{,}53\ m^2 + 4{,}23\ m^2 + 7{,}00\ m^2 + 2{,}59\ m^2 = 26\ m^2$

Überprüfe deine Kenntnisse und Kompetenzen. Bearbeite dazu die folgenden Aufgaben und bewerte anschließend deine Lösungen mit einem Smiley.

☺	😐	☹
Das kann ich!	Das kann ich fast!	Das kann ich noch nicht!

Hinweise zum Nacharbeiten findest du auf der folgenden Seite. Die Lösungen stehen im Anhang.

Aufgaben zur Einzelarbeit

1 Um welche Vierecke handelt es sich?

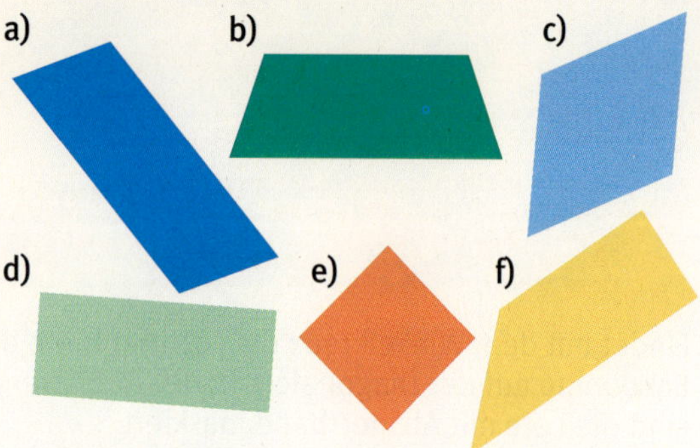

2 Ergänze die Dreiecke im Heft jeweils zu einem Parallelogramm. Es gibt mehrere Möglichkeiten.

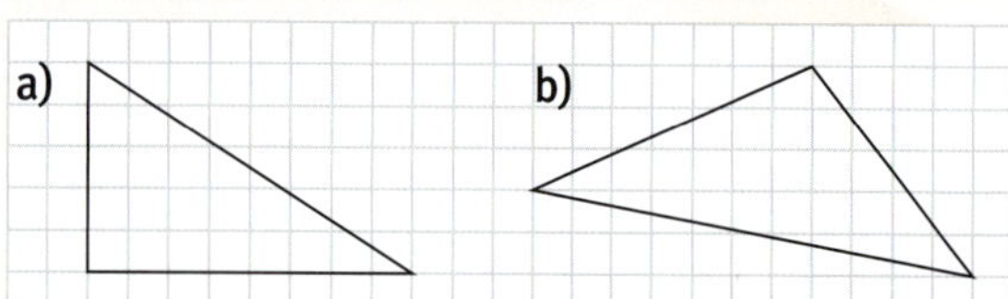

3 Du kannst Dreiecke zu Vierecken ergänzen. Welche Dreiecksform musst du wählen, damit ein Rechteck oder ein Quadrat entsteht? Zeichne zwei Beispiele.

4 Welche Figuren besitzen denselben Flächeninhalt?

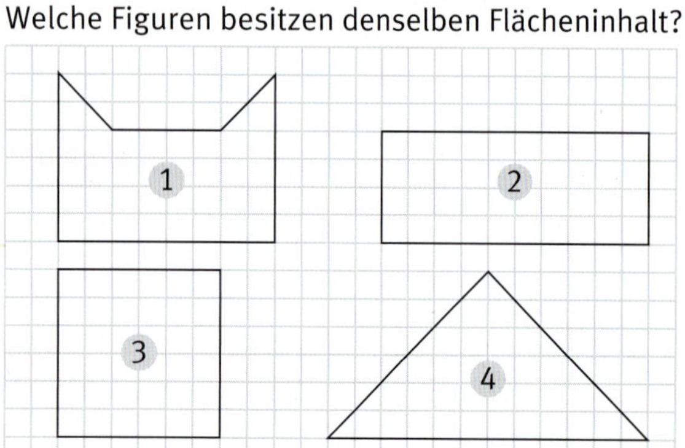

5 Überprüfe, ob eine Raute vorliegt. Was ist die besondere Eigenschaft der Raute?

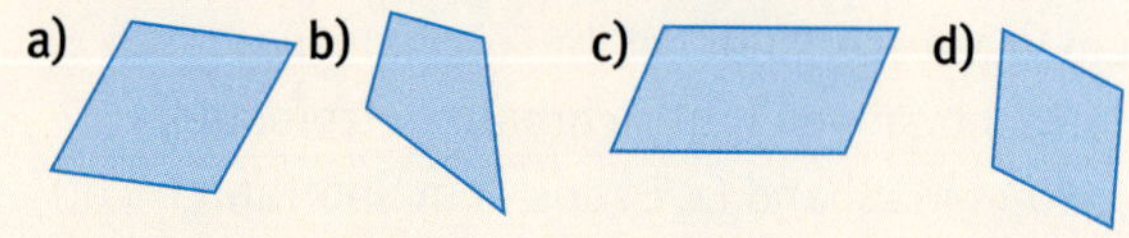

6 Übertrage und ergänze die Tabelle.

	Achsen-symmetrie	Zahl der Achsen	Punkt-symmetrie
Rechteck			
Quadrat			ja
Parallelogramm	nein	0	
Raute			
Symm. Trapez			nein
Drachen			

7 Von einem Parallelogramm sind A (1|9), B (3|1) und D (4|11) gegeben. Zeichne den fehlenden Punkt ein und vervollständige. Miss die nötigen Längen und berechne Flächeninhalt und Umfang.

8 Ein Drachen ist 75 cm lang und 40 cm breit.

a) Berechne den Flächeninhalt.

b) Kannst du auch den Umfang berechnen?

9 Berechne den Flächeninhalt der Dreiecke.

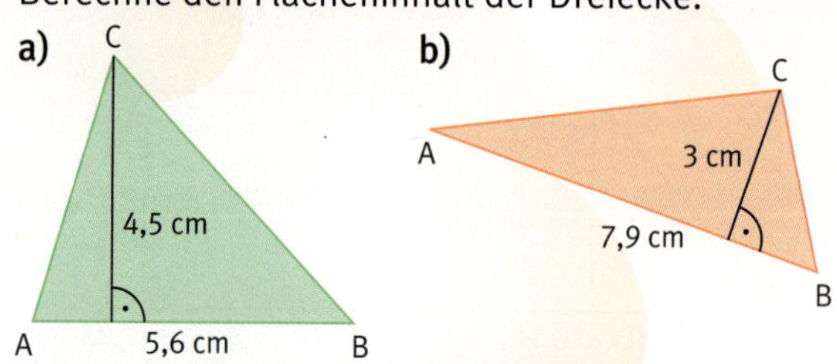

10 Berechne die fehlenden Größen des Dreiecks.

	a)	b)	c)
Grundseite g	40 mm		1,3 cm
Höhe h	12 cm	4,1 cm	
Flächeninhalt A		7,79 cm²	110,5 mm²

11 Übertrage die Trapeze ins Heft und berechne deren Flächeninhalt.

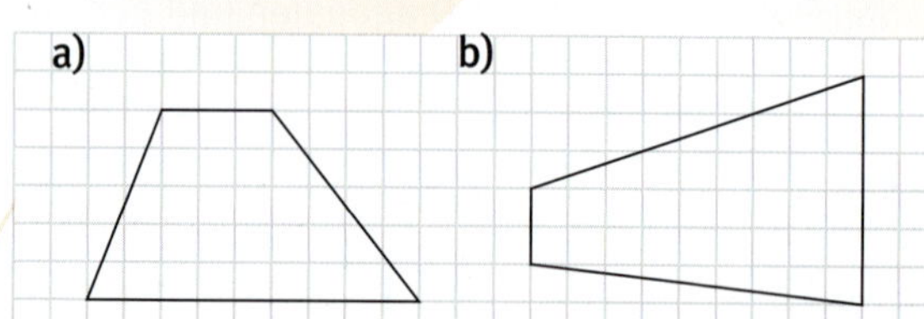

12

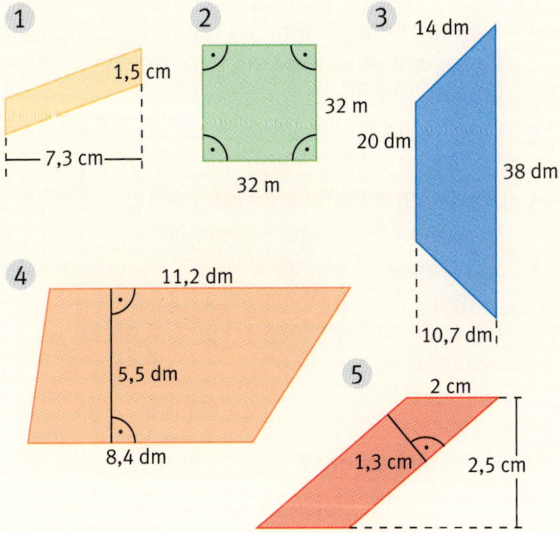

a) Berechne den Flächeninhalt der Figuren.

b) Berechne, falls möglich, den Umfang.

13 Berechne den Flächeninhalt der Figuren. Übertrage sie dazu ins Heft und zerlege geschickt.

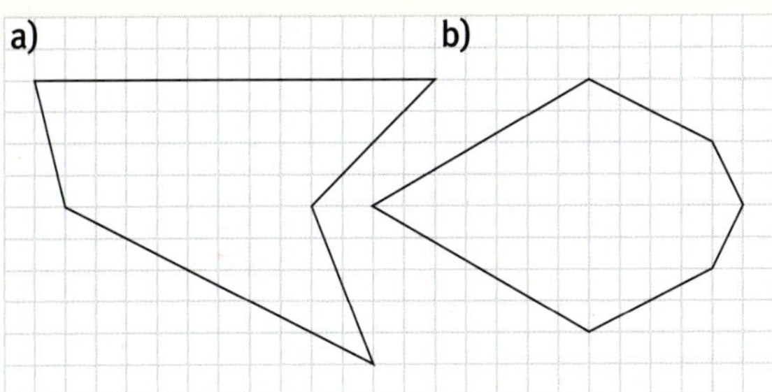

14 Zeichne das Sechseck TORBEN mit
T (−6|−2) O (−2|−4) R (2|−3)
B (2|2) E (−1|4) N (−6|1)
in ein Koordinatensystem (Einheit 1 cm) und bestimme den Flächeninhalt.

Aufgaben für Lernpartner

Arbeitsschritte

1 Bearbeite die folgenden Aufgaben alleine.
2 Suche dir einen Partner und erkläre ihm deine Lösungen. Höre aufmerksam und gewissenhaft zu, wenn dein Partner dir seine Lösungen erklärt.
3 Korrigiere gegebenenfalls deine Antworten und benutze dazu eine andere Farbe.

Sind folgende Behauptungen **richtig** oder **falsch**? Begründe schriftlich.

15 Das Quadrat ist ein besonderes Rechteck.

16 Ein Drachenviereck mit gleich langen Diagonalen ist eine Raute.

17 Jedes Parallelogramm ist ein Trapez.

18 Vierecke, die genau eine Symmetrieachse besitzen, sind Drachenvierecke.

19 Im Rechteck schneiden die Diagonalen einander nicht senkrecht. Also ist ein Rechteck keine Raute.

20 Ein Parallelogramm lässt sich immer in zwei deckungsgleiche Dreiecke zerlegen.

21 Das Trapez ist punktsymmetrisch.

22 Der Flächeninhalt eines Parallelogramms verdoppelt sich, wenn die Höhe und die Grundseite verdoppelt werden.

23 Halbiert man die Höhe in einem Dreieck und verdoppelt gleichzeitig die Länge der Grundseite, dann bleibt der Flächeninhalt gleich groß.

24 Den Flächeninhalt eines Trapezes erhält man durch das Produkt aus Grundseite und Höhe.

25 Die Flächenformel für Trapeze kann man auch für Dreiecke und Parallelogramme verwenden.

26 Jedes Vieleck lässt sich in Dreiecke zerlegen.

Aufgabe	Ich kann ...	Hilfe
1, 5, 6, 15, 16, 17, 18, 19, 20, 21	Vierecke aufgrund ihrer Eigenschaften erkennen, benennen und zeichnen.	S. 190
2, 3, 4	Flächeninhalte durch Zerlegen und Ergänzen bestimmen.	S. 194
7, 12, 20, 22, 25	den Flächeninhalt von Parallelogrammen bestimmen.	S. 196
9, 10, 23, 25	den Flächeninhalt von Dreiecken bestimmen.	S. 198
8, 16	den Flächeninhalt von Drachen bestimmen	S. 202
11, 12, 24, 25	den Flächeninhalt von Trapezen bestimmen.	S. 204
13, 14, 26	den Flächeninhalt von Vielecken bestimmen.	S. 206

S. 190

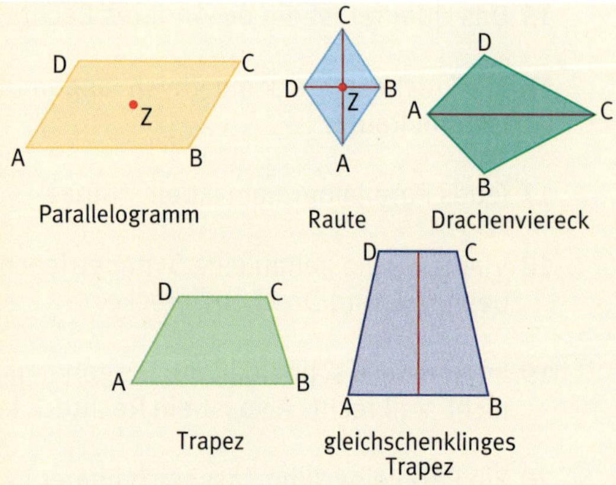

- Ein **Parallelogramm** ist ein Viereck mit zwei Paar gegenüberliegenden, parallelen und gleich langen Seiten.
- Eine **Raute** ist ein Viereck mit vier gleich langen Seiten.
- Ein **Drachenviereck** ist ein Viereck, bei dem eine Diagonale Symmetrieachse ist.
- Ein **Trapez** ist ein Viereck mit zwei parallelen Seiten.
  Ein gleichschenkliges Trapez ist achsensymmetrisch.

S. 196

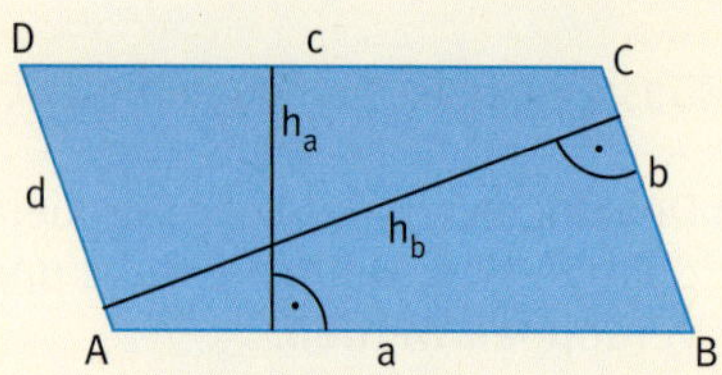

Für den **Flächeninhalt** eines **Parallelogramms** gilt:

A_P = Grundseite · zugehörige Höhe

$A_P = g \cdot h$ oder

$A_P = a \cdot h_a$ oder $A_P = b \cdot h_b$

Der **Umfang** beträgt $U_P = 2 \cdot (a + b)$.

S. 198

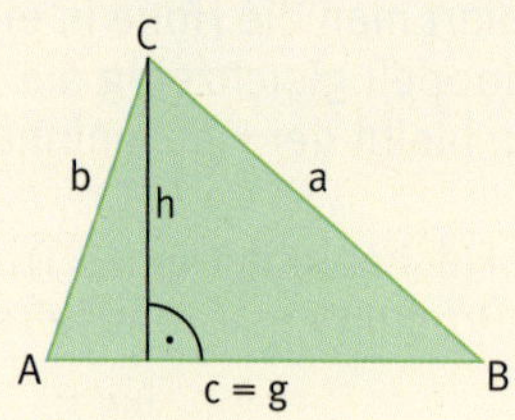

Für den **Flächeninhalt** eines **Dreiecks** mit der Grundseite g und der dazugehörigen Höhe h gilt:

$A_D = \frac{1}{2} \cdot g \cdot h$

Für den **Umfang** gilt $U_D = a + b + c$.

S. 202

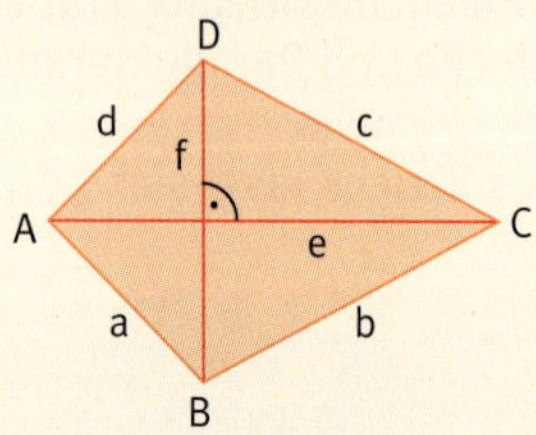

Für den **Flächeninhalt** eines **Drachenvierecks** gilt:

$A_{DV} = \frac{1}{2} e \cdot f$

Für den **Umfang** gilt $U_{DV} = 2 \cdot (a + b)$.
Die **Raute** ist ein Sonderfall des Drachenvierecks mit a = b.

S. 204

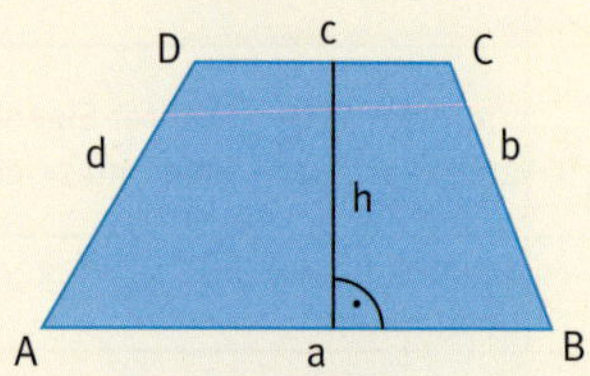

Der **Flächeninhalt** eines **Trapezes** lässt sich mit folgender Formel berechnen:

$A_{Tr} = \frac{a + c}{2} \cdot h = \frac{1}{2} \cdot (a + c) \cdot h$

Für den **Umfang** gilt $U_{Tr} = a + b + c + d$.

S. 206

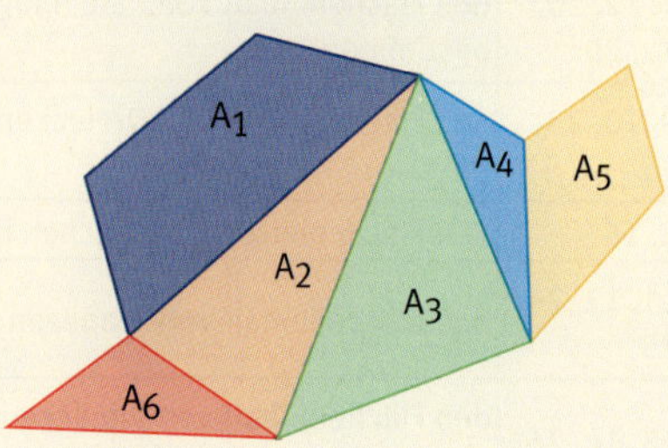

Ein **Vieleck** lässt sich immer in Dreiecke und spezielle Vierecke zerlegen. Der Flächeninhalt des Vielecks ist die Summe aus den Flächeninhalten der Figuren, in die das Vieleck zerlegt wurde.

$A_{Vieleck} = A_1 + A_2 + A_3 + ... + A_n$

In unserem Beispiel gilt n = 6.
Der Umfang eines Vielecks ergibt sich als Summe aller Seitenlängen.

Flächen

1 Bezeichne die Figuren und nenne ihre Eigenschaften.

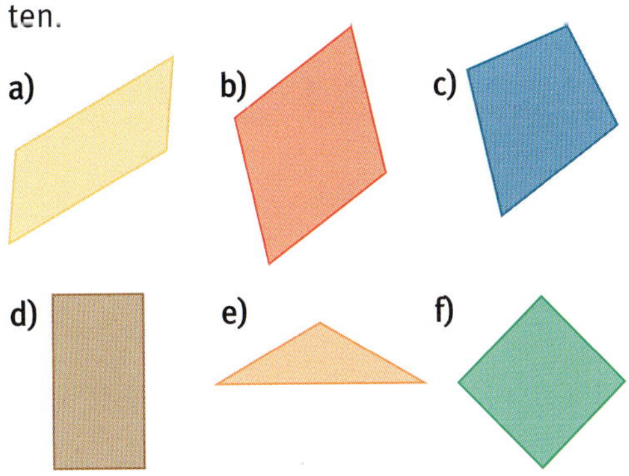

2 **a)** Bestimme Flächeninhalt und Umfang eines Quadrats mit der Seitenlänge 6 cm (12 dm; 7,6 km).

b) Wie ändert sich der Flächeninhalt (Umfang) eines Quadrats, wenn sich die Seitenlänge verdoppelt?

3 Der Flächeninhalt der Figur beträgt jeweils 210 cm². Bestimme die fehlenden Angaben.

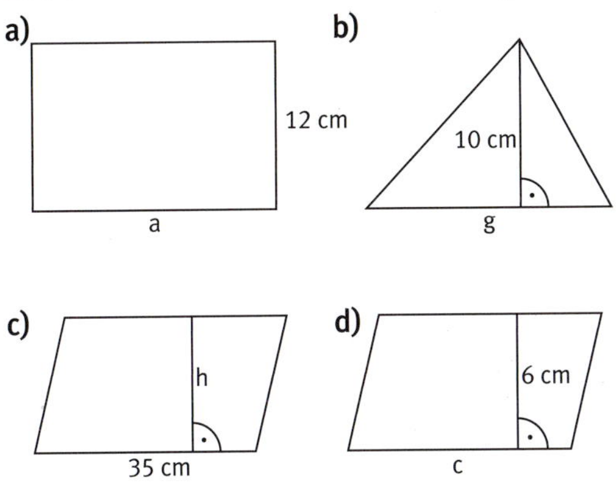

4 Durch ein Grundstück führt ein Weg.

a) Wie groß sind die einzenen Teilflächen?

b) Wie viel kostet das Pflastern des Weges, wenn pro m² 54 € Kosten anfallen?

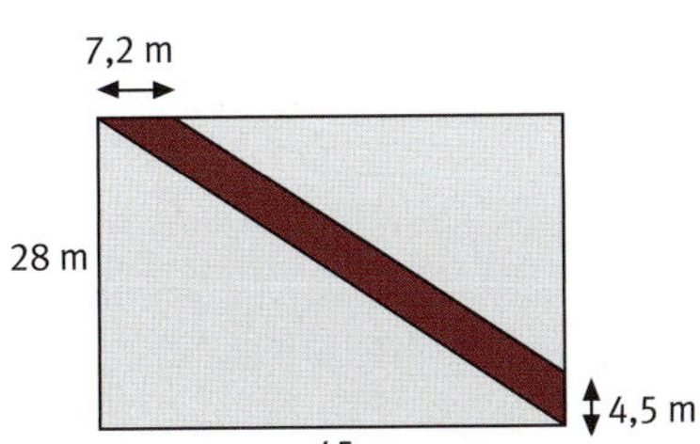

Daten

5 Ändere zwei der Größen
5 €; 7 €; 12 €; 7 €; 6 €; 7 €; 5 €
so ab, dass ...

a) der Modalwert und das arithmetische Mittel unverändert bleiben.

b) der Median 7 € beträgt.

6 In der Klasse 7b wird der Puls gemessen. Die Ergebnisse stellen die Anzahl der Herzschläge pro Minute dar.
82; 74; 76; 76; 62; 87; 74; 75; 69; 77; 74; 72; 63; 75; 81; 75; 71; 69; 70; 62; 65; 80; 74; 72; 73; 76; 78; 70

a) Beschreibe die Ergebnisse mithilfe von Kennwerten (Minimum, Maximum, Spannweite, Median, arithmetisches Mittel).

b) Zeichne einen Boxplot zu dem Sachverhalt.

7 Death Valley, das „Tal des Todes" in Kalifornien (USA), ist das heißeste Gebiet der Erde. Die Tabelle gibt die mittleren Monatstemperaturen aus einem der letzen Jahre an.

Monat	J	F	M	A	M	J
Temperatur in °C	13	17	21	27	32	38

Monat	J	A	S	O	N	D
Temperatur in °C	40	38	34	27	20	14

a) Berechne die mittlere Jahrestemperatur.

b) Bestimme für jeden Monat die Abweichung vom Durchschnitt aus a) und stelle den Sachverhalt in einem Diagramm dar.

c) Gib jeweils mithilfe der Daten an, ob die Aussage wahr oder falsch ist.

1 Der heißeste Tag des Jahres war im Juli.

2 Im April gab es Temperaturen unter 30 °C.

3 Im Februar war die Temperatur immer unter 20 °C.

Körper

8 Wie heißen die Körper?

a)
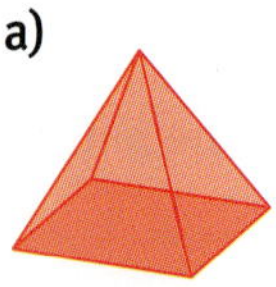
b)
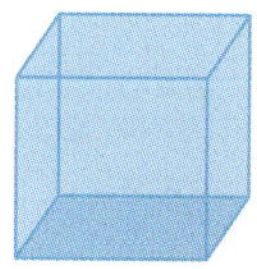
c)
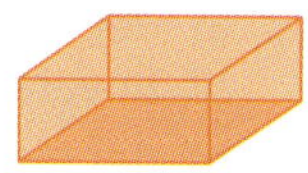
d)

e)
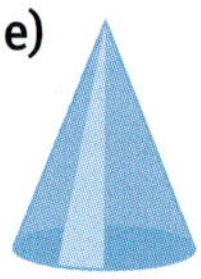
f)

g)
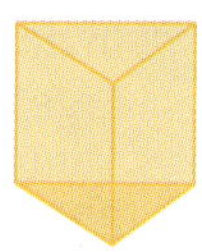

9 Übertrage die Tabelle ins Heft und schreibe in den gegebenen Einheiten.

		m^3	dm^3	cm^3	mm^3
a)	2700 dm^3 20 cm^3				
b)	18 m^3 2150 cm^3				
c)	5 m^3 180 dm^3				
d)	40 dm^3 750 cm^3				

10 Bestimme die fehlenden Größen eines Quaders.

	a)	b)	c)
Länge	4 m	3,5 dm	
Breite	6 m		50 cm
Höhe	1,5 m	60 cm	6,5 dm
Oberfläche			1,616 m^2
Volumen		98,7 dm^3	

11 Bestimme das Volumen der Körper durch geschicktes Zerlegen oder Ergänzen.

a)
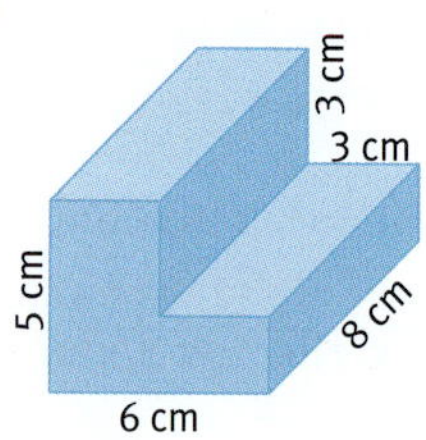

b)
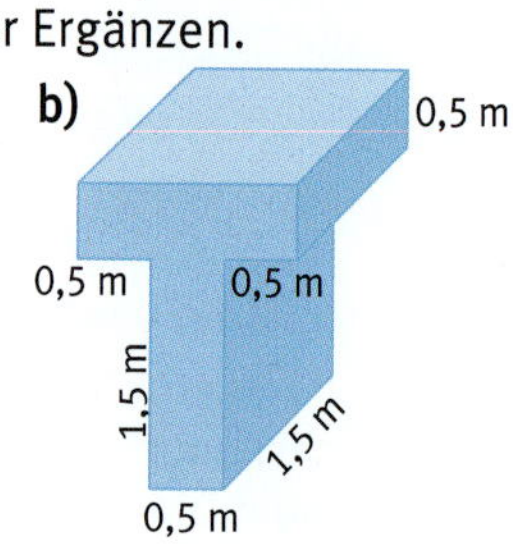

12 Ein Würfel mit der Kantenlänge 15 cm wird in der Mitte durchgeschnitten, sodass zwei gleich große Quader entstehen. Vergleiche Volumen und Oberfläche des Würfels und eines Quaders.

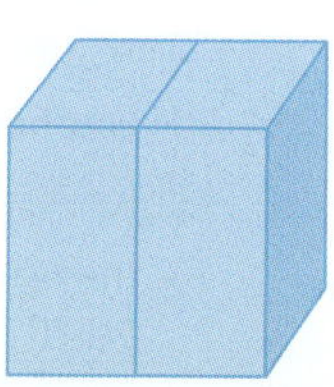

Dreiecke

13 Übertrage die Tabelle ins Heft und ordne zu.

	spitzwinklig	rechtwinklig	stumpfwinklig
gleichseitig			
gleichschenklig, nicht gleichseitig			
alle Seiten verschieden lang			

14 Konstruiere die Dreiecke. Gib jeweils den Kongruenzsatz an.

a) $a = 4{,}5$ cm; $b = 5{,}5$ cm; $c = 6{,}5$ cm

b) $c = 4{,}5$ cm, $b = 5$ cm; $\alpha = 65°$

c) $b = 5$ cm; $\alpha = 55°$; $\gamma = 60°$

15 Wie hoch ist der Baum? Bestimme durch Konstruktion.

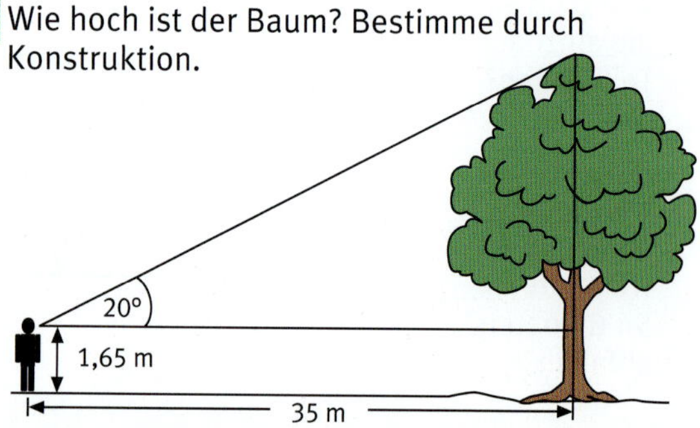

4	2	6	·	2	5	7
		8	5	2	0	0
		2	1	3	0	0
			2	9	8	2
	1		1			
	1	0	9	4	8	2

Schriftliche Multiplikation
1. Multipliziere die Ziffern des 2. Faktors stellenweise mit dem 1. Faktor. Beginne mit der höchsten Stelle.
2. Schreibe alle Teilprodukte stellengerecht unter den 2. Faktor.
3. Addiere zum Schluss alle Teilprodukte.

6372 : 27 = 236
−54
97
−81
162
−162
000

27 geht in 63 zweimal, $2 \cdot 27 = 54$, $63 - 54$ — notiere 2, Rest 9
27 geht in 97 dreimal, $3 \cdot 27 = 81$, $97 - 81 = 16$ — notiere 3, Rest 16
27 geht in 162 sechsmal, $6 \cdot 27 = 162$, $162 - 162 = 0$ — notiere 6, Rest 0

Schriftliche Division
1. Fasse vom Dividenden von links so viele Ziffern zusammen, dass der Divisor in ihr enthalten ist.
2. Notiere im Ergebnis, wie oft der Divisor vollständig in den Teildividenden passt. Schreibe dann das Produkt dieser Zahl mit dem Divisor stellengerecht unter die Teilrechnung. Notiere die Differenz beider Zahlen als Rest.
3. Hänge den nächsten Stellenwert des Dividenden an den Rest an.
4. Wiederhole 2. und 3. so lange, bis kein Stellenwert des Dividenden mehr übrig ist.

Exponent
$2 \cdot 2 \cdot 2 \cdot 2 \cdot 2 = 2^5$
Basis

Ein Produkt aus lauter gleichen Faktoren schreibt man kurz als **Potenz**. Eine Potenz besteht aus einer **Basis** und einem **Exponent**.

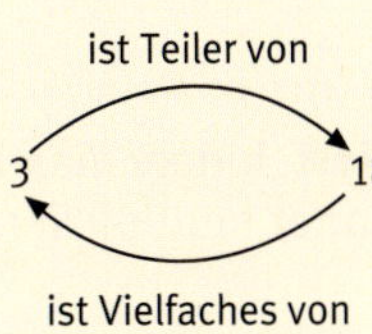

$T_{18} = \{1; 2; 3; 6; 9; 18\}$

$V_3 = \{3; 6; 9; 12; ...\}$

Eine Zahl ist **Teiler** einer anderen Zahl, wenn bei der Division kein Rest bleibt. Man fasst alle Teiler einer Zahl in deren **Teilermenge** zusammen.
Ebenso kann eine Zahl ein **Vielfaches** einer anderen Zahl sein. Alle Vielfachen einer Zahl werden in ihrer **Vielfachenmenge** zusammengefasst.

5 | 25, denn die letzte Ziffer ist eine 5.

12 340 ist durch 2, 4, 5, und 10 teilbar, denn die letzte Ziffer ist eine 0 bzw. 40 ist durch 4 teilbar.

Eine natürliche Zahl ist teilbar durch ...
- 2, wenn die **Endziffer** gerade ist.
- 4, wenn ihre letzten beiden Endziffern eine durch 4 teilbare Zahl bilden.
- 5, wenn die Endziffer eine 0 oder eine 5 ist.
- 10, wenn die Endziffer eine 0 ist.

Quersumme von 1578: $1 + 5 + 7 + 8 = 21$
21 ist durch 3 teilbar, jedoch nicht durch 9. Also gilt:
$3 \mid 1578$ $9 \nmid 1578$

Eine Zahl ist durch 3 bzw. 9 teilbar, wenn ihre **Quersumme** durch 3 bzw. 9 teilbar ist.

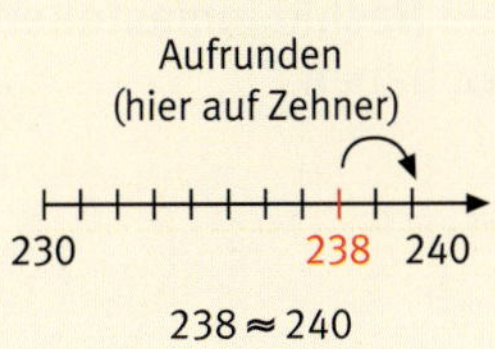

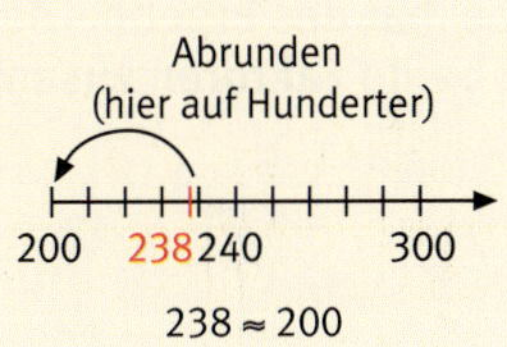

Große Zahlen werden oftmals **gerundet**. Beim Runden auf einen Stellenwert betrachtet man den **benachbarten kleineren Stellenwert** genauer.
Bei den Ziffern **0, 1, 2, 3, 4** wird **abgerundet**,
bei den Ziffern **5, 6, 7, 8, 9** wird **aufgerundet**.

1,349 1,357 also: 1,349 < 1,357	**Ordnet** man Dezimalzahlen der **Größe nach**, dann untersucht man **zunächst die Stellenwerte vor dem Komma**. Führt dies zu keinem Ergebnis, werden die Stellenwerte **nach dem Komma von links nach rechts** untersucht. Entscheidend ist die erste Stelle, an der verschiedene Ziffern stehen.
erweitern → $\frac{2}{5} = \frac{4}{10} = \frac{40}{100} = \frac{80}{200} = \ldots$ ← kürzen 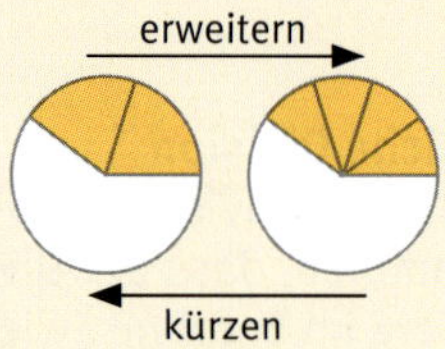	Ein Bruch wird **erweitert**, indem man Zähler und Nenner mit derselben Zahl **multipliziert**. Der Anteil **verfeinert** sich. Ein Bruch wird **gekürzt**, indem man Zähler und Nenner mit derselben Zahl **dividiert**. Der Anteil **vergröbert** sich.
$\frac{1}{12} + \frac{4}{9} = \frac{3}{36} + \frac{16}{36} = \frac{3+16}{36} = \frac{19}{36}$ Hauptnenner: 36, denn $V_{12} = \{12; 24; 36; 48; \ldots\}$ $V_9 = \{9; 18; 27; 36; 45; \ldots\}$	Ungleichnamige **Brüche** werden vor dem **Addieren** (**Subtrahieren**) erst auf denselben (**Haupt-**)**Nenner** erweitert bzw. gekürzt. Anschließend wird der Zähler addiert (subtrahiert), der gemeinsame Nenner bleibt erhalten. Unter dem Hauptnenner versteht man das kleinste gemeinsame Vielfache der Nenner.
0,265 + 1,372 (Übertrag 1) = 1,637 1,34 − 0,25 (Übertrag 1) = 1,09	**Dezimalbrüche** werden stellenweise **addiert** (**subtrahiert**), d. h. **„Komma unter Komma“**.
$\frac{4}{7} \cdot \frac{2}{9} = \frac{4 \cdot 2}{7 \cdot 9} = \frac{8}{63}$	Zwei **Brüche** werden **multipliziert**, indem man **Zähler mit Zähler** und **Nenner mit Nenner** multipliziert.
Multiplikation $\frac{3}{4} : \frac{2}{3} = \frac{3}{4} \cdot \frac{3}{2} = \frac{3 \cdot 3}{4 \cdot 2} = \frac{9}{8}$ Kehrbruch	Man **dividiert** eine Zahl durch einen **Bruch**, indem man mit seinem **Kehrbruch multipliziert**. Beim Kehrbruch werden **Zähler und Nenner** des Bruchs **vertauscht**.
3,425 kg · 100 = 342,5 kg 15,2 m : 100 = 0,152 m	**Multipliziert** (**dividiert**) man einen Dezimalbruch mit einer **Stufenzahl** (10, 100, 1000, ...), dann verschiebt sich das Komma um **so viele Stellen nach rechts** (**links**), wie die Stufenzahl Nullen hat.
123 · 36 369 738 (Übertrag 11) 4428 1,23 · 3,6 = 4,428 2 Dezimalen + 1 Dezimale = 3 Dezimalen	**Dezimalbrüche** werden zunächst ohne Komma **multipliziert**. Anschließend wird das Komma gesetzt: Dabei hat das Ergebnis so viele **Nachkommastellen**, wie **beide Faktoren zusammen** haben.

gleichsinnige Kommaverschiebung

$11{,}541 : 0{,}3 = 115{,}41 : 3 \quad = 38{,}47$

-9
25
-24 (Überschreiten des Kommas; Komma im Ergebnis setzen)
14
-12
21
-21
0

Bei der **Division** durch einen **Dezimalbruch** kann man durch eine **gleichsinnige Kommaverschiebung** stets erreichen, dass der **Divisor** eine **natürliche Zahl** ist. Anschließend dividiert man wie bei natürlichen Zahlen.
Beim **Überschreiten des Kommas** im Dividenden wird das **Komma im Ergebnis** gesetzt.

Maßzahl → 3 m ← Maßeinheit

Längen, Massen, Zeitspannen, Geldbeträge usw. sind **Größen**. Größen bestehen stets aus einer **Maßzahl** und einer **Maßeinheit.**

1 km = 1000 m
1 m = 10 dm
1 dm = 10 cm
1 cm = 10 mm

Die **Länge** einer Strecke wird in der Regel durch die Maßeinheiten Kilometer (km), Meter (m), Dezimeter (dm), Zentimeter (cm) oder Millimeter (mm) angegeben.

1 t = 1000 kg
1 kg = 1000 g
1 g = 1000 mg

Für die **Masse** eines Gegenstands sind die Maßeinheiten Tonne (t), Kilogramm (kg), Gramm (g) oder Milligramm (mg) üblich.

Streckenlänge auf der Karte → 1 : 25 000 ← Streckenlänge in Wirklichkeit

Gegenstände werden oft verkleinert (oder vergrößert) dargestellt. Damit man weiß, wie groß sie in Wirklichkeit sind, werden sie mithilfe eines **Maßstabs** gezeichnet. Er gibt an, wievielmal größer (oder kleiner) eine Strecke in Wirklichkeit ist.

Familie Metz kauft einen neuen Fernseher zu 1250 € und zahlt ihn in fünf Raten ab.

Gegeben: 1250 €
Gesucht (F): Wie hoch ist eine Rate?
R: 1250 € : 5 = 250 €
A: Eine Rate beträgt 250 €.

Um Sachaufgaben mit vielen Informationen zu bearbeiten, liest man den Text zunächst **aufmerksam durch** und verfährt dann so:
1. Ordne die Angaben: Was ist **gegeben**? Notiere die wichtigen Informationen übersichtlich.
2. Wende das **F**rage-**R**echnung-**A**ntwort-Schema an.

Regel: „Alle 5 Tage Verdopplung der Fläche"

Tage	0	5	10	15	20
Fläche	3 m²	6 m²	12 m²	24 m²	48 m²

Bei manchen Aufgaben ist es hilfreich, gegebene Daten in einer **Tabelle** niederzuschreiben und fehlende Werte zu ergänzen. Das geht jedoch nur, wenn eine **Gesetzmäßigkeit** vorliegt.

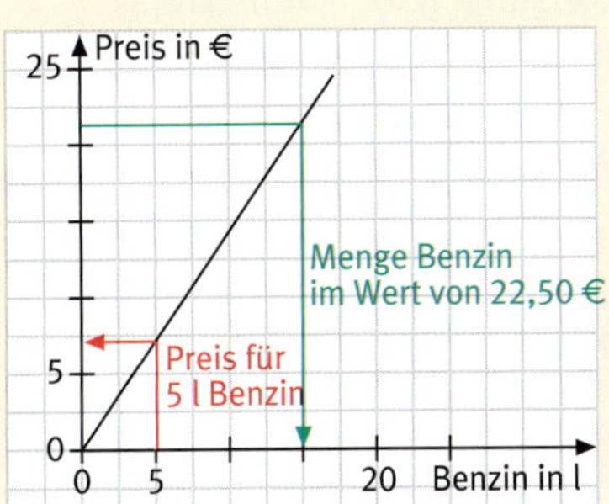

Die Darstellung von Werten in einem **Graphen** kann helfen, Ergebnisse schnell abzulesen. Dabei lassen sich auch sinnvolle Zwischenwerte im Rahmen der Zeichengenauigkeit bestimmen.

Beachte:
1. Nicht immer kann man Wertepaare miteinander verbinden. Wenn Zwischenwerte keinen Sinn ergeben, verwendet man eine gestrichelte Linie.
2. Es gibt viele mögliche Gesetzmäßigkeiten und auch viele Arten von Graphen.

Datenreihe:
1, 2, 6, 3, 6, 4, 5, 3, 2, 4, 6, 3

absolute Häufigkeit: H (6) = 3
relative Häufigkeit:

$$h(6) = \frac{\text{absolute Häufigkeit für 6}}{\text{Gesamtzahl aller Zahlen}} = \frac{3}{12} = \frac{1}{4}$$

Bei der Auswertung von Daten kann man verschiedene Kenngrößen angeben:
Die **tatsächliche Anzahl**, wie oft ein Ergebnis vorkommt, bezeichnet man als **absolute Häufigkeit H**.
Den **Anteil**, mit dem ein Ergebnis in Bezug auf die Gesamtanzahl aller Ergebnisse auftaucht, nennt man **relative Häufigkeit h**.

Mittelwerte
Sabine ist 1,63 m, Peter 1,68 m und Paul 1,46 m groß.

tatsächliche Größen:	1,63 m	1,68 m	1,46 m
gemittelte Größen:	1,59 m	1,59 m	1,59 m

Den Wert, der in einer Datenreihe am häufigsten vorkommt, bezeichnet man als **Modalwert**.
Den Wert, der in einer der Größe nach geordneten Datenreihe genau in der Mitte liegt, nennt man Zentralwert oder **Median**.
Das **arithmetische Mittel $\overline{x}$** ist der Durchschnittswert einer Datenreihe.

$$\text{arithmetisches Mittel } \overline{x} = \frac{\text{Summe aller Einzelwerte}}{\text{Anzahl der Werte}}$$

Datenreihe:
0, 0, 1, 2, 2, 3, 4, 4, 4, 5, 6
Minimum: 0 Maximum: 6
Spannweite: 6 – 0 = 6

Den größten Wert einer Datenreihe nennt man das **Maximum**, den kleinsten das **Minimum**. Die Differenz zwischen diesen beiden Werten wird als **Spannweite** bezeichnet.

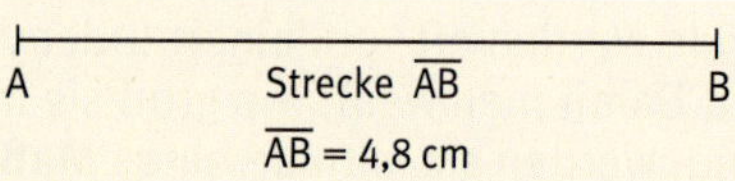

Eine **Strecke** ist die gerade Verbindungslinie zwischen zwei Punkten. Sie besitzt einen Anfangs- und einen Endpunkt. Man schreibt: $\overline{AB}$. Die Länge einer Strecke kann man messen.

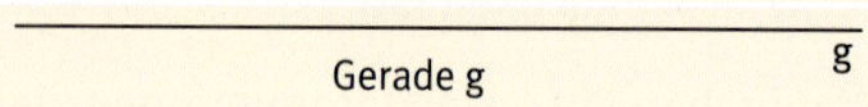

Eine **Gerade** besitzt keinen Anfangs- und keinen Endpunkt. Sie ist unendlich lang.

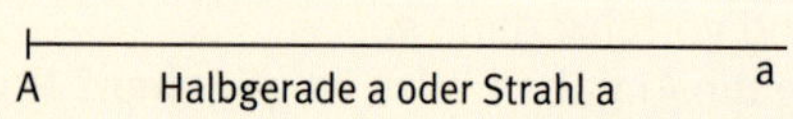

Halbgeraden bzw. **Strahlen** besitzen einen Anfangs-, aber keinen Endpunkt (oder umgekehrt). Sie sind unendlich lang.

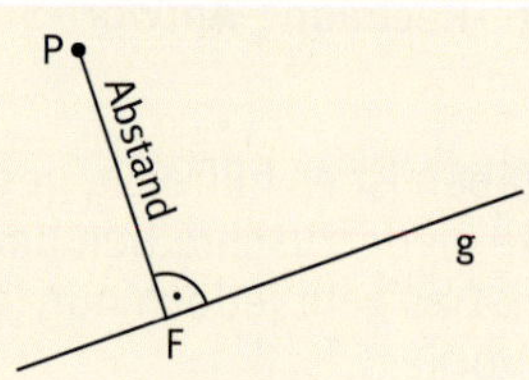

Die kürzeste Verbindung zwischen einem Punkt P und einer Geraden g ist diejenige Strecke $\overline{PF}$, die senkrecht auf der Geraden g steht.
Die Länge dieser Strecke bezeichnet man als **Abstand** des Punktes P von der Geraden g.

$d = 2 \cdot r$

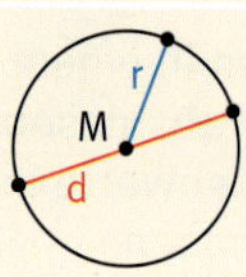

Alle Punkte auf der Kreislinie haben vom **Kreismittelpunkt M** den gleichen Abstand. Diesen Abstand nennt man **Radius r.** Der **Durchmesser d** eines Kreises ist der doppelte Radius.

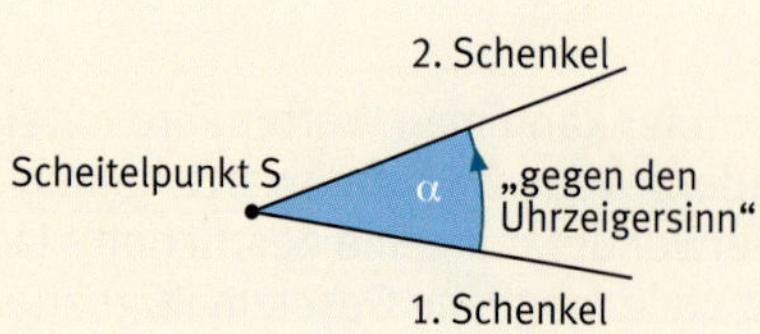

Ein **Winkel** wird von zwei Strahlen, den **Schenkeln**, begrenzt. Diese haben einen gemeinsamen Anfangspunkt, den **Scheitelpunkt S**.

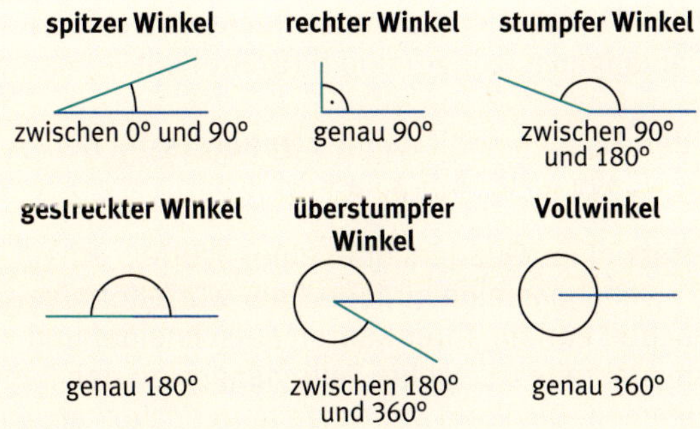

Um die **Größe von Winkeln** anzugeben, wird der Vollwinkel (eine Umdrehung) in 360 gleich große Teile geteilt. Die so entstandene Einheit heißt **1 Grad (1°)**.

$\alpha = 40°$

Maßzahl → 40; Maßeinheit (Grad) → °

Die Winkel werden ihrer Größe nach unterschieden.

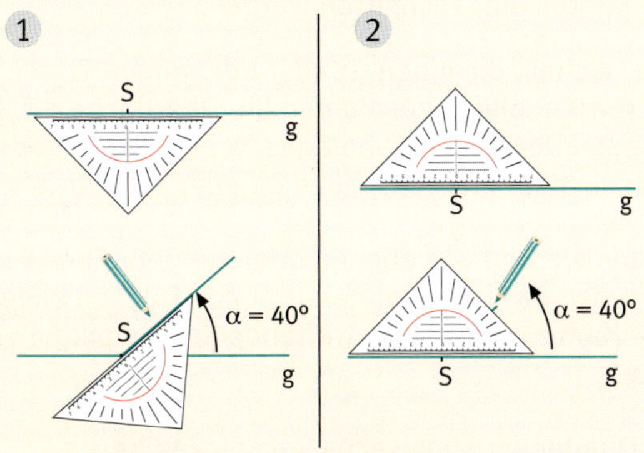

Zum **Messen** und **Zeichnen von Winkeln** mit dem Geodreieck gibt es ausgehend von einem Schenkel und dem Scheitel S zwei Möglichkeiten:

1. Das Geodreieck am ersten Schenkel anlegen mit dem Nullpunkt im Scheitel. Anschließend das Geodreieck gegen den Uhrzeigersinn um die entsprechende Gradzahl drehen, die man am ersten Schenkel abliest.
2. Das Geodreieck am ersten Schenkel anlegen mit dem Nullpunkt im Scheitel. Anschließend an der Skala die Gradzahl ablesen bzw. markieren.

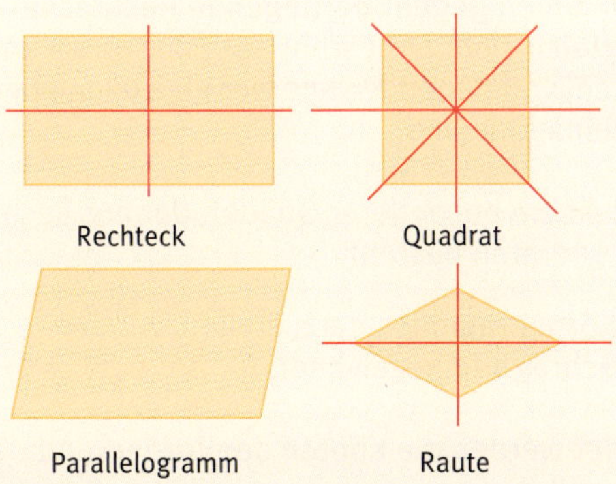

Das **Rechteck** ist ein Viereck, in dem die benachbarten Seiten senkrecht aufeinander stehen.
In jedem Rechteck sind die gegenüberliegenden Seiten parallel und gleich lang.

Das **Quadrat** ist ein Rechteck mit vier gleich langen Seiten.

Das **Parallelogramm** ist ein Viereck, in dem je zwei gegenüberliegende Seiten parallel und gleich lang sind.

Die **Raute** ist ein Parallelogramm mit vier gleich langen Seiten.

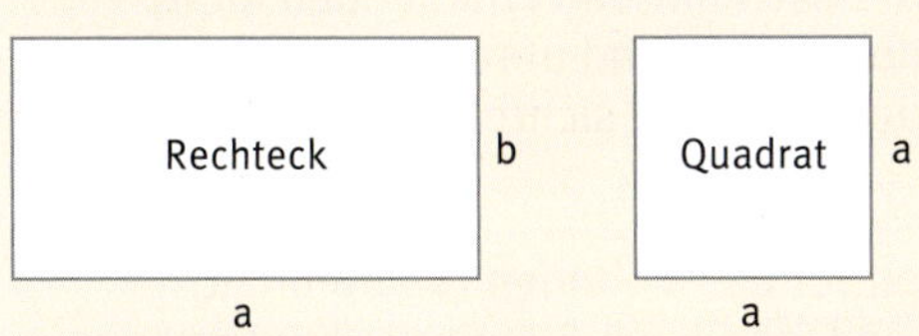

$U_{Rechteck} = 2 \cdot a + 2 \cdot b$
$U_{Rechteck} = 2 \cdot (a + b)$

$U_{Quadrat} = 4 \cdot a$

Der **Umfang U** einer geometrischen Figur ist die **Länge** ihrer **Randlinie**.
Bei einer beliebigen Figur werden für den Umfang die einzelnen Seitenlängen addiert.

Für das **Rechteck** gilt: Der Umfang ist die doppelte Länge plus doppelte Breite.
Für das **Quadrat** gilt: Der Umfang des Quadrats ist die vierfache Seitenlänge.

$$\ldots \underset{:100}{\overset{\cdot 100}{\rightleftarrows}} 1\,dm^2 \underset{:100}{\overset{\cdot 100}{\rightleftarrows}} 1\,m^2 \underset{:100}{\overset{\cdot 100}{\rightleftarrows}} 1\,a \underset{:100}{\overset{\cdot 100}{\rightleftarrows}} \ldots$$

Zum Messen von **Flächeninhalten** legt man die Fläche mit Quadraten aus, deren Seitenlängen jeweils 1 mm, 1 cm, 1 dm, 1 m, 10 m, 100 m oder 1 km betragen.
Die **Umwandlungszahl** zwischen benachbarten Flächeneinheiten ist 100.

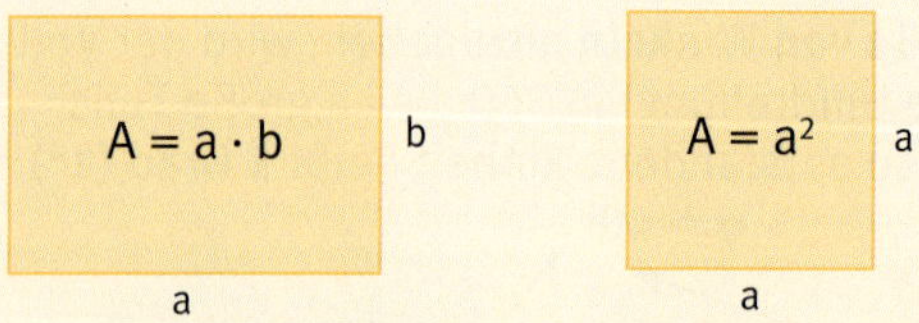

Für den **Flächeninhalt** A eines **Rechtecks** mit den Seitenlängen a (Länge) und b (Breite) gilt: $A = a \cdot b$.

Für den Flächeninhalt A eines **Quadrats** mit der Seitenlänge a gilt: $A = a \cdot a = a^2$.

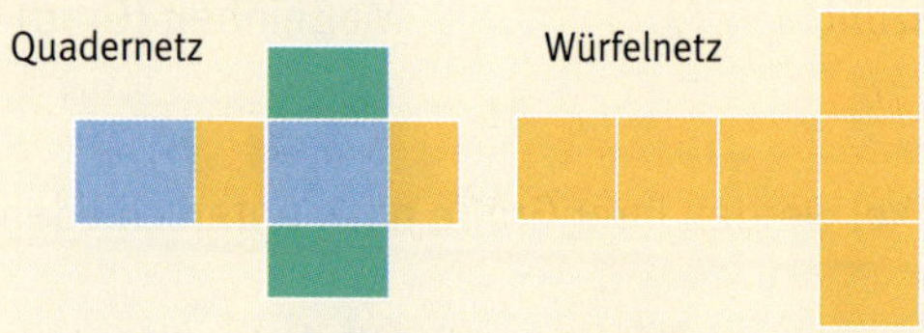

Ein **Netz** eines Quaders oder eines Würfels erhält man, wenn man eine quader- oder würfelförmige Schachtel entlang ihrer Kanten aufschneidet und flach ausbreitet. Einzelne Teile hängen an den Kanten zusammen. Die Form der Netze hängt davon ab, welche Kanten aufgeschnitten werden.

Quader: $A_O = 2 \cdot \square + 2 \cdot \square + 2 \cdot \square$
$= 2 \cdot (l \cdot b + b \cdot h + l \cdot h)$

Würfel: $A_O = 6 \cdot \square = 6 \cdot a^2$

Alle Flächen, die einen Quader oder einen Würfel begrenzen, bilden zusammen die **Oberfläche** dieses Körpers. Der Flächeninhalt des Netzes ist somit der **Oberflächeninhalt** des Quaders oder des Würfels.

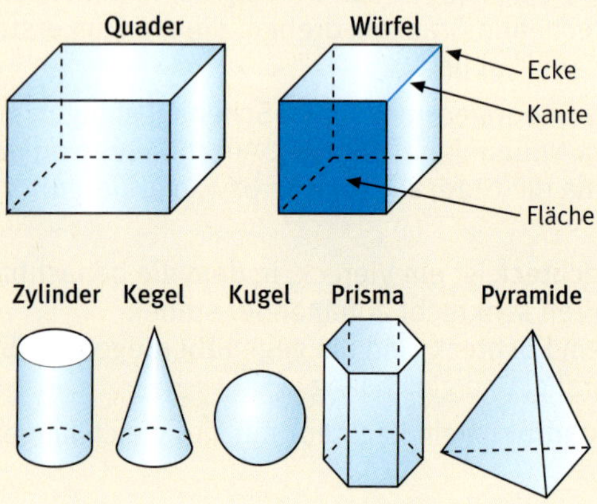

Körper werden von ebenen oder gekrümmten Flächen begrenzt. Zwei aneinanderstoßende Flächen bilden eine **Kante**, aufeinandertreffende Kanten bilden eine **Ecke**.

Ein **Quader** wird von sechs Rechtecken begrenzt, von denen **gegenüberliegende Rechtecke deckungsgleich** sind. Er besteht aus acht Ecken und zwölf Kanten, von denen jeweils vier gleich lang und parallel zueinander sind.

Ein **Würfel** ist ein besonderer Quader, der aus sechs gleichen Quadraten besteht.

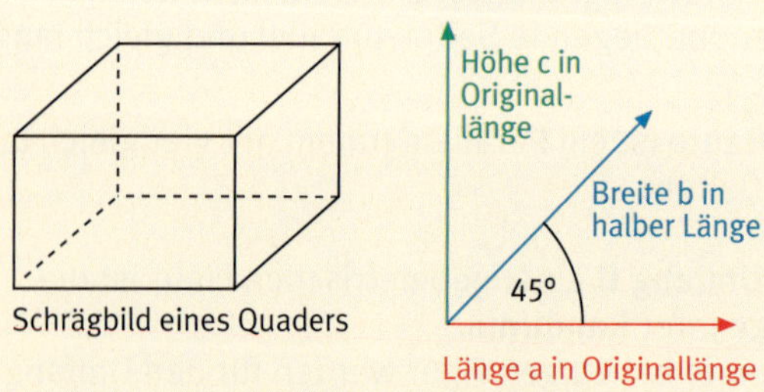

Um einen Körper räumlich darzustellen, wird er häufig im **Schrägbild** gezeichnet.

Beim Quader werden die Kanten der Vorder- und Rückfläche mit den angegebenen Längenmaßen gezeichnet. Die nach hinten verlaufenden Kanten werden in halber Länge und unter einem Winkel von 45° gezeichnet. Nicht sichtbare Kanten werden gestrichelt.

$1\,m^3 \underset{\cdot 1000}{\overset{:1000}{\rightleftarrows}} 1\,dm^3 \underset{\cdot 1000}{\overset{:1000}{\rightleftarrows}} 1\,cm^3 \underset{\cdot 1000}{\overset{:1000}{\rightleftarrows}} 1\,mm^3$

Hohlmaße:
$1\,l = 1\,dm^3$ $1\,ml = 1\,cm^3$ $1\,hl = 100\,l$

Als Maßeinheit für das **Volumen** (Rauminhalt) verwendet man Einheitswürfel mit der Kantenlänge 1 mm, 1 cm, 1 dm, 1 m oder 1 km.
Die **Umwandlungszahl** zwischen benachbarten Volumeneinheiten ist 1000.

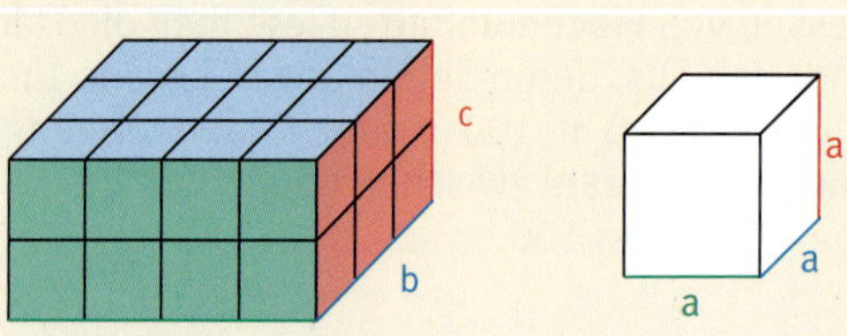

V_{Quader} = Länge · Breite · Höhe
$V_{Quader} = a \cdot b \cdot c$

$V_{Würfel} = a \cdot a \cdot a = a^3$

Lösungen zu „1.12 Das kann ich!“ – Seite 34

1 a) Die Personen tauchen 14,5 m unter dem Wasserspiegel, also –14,5 m.
b) Die Temperaturen schwanken zwischen –4,8 °C und +3,2 °C.
c) Pro Monat kommen 8 € in das Sparschwein hinzu.
d) Kaiser Augustus lebte von 64 vor Christus bis 14 nach Christus, also von –64 bis +14 unserer Zeitrechnung.

2 a) A: –300 B: –200 C: –50 D: 0 E: +150
b) A: $-1\frac{1}{4}$ B: $-\frac{1}{2}$ C: $-\frac{1}{4}$ D: 0 E: $+\frac{3}{4}$ F: $+1\frac{1}{4}$

3 a) b)
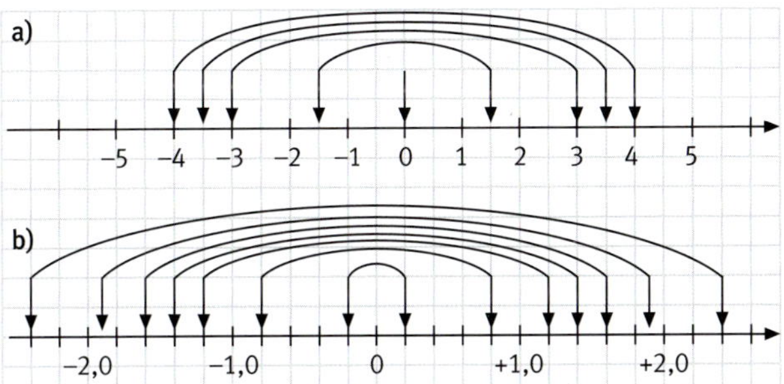

4 a) –5,5 b) +20 c) –8,9
d) $-6\frac{3}{4}$ e) $-\frac{1}{7}$ f) $-\frac{5}{18}$

5 a) –11,49 (–11); –87,21 (–87); 35,00 (35)
b) –12,00 (–12); –45,99 (–46); –18,89 (–19)
c) –254,95 (–255); –153,91 (–154); –9999,92 (–10 000)

6 a) $0{,}235 > -0{,}235$; $|-12{,}35| = 12{,}35$
b) $|-17{,}14| > -17{,}14$; $-35{,}78 > -35{,}79$
c) $+123{,}21 > |-123{,}20|$; $|-15{,}993| > |-15{,}992|$
d) $-\frac{15}{3} < -\frac{15}{4}$; $\left|-16\frac{1}{2}\right| > \left|16\frac{1}{3}\right|$

7 a) $-17 < -4{,}5 < -4 < 0 < 2{,}1 < +3{,}5 < +22\frac{1}{7}$
b) $-33\frac{1}{3} < -33{,}3 < -33{,}2 < -33{,}1 < |-33{,}1| < |-33{,}2|$

8 a)

+	–2,75	+4,3	$-\frac{7}{10}$	$-2\frac{1}{5}$
–3,4	–6,15	+0,9	–4,1	–5,6
9,2	+6,45	+13,5	+8,5	+7
$-\frac{2}{3}$	$-3\frac{5}{12}$	$+3\frac{19}{30}$	$-1\frac{11}{30}$	$-2\frac{13}{15}$
+0,9	–1,85	+5,2	+0,2	–1,3

b)

–	7,2	–14,8	$-\frac{5}{8}$	+12,34
–15,7	–22,9	–0,9	–15,075	–28,04
+4,6	–2,6	+19,4	+5,225	–7,74
$-\frac{9}{10}$	–8,1	+13,9	$-\frac{11}{40}$	–13,24
2,78	–4,42	+17,58	+3,405	–9,56

c) Die Subtraktion ist nicht kommutativ, also wird durch die ausgefüllte Zelle die Reihenfolge der Berechnung festgelegt.

9 $x + (-56) - (-44) = 100$
$x - 56 + 44 = 100$
$x - 12 = 100$
Markus hat sich die Zahl 112 gedacht.

10

·	–3,5	+9,8	$-\frac{3}{5}$	–17,1
–6,7	+23,45	–65,66	+4,02	+114,57
$+2\frac{3}{4}$	$-9\frac{5}{8}$	+26,95	$-1\frac{13}{20}$	–47,025
–7,5	+26,25	–73,5	+4,5	+128,25
+0,25	–0,875	+2,45	–0,15	–4,275

Seite 35

11 a) Das Ergebnis ist positiv.
b) Das Ergebnis ist negativ.
c) negativ, positiv, negativ, positiv.

12

:	–2,1	+5	$-\frac{3}{4}$	–3,5
220,5	–105	+44,1	–294	–63
–15,75	+7,5	–3,15	+21	+4,5
–94,5	+45	–18,9	+126	+27
$-12\frac{3}{5}$	+6	–2,52	$+16\frac{4}{5}$	+3,6

13 a) $-5 \cdot (3{,}5 + 4{,}5) = -5 \cdot 8 = -40$
b) $36{,}7 + (-6{,}7) + (-12{,}9) + (-5{,}1) = 36{,}7 - 6{,}7 + (-12{,}9 - 5{,}1) = 30 - 18 = 12$
c) $\frac{1}{4} + \left(-\frac{7}{8}\right) + \left(-\frac{1}{6}\right) + \left(-\frac{5}{12}\right) = \frac{1}{4} - \frac{7}{8} + \left(-\frac{1}{6} - \frac{5}{12}\right) = -\frac{5}{8} - \frac{7}{12} = -1\frac{5}{24}$
d) $-22{,}1 \cdot 98 + (-5{,}6) \cdot 98 = (-22{,}1 - 5{,}6) \cdot 98 = -27{,}7 \cdot 98 = -2714{,}6$
e) $-14{,}7 \cdot \left(-\frac{3}{4} + \frac{4}{3}\right) = -14{,}7 \cdot \frac{7}{12} = -8{,}575 \left(-8\frac{23}{40}\right)$
f) $0{,}01 \cdot (-27{,}1 - 15{,}9) = 0{,}01 \cdot (-43) = -0{,}43$

14 Die Aussage ist richtig.

15 Die Aussage ist falsch.
Beispiel: $-\frac{3}{4}$ ist eine rationale, aber keine ganze Zahl.

16 Die Aussage ist falsch. Jede natürliche Zahl ist gleichzeitig auch eine rationale Zahl.

17 Die Aussage ist richtig.

18 Die Aussage ist falsch, denn –38,2 liegt weiter links auf der Zahlengerade als –37,2, weshalb es auch einen größeren Abstand zur Null hat.

19 Die Aussage ist für zwei verschiedene rationale Zahlen richtig. Man kann beispielsweise stets die Mitte nehmen.

20 Die Aussage ist richtig, es ist eine mögliche Vorgehensweise.

21 Die Aussage ist richtig.

22 Die Aussage ist falsch. Treffen zwei Minuszeichen aufeinander, dann kann man sie durch ein Pluszeichen ersetzen.

23 Die Aussage ist richtig, wie man durch einen Vergleich von jeweils zwei der Zahlen überprüfen kann.

24 Die Aussage ist falsch. Wird eine Zahl durch einen negativen Bruch dividiert, dann wird diese Zahl auch mit dem negativen Kehrbruch multipliziert.

25 Die Aussage ist falsch. Die beiden Gesetze gelten für die alleinige Multiplikation und die alleinige Addition rationaler Zahlen.

26 Die Aussage ist richtig, weil man jedes Ausklammern durch Ausmultiplizieren wieder rückgängig machen kann.

27 Die Aussage ist falsch. Man kann die Division einer rationalen Zahl durch die Multiplikation mit ihrem Kehrbruch ersetzen.
Beispiel: $15 : \left(-\frac{3}{4}\right) = 15 \cdot \left(-\frac{4}{3}\right)$

28 Die Aussage ist so sicherlich falsch. Das Kommutativgesetz besagt, dass man die Reihenfolge bei der alleinigen Multiplikation oder der alleinigen Addition beliebig vertauschen darf.

29 Die Aussage ist im Allgemeinen sicherlich nicht richtig. Es ist jedoch möglich, dass man sich einen Sachverhalt überlegt, bei dem negative Zahlen als Schulden vorstellbar sind.

Lösungen zu „2.9 Das kann ich!“ – Seite 62

1 Lösungsmöglichkeiten:

a) 45 min ↦ 1,50 €; 1 h ↦ 1,50 €; 1,5 h ↦ 3,00 €

b) 1,20 m ↦ 45 kg; 1,45 m ↦ 56 kg; 1,65 m ↦ 62 kg

c) 6.00 Uhr ↦ 5 °C; 8.30 Uhr ↦ 7 °C; 13.00 Uhr ↦ 9 °C

d) 11.00 Uhr ↦ 12 km; 11.30 Uhr ↦ 23 km; 12.15 Uhr ↦ 37 km

2 **a)** Zuordnung: *Ausstattungsmerkmal Handy* ↦ *Anzahl Schüler*

b)

Ausstattung	Kamera	Touchscreen	Internet	E-Mail
Anzahl Schüler	25	15	20	10

3 **a)** Lösungsmöglichkeit:

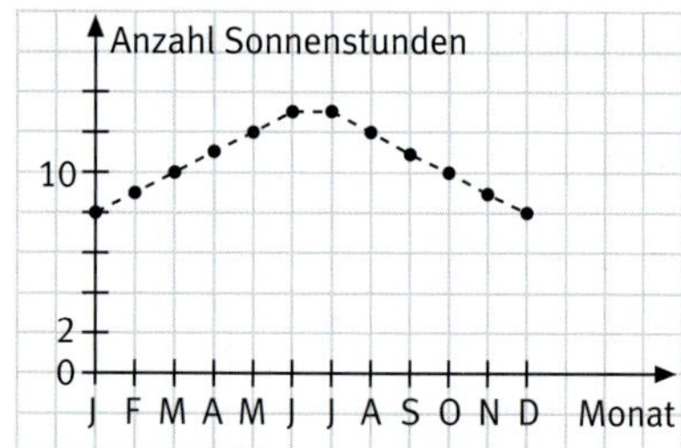

b) Die Sonnenscheindauer nimmt in den ersten sechs Monaten pro Monat um 1 h am Tag zu, um in den folgenden sechs Monaten wiederum um 1 h pro Tag zu sinken.

4 **a)** Die Zuordnung ist in der Regel eindeutig, weil man pro Kuchenstück einen bestimmten Preis bezahlen muss.

b) Die Zuordnung ist nicht eindeutig, weil derselbe Wasserstand zu verschiedenen Uhrzeiten erreicht werden kann. Anmerkung: Die Zuordnung *Uhrzeit* ♑ *Wasserstand in cm* ist dagegen eindeutig.

c) Die Zuordnung ist eindeutig, weil für jede Anzahl ein eindeutiger Preis bezahlt werden muss (ob man die Aktion jetzt nutzt oder nicht).

d) Die Zuordnung ist nicht eindeutig, wenn man nur die gestrichene Wandfläche meint, die man zum Teil mehrfach streichen kann. Sie ist jedoch eindeutig, wenn man die „Arbeitsfläche“ meint, die man bei jedem Malgang überstreicht.

5 **a)** Der Anteil der Menschen, die im Durchschnitt mehr als drei Stunden Fernsehen pro Tag schauen, liegt bei den 14- bis 19-Jährigen bei etwa 50 %. Er sinkt für die nächsten beiden Altersgruppen jeweils leicht ab. In den 40ern steigt er dann zunächst leicht, ab den 50ern dann stärker an. Der Anstieg verlangsamt sich dann bei den über 70-Jährigen.

b) Zuordnung: *Altersgruppen* ↦ *Anteil mit durchschnittlich mehr als 3 Stunden Fernsehen pro Tag*

c) Am größten ist der Anteil bei den über 70-Jährigen, am geringsten ist der Anteil bei den 30- bis 39-Jährigen.

6 **a)**

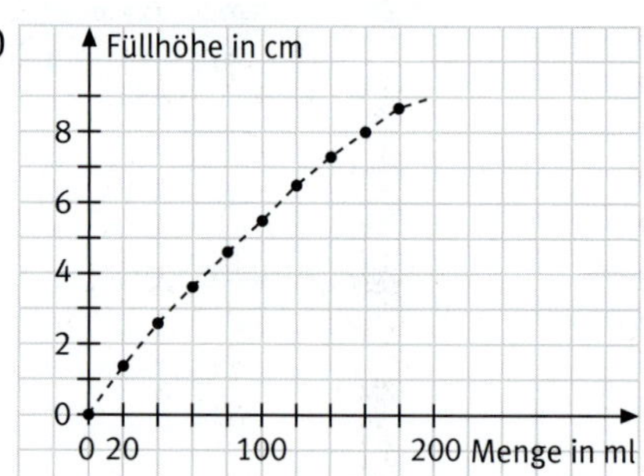

b) Das Gefäß muss zunächst annähernd zylindrisch (also wie ein gerader Becher) sein, denn die Füllhöhe steigt anfangs etwa gleichmäßig an, wenn man jeweils die gleiche Menge Wasser einfüllt. Nach oben hin muss das Gefäß etwas breiter werden, weil die Füllhöhe bei gleicher Menge Wasser etwas langsamer ansteigt.

7 a) Die Zuordnung ist proportional, weil man (abgesehen von Tauschgebühren) für die doppelte (dreifache, ...) Menge US-Dollar die doppelte (dreifache, ...) Menge Euro bekommt.

b) Die Zuordnung ist proportional, weil man für die doppelte (dreifache, ...) Menge Benzin auch den doppelten (dreifachen, ...) Preis bezahlen muss.

c) Die Zuordnung ist antiproportional, weil man bei doppelter (dreifacher, ...) Geschwindigkeit nur die Hälfte (ein Drittel, ...) der Reisezeit benötigt.

d) Die Zuordnung ist antiproportional, weil man für die doppelte (dreifache, ...) Anzahl an Lkw nur die Hälfte (ein Drittel, ...) der Fahrten pro Lkw benötigt.

Seite 63

8 Lösungsmöglichkeiten:

a) Die Zuordnung ist antiproportional, weil die Wertepaare aus Ausgangsgröße und zugeordneter Größe produktgleich sind (260).

b) Die Zuordnung ist proportional, weil der Quotient aus Ausgangsgröße und zugeordneter Größe stets gleich ist ($\frac{1}{14}$).

c) Die Zuordnung ist antiproportional, weil die Wertepaare aus Ausgangsgröße und zugeordneter Größe produktgleich sind (128,8).

d) Die Zuordnung ist weder proportional noch antiproportional, weil die einander zugeordneten Wertepaare weder produkt- noch quotientengleich sind.

9 Der Graph von b) gehört zu einer proportionalen Zuordnung, der Graph von d) zu einer antiproportionalen Zuordnung. Die Graphen von a) und c) gehören zu keinem von beiden.

10 a)

Masse in g	100	600	375	1500	750
Preis in €	0,88	5,28	3,30	1,32	0,66

b)

Masse in g	100	400	350	750	2500
Preis in €	1,38	5,52	4,83	10,35	34,50

c)

Masse in g	150	100	750	75	125
Preis in €	1,69	≈ 1,13	8,45	≈ 0,85	≈ 1,41

11 a)

Anzahl Teilnehmer	5	8	12	15	18
Preis pro Teilnehmer in €	25,20	15,75	10,50	8,40	7,00

b) Das Produkt der Wertepaare gibt den Gesamtpreis an, der für den Ausflug gezahlt werden muss.

12 Die Aussage ist richtig.

13 Die Aussage ist falsch. Beispielsweise ist die Zuordnung *Preis in € ⟼ Parkdauer in min* nicht eindeutig, denn wenn die erste Stunde 1,50 € kostet, kann man nicht sagen, ob jemand 20 min, 40 min oder nur 12 min geparkt hat.

14 Die Aussage ist richtig.

15 Die Aussage ist nicht in jedem Fall richtig. Für eine antiproportionale Zuordnung gilt zwar der Zusammenhang, aber für viele andere Zuordnungen auch. Wenn man beispielsweise beschreiben möchte, wie Wasser über einen Zeitraum aus einer Wanne abfliest, dann nimmt die Wasserhöhe ab, während die abgelaufene Zeit zunimmt. Die Zuordnung *Zeitdauer in min ⟼ Wasserhöhe in cm* ist aber nicht antiproportional.

16 Die Aussage ist falsch. Der Graph einer antiproportionalen Zuordnung ist eine Hyperbel, die niemals durch den Ursprung des Koordinatensystems verläuft.

17 Die Aussage ist richtig. Insbesondere verläuft die Gerade immer durch den Ursprung.

18 Die Aussage ist falsch. Die Quotientengleichheit gilt für proportionale Zuordnungen, für antiproportionale Zuordnungen gilt die Produktgleichheit von Wertepaaren.

19 Die Aussage ist so nicht richtig. Vielmehr muss man jedes Mal überprüfen, ob die Punkte sinnvoll miteinander verbunden werden können.

20 Die Aussage ist sicherlich zutreffend, weil man die Veränderungen im Graphen in der Regel besser erkennt als anhand der Zahlen in der Tabelle allein.

21 Die Aussage ist falsch. Proportionale und antiproportionale Zuordnungen sind wichtig, aber es gibt eine Vielzahl an Zuordnungen in diesem Kapitel, die weder proportional noch antiproportional sind.

22 Die Aussage ist richtig.

Lösungen zu „3.12 Das kann ich!“ – Seite 92

1

a)	b)	c)
$25\,\% = 0{,}25 = \frac{1}{4}$	$6\,\% = 0{,}06 = \frac{3}{50}$	$0{,}5\,\% = 0{,}005 = \frac{1}{200}$
$20\,\% = 0{,}2 = \frac{1}{5}$	$17\,\% = 0{,}17 = \frac{17}{100}$	$1{,}25\,\% = 0{,}0125 = \frac{1}{80}$
$65\,\% = 0{,}65 = \frac{13}{20}$	$29\,\% = 0{,}29 = \frac{29}{100}$	$4{,}5\,\% = 0{,}045 = \frac{9}{200}$
$80\,\% = 0{,}8 = \frac{4}{5}$	$33\,\% = 0{,}33 = \frac{33}{100}$ $(\approx \frac{1}{3})$	$22{,}5\,\% = 0{,}225 = \frac{9}{40}$
$95\,\% = 0{,}95 = \frac{19}{20}$	$57\,\% = 0{,}57 = \frac{57}{100}$	$66{,}8\,\% = 0{,}668 = \frac{167}{250}$
$100\,\% = 1 = \frac{1}{1}$	$72\,\% = 0{,}72 = \frac{18}{25}$	$77{,}2\,\% = 0{,}772 = \frac{193}{250}$
$140\,\% = 1{,}4 = \frac{7}{5}$	$105\,\% = 1{,}05 = \frac{21}{20}$	

2

a)	b)	c)
$\frac{27}{100} = 0{,}27 = 27\,\%$	$\frac{7}{10} = 0{,}7 = 70\,\%$	$\frac{32}{40} = 0{,}8 = 80\,\%$
$\frac{3}{50} = 0{,}06 = 6\,\%$	$\frac{4}{5} = 0{,}8 = 80\,\%$	$\frac{34}{60} = 0{,}566... \approx 57\%$
$\frac{37}{50} = 0{,}74 = 74\,\%$	$\frac{3}{4} = 0{,}75 = 75\,\%$	$\frac{17}{45} = 0{,}377... \approx 38\,\%$
$\frac{6}{25} = 0{,}24 = 24\,\%$	$\frac{9}{10} = 0{,}9 = 90\,\%$	$\frac{7}{9} = 0{,}777... \approx 78\,\%$
$\frac{17}{25} = 0{,}68 = 68\,\%$	$\frac{6}{5} = 1{,}2 = 120\,\%$	$\frac{1}{11} = 0{,}0909... \approx 9\,\%$
$\frac{3}{20} = 0{,}15 = 15\,\%$	$2\frac{1}{2} = 2{,}5 = 250\,\%$	$\frac{5}{12} = 0{,}4166... \approx 42\,\%$
$\frac{7}{20} = 0{,}35 = 35\,\%$	$3\frac{2}{5} = 3{,}4 = 340\,\%$	$\frac{5}{6} = 0{,}833... \approx 83\,\%$

3 a) $\frac{12}{18} = \frac{2}{3} = 0{,}666... \approx 67\,\% < \frac{14}{20} = \frac{7}{10} = 0{,}7 = 70\,\%$

b) $\frac{65}{100} = 0{,}65 = 65\,\% < \frac{8}{12} = \frac{2}{3} = 0{,}666... \approx 67\,\%$

4 Sabine: $\frac{8}{20} = 0{,}4 = 40\,\%$

Simon: $\frac{10}{25} = 0{,}4 = 40\,\%$

Jakob: $\frac{9}{21} = \frac{3}{7} = 0{,}429... \approx 43\,\%$

Absolut spart Simon am meisten, nämlich 10 €. Bezogen auf die Höhe des Taschengeldes spart jedoch Jakob am meisten, nämlich fast 43 %, während Sabine und Simon 40 % ihres Taschengeldes sparen.

5 a)

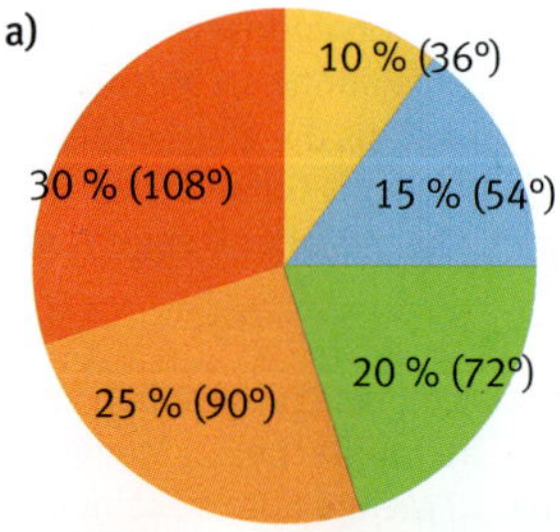

b)

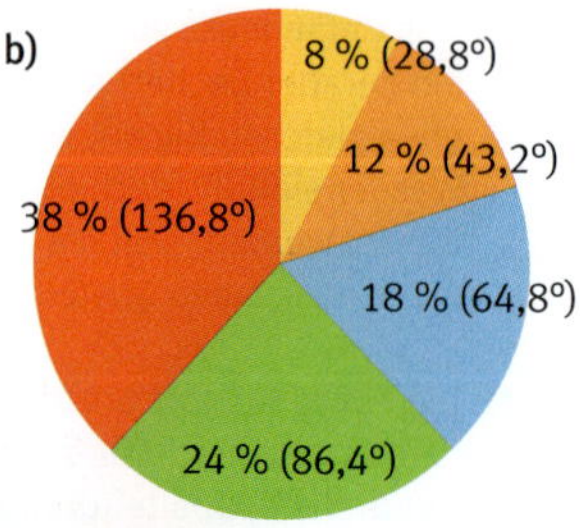

6

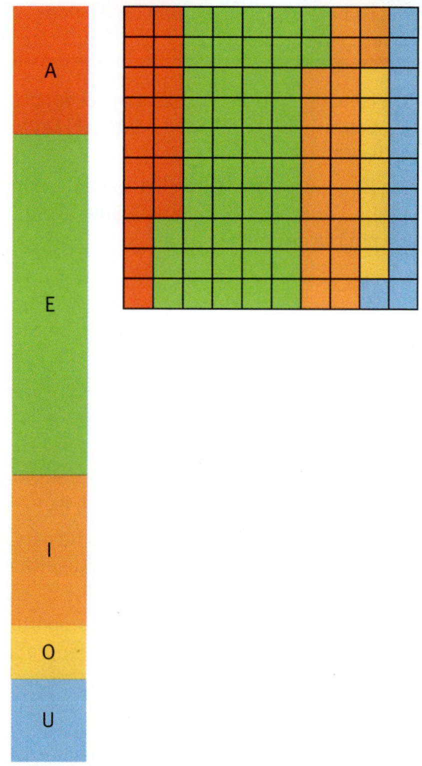

7 a) G: 32 Kinder; P: 12 Mädchen
Gesucht: Prozentsatz p % der Mädchen

b) G: 20 €; p % = 10 %
Gesucht: Prozentwert P, um den das Taschengeld erhöht wird

c) P = 240 €; p % = 16 %
Gesucht: Grundwert G, also der ursprüngliche Preis

d) G: 20 Stimmen; P: 15 Stimmen
Gesucht: Prozentsatz p % der Stimmen

8 a) 78 % b) 36 % c) 20 %
d) 38 % e) 25 % f) 58 %

9 a) p % = 25 % (20 %) b) p % = 72 % (240 %)
c) p % = 35 % (82,5 %) d) p % = 80 % (45 %)

10 $\frac{234}{1179} = 0{,}198... \approx 20\,\%$

11 a) P = 36 kg (54 kg) b) P = 7,5 m (35 m)
c) P = 50,73 € (99,68 €) d) P = 1,14 m (7,125 m)

12 Gegeben: G = 516 kg; p % = 68 % = 0,68
a) Gesucht: P
P = 0,68 · 516 kg = 350,88 kg
Antwort: Im Durchschnitt werden pro Einwohner etwa 351 kg Hausmüll wiederverwertet.
b) Gesucht: G – P
516 kg – 350,88 kg = 165,12 kg
Antwort: Ungefähr 165 kg des Hausmülls eines Einwohners können nicht verwertet werden.

13 a) 40 % ≙ 230 l
100 % ≙ 575 l (≈ 418,18 l)
b) G ≈ 1420,45 € (7812,50 €)
c) G = 278,5 dm = 27,85 m (7241 dm = 724,1 m)
d) G ≈ 282,2 g (≈ 19,24 g)

14 Gegeben: P = 106 Fahrzeuge, p % = 40 %
Gesucht: G
40 % ≙ 106 Fahrzeuge
100 % ≙ 265 Fahrzeuge
Antwort: Insgesamt wurden 265 Fahrzeuge kontrolliert.

Seite 93

15 Gegeben: P = 12 600 €; p % = 40 %
Gesucht: G
40 % ≙ 12 600 €
100 % ≙ 31 500 €
(P = 36 500 €: G = 91 250 €
P = 58 000 €: G = 145 000 €)
Antwort: Man muss mindestens 31 500 € angespart haben.

16 Gegeben: G_1 = 5 l = 5000 ml; p % = 0,3 ‰
Gesucht: P
1000 ‰ ≙ 5000 ml
1 ‰ ≙ 5 ml
0,3 ‰ ≙ 1,5 ml
Antwort: 0,3 ‰ entspricht einer Menge von 1,5 ml reinem Alkohol im Blut.

17 Grundwert: Guthaben, Darlehen, Kapital, Kreditbetrag, Geldanlage
Prozentwert: Jahreszinsen, Kreditzinsen, Guthabenzinsen
Prozentsatz: Zinssatz

18

	a)	b)	c)	d)	e)
K	460 €	1200 €	245 €	780 €	3600 €
p %	4 %	6,5 %	2 %	6 %	3,5 %
Z	18,40 €	78 €	4,90 €	46,80 €	126 €

19 a) Gegeben: Z = 405 €; p % = 7,5 %
Gesucht: K
$K = 405\,€ \cdot \frac{100}{7,5} = 5400\,€$
Antwort: Das Darlehen beträgt 5400 €.
b) Gegeben: K = 640 €; p % = 2 %
Gesucht: Z
$Z = 640\,€ \cdot \frac{2}{100} = 12,80\,€$
Antwort: Am Ende des Jahres werden 12,80 € Zinsen gutgeschrieben.
c) Gegeben: K = 1200 €; Z = 30 €
Gesucht: p %
$p\,\% = \frac{30\,€}{1200\,€} = 0,025 = 2,5\,\%$
Antwort: Der Zinssatz beträgt 2,5 %.

20 Die Aussage ist richtig. Anteile lassen sich als Brüche, Dezimalbrüche, als Verhältnisse oder in Prozent angeben.

21 Die Aussage ist falsch. Die Anteile sin stets gleich groß.

22 Die Aussage ist falsch. Wie man bei Aufgabe 4 erkennen konnte, kann sich beim absoluten Vergleich eine andere Reihenfolge ergeben als beim relativen.

23 Die Aussage ist richtig.

24 Die Aussage ist falsch. Es ist zwar oft sinnvoll, diese Einteilung vorzunehmen, es ist aber auch jede andere Länge eines Streifendiagramms möglich.

25 Die Aussage ist richtig.

26 Die Aussage ist richtig.

27 Die Aussage ist richtig.

28 Die Aussage ist falsch. Rabatte sind Abschläge auf einen Rechnungsbetrag.

29 Die Aussage ist falsch. Ein Zinssatz von 1 % bringt bei 200 € Zinsen von 2 €, 2 % erbringen 4 € Zinsen.

30 Die Aussage ist falsch. Die Mehrwertsteuer entspricht einem Aufschlag auf einen Preis.

Lösungen zu „4.14 Das kann ich!“ – Seite 130

1 (1) ist kongruent zu (6). (2) ist kongruent zu (4).
(8) ist kongruent zu (11). (9) ist kongruent zu (12).

2 a)

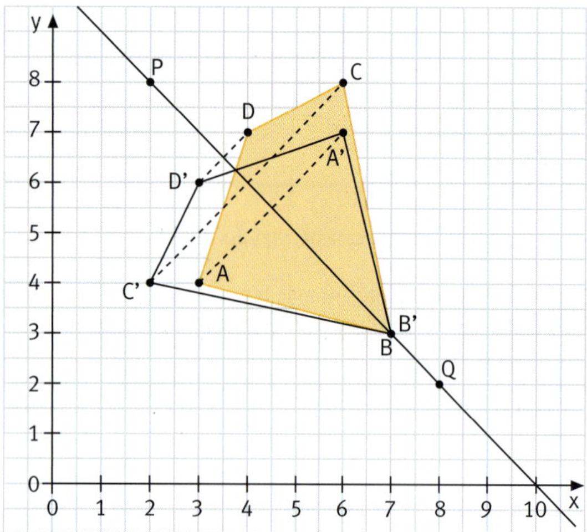

b)

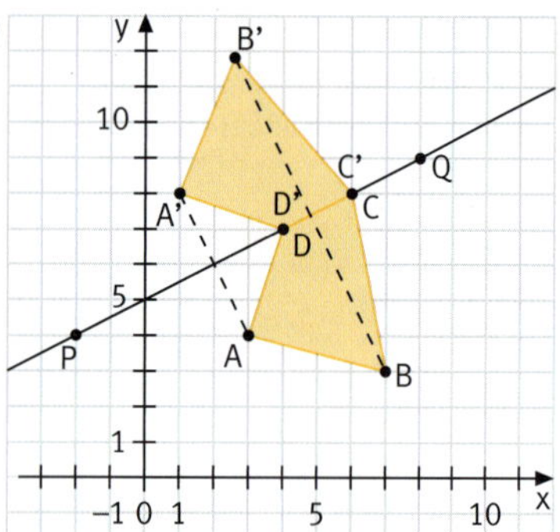

c)

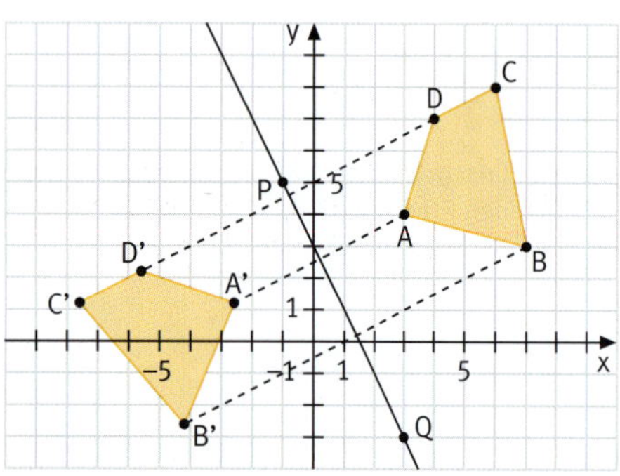

d)

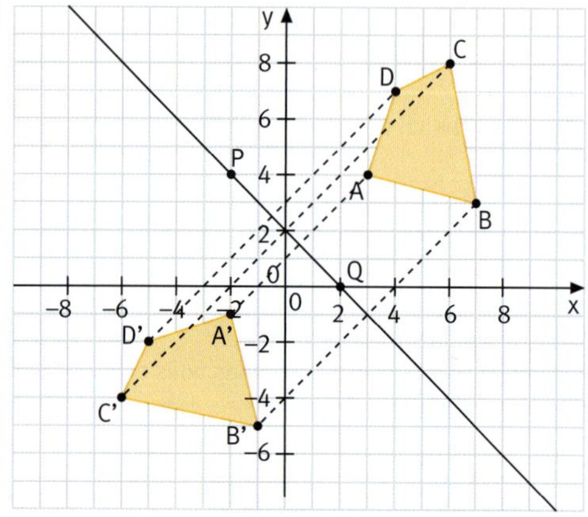

3 a) Z (2 | 1) ist Mittelpunkt der Strecke $\overline{GG'}$.

b) O’ (–1 | 0); T’ (1 | –1); H’ (2 | –3); A’ (3 | –1)

c) Lösungsmöglichkeit:

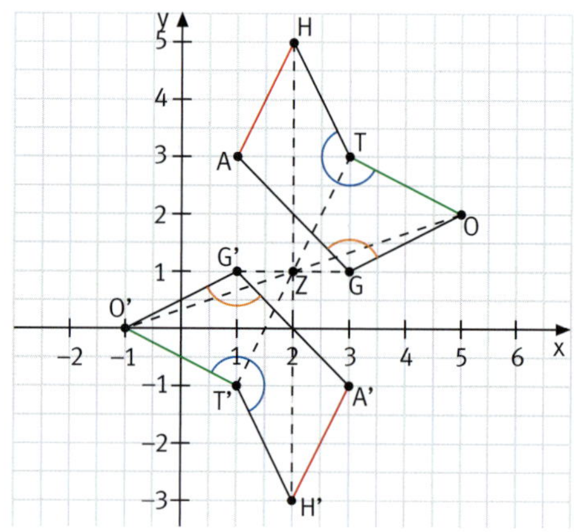

4 a)

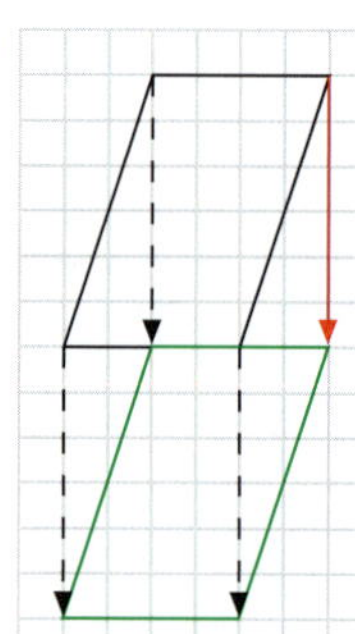

b)

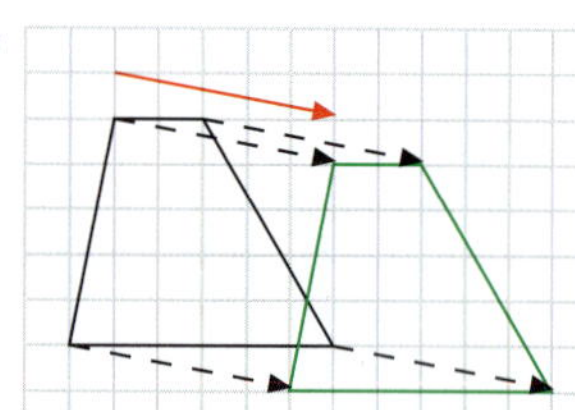

c)

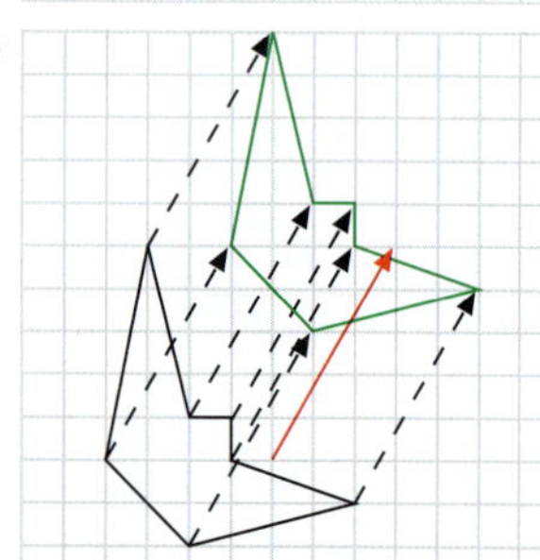

5 Das Dreieck ist ...

a) rechtwinklig.

b) spitzwinklig.

c) stumpfwinklig.

d) gleichseitig (spitzwinklig).

e) spitzwinklig-gleichschenklig.

f) spitzwinklig.

6 a) stumpfwinkliges Dreieck

b) gleichseitiges Dreieck (gleichschenkliges Dreieck, bei dem alle Winkel 60° sind)

c) rechtwinkliges Dreieck

d) gleichseitiges Dreieck (gleichschenkliges Dreieck, bei dem alle Winkel 60° sind)

e) spitzwinklig-gleichschenkliges Dreieck (Der fehlende Winkel ist ebenfalls 65° groß.)

f) spitzwinkliges Dreieck

7 a) Beschreibung:

1. Zeichne die Seite c mit den Eckpunkten A und B.
2. Trage in A den Winkel α ab.
3. Trage in B den Winkel β ab.
4. Der Schnittpunkt der beiden freien Schenkel von α und β ergibt den Eckpunkt C des Dreiecks.

Zeichnung:

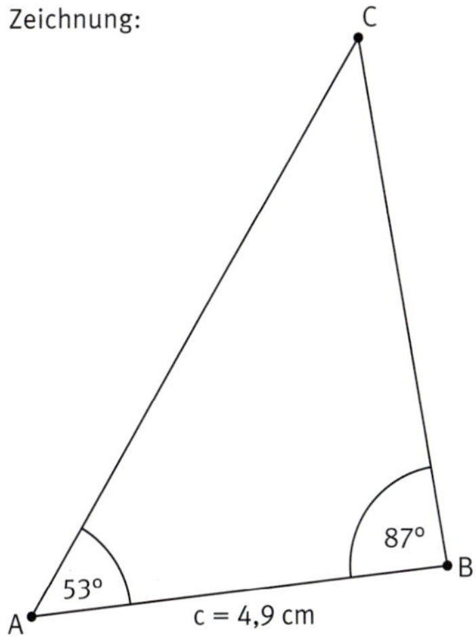

b) Beschreibung:

1. Zeichne die Seite b mit den Eckpunkten A und C.
2. Trage in A den Winkel α ab.
3. Trage in C den Winkel γ ab.
4. Der Schnittpunkt der beiden freien Schenkel von α und γ ergibt den Eckpunkt B des Dreiecks.

Zeichnung:

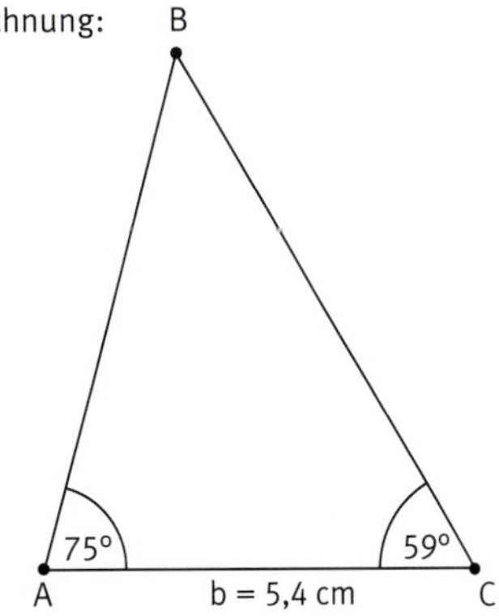

c) Beschreibung:

1. Zeichne die Seite b mit den Eckpunkten A und C.
2. Trage in A den Winkel α ab.
3. Trage in C den Winkel γ ab.
4. Der Schnittpunkt der freien Schenkel von α und γ ergibt den Eckpunkt B des Dreiecks.

Zeichnung:

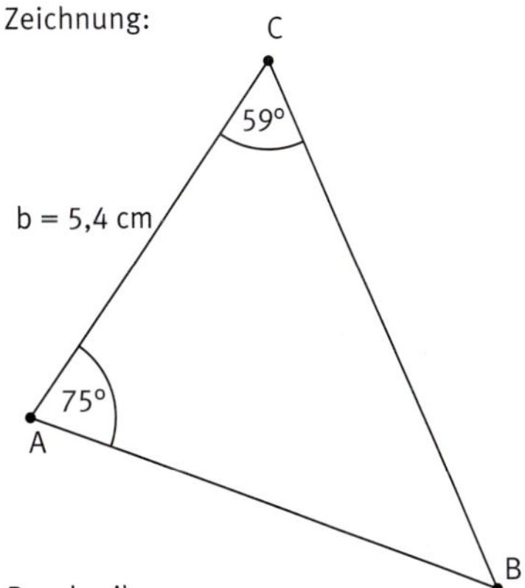

d) Beschreibung:

1. Zeichne die Seite c mit den Eckpunkten A und B.
2. Trage in A den Winkel α ab.
3. Zeichne einen Kreisbogen um A mit Radius r = b.
4. Der Schnittpunkt des freien Schenkels von α und des Kreisbogens ergibt den Eckpunkt C des Dreiecks.

Zeichnung:

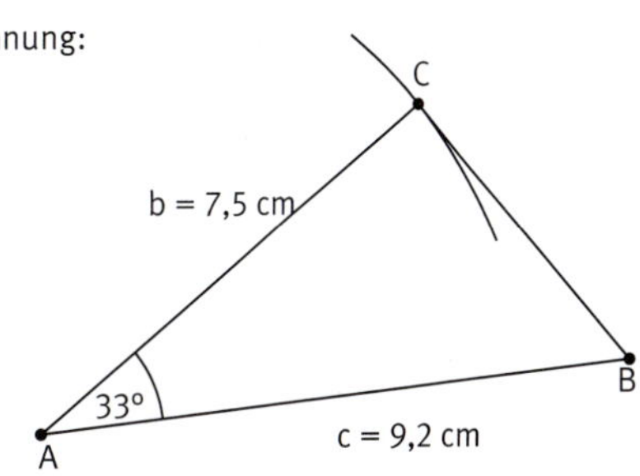

Anmerkung: Es ist möglich, mit b zu beginnen. Den Punkt B erhält man dann als Schnittpunkt eines Kreises um A mit Radius r = c und dem freien Schenkel von α.

e) Beschreibung:

1. Zeichne die Strecke c mit den Eckpunkten A und B.
2. Zeichne einen Kreisbogen um A mit Radius r = b.
3. Zeichne einen Kreisbogen um B mit Radius r = a.
4. Der Schnittpunkt der Kreisbögen ergibt C.

Zeichnung:

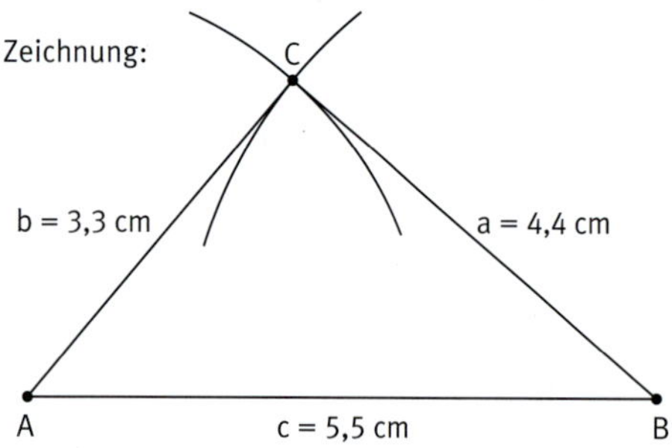

Anmerkung: Man kann auch mit einer anderen Seite beginnen und von dort die zugehörigen Kreisbögen zeichnen.

8 $\delta_2 = 180° - 146° = 34°$

$\delta_1 = 63°$

$\delta = \delta_1 + \delta_2 = 63° + 34° = 97°$

$\beta_1 = 180° - 153° = 27°$ $\quad \beta_2 = 45°$

$\beta = \beta_1 + \beta_2 = 27° + 45° = 72°$

$\gamma = 180° - \delta_1 - \beta_1$ $\quad \gamma = 180° - 63° - 27° = 110°$

$\alpha = 360° - \beta - \gamma - \delta = 360° - 72° - 110° - 97° = 81°$

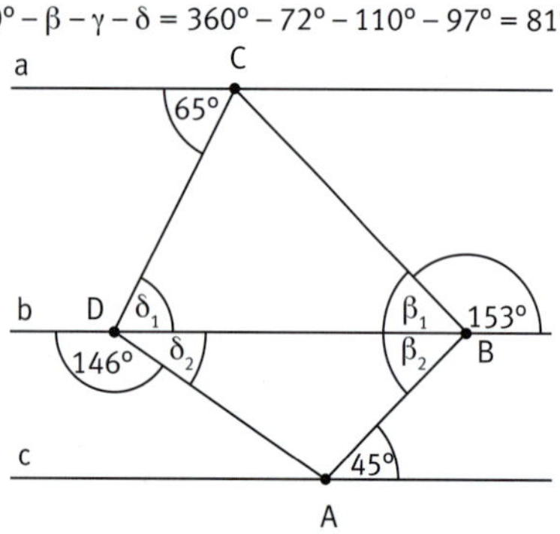

9 **a)** $\delta = 360° - \alpha - \beta - \gamma = 360° - 132° - 8° \cdot 56° = 116°$

b) $\delta = 360° - \alpha - \beta - \gamma = 360° - 108° - 156° - 37° = 59°$

c) $\beta = \gamma = \delta = \frac{(360° - \alpha)}{3} = \frac{360° - 54°}{3} = \frac{306°}{3} = 102°$

d) Parallelogramm: $\gamma = \alpha = 132°$

$\beta = \delta = 180° - \alpha = 180° - 132° = 48°$

e) $\alpha + \beta + \gamma + \delta = 360°$

$\alpha + \alpha - 40° + 150° + 122° = 360°$

$2\,\alpha = 128° \Longrightarrow \alpha = 64°;\ \beta = 24°$

f) $\alpha + \beta + \gamma + \delta = 360°$

$3\,\beta + \beta + 103° + 157° = 360°$

$4\,\beta = 100° \Longrightarrow \beta = 25°;\ \alpha = 75°$

10

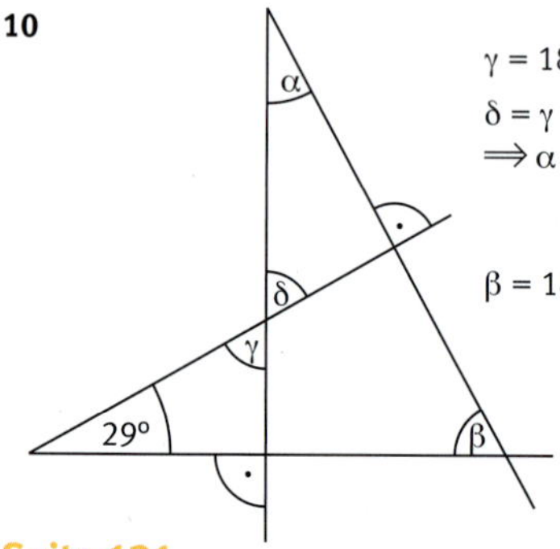

$\gamma = 180° - 90° - 29° = 61°$

$\delta = \gamma$

$\Longrightarrow \alpha = 180° - 90° - \delta$

$= 180° - 90° - 61°$

$= 29°$

$\beta = 180° - 90° - 29° = 61°$

Seite 131

11 10 m in Wirklichkeit entsprechen 1 cm in der Skizze. Somit beträgt die Entfernung zum Bürogebäude in der Skizze 7 cm. Das Bürogebäude ist 50 m hoch.

Planfigur:

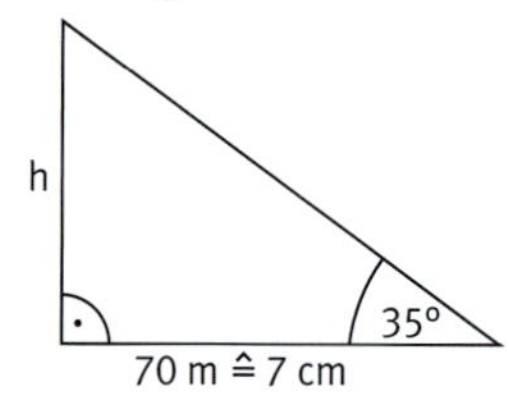

Zeichnung:

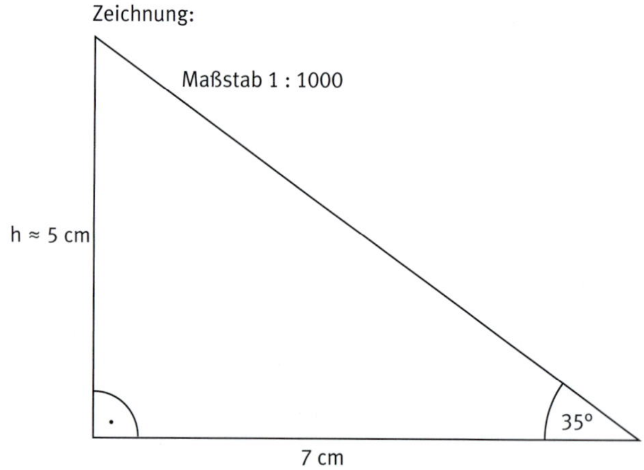

Das Bürogebäude ist etwa 50 m hoch.

12 Skizze im Maßstab 1 : 1000. 10 m in Wirklichkeit entsprechen 1 cm in der Skizze.

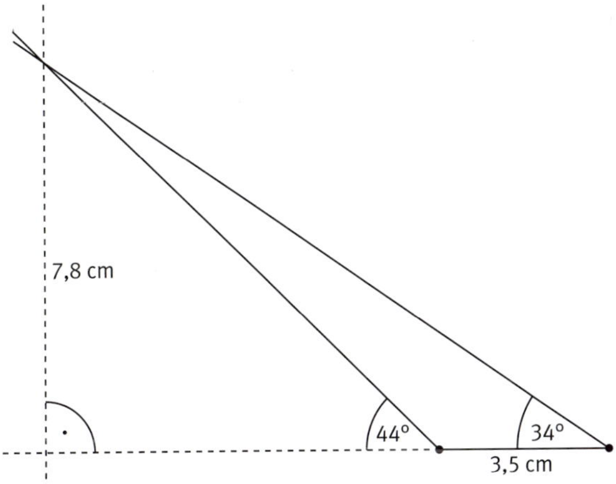

Im Rahmen der Mess- und Zeichengenauigkeit stellt man fest, dass der Felsen eine Höhe von etwa 78 m hat.

13 **a)** Beschreibung:

1. Zeichne die Strecke a mit den Eckpunkten A und B.
2. Zeichne einen Kreisbogen um A mit r = e
3. Zeichne einen Kreisbogen um B mit Radius r = b.
4. Der Schnittpunkt der Kreisbögen ergibt den Eckpunkt C.
5. Trag in A den Winkel α ab.
6. Zeichne einen Kreisbogen um B mit r = f.
7. Der Schnittpunkt des freien Schenkels von α mit dem Kreisbogen ergibt den Eckpunkt D.

Zeichnung:

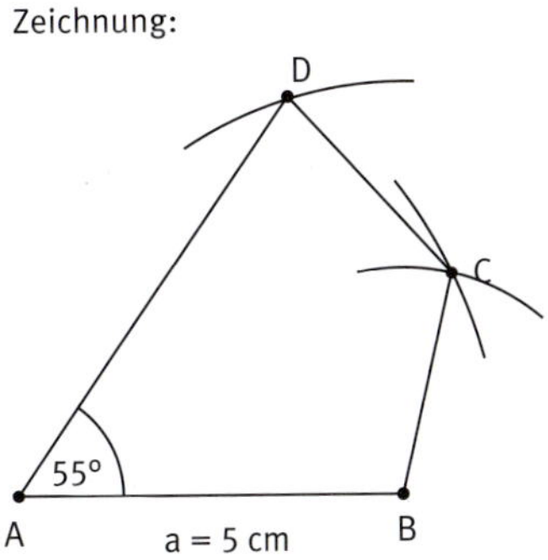

b) Beschreibung:

1. Zeichne die Strecke a mit den Eckpunkten A und B.
2. Trage in B den Winkel β ab.
3. Zeichne ein Kreisbogen um A mit r = e.
4. Der Schnittpunkt des freien Schenkels von β mit dem Kreisbogen ergibt den Eckpunkt C.
5. Trage in C den Winkel γ ab.
6. Zeichne einen Kreisbogen um A mit r = d
7. Der Schnittpunkt des freien Schenkels von γ mit dem Kreisbogen ergibt den Eckpunkt D.

Zeichnung:

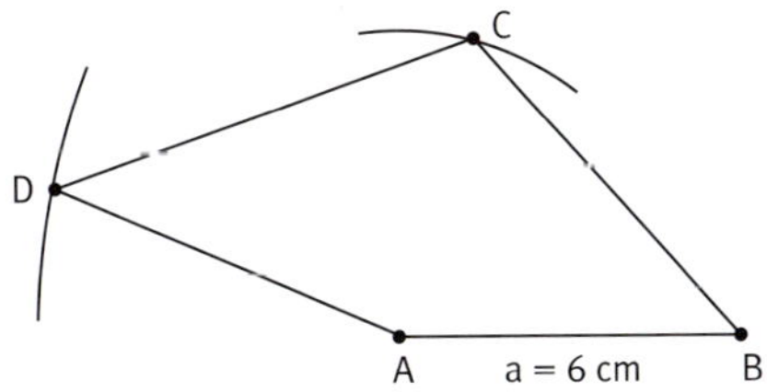

c) Beschreibung:

1. Zeichne die Strecke b mit den Eckpunkten B und C.
2. Trage in C den Winkel γ ab.
3. Zeichne ein Kreisbogen um C mit r = c.
4. Der Schnittpunkt des freien Schenkels von γ mit dem Kreisbogen ergibt den Eckpunkt D.
5. Trage in B den Winkel β ab.
6. Zeichne einen Kreisbogen um D mit r = d
7. Der Schnittpunkt des freien Schenkels von β mit dem Kreisbogen ergibt den Eckpunkt A.

Zeichnung:

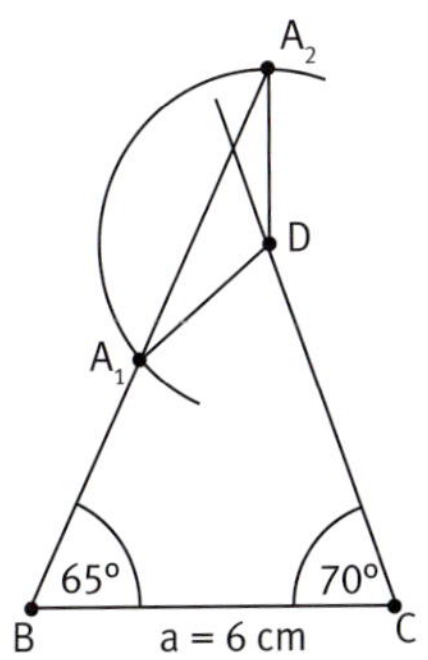

d) Beschreibung:

1. Zeichne die Strecke a mit den Eckpunkten A und B.
2. Zeichne ein Kreisbogen um A mit r = e.
3. Zeichne ein Kreisbogen um B mit r = b.
4. Der Schnittpunkt der beiden Kreisbögen ergibt den Eckpunkt C.
5. Zeichne einen Kreisbogen um C mit r = c.
6. Zeichne einen Kreisbogen um A mit r = d
7. Der Schnittpunkt der beiden Kreisbögen ergibt den Eckpunkt D.

Zeichnung:

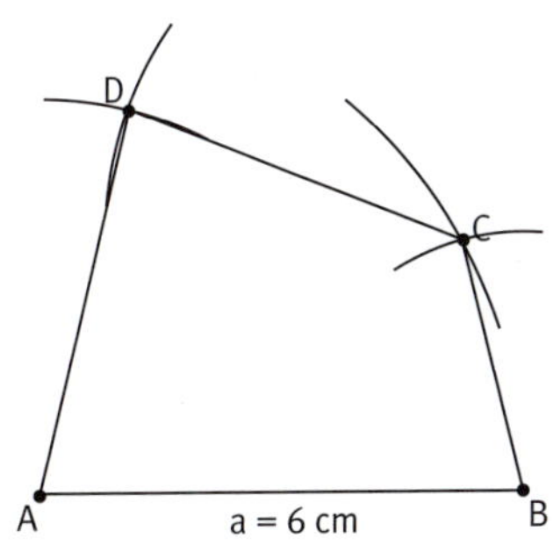

14 a) Beschreibung:

1. Zeichne die Diagonale d mit den Eckpunkten A und C.
2. Zeichne den Thaleskreis über dem Mittelpunkt M der Diagonale $\overline{AC}$.
3. Zeichne einen Kreisbogen mit Mittelpunkt A und Radius r = a. Der Schnittpunkt des Kreisbogens mit dem Thaleskreis ergibt B.
4. Zeichne einen Kreisbogen mit Mittelpunkt C und Radius r = a. Der Schnittpunkt des Kreisbogens mit dem Thaleskreis ergibt den Eckpunkt D.

Begründung: Man erhält auf diese Weise ein Parallelogramm, dessen Winkel in B und D rechtwinklig sind. Folglich müssen auch die gleich großen Winkel in A und C rechtwinklig sein. Wir haben das gesuchte Rechteck konstruiert.

Zeichnung:

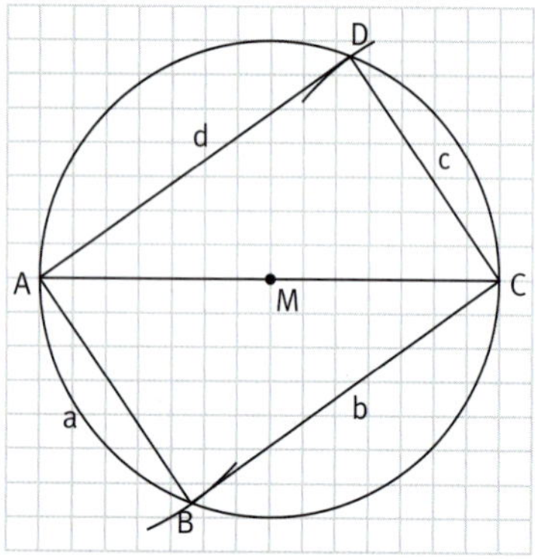

b) Beschreibung:

1. Zeichne die Strecke a mit den Eckpunkten A und B.
2. Trage den Winkel $\beta = \alpha = 70°$ an.
3. Zeichne ein Kreisbogen um B mit r = b.
4. Der Schnittpunkt des freien Schenkels von β mit dem Kreisbogen ergibt den Eckpunkt C.
5. Zeichne eine Parallele zu a durch c.
6. Zeichne einen Kreisbogen um C mit r = a.
7. Der Schnittpunkt der Parallelen mit dem Kreisbogen ergibt den Eckpunkt D.

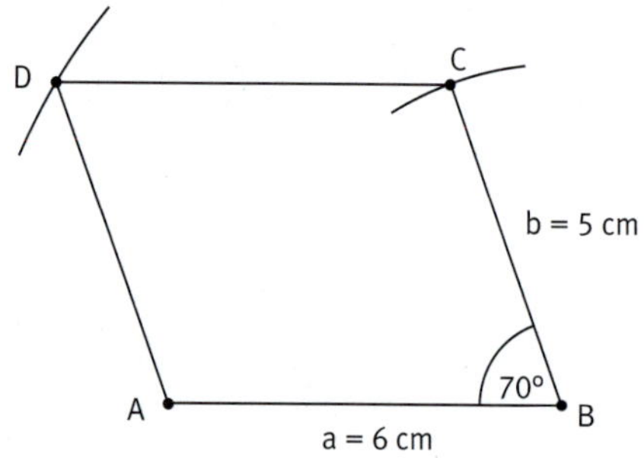

15 Die Aussage ist für Dreiecke richtig, für Figuren im Allgemeinen jedoch falsch. Ein beliebiges Parallelogramm und ein Rechteck können dieselben Seitenlängen haben, sind jedoch nicht deckungsgleich, d. h. nicht kongruent.

16 Die Aussage ist im Allgemeinen falsch, wie man leicht überprüfen kann. Sie stimmt, wenn die Originalgerade parallel zur Spiegelachse verläuft.

17 Die Aussage ist falsch. Bei einer Punktspiegelung bleibt der Umlaufsinn erhalten.

18 Die Aussage ist richtig.

19 Die Aussage ist richtig.

20 Die Aussage ist richtig.

21 Die Aussage ist richtig. Insbesondere sind beide anderen Winkel spitze Winkel.

22 Die Aussage ist falsch, da es auch andere Möglichkeiten gibt ein Dreieck zu konstruieren (z.B. WSW).

23 Die Aussage ist richtig.

24 Die Aussage ist falsch. Wie man an einer einfachen Planfigur erkennt, kann d den freien Winkel von β nicht schneiden.

25 Die Aussage ist falsch. Das Drachenviereck ist ein achsensymmetrisches Viereck.

26 Die Aussage ist im Allgemeinen falsch. Ein gleichschenkliges Trapez ist achsensymmetrisch, die Aussage gilt aber nicht für alle Trapeze.

Lösungen zu „5.9 Das kann ich!“ – Seite 156

1 a) Wenn man die Münze immer zufällig wirft, dann handelt es sich um ein Zufallsexperiment.

b) H (W) = 11, Anteil: h (W) = $\frac{11}{20}$

2 Man führt einen Zufallsversuch zum Werfen des Deckels sehr häufig durch. Die sich stabilisierenden relativen Häufigkeiten können als Schätzwerte für die jeweiligen Wahrscheinlichkeiten angesehen werden.

3 Die Wahrscheinlichkeit beträgt $\frac{1}{5} = 20\ \%$.

4 Die Wahrscheinlichkeit ins Haus zu kommen beträgt $\frac{1}{6} \approx 17\ \%$.

5 Es handelt sich um einen Zufallsversuch, bei dem jede Kugel mit der gleichen Wahrscheinlichkeit gezogen wird. Die Ziehungen, die Lucy und Hank zugrunde legen, scheinen noch nicht ausreichend viele zu sein, sodass sich die relativen Häufigkeiten noch nicht stabilisiert haben.

6 a) P („Rot“) = P („Gelb“) = ... = $\frac{1}{6} \approx 16{,}7\ \%$

b) P (g, g) = $\frac{1}{6} \cdot \frac{1}{6} = \frac{1}{36}$; Das Gegenereignis kann z. B. so beschrieben werden: P (nicht zweimal gelb)

7 Man kann erwarten, dass etwa die Hälfte der Gefangenen frei kommt, da sich bei der großen Anzahl von Gefangenen die relative Häufigkeit bei $\frac{1}{2}$ stabilisieren müsste.

8 A: „Die Zahl ist ungerade." $P(A) = \frac{3}{6} = \frac{1}{2}$ mögliches Ereignis

B: „Die Zahl ist größer als 1." $P(B) = \frac{5}{6}$ mögliches Ereignis

C: „Die Zahl ist eine Primzahl." $P(C) = \frac{3}{6} = \frac{1}{2}$ mögliches Ereignis

D: „Die Zahl ist der größte oder kleinste Wert." $P(D) = \frac{2}{6} = \frac{1}{3}$ mögliches Ereignis

9 P (kein Treffer) =
$0{,}45 \cdot 0{,}4 \cdot 0{,}15 = 0{,}009 = 9\,\%$

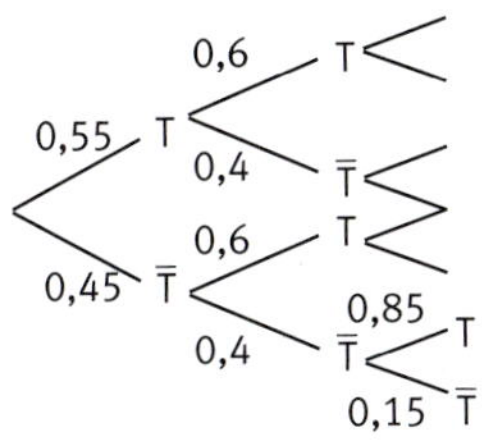

Seite 157

10 P (mindestens ein Gewinn)
$= 1 - P$ (kein Gewinn)
$= 1 - \left(\frac{1}{10} \cdot \frac{199}{1999}\right) \approx 0{,}99$

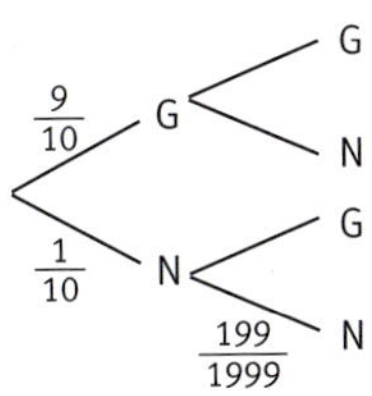

11 a) $\Omega = \{3; 4; 5; 6; 7; 8; 9\}$
b) $\Omega = \{2; 3; 5\}$

12 a) $P\{A; H\} = \frac{2}{3} \cdot \frac{1}{2} = \frac{1}{3}$ b) $P\{B; \overline{P}\} = \frac{1}{3} \cdot \frac{5}{6} = \frac{5}{18}$

13 Die Aussage ist richtig.

14 Die Aussage ist so allgemein nicht richtig. Laplace-Wahrscheinlichkeiten liegen nur bei Zufallsexperimenten vor, bei denen jedes Ergebnis mit gleicher Wahrscheinlichkeit vorkommt.

15 Die Aussage ist richtig.

16 Die Aussage ist richtig, denn bei 60 Würfen kann man davon ausgehen, dass mindestens eine 1 darunter ist.

17 Die Aussage ist falsch. Jede Kugel hat die gleiche Wahrscheinlichkeit, gezogen zu werden.

18 Die Aussage ist falsch. Jede Zahlenkombination hat die gleiche Wahrscheinlichkeit, gewürfelt zu werden.

19 Die Aussage ist falsch. Wegen der geringen Anzahl an Versuchsdurchführungen kann man nicht auf eine gezinkte Münze schließen.

20 Die Aussage ist richtig, denn die Summe aller Wahrscheinlichkeiten beträgt 100 %. Sofern der Würfel alle Ziffern von 1 bis 6 umfasst, bleiben für die ungeraden Ziffern nur noch 25 % Wahrscheinlichkeit insgesamt übrig.

21 Die Aussage ist richtig.

22 Die Aussage ist richtig.

23 Die Aussage ist falsch, die Wahrscheinlichkeiten müssen multipliziert werden.

Lösungen zu „6.11 Das kann ich!" – Seite 184

1 a) 341 (–139,5) b) 82 (–26,5) c) 1,8 (–4,4)

2 Lösungsmöglichkeiten:

a) Sei a die kürzere Seite, dann ist $3 \cdot a$ die längere Seite.
$U = a + 3 \cdot a + a + 3 \cdot a = 8 \cdot a$

b) Sei a die kürzere Seite, dann ist die längere Seite a + 6,5 cm lang.
$U = a + a + 6{,}5\text{ cm} + a + a + 6{,}5\text{ cm} = 4 \cdot a + 13\text{ cm}$

c) Sei x die Länge eines Schenkels, dann ist die Länge der Basis $\frac{1}{5} \cdot 2x = \frac{2}{5} \cdot x$.
$U = x + x + \frac{2}{5} \cdot x = 2\frac{2}{5} \cdot x$

3 1 a)

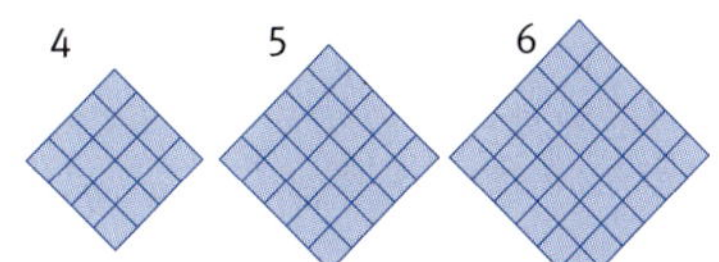

b) Anzahl der Quadrate beim n-ten Schritt: n^2

2 a)

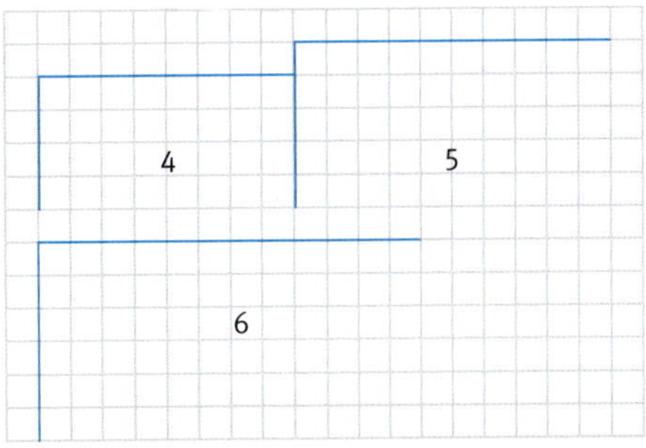

b) Die Länge der n-ten Strecke beträgt jeweils n Kästchenlängen nach oben und $2 \cdot n$ Kästchenlängen zur Seite.
Gesamtlänge des n-ten Streckenzuges: $3 \cdot n$ Kästchenlängen

3 a)

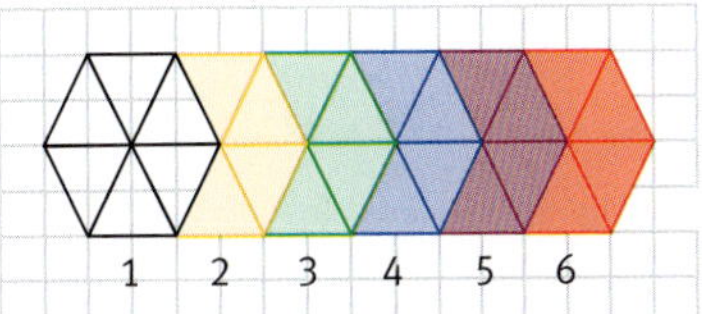

b) Mit jedem Schritt kommen 4 Dreiecke hinzu, nur die erste Figur hat 2 Dreiecke mehr.
Anzahl der Dreiecke der n-ten Figur: $4 \cdot n + 2$

4 **a)** $3 \cdot b + 2$ und $3 \cdot x + 2$
b) $15 \cdot (x - 9)$ **c)** 18y
d) $(8 + q) : 7$ **e)** $3 \cdot x - 13$

5 **a)** $3e - 13j + 8r - 3x$
b) $q + 5\frac{2}{3}t + \frac{2}{3}t\,q$
c) $-3y$

6 **a)**

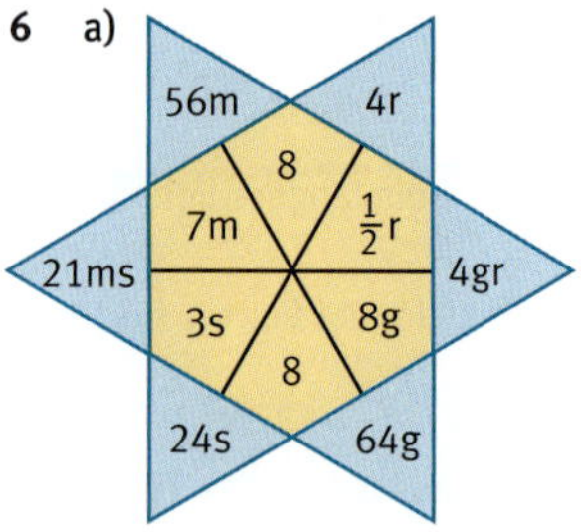

b)

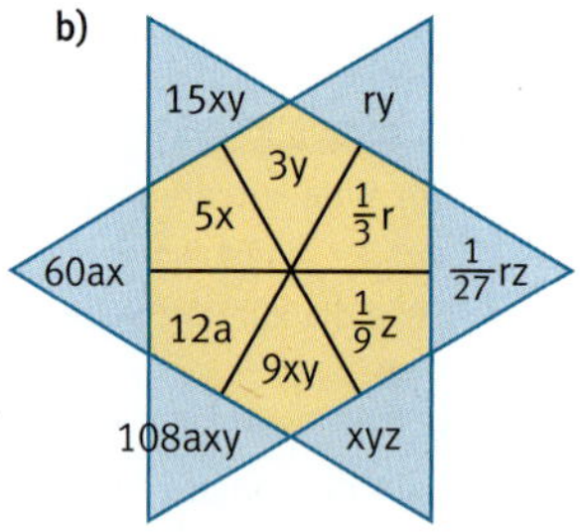

7 **a)** 71mt **b)** 2axy **c)** 10rs
d) 3x **e)** $\frac{1}{3}xyz$ **f)** 144abc

8 **a)** $2 - 10r$ **b)** $8 + \frac{1}{2}s$ **c)** $-x + 2y$
d) $6\frac{1}{2} + 23p$ **e)** $34qr + 108qs$ **f)** $a - b - 15$

9 **a)** $a - 7 = 45$ $a = 52$
b) $6 \cdot b = 84$ $b = 14$
c) $(2 \cdot c) : 3 = 8$ $c = 12$

Seite 185

10 **a)** $a = -7$. Gleichung lösbar für $D = \mathbb{Z}$ und $D = \mathbb{Q}$. Gleichung nicht lösbar für $D = \mathbb{N}$.
b) $x = 6$. Gleichung lösbar für jeden Zahlenbereich $\mathbb{N}$, $\mathbb{Z}$, $\mathbb{Q}$.
c) $y = 1{,}1$. Gleichung lösbar für $D = \mathbb{Q}$. Gleichung nicht lösbar für $D = \mathbb{N}$ und $D = \mathbb{Z}$.
d) Gleichung immer erfüllt für alle Zahlen aus $\mathbb{N}$, $\mathbb{Z}$, $\mathbb{Q}$.
e) Gleichung nicht lösbar (in keinem Zahlenbereich).
f) $f = -1{,}25$. Gleichung lösbar für $D = \mathbb{Q}$. Gleichung nicht lösbar für $D = \mathbb{N}$ und $D = \mathbb{Z}$.

11 **a)** $x = -6$ $L = \{-6\}$
b) $y = -8{,}8$ $L = \{\,\}$
c) $z = -45$ $L = \{-45\}$
d) $a = \frac{25}{8}$ $L = \{\,\}$
e) $2a + 6 = 2a + 6$ $L = \mathbb{Z}$
f) $c = 0$ $L = \{0\}$

12 **a)** $x = 0{,}8$ $L = \{0{,}8\}$ **b)** $x = 10$ $L = \{10\}$
c) $y = -30$ $L = \{-30\}$ **d)** $y = 6\frac{2}{3}$ $L = \{6\frac{2}{3}\}$
e) $x = 3{,}25$ $L = \{3{,}25\}$ **f)** $r = 5\frac{1}{3}$ $L = \{5\frac{1}{3}\}$
g) $s = 8\frac{1}{6}$ $L = \{8\frac{1}{6}\}$ **h)** $t = 1$ $L = \{1\}$

13 **a)** $x \leqq 3$
$L = \{0; 1; 2; 3\}$ oder $L = \{x \in \mathbb{N} \mid x \leqq 3\}$
b) $x \geqq 4$
$L = \{4; 5; 6; ...\}$ oder $L = \{x \in \mathbb{N} \mid x \geqq 4\}$
c) $x > \frac{4}{15}$
$L = \{1; 2; 3; ...\}$ oder $L = \{x \in \mathbb{N} \mid x \geqq 1\}$
d) $x \geqq \frac{2}{5}$
$L = \{1; 2; 3; ...\}$ oder $L = \{x \in \mathbb{N} \mid x \geqq 1\}$
e) $x < 42\frac{4}{15}$
$L = \{0; 1; 2; ...; 41; 42\}$ oder $L = \{x \in \mathbb{N} \mid x \leqq 42\}$
f) $x > 6\frac{3}{5}$
$L = \{7; 8; 9; ...\}$ oder $L = \{x \in \mathbb{N} \mid x \geqq 7\}$

14 Sei x die Breite der Scheune. Dann gilt für die Länge d der Dachsparren: $d = 3 \cdot \left(\frac{1}{4} \cdot x\right) = \frac{3}{4} \cdot x$.
$x = 14$ m, also $d = 10{,}5$ m
$x = 15$ m, also $d = 11{,}25$ m
$x = 16$ m, also $d = 12$ m

15 Sei z die Zeit in Sekunden.
$600 - 2t = 4t$
$t = 100$
Nach 100 s = 1 min 40 s sind beide Flugzeuge auf gleicher Höhe (nämlich in 400 m Höhe).

16 Die Aussage ist richtig.

17 Die Aussage ist falsch. $3x \cdot x = 3x^2$

18 Die Aussage ist richtig für die alleinige Addition und Multiplikation. Ansonsten ist sie im Allgemeinen falsch.

19 Die Aussage ist falsch. Man darf beide Seiten nur mit einer Zahl ungleich null multiplizieren, sonst ändert sich die Lösungsmenge der Gleichung.

20 Die Aussage ist richtig. Beispiele findet man bei Aufgabe 10 auf dieser Seite.

21 Die Aussage ist richtig.

22 Die Aussage ist im Allgemeinen falsch. Terme und Gleichungen bieten oft eine Möglichkeit, Sachaufgaben zu lösen, es gibt aber noch weitere (z. B. Tabellen, Graphen, Probieren).

23 Die Aussage ist richtig.

24 Die Aussage ist richtig.

Lösungen zu „7.11 Das kann ich!" – Seite 216

1 a) Parallelogramm, Trapez
(Jedes Parallelogramm ist auch ein Trapez.)

b) symmetrisches Trapez

c) Raute, Parallelogramm, Trapez
(Jede Raute ist auch ein Parallelogramm.)

d) Rechteck, Parallelogramm, Trapez
(Jedes Rechteck ist auch ein Parallelogramm.)

e) Quadrat, Rechteck, Raute, Parallelogramm, Trapez
(Jedes Quadrat erfüllt gleichzeitig die Eigenschaften aller anderen Vierecke.)

f) Trapez

2 Lösungsmöglichkeiten:

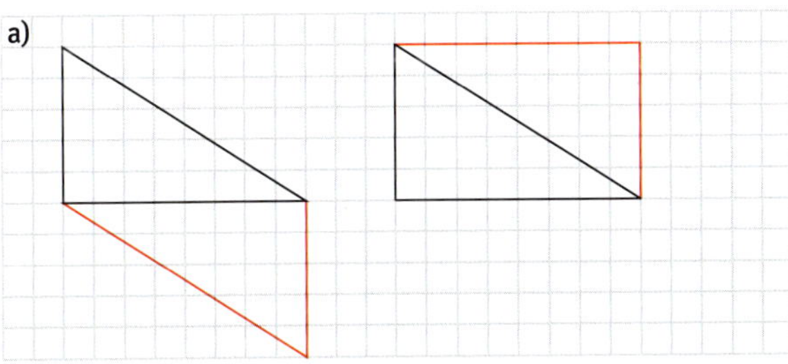

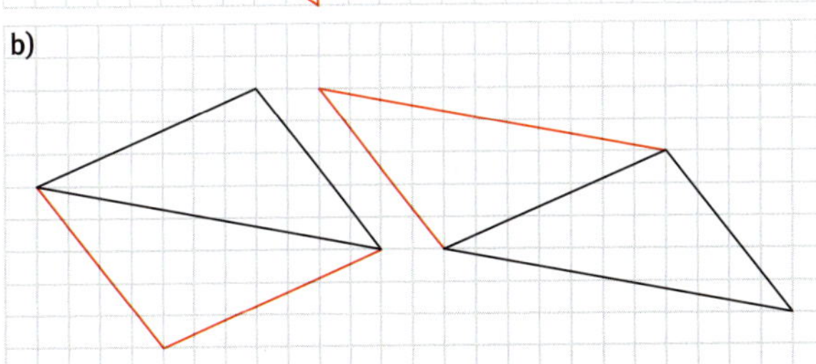

3 Rechteck: rechtwinkliges Dreieck (vgl. Lösung bei Beispiel 2 a)
Quadrat: rechtwinklig-gleichschenkliges Dreieck

4 1, 3 und 4 besitzen mit 36 Kästchen denselben Flächeninhalt. 2 ist 40 Kästchen groß.

5 Eine Raute ist ein Parallelogramm, bei dem alle vier Seiten gleich lang sind.
a), b) und d) erfüllen diese Eigenschaften, c) nicht.

6

	Achsen-symmetrie	Zahl der Achsen	Punkt-symmetrie
Rechteck	ja	2	ja
Quadrat	ja	4	ja
Parallelogramm	nein	0	ja
Raute	ja	2	ja
Symmetrisches Trapez	ja	1	nein
Drachen	ja	1	nein

7

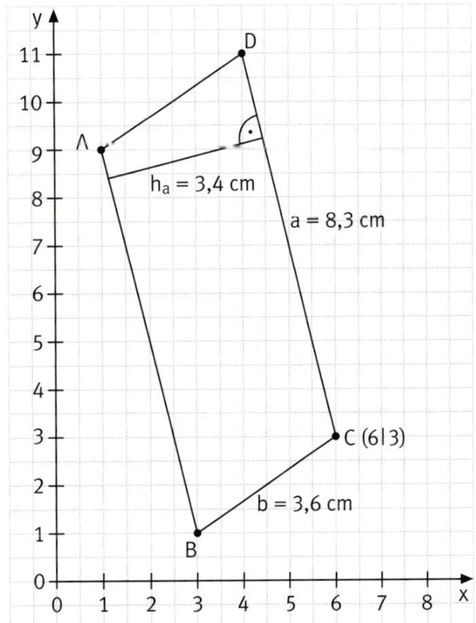

$U = 2 \cdot a + 2 \cdot b$

$U = 2 \cdot 8{,}3\text{ cm} + 2 \cdot 3{,}6\text{ cm} = 23{,}9\text{ cm}$

$A = a \cdot h_a$

$A = 8{,}3\text{ cm} \cdot 3{,}4\text{ cm} \approx 28{,}2\text{ cm}^2$ (genau: $28{,}0\text{ cm}^2$)

Abweichungen durch Messungenauigkeiten sind möglich.

8 a) Länge bzw. Breite eines Drachens entsprechen den Diagonalenlängen e bzw. f.

$A_{DV} = \frac{1}{2} \cdot e \cdot f$

$A_{DV} = \frac{1}{2} \cdot 75\text{ cm} \cdot 40\text{ cm} = 1500\text{ cm}^2 = 15\text{ dm}^2$

b) Der Umfang lässt sich nicht berechnen, da die Länge der Seitenkanten davon abhängt, an welcher Stelle sich die Diagonalen schneiden. Der Diagonalenschnittpunkt ist aber nicht bekannt.

9 $A = \frac{1}{2} \cdot g \cdot h$

a) $A = \frac{1}{2} \cdot 5{,}6\text{ cm} \cdot 4{,}5\text{ cm} = 12{,}6\text{ cm}^2$

b) $A = \frac{1}{2} \cdot 7{,}9\text{ cm} \cdot 3\text{ cm} = 11{,}85\text{ cm}^2$

10 $A = \frac{1}{2} \cdot g \cdot h$

Bei der Berechnung muss man auf gleiche Einheiten achten.

	a)	b)	c)
Grundseite g	40 mm	3,8 cm	1,3 cm
Höhe h	12 cm	4,1 cm	17 mm
Flächeninhalt A	24 cm²	7,79 cm²	110,5 mm²

11 a) $A = \frac{1{,}5\text{ cm} + 4{,}5\text{ cm}}{2} \cdot 2{,}5\text{ cm} = 3\text{ cm} \cdot 2{,}5\text{ cm} = 7{,}5\text{ cm}^2$

b) $A = \frac{1\text{ cm} + 3\text{ cm}}{2} \cdot 4{,}5\text{ cm} = 2\text{ cm} \cdot 4{,}5\text{ cm} = 9\text{ cm}^2$

Seite 217

12 (1) **a)** $A = g \cdot h$

$A = 1{,}5\ \text{cm} \cdot 7{,}3\ \text{cm} = 10{,}95\ \text{cm}^2$

b) Der Umfang kann aus den Angaben nicht berechnet werden, weil die Länge der anderen Seite des Parallelogramms fehlt.

(2) **a)** $A = a^2$

$A = 32\ \text{m} \cdot 32\ \text{m} = 1024\ \text{m}^2$

b) $U = 4 \cdot a$ $\quad U = 4 \cdot 32\ \text{m} = 128\ \text{m}$

(3) **a)** $A = \frac{a+c}{2} \cdot h$

$A = \frac{38\ \text{dm} + 20\ \text{dm}}{2} \cdot 10{,}7\ \text{dm} = 310{,}3\ \text{dm}^2$

b) $U = a + b + c + d$; hier: $b = d$

$U = 38\ \text{dm} + 14\ \text{dm} + 20\ \text{dm} + 14\ \text{dm} = 86\ \text{dm}$

(4) **a)** $A = \frac{a+c}{2} \cdot h$

$A = \frac{8{,}4\ \text{dm} + 11{,}2\ \text{dm}}{2} \cdot 5{,}5\ \text{dm} = 53{,}9\ \text{dm}^2$

b) Der Umfang kann nicht berechnet werden, weil die Angaben der beiden anderen Seitenlängen fehlen.

(5) **a)** $A = g \cdot h$

$A = 2\ \text{cm} \cdot 2{,}5\ \text{cm} = 5\ \text{cm}^2$

Beachte, dass die Höhe zu einer bekannten Seite des Parallelogramms gewählt werden muss.

b) Der Umfang kann aus den Angaben nicht berechnet werden, weil die Länge der anderen Seite des Parallelogramms fehlt.

13 Es sind verschiedene Zerlegungen (oder auch Ergänzungen) möglich. Lösungsmöglichkeit:

a) Zerlegung in Trapez (A_1) und Dreieck (A_2):

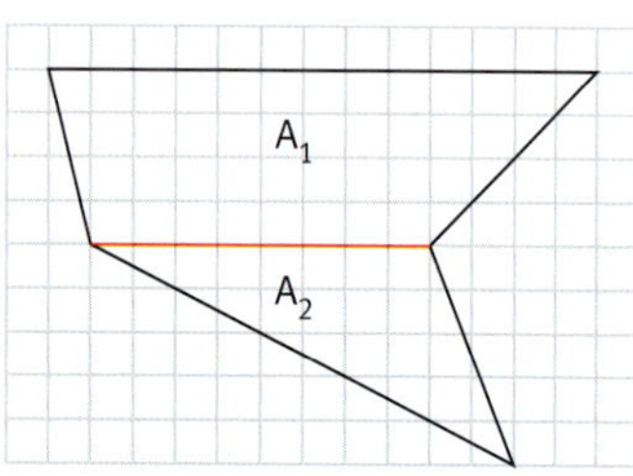

$A = A_1 + A_2$

$A_1 = \frac{4\ \text{cm} + 6{,}5\ \text{cm}}{2} \cdot 2\ \text{cm} = 10{,}5\ \text{cm}^2$

$A_2 = \frac{1}{2} \cdot 4\ \text{cm} \cdot 2{,}5\ \text{cm} = 5\ \text{cm}^2$

$A = 15{,}5\ \text{cm}^2$

b) Zerlegung in Dreiecke (A_1, A_3) und Trapez (A_2):

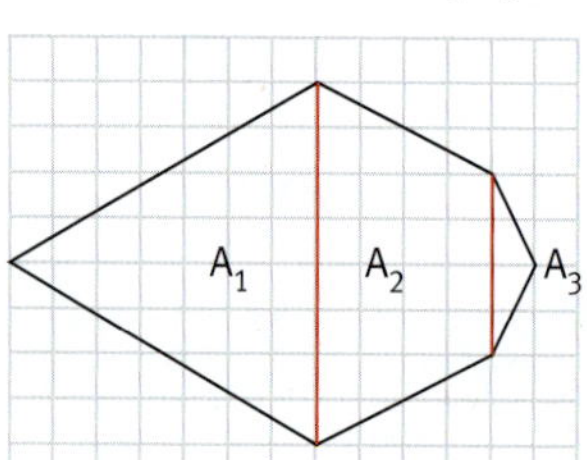

14 Lösungsmöglichkeit:

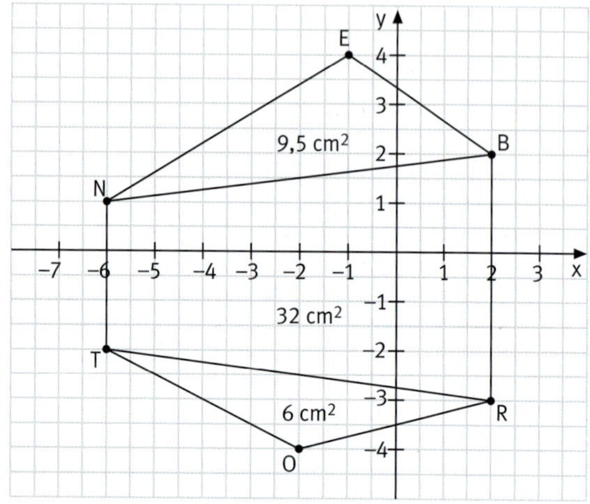

$A = 6\ \text{cm}^2 + 32\ \text{cm}^2 + 9{,}5\ \text{cm}^2 = 47{,}5\ \text{cm}^2$

15 Die Aussage ist richtig, denn das Quadrat erfüllt die Eigenschaften des Rechtecks.

16 Die Aussage ist falsch. Bei einer Raute müssen sich die Diagonalen halbieren, sie können aber unterschiedlich lang sein.

17 Die Aussage ist richtig, denn das Parallelogramm erfüllt die Eigenschaften des Trapezes.

18 Die Aussage ist falsch. Zwar haben beliebige Drachenvierecke genau eine Symmetrieachse, aber symmetrische Trapeze ebenso.

19 Die Aussage ist richtig.

20 Die Aussage ist richtig. Es gibt aber noch weitere Zerlegungsmöglichkeiten für ein Parallelogramm.

21 Die Aussage ist falsch, wie man in einem beliebigen Trapez sehen kann (siehe beispielsweise Aufgabe 12 (3) auf dieser Seite).

22 Die Aussage ist falsch. Wenn man eine der Seitenlängen verdoppelt, dann verdoppelt sich auch der Flächeninhalt. Wenn man beide Seitenlängen verdoppelt, dann vervierfacht sich der Flächeninhalt. Dieses kann man an Zahlenbeispielen ausprobieren oder sich allgemein folgendermaßen überlegen:

$A_1 = g \cdot h$

$A_2 = 2 \cdot g \cdot 2 \cdot h = 2 \cdot 2 \cdot g \cdot h = 4 \cdot g \cdot h = 4 \cdot A_1$

23 Die Aussage ist richtig, wie man an Zahlenbeispielen ausprobieren oder sich allgemein überlegen kann:

$A_1 = \frac{1}{2} \cdot g \cdot h$

$A_2 = \frac{1}{2} \cdot 2 \cdot g \cdot \frac{1}{2} \cdot h = \frac{1}{2} \cdot 2 \cdot \frac{1}{2} \cdot g \cdot h = \frac{1}{2} \cdot g \cdot h = A_1$

24 Die Aussage ist falsch. Mit dem Produkt aus Grundseite und zugehöriger Höhe kann man den Flächeninhalt eines Parallelogramms berechnen. Da man durch Verdopplung des Trapezes jedes Trapez zu einem Parallelogramm ergänzen kann, ist der Flächeninhalt des Trapezes genau halb so groß wie der des zugehörigen Parallelogramms.

25 Bei einem Dreieck bietet sich die Flächeninhaltsformel für Trapeze nicht unbedingt an, es sei denn man setzt eine der parallelen Seiten mit der Länge 0 LE an. Bei Parallelogrammen klappt es aber, denn Parallelogramme sind spezielle Trapeze.

26 Die Aussage ist richtig.

Bildagentur Mauritius / Phototake RF, Mittenwald – S. 91; Wolfgang Deuter, Germering – S. 5, 189; Dreamstime.com / Alexkurgano – S. 55; F1-online / denkouimages, Frankfurt – S. 43; Fotolia / Laik Ailly – S. 51; - / ankiro – S. 4, 135; - / arkpo – S. 145; - / DeVice – S. 124; - / Otto Durst – S. 110; - / frufotz – S. 176; - / Gandolf – S. 58; - / Thomans Hansen – S. 69; - / Barbara Helgason – S. 43; - / Scott Lotham – S. 154; - / milosluz – S. 9; - / Przemyslaw Moranski – S. 9; - / oeka – S. 149; - / Matthias Ott – S. 46; - / pegbes – S. 41; - / Nicholas Piccilo – S. 76; - / picsfine – S. 38; - / Pixelot – S. 89; - / Pixelspieler – S. 52; - / Peter Pyka – S. 74, 165; - / RRF – S. 144; - / Mariano Poro Ruiz – S. 70; - / schaltwerk – S. 176; - / Martin Schlicht - S. 53; - / Serbis – S. 34; - / Shockmotion – S. 34; - / sil007 – S. 48; - / Sulabaja – S. 53; - / sunt – S. 143 (2); - / Tendacle – S. 195; - / Benjamin Thorn – S. 45; - / Wladimir Tolstich – S. 73; - / tomZitom – S. 73; - / underwaterpics – S. 34; - / voizin – S. 170; iStockphoto / graferto – S. 174; Matthias Ludwig, Würzburg – S. 4, 97, 191, 201, 207, 212 (3), 215 (2); Preußischer Kulturbesitz / Jochen Remmer, Berlin – S. 34; Shotshop / bluemagenta, Berlin – S. 214; shutterstock / Jacek Chabraszewski – S. 179; shutterstock / Yarygin – S. 179; Thinkstock / Ceatas – S. 85; Thinkstock / iStockphoto – S. 60 (2), 115 (2), 183, 201, 219; Wildner & Designer, Fürth – Einband, 54; www.google-earth.com – S. 208; www.joerg-hempel.com – S. 197; www.media.dresden-airport.de – S. 213; www.press.nokia.com – S. 172; www.wikimedia.org – S. 177 (3); www.wikimedia.org / Emba / Manuel Heinrich – S. 173; www.wikimedia.org / Matthew Field – S. 154; www.wikimedia.org / Michael Sander – S. 19; www.wikimedia.org / Robert Scholz – S. 203.